普通高等教育"十一五"国家级规划教材

遥感图像分析与应用

常庆瑞　主编

中国农业出版社

北　京

内容简介

    遥感科学与技术是 20 世纪 60 年代形成并发展起来的一门新兴交叉学科，作为对地观测系统的重要组成部分，得到越来越广泛深入的应用。本书作为"遥感图像分析与应用"的专门教材，在已有遥感原理与方法、遥感数字图像处理等知识体系的基础上，重点论述遥感图像分析解译的理论基础与基本方法，以及遥感图像在地理科学、资源环境中的应用，主要内容包括遥感图像解译的理论基础与分析方法、遥感定量反演模型与分析技术、植物和土壤遥感的理论与方法、遥感图像的地学分析应用、遥感技术在农业方面与环境科学中的应用。

    本书既可作为高等院校地理学、环境科学与工程、水土保持与荒漠化防治、林学、测绘科学与技术、遥感科学与技术等专业本科生的教材，也可作为上述专业硕士研究生、博士研究生及其他相关专业学生的参考书，同时可供地球科学、资源环境、农林水利、勘测规划和信息技术等领域和部门的专业技术人员阅读参考。

编写人员名单

主　编　常庆瑞

副主编　蒋平安　周　勇　李粉玲

编　者　（按姓氏音序排列）

　　　　常庆瑞（西北农林科技大学）

　　　　蒋平安（新疆农业大学）

　　　　李粉玲（西北农林科技大学）

　　　　申广荣（上海交通大学）

　　　　武红旗（新疆农业大学）

　　　　杨香云（西北农林科技大学）

　　　　张廷龙（西北农林科技大学）

　　　　周　勇（华中师范大学）

前　言

遥感科学与技术是 20 世纪 60 年代形成并发展起来的一门新兴交叉学科，作为对地观测系统的重要组成部分，是采集地球空间信息及其动态变化资料的基本方式，成为地球科学、资源环境、农林水利、测绘勘探、区域规划和救灾应急等学科和部门进行科学研究和管理工作的主要支撑技术，得到越来越广泛、越来越深入的应用。

随着遥感基础理论的深入发展、传感器技术的不断进步、信息处理方法的持续创新、应用领域的迅猛扩展，遥感作为一门课程进行教学越来越不适应人才培养的需求。在长期的教学实践中，针对地理学、生态学、资源环境科学等学科专业人才培养的目标，我们将与遥感相关的教学内容设置为遥感原理与方法、遥感数字图像处理和遥感图像分析与应用 3 门系列课程，本教材是在学习了遥感原理与方法、遥感数字图像处理等课程基础上，为遥感图像分析与应用课程编写的专门教材。本教材系统介绍了遥感图像分析应用的理论基础与方法、遥感图像的应用领域与基本技术。具体章节结构、内容体系如下：第 1 章为遥感图像解译的理论与方法，主要介绍遥感图像的解译原理、遥感资料概述、遥感图像的解译标志、遥感图像的目视解译技术等；第 2 章为遥感综合分析方法，主要介绍地学相关分析法、分层分类法、变化监测技术等；第 3 章为遥感定量分析方法，主要介绍定量遥感的概念和基本模型、遥感定量反演、混合像元分解等；第 4 章为遥感图像的地学分析应用，主要介绍遥感图像的地貌类型、滑坡、泥石流解译，遥感图像的岩性与地表物质识别，地质构造遥感分析和遥感地质找矿，土地资源遥感调查与动态监测等；第 5 章为植物遥感，主要介绍植物遥感原理、植被指数模型及其影响因素、植物参数的遥感反演、植被动态变化遥感分析等；第 6 章为土壤遥感，主要介绍遥感图像土壤应用的理论与方法、土壤水分遥感反演、土壤侵蚀遥感识别与定量分析等；第 7 章为遥感技术在农业方面的应用，主要介绍农作物遥感估产、作物生理生化参数遥感反演、作物品质遥感监测、作物病虫害遥感监测等；第 8 章为遥感技术在环境科学中的应用，主要介绍大气环境遥感监测、水环境遥感监测、城市污染的遥感监测等。

　　本教材是在西北农林科技大学地理信息科学专业遥感图像分析与应用课程讲义的基础上，结合近年来遥感技术的发展和应用成果编写而成的，为普通高等教育"十一五"国家级规划教材。全书编写提纲由主编常庆瑞提出，经过全体编写人员讨论确定，并分工负责编写。具体编写分工如下：第1章由常庆瑞、周勇、李粉玲编写，第2章由常庆瑞、杨香云、张廷龙编写，第3章由张廷龙、杨香云编写，第4章由蒋平安、武红旗编写，第5章由常庆瑞、李粉玲编写，第6章由常庆瑞、蒋平安、武红旗编写，第7章由李粉玲、申广荣编写，第8章由周勇、张廷龙、杨香云编写。在参编人员分工编写的基础上，主编、副主编分别进行了初审与修改，最后由主编终审定稿。

　　在本教材编写过程中，得到作者所在单位及其领导、同事的大力支持与帮助，特别是受到西北农林科技大学"双一流"建设出版经费资助；多位研究生在稿件录入、排版、校对和插图绘制等环节做了大量事务性工作。正是由于这些支持和帮助，使得本教材得以顺利出版，对他们的辛勤劳动和付出，全体编著人员在此表示诚挚的感谢。

　　在此需要特别说明的是，在本教材编写过程中，参考、引用了大量已经出版的教材、专著和研究论文，对于各位专家、学者的这些成果，我们表示崇高的敬意和衷心的感谢，大部分在参考文献中列出。但是，由于受教材篇幅的限制以及工作的疏漏，难免挂一漏万，一些重要的教材、专著和文章未能在参考文献中列出，敬请有关专家、学者原谅和理解。

　　由于作者学术水平有限，加之遥感技术发展日新月异，新理论、新技术、新方法和新设备不断涌现，书中难免存在谬误和不足之处，敬请广大读者和学界同仁不吝赐教，批评指正！

常庆瑞

2021年冬于农大雅苑

目　　录

第1章　遥感图像解译的理论基础与方法

遥感图像是按一定的几何原理缩小了的地面的电磁辐射图像，反映着地面客观的自然面貌，为我们提供了可以俯视和测量的地理区域。遥感图像解译就是根据遥感图像的几何特征和物理性质，经过综合分析或定量估算来揭示物体或现象的质量和数量特征，以及它们之间的相互关系，进而研究其发生发展过程和分布规律，也就是说根据图像特征来识别它们所代表的物体或现象的性质。因此，通过对遥感图像的分析解译就可达到对地物进行认识和研究的目的。

1.1　遥感图像解译的理论基础

1.1.1　遥感图像解译原理

遥感图像是建立在不同目标物的电磁波特性及其时空分布规律上的。遥感传感器通过电磁辐射与物体的相互作用将地面物体的电磁辐射接收、探测、记录下来，形成遥感图像。不同的传感器应用不同的成像方式，形成不同性质的遥感图像，即

$$地物（原型）\longrightarrow \begin{cases} 电磁波特性（物理属性） \\ 成像方式（几何属性） \end{cases} \longrightarrow 图像（模型）$$

遥感图像形成的理论基础是物体的电磁辐射特性，即

$$\boxed{物体的性质} \longrightarrow \boxed{电磁波能量} \longrightarrow \boxed{影像特征}$$

物体通过它们的电磁波能量来产生图像。

图像解译（interpretation）是指从图像获取信息的基本过程，即根据各专业（部门）的要求，借助各种技术手段和方法对遥感图像进行综合分析、比较、推理和判断，识别出所需要的地物或测算出某种数量指标。所以，解译的过程就是成像的逆过程，即

$$图像（模型）\longrightarrow \begin{cases} 灰度或色调（物理性质） \\ 形状大小（几何性质） \end{cases} \longrightarrow 地物（原型）$$

其原理是：

$$\boxed{影像特征} \longrightarrow \boxed{电磁波能量} \longrightarrow \boxed{物体性质}$$

具体说来，图像解译就是根据记录在图像上的图像特征——地物的光谱特征、空间特征、时间特征等来判断电磁波的性质和空间分布。不同地物的形态特征和性质不同，在遥感图像上表现不一，形成不同的影像特征，因而可根据它们的变化和差异来识别和区分不同的地物，进而确定其形态和属性。也就是说，遥感解译就是通过遥感图像所提供的各种识别目标的特征信息进行分析、推理与判断，最终达到识别目标或现象的目的。但是，图像上所提供的这些信息并非直接呈现在我们面前，而是通过图像上复杂形式的色调、结构及它们的变化表现出来。为了解译获得这些信息，必须具备一定的知识、技术和经验，具体包括专业基

础知识、区域地理知识、遥感系统知识和解译技术、工作经验，如图 1-1 所示。

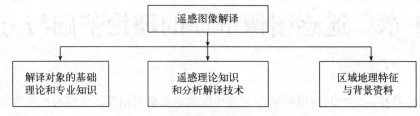

图 1-1　遥感图像解译具备的知识体系

　　(1)专业知识，指需要熟悉所解译对象的基础理论和专业知识及其相关学科的知识。包括地物成因联系、空间分布规律、时相变化以及地物与其他环境要素间的联系等知识。比如遥感地质找矿，首先需具备地层、构造、蚀变带等与找矿直接相关的地质知识和经验。此外，由于图像记录的是多种信息的综合，有意义的地质现象往往被植被、土壤所覆盖，因而还需要了解植物、土壤等相关知识，并能将这些知识有机地联系起来。可见，图像解译需要具备应用学科之间较综合的知识。

　　(2)区域地理知识，指区域特点、人文自然景观等方面的知识。每个区域均有其独特的区域特征——地域性，它影响到图像上的纹理特征、图型结构等。因而，图像解译时，解译者对这一地区的了解相当重要，它能帮助其直接识别或间接推断地物或现象的属性。

　　(3)遥感系统知识，指深入系统的遥感科学与技术的基础理论和专业知识。解译者必须了解解译图像的获取原理、成像方式，它采用了何种电磁波谱段，具有多大的分辨率，用什么方式记录图像，以及这些因素是如何影响图像，怎样从图像中得到有用信息等。

1.1.2　遥感图像解译的内容

　　遥感图像解译主要包括图像识别、图像量测、图像分析三方面内容。

　　1.1.2.1　图像识别　图像解译的首要工作是图像识别，其实质是分类的过程，即根据遥感图像的光谱特征、空间特征、时相特征，按照解译者的认识程度逐步进行目标的探测、识别和鉴定的过程。探测是指首先确定一个目标或特征的客观存在，如图像上某位置有个不规则的暗斑，另一位置有个规则的亮斑等；狭义的识别是指在更高一层的认识水平上去理解目标或特征，并把它粗略地确定为某个十分常见大类别中的一个实体，如确定那个不规则暗斑为水体，另一个规则亮斑为植被等；鉴定是指进一步根据图像上目标的细微特征，以足够的自信度和准确度将上述"识别"的这个实体划归某一种特定的类别中，如该植被实体或是林地，或是草地，或是农田，甚至可能细分为农田中的水浇地或麦田等。可见，上述的探测—识别—鉴定的分类过程本身就是解译者不断提高认识的深化过程。事实上，人们正是遵循着这一认识规律去观察、去识别周围的事物和现象。面对复杂的遥感图像，人们不仅能通过色调、形态等去认识、理解它，而且能熟练地运用个人的专业知识、相关信息、综合分析和多学科间的相互关联来认识事物和现象，并进一步推导出它们之间的关系。

　　1.1.2.2　图像量测　图像量测主要指在已知图像比例尺的基础上，应用图像的几何关系，借助简单工具、设备(如立体镜、测图仪等)或软件，测量和计算目标物的大小、长度、相对高度等，以获得精确的距离、高度、面积、体积、形状、位置等信息。这方面的发展已派生出一门独立的学科——数字摄影测量学。它不仅已从摄影像片延伸到对各类数字遥感图像的相应量测，而且量测工作从二维延伸到三维立体及仿真模型的量测。

同时，图像量测还包括对图像灰度值的测定，借助于光度学的知识和特殊设备（如密度计）量测图像的光密度，即通过测定图像的色调（密度）来估算目标物的亮度；对红外波段的热辐射图像，应用地物辐射原理和光谱辐射计量测可见光以外的辐射强度等。

对于各项量测结果，一般需要进行列表、统计计算，以获得精确的数据和总体概念，供下一步定量分析和应用。

1.1.2.3　图像分析与专题特征提取　图像分析是指在图像识别、图像量测的基础上，通过综合、分析、归纳，从目标物的相互联系中解译图像或提取专题特征信息，即定性、定量地提取和分析各种信息。图像分析具体包括特定地物及状态的提取、指标提取、物理量的提取、变化检测等。

（1）特定地物及状态的提取。如通过线性构造、环形构造及构造玫瑰统计图等的绘制分析区域的构造格局、构造应力场，通过矿化蚀变带的提取指导找矿，通过考古遗迹、古岸线痕迹的提取研究古地理环境及其变化，通过火点、火线、林火范围、洪水淹没区等灾害状态的识别了解灾情及研究对策，等等。

（2）物理量的提取。如由遥感立体像对测得的高程数据，派生出坡度、坡向、相对高差、地表粗糙度等一系列地形因子；通过对可见光-近红外波段图像光密度值的测量，推算目标的相对反射率；通过对热红外图像测量的辐射值推算目标的表面温度、湿度等。

（3）特定指标提取。即根据量测、估算的亮度、辐射值，通过各种运算提取有特征意义的指数，如植被指数、泥沙流浑浊指数、亮度指数、土地覆盖指数、沙化指数、温度指数、湿度指数等。

（4）变化检测。从多时相遥感信息中检测目标的变化，如土地覆盖变化、海岸河口变化、河道变迁、城市发展、环境变化等。变化检测信息的提取有多种方法，将在后面专门论述。

1.1.3　遥感图像解译的复杂性

遥感解译过程非常复杂，它由许多因素决定。首先，遥感图像所显示的是某一区域特定地理环境的综合体，提供的是一种综合信息。这种"综合"表现在两个方面：①地理要素的综合。它反映的是地质、地貌、水文、土壤、植被、社会生态等多种自然、人为要素的综合，这些因子密切相关、交织在一起，难以区分。②遥感信息本身的综合。它可以是不同空间分辨率、不同波谱分辨率、不同时间分辨率、不同辐射分辨率遥感信息的综合。

其次，遥感数据所对应的地理环境又是一个复杂的、多要素的、多层次的、具有动态结构和明显地域差异的巨型开放系统。它在时间和空间上是不断变化的，因而遥感信息中的各要素是相互关联、复杂变化的。

既然遥感图像解译过程是从遥感图像上获取专题信息的过程，而遥感信息又具有复杂的综合性和相关性，那么可以认为遥感图像解译过程是对遥感这一"综合信息"进行层层分解的过程。这个过程相当复杂，其难度可以从以下几方面加以说明：

（1）地物波谱特性复杂，受多种因素控制，本身也因时因地变化。

（2）自然界存在着大量"同物异谱"与"异物同谱"现象。即同一种地物由于地理区位不同、环境影响因素不同等,在图像上表现形式可能不一样;而图像上表现形式相同的未必是同一地物或现象。如同一地貌类型的干旱地区山麓洪积扇,可以因物质组成不同(花岗岩多为石英、长石等浅色矿物,变质岩多为辉石、闪长石等暗色矿物)、粒度不同(卵石、砂砾)、表面覆沙状况不同(沙、沙丘、洪漫层)、有无荒漠植被覆盖等,在图像上表现为不同的色调、纹理结构等;再如,不同的作物类别,如玉米与大豆、南方的竹与甘蔗等,其图像特征相同或相似,难以区分。这样的例子举不胜举。

(3)地物的时空属性和地学规律是错综复杂的,各要素、各类别之间的关系是多种类型的。有的具明显的规律性,如地带性规律:由于太阳辐射随纬度分布的规律性,造成沿纬度的水平地带性现象;由于温度、湿度等随地形高度分布的规律性,造成沿高度的垂直地带性现象;植物从播种到成熟的季节变化规律等。有的具有随机性、不确定性,如自然灾害(旱涝、火山地震、森林火灾等)的随机性、突发性,河流建闸所引起上下游环境和水文条件的不确定性变化等。有的具有模糊性,存在过渡渐变关系,如气候带、自然地带、草场类型的变化均呈过渡渐变关系,且过渡带随季节变动而移动。可见,地物本身存在着不同的复杂关系。这种关系往往掩盖了被研究类别的特征差异,再加上"同物异谱、异物同谱"现象及环境因素的干扰等,使遥感解译过程具有多解性、不确定性。为了提高解译结果的正确性、可靠性,必须补充必要的辅助数据和先验知识(地学、生物学、物理学、数学等专业知识),在 GIS 支持下,发展一系列相关的、多层次的、综合的应用分析方法,进行遥感与地学综合分析。

1.1.4 遥感图像解译的类型

遥感信息的解译类型有多种,根据解译信息的特征可分为定性解译和定量解译,根据解译内容可分为一般解译和专题解译等,根据解译的技术和方法可分为目视解译和计算机解译。目视解译就是借助如放大镜、立体镜、投影观察器等简单工具,直接由眼睛来识别图像特性,从而提取有用信息,即人把地物与图像联系起来的过程;计算机解译就是利用电子计算机对遥感图像数据进行分析处理,提取有用信息,进行自动识别和分类。因此解译时,解译者除了要有上面所述的基础理论和专业知识外,必须有一定的实际工作经验。解译的质量高低就取决于人(解译人员的生理视力条件和知识技能)、物(物体的几何特性、电磁波特性)、像(图像的几何、物理特性)三个因素的统一程度。

遥感图像的目视解译是遥感分析应用中最基本的工作和必不可少的研究手段。它把解译者的专业知识、区域知识、遥感知识及经验介入到图像分析中去,根据遥感图像上目标及周围的图像特征,以及图像上目标的空间组合规律等,通过地物间的相互关系,经推理、分析来识别目标。它不仅仅限于对各种地物本身的识别,还能利用图像的综合性、宏观性,通过地物间的相互关系,对各自然要素进行综合分析。也就是说,它将图斑信息置于整幅图像中,分析它与各类信息间的属性和空间关系,引出解译者的多种知识(地理学、地貌学、土壤学、地质学、生态学、农学、气象学等知识),进行综合推理、分析比较,最后做出判断。由于目视解译充分利用了解译者的知识、经验,比计算机解译准确度高,成为遥感图像解译最基本的方法,是区域景观分析的主要手段。但是,目视解译慢、定量精度受到限制,且往往带有解译者的主观随意性。为了提高图像解译的水平,不仅要求解译者掌握、分析研究对象的波谱特性、空间特征、时间特征等,了解遥感图像的成像机理和图像特征,而且离不开对地物地学规律的认识以及对地面实况的了解,只有这样才能从图像提供的大量信息中去伪存真，提取出所需要的专题特征信息。因此，从遥感图像上所获得信息的类型和数量，除了与研究对象的性质、图像质量密切相关以外，还与解译者的专业知识、经验、使用方法及对干扰因素的了解程度等直接相关。

计算机自动解译的整个处理过程多以人机交互方式进行，各种处理算法的"好与坏"离不开人工判断或人的经验与知识的介入；而且它主要利用地物的光谱特征，以数据的统计分析为基础，进行自动类型划分和指标计算；但是，不能利用遥感信息所包含的地学内涵，对复杂的地理环境要素难以进行有效的综合分析，且对地物空间特征的利用不够，其处理结果仍然需要专业人员的目视鉴定。因此，计算机解译和目视解译两种解译方法各有所长，应配合使用。

1.2 遥感图像特征

1.2.1 遥感图像的种类

利用安装在遥感平台上的各种电子和光学传感器，在高空或远距离处接收到来自地面或地面以下一定深度的地物辐射或反射的电磁波信息，这些电磁波信息经过各种信息处理技术，加工处理成能解译的遥感影像或计算机用的数字图像。这种反映地物性质、数量和动态特征的遥感影像或计算机用的数字图像都是遥感资料，统称遥感图像，最常用的遥感图像是航空像片和卫星数字图像。

遥感图像可分为影像资料和非影像资料两大类。各种传感器所获得的以影像形式记录下来的遥感信息均属遥感影像资料，包括各种地面遥感影像资料、航空和航天遥感影像资料，其形式有黑白透明片和彩色透明片、黑白和彩色像片等；不是以影像形式，而是以数字或图表形式记录的遥感信息，称非影像数据资料，例如扫描传感器记录的数据磁带、地物光谱测试资料等，其中反映图像信息的是数字图像。

影像和数据是遥感图像的两种主要表示形式。遥感影像直观逼真，便于目视定性解译，是最常用的遥感资料。遥感影像主要包括摄影像片、扫描影像和雷达影像，以及经过图像增强处理所得到的各种影像。遥感数据存储方便，表达精确，便于电子计算机进行处理和识别，可以大大提高解译速度及精度，不过需要一定的技术条件才能应用。影像可以通过模数转换(A/D)变成数字进行记录，数字也可以通过数模转换(D/A)变成模拟光点记录到胶片或像纸上去。所以，遥感影像和数字图像是相互联系、密切配合并可互相转化的两类基本的遥感图像，同时运用影像和数据两种资料，可以取长补短，减少信息损失。

1.2.1.1 遥感影像 凡是只记录各种地物的电磁波振幅大小的胶片(或像片)都称为遥感影像。遥感影像包括常规摄影成像的可见光黑白像片和彩色像片，非常规摄影成像的紫外像片、彩红外像片和多波段摄影像片，此外还有非摄影图像资料，如用各种类型扫描仪成像的单谱段影像(如紫外、红外、被动微波影像和雷达影像)和多波段扫描影像，以及数字磁带回放制作的影像(如 Landsat 的 MSS 和 TM 影像)。

(1)摄影像片(photograph)。摄影像片是指用各种摄影仪对地面物体拍摄，直接在感光材料上记录的影像，包括可见光全色黑白片、近红外黑白片、多波段黑白片、彩色片和假彩色片，都是直接在感光胶片上记录地物的光像。胶片上的感光材料是由直径 $0.1 \sim 1\,\mu m$ 的微粒所组成的，这个数量级相当于光波的波长($0.32 \sim 2.5\,\mu m$)。因此在光学透镜成像时，物点与像点是点点对应连续记录的像平面。即记录在胶片上的像点的光分布或光强分布是连续的二维函数。若设像平面上各点的坐标为(x, y)，图像的灰度为g，则灰度是坐标的函数，即$g(x, y)$称为灰度的空间分布函数。表达式为

$$g(x, y) = \iint G(u, v)\exp[\mathrm{i}2\pi(ux+vy)]\mathrm{d}u\mathrm{d}v \qquad (1-1)$$

式中$G(u, v)$为$g(x, y)$的傅里叶变换，i为虚数单位。

(2)扫描影像(imagery)。扫描影像是指各种航空航天扫描仪所获取的图像，即经过光电转换将光像、热像、微波像转换为光点，并在胶片上扫描而形成的影像，包括热红外扫描片、微波扫描片、多波段黑白扫描片、假彩色扫描片等。这种图像在灰度取值上是连续的，而空间分布上是不连续的。设像平面上各点的坐标为(s, p)，其中s为扫描方向，p为飞行方向，图像的灰度是坐标的函数，即$g(s, p)$，该空间分布函数取值是连续的，在空间上是离散的。即

$$g(s, p) = \sum\int G(u, v)\exp[\mathrm{i}2\pi(us+vp)]\Delta u\Delta v \qquad (1-2)$$

(3)数字化影像。由遥感图像数据回放出来的影像。这种影像在灰度取值和空间分布上都是不连续的。每一个数据对应一个像元，在像平面(s, p)内，图像的灰度分布函数$g(s, p)$的取值是离散的，即

$$g(s, p) = \sum\sum G(u, v)\exp[\mathrm{i}2\pi(us+vp)]\Delta u\Delta v \qquad (1-3)$$

就成像机制而论，可见光-近红外影像主要取决于地物对可见光和近红外的反射特性，热红外影像主要取决于地物温度的差异，雷达影像是人工发射的微波回波的图像。这是各具特点的三类基本的遥感影像。

此外还有一种既记录电磁波振幅又记录电磁波位相的遥感图像——波带片，合成孔径雷达记录的图像就是此类。波带片不能直接看到地物的像，还需经过激光再现，才能获得高分辨率的二维影像。

1.2.1.2　数字图像　凡是不直接在胶片上光学成像的传感器系统，当它的探测系统输出视频电压信号时，都记录在各种存储介质上。即使已经形成在胶片上的光学影像，也可将它模拟化或数字化，再记录到存储介质上去。这种存储形式有两种记录方法：模拟信号记录和数字信号记录。

(1)模拟信号记录。模拟信号记录与录音磁带、录像磁带的原理一样。遥感传感器的探测系统输出由电磁辐射产生的电压信号，记录系统直接将这种电压记录到相应存储介质上去。由于探测系统输出的电压信号是按时序的电压曲线，每一条成像扫描线对应一条电压曲线，因此记录在介质上的信息也是模拟电压曲线信号。回放时，模拟信号可以复原为电压曲线。模拟信号记录是一种暂时记录工具。本来从探测系统输出的电压信号是可以直接通过电光转化变成光信号，然后聚焦扫描成像的。但为了减轻平台的负载(特别是卫星遥感)，使传感器的结构简单轻便，而且能记录大量信息，因此用模拟信号记录来做暂时记录工具，这样电光转化系统及扫描成像系统可以放在地面接收站来工作。在卫星平台上，介质记录的模拟信号定期用微波通信发射回地面接收站，介质又可以记录新的信号。这种模拟信号记录介质可以重复多次使用，记录并传递大量信息。

(2)数字信息记录。探测系统输出的电压信号，经过一个模数转换器(A/D)对电压曲线分

段读数，然后把这些数据记录在相应介质上，即成为数字信息记录。回放时，数字信息要经过数模转换（D/A），将离散的数据转换成模拟电压曲线，再经电光转化聚焦扫描成像。同样，数字信息记录介质也是一种暂时记录工具，但这种工具比模拟信号记录大大前进了一步。

　　数字信息记录方式比影像资料具有更多的优点。它能直接送入电子计算机进行各项数据处理，并能实现自动识别、自动分类和自动制图。它的缺点是不能直观看到影像，需要经过数模转换再现为影像资料。目前，航天遥感信息的记录形式主要是数字形式。

　　1.2.1.3　影像上的灰度与数字图像上的数据　　无论是光学模拟产生的影像还是数字信号回放的数字化影像，都记录了地物的反射或发射的电磁辐射信息，即记录地物的电磁辐射的强度和分布。我们用一个二维光强度函数 $f(x, y)$ 表示在像面坐标 (x, y) 处，函数 f 的值就是该点地物的光强度（亮度），函数 $f(x, y)$ 通常被定义在一个矩形范围内，称为一幅影像。影像上的黑白色调通常用灰度表示，所以将坐标 (x, y) 处的单色影像 f 的强度称为该点影像的灰度值。像片上每一个单元（像元）的灰度 g 是地物三维空间坐标 (X, Y, Z)、电磁波波段 $(\Delta\lambda)$ 和成像时间 (t) 的函数，即

$$g = f(X, Y, Z, \Delta\lambda, t) \tag{1-4}$$

　　在某一特定时间，在若干波段上获取的影像集合称为多光谱影像；而在一个特定的波段上，不同时间获取的影像称为多时域影像。图 1-2 绘出了通常采用的图像坐标系统的取向：X 轴指向图像行数增加的方向，Y 轴指向图像列数增加的方向。函数 $f_i(x, y)$ 在空间任一位置具有 P 个灰度数值，构成一个 P 维向量，称之为多维图像元素或像元（pixel）。

　　一幅遥感影像实际上是各种不同灰度在二维平面上的分布。所谓灰阶，即灰度的等级，理论上灰度的等级是无数的，实际应用中常分为有限个数量。影像上的灰度与数字影像上的数据一一对应。

　　（1）辐射量与灰度。遥感图像上的灰度是模拟地物的辐射量模型，以 Landsat 的 MSS 图像为例，表 1-1 为部分地物的反射率，其取值介于 0～1，该反射率被记录在图像上就是灰度，也就是说灰度值是介于 0～1 的数值。若 0 为黑色，1 为白色，则介于 0～1 的灰度是连续的，且可取多个等级。

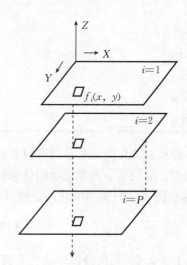

图 1-2　图像坐标系统的取向

表 1-1　地物的反射率

地物	MSS 4：0.5～0.6 μm	MSS 5：0.6～0.7 μm	MSS 6：0.7～0.8 μm	MSS 7：0.8～1.1 μm
雪	0.89	0.92	0.90	0.85
湿沙土	0.10	0.13	0.11	0.18
干黏土	0.08	0.10	0.35	0.50
凝灰岩	0.48	0.49	0.50	0.53
柳树	0.40	0.34	0.48	0.51
深水	0.08	0.06	0.04	0.02

（2）灰阶与数字。由于数字存储介质是以二进制为基础记录图像灰度的，因此灰度的等级也要按二进制来划分灰阶，一般划分为 2^n，n 的取值为 1，2，3，…。要将地物反射率或发射率转换成灰阶，就要进行适当的数字变换。令反射率（或发射率）最大值等于 2^n-1，最小值为 0，再用内插法将其余反射率灰阶化，便可得到图像灰度的数字，内插一般用线性，也可用非线性内插。线性内插灰度值计算公式为

$$g_x = (255-0)(p_x - p_{min})/(p_{max} - p_{min}) \tag{1-5}$$

式中：g_x 为任一地物在任一波段上的灰度值；p_x 为任一地物在任一波段上的反射率；p_{max} 为最大反射率；p_{min} 为最小反射率。

以 Landsat 的 MSS 传感器为例，灰度等级为 2^8，将表 1-1 中的数字代入式（1-5），计算可得到表 1-2，这些数值都是介于 $0\sim255$ 的正整数，便于记录到每个像元为 8 位的介质上去。

表 1-2　图像的灰度数值

地物	MSS 4：0.5~0.6 μm	MSS 5：0.6~0.7 μm	MSS 6：0.7~0.8 μm	MSS 7：0.8~1.1 μm
雪	246	255	249	235
湿沙土	23	31	25	45
干黏土	17	23	93	136
凝灰岩	130	133	136	144
柳树	108	91	130	139
深水	17	11	6	0

经过灰阶化的辐射量就可以直接记录到数字存储介质上，这种数字存储资料就是遥感数字图像。回放数字图像记录的信息时，输出的即为图像上对应像元的灰度值。如果将灰阶从 2^8 转换到 2^7，只要两级并一级就可以完成，实际上仍需按式（1-5）计算，这里不再赘述。

1.2.2　遥感图像的特征

1.2.2.1　几何分辨率及其几何特征

（1）几何分辨率。几何分辨率是指传感器对两个非常靠近的地物的识别、区分能力，有时也称分辨力或解像力，包括空间分辨率、影像分辨率和地面分辨率三种情况。

空间分辨率是指传感器收集系统的最小鉴别角或瞬时视场角。影像分辨率是指图像上像元的大小或影像上每毫米长度内所能分辨出的线条数，它由空间分辨率和胶片分辨率决定。而地面分辨率则是图像上能被分辨出的地面线度或面积，也即像元所应对的地面线度，所以它由像元大小和影像比例尺所决定，像元越小，比例尺越大，地面分辨率越高。对一定的遥感图像，地面分辨率是一定值，不随图像的缩放变化，但影像分辨率则发生变化。几何分辨率有三种表示法：

A. 像元（pixel）。像元是扫描图像的基本单元，是成像过程中或用计算机处理时的基本采样点。单个像元所对应的地面面积大小，就是地面分辨率。如美国 QuickBird 商业卫星一个像元相当地面面积 0.61 m×0.61 m，其几何分辨率为 0.61 m；Landsat/TM 一个像元相当地面面积 30 m×30 m，简称几何分辨率 30 m；NOAA/AVHRR 一个像元约相当地面面积

1 100 m×1 100 m，简称几何分辨率 1.1 km。

B. 线对数（linepairs）。对于摄影系统而言，影像最小单元常通过 1 mm 间隔内包含的线对数确定，单位为线对/mm。所谓线对，是指一对同等大小的明暗条纹或规则间隔的明暗条对。

C. 瞬时视场（IFOV）。指传感器收集系统的受光角度或观测视野，单位为毫弧度（mrad）。IFOV 越小，最小可分辨单元越小，空间分辨率越高。IFOV 取决于传感器光学系统和探测器的大小。一个瞬时视场内的信息，表示一个像元。然而，在任一个给定的瞬时视场（IFOV）内，往往包含着不止一种地面覆盖类型，它所记录的是一种复合信号响应。因此，一般图像包含的是"纯"像元和"混合"像元的集合体，这依赖于 IFOV 的大小和地面物体的空间复杂性。

这三种表示方法意义相同，只是考虑问题的角度不一样。例如，若 IFOV 为 2.5 mrad 时，从 1 000 m 高度上获取的图像的地面投影单元的大小为 2.5 m×2.5 m。

几何分辨率的高低反映了图像的空间详细程度。一般说来，传感器系统的几何分辨率越高，其识别物体的能力越强。但实际上地物在遥感图像上的可分辨程度不完全决定于空间分辨率的具体值，而是与其形状、大小及周围物体亮度、结构的相对差异有关。例如，Landsat/MSS 的空间分辨率为 80 m，但是宽度为 15～20 m 的铁路甚至 10 m 宽的公路，当它们通过沙漠、水域、草原、农作区等背景光谱较单调或与道路光谱差异大的地区，往往清晰可辨。这是由它独特的形状和较单一的背景所致。空间分辨率的大小，仅表明图像细节的可见程度，但真正的识别效果，还要考虑环境背景复杂性等因素的影响。经验证明，传感器系统几何分辨率的确定，一般应选择小于被探测目标最小直径的 1/2。

注意，人眼能分辨影像上单位长度内的线对数称为人眼分辨率，与影像和地面分辨率不同，人眼有时能分辨出像元，有时则不能，要视像元大小而定。随着影像的缩放，像元大小也跟着缩放，即影像分辨率发生变化，但地面分辨率不变，信息量不能增加。

表 1-3 以 Landsat 的 MSS 为例来说明影像分辨率、地面分辨率与人眼分辨率的关系。

表 1-3　MSS 的影像分辨率、地面分辨率与人眼分辨率

像幅（mm²）	比例尺	人眼分辨率 5 线对/mm 每幅能分辨的像元数	影像分辨率 750 万/幅像元数 像元点大小（μm）	地面分辨率 （m²）
55×55	1∶336 万	275×275＝7.5 万	17×23	
185×185	1∶100 万	925×925＝85 万	57×79	
370×370	1∶50 万	1 850×1 850＝342 万	114×158	55×79
740×740	1∶25 万	3 700×3 700＝1 369 万	228×316	

（2）几何特征。遥感图像与所表示的地表景观特征之间有特定的几何关系。这种几何关系是由传感器的成像方式、特定的观测条件、地形起伏和其他因素决定的。

地面目标是个复杂的多维模型。它有一定的空间分布特征（位置、形状、大小、相互关系）。从地面原型（一个无限的、连续的多维信息源），经遥感过程转为遥感信息（一个有限化、离散化的二维平面记录）后，受大气传输效应和传感器成像特征的影响，这些地面目标的空间特征被部分歪曲，发生变形，这些几何畸变的主要原因及大小如图 1-3、图 1-4 所示。

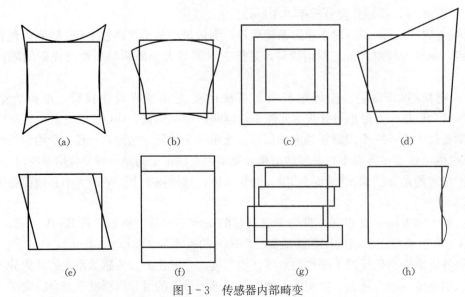

图 1-3　传感器内部畸变

(a)辐射方向畸变　(b)切线方向畸变　(c)比例尺偏差　(d)投影畸变

(e)倾斜失真　(f)行进方向比例尺的误差　(g)阶梯状畸变　(h)扫描比例尺的偏差

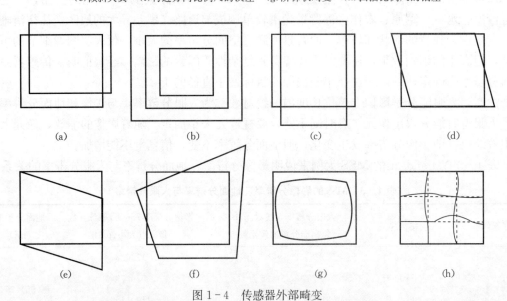

图 1-4　传感器外部畸变

(a)平行移动的畸变　(b)比列尺畸变　(c)纵横比的畸变　(d)倾斜失真　(e)倾斜失真

(f)投影畸变　(g)地球曲率引起的畸变　(h)地形起伏引起的畸变

　　从图 1-3 和图 1-4 中可见，几何畸变有的是由于卫星的姿态、轨道，地球的运动和形状等外部因素所引起的；有的是由于遥感器本身结构性能和扫描镜的不规则运动、探测器的配置、波段间的配准失调等内部因素所引起的；也有的则是由于纠正上述误差而进行一系列换算和模拟而产生的处理误差所引起。这些误差有的是系统的，有的是随机的；有的是连续的，有的是非连续的，十分复杂。但是它们大部分可以通过几何纠正来加以消除或减小。

　　图 1-5 显示了摄影像片与扫描影像上像点位移的基本状况。图 1-5(a)为垂直摄影像片，像点位移是从中心点向四周发射状，且越往边缘变形越大；图 1-5(b)为扫描影像，像

点位移主要在与天底线垂直方向上变化，且越往扫描角边缘变形越大。可见，不同传感器的几何成像机理不同，几何畸变的性质也不同，与地面目标的几何形态关系也不同。

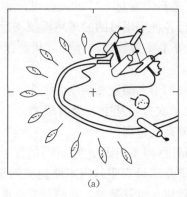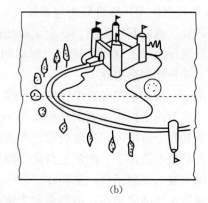

图 1-5　不同成像方式影像变形

(a)垂直摄影图像　(b)光机扫描图像

1.2.2.2　光谱分辨率（spectral resolution）　遥感信息的多波段特性用光谱分辨率来描述。光谱分辨率指传感器所选用的波段数量、波长位置和波长间隔，即选择的通道数、每个通道的中心波长、带宽，三者共同决定光谱分辨率的高低。

对于黑/全色航空像片，航摄仪用一个综合的宽波段（$0.4 \sim 0.7\ \mu m$，波段间隔为 $0.3\ \mu m$）记录整个可见光的反射辐射；Landsat/TM 有 7 个波段，能较好地区分同一物体或不同物体在不同波段的光谱响应特性的差异，其中以 TM3 为例，传感器用一个较窄的波段（$0.63 \sim 0.69\ \mu m$，波段间隔为 $0.06\ \mu m$）记录红光区的一个特定范围的反射辐射；航空可见、红外成像光谱仪 AVIRIS 有 224 个波段（$0.4 \sim 2.45\ \mu m$，波段间隔近 10 nm），可以检测到各种物质特征波长的微小差异。可见，光谱分辨率越高，专题研究的针对性越强，对物体的识别精度越高，遥感应用分析的效果也就越好。但是，面对大量多波段信息以及它所提供的这些微小的差异，人们要直接地将它们与地物特征联系起来，综合解译是比较困难的，而多波段的数据分析可以改善识别和提取信息特征的概率和精度。

分波段记录的遥感图像，可以构成一个多维向量空间，空间的维数就是采用的波段数。如选用 3 个波段构成一个三维特征空间，如图 1-6 所示。

图像上的一个像元 X_{ij}，在各波段上均有一个光谱数值 a_{ij}、b_{ij}、c_{ij}（i、j 分别为该像元的行、列号）。每个像元在各波段的灰度数据构成一个多维向量，它们对应于多维空间上的一个点，用 X_{ij} 向量表示，相同类型的地物形成空间中的点集，不同类型的地物构成的点集相互分离。遥感图像分类、模式识别的实质

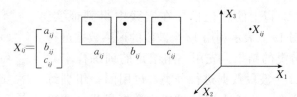

$$X_{ij}=\begin{bmatrix} a_{ij} \\ b_{ij} \\ c_{ij} \end{bmatrix}$$

图 1-6　多波段影像的向量表示与
多光谱空间

就是选择有效的判别函数来区分这些不同的点集，就可以将不同类型的目标区别开来。

多波段并非越多越好。波段分得越细，各波段数据间的相关性可能越大，增加数据的冗余度，相邻波段区间的数据相互交叉、重复，未必能达到预期的识别效果；同时，波段越

多，数据量越大，给数据传输、处理和鉴别带来新的困难。因而，传感器光谱分辨率的确定必须综合考虑多种因素，通过大量实验数据，最后总结归纳而成。如 TM 波段选择，便是美国 NASA 委托密执安环境研究所与普渡大学遥感实验室对 TM 的波段设计和应用效果进行大量的预研究。他们利用美国 289 个试验场进行各种应用目的的遥感模拟飞行试验，较系统地对传感器最佳波段、空间分辨率、辐射响应等主要参数进行评价，从而保证了 TM 数据的科学性、先进性和适用性。

下面的例子可从理论和实验中证明这一点。我们引入测量复杂度的概念，在多波段情况下，测量复杂度对应于被记录到的亮度级数 m 的 k 次方，其中 k 为波段数。也就是说，所采用的波段数和每个波段内的亮度级数越多测量复杂度越高。

在不同先验概率条件下，测量复杂度是测量精度（即平均识别准确度）的度量，而平均识别准确度是测量复杂度的函数，见图 1-7(a)。研究结果表明，当不断提高测量复杂度时，平均识别准确度也将随之增高，但是会发生饱和效应。也就是说，在测量复杂度提高到一定程度后，测量复杂度再提高，对测量精度几乎无影响。在有限训练样本条件下，研究结果表明，当训练样本一定时，存在着一个最佳的测量复杂度，见图 1-7(b)。也就是说，过多的光谱波段数和每一波段内过多的亮度级数并不能提高预期的分类准确度。可见，关键不在于测量复杂度的不断提高，而在于选择最佳测量复杂度，即找出曲线极大值的位置。

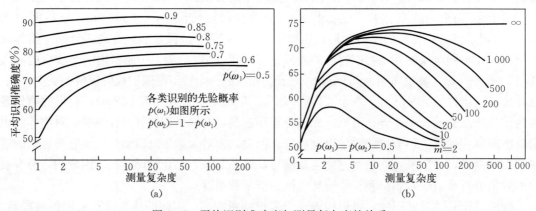

图 1-7　平均识别准确度与测量复杂度的关系

(a)不同先验概率条件下　(b)不同训练样本数条件下

以上的理论推导在实践中得到证实。图 1-8 表示利用 12 个波段的遥感数据进行分类的结果。先用一组给定的训练样本对 12 个波段数据进行分类，再用同一组训练样本，分别对 12 个波段中数据最优方式确定的不同子集进行分类。图 1-8 上表示的是识别准确度与特征数之间的关系曲线。可见，曲线确实有一个极大值，此处当特征值为 3 时识别准确度最高，而且明显大于 12 个波段全被采用时的识别准确度。

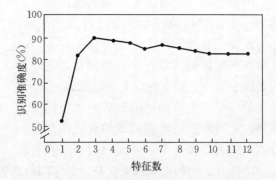

图 1-8　识别准确度与特征数的关系

1.2.2.3　时间分辨率　时间分辨率(temporal resolution)是关于遥感图像获取时间间隔的一项性能指标。传感器按一定的时间周期重复采集数据,这种重复周期又称回归周期。它由平台的轨道高度、轨道倾角、运行周期、轨道间隔、偏移系数等参数所决定。这种重复观测的最小时间间隔称为时间分辨率。

时间分辨率的大小除了主要决定于平台的回归周期外,还与传感器的工作方式等因素直接相关。例如:法国 SPOT 卫星的回归周期为 26 天,但 SPOT/HRV 传感器具有倾斜观测能力(倾角±27°),这样便可以从不同轨道上用不同的角度来观测地面上同一地区。因而,地表特定区域重复观测的时间间隔比其回归周期 26 天大大缩短,在一个周期内,中纬度地区可以观测约 12 次,赤道可观测约 7 次,纬度 70° 处可观测 28 次。所以,有时将 SPOT 卫星的时间分辨率看作 1~4 天。而极轨气象卫星 NOAA 的重复周期为 0.5 天,采用双星系统,同一地点每天有 4 次过境资料,静止气象卫星每隔 20~30 min 对 1/4 的地球表面观测一次。因此,对于遥感系统的时间分辨率,可以认为 Landsat4、5 为 16 天,SPOT 为 1~4 天,NOAA 为若干小时,静止气象卫星为几十分钟。至于航空摄影、人工摄影等则可按应用需求人为控制。

根据遥感系统探测周期的长短可将时间分辨率划分为三种类型:

(1)超短或短周期时间分辨率。主要指气象卫星系列(极轨和静止气象卫星),以"小时"为单位,可以用来反映一天以内的变化。如探测大气、海洋物理现象,突发性灾害监测(地震、火山爆发、森林火灾等)和污染源监测等。

(2)中周期时间分辨率。主要指对地观测的资源环境卫星系列(Landsat、SPOT、ERS、JERS、CBERS-1 等),以"天"为单位,可以用来反映月、旬、年内的变化。如探测植物的季相节律,根据农时历关键时刻的遥感数据获取一定的农学参数,进行作物估产与动态监测,农林牧等再生资源调查,旱涝灾害监测,气候学、大气、海洋动力学分析等。

(3)长周期时间分辨率。主要指较长时间间隔的各类遥感信息(QuickBird、IKONOS),用以反映"年"为单位的变化。如湖泊消长、河道迁徙、海岸进退、城市扩展、灾情调查、资源变化等。至于数百年、上千年的自然环境历史变迁,则需要参照历史考古等信息,研究遥感图像上留下的痕迹,寻找其周围环境因子的差异,以恢复当时的古地理环境。

因此,多时相遥感图像可以提供目标变量的动态变化信息,用于资源、环境、灾害的监测、预报,并为更新数据库提供保证,能根据目标不同时期的不同特征提高目标识别能力和精度。

1.2.2.4　辐射分辨率(radiant resolution)　任何遥感图像目标的识别,最终依赖于探测目标和特征的亮度差异。这种差异取决于两方面:一是地面景物本身必须有充足的对比度(指在一定波谱范围内电磁辐射的差异),二是传感器必须有能力记录下这个对比度。辐射分辨率指传感器对电磁辐射强弱的敏感程度、区分能力,即探测器的灵敏度,反映传感器感测元件在接收电磁辐射时能分辨的最小辐射度差,也是表征了不同辐射源对相同辐射量的分辨能力。一般用灰度的分级数来表示,即最暗和最亮灰度值(亮度值)间分级数目的量化级数。它对于目标识别是一个有决定意义的指标。如 Landsat-MSS 以 2^7 个灰度等级(取值范围 0~127)记录反射辐射值,Landsat-TM 数据的记录是 2^8 个灰度等级(取值范围 0~255),显然 TM 比 MSS 的辐射分辨率高,图像的可检测能力增强。

对于上述分辨率而言,最重要的是空间分辨率和辐射分辨率,相互之间有一定的关联性。一般瞬时视场 IFOV 越大,最小可分像素越大,空间分辨率越低;但是,光通量即瞬时获得的入射能量越大，辐射测量越敏感，对微弱能量差异的检测能力越强，则辐射分辨率越高。因此，空间分辨率的增大，将伴之以辐射分辨率的降低。可见，高空间分辨率与高辐射分辨率难以两全，它们之间必须协调处理。

1.2.2.5 遥感图像的信息容量 量化的遥感数据，其信息量用比特（bit）表示，1 比特可以表示成 0 或 1 两个状态的信息量。假设图像上像元取各灰度值的概率相同（即图像上各像元所取的灰度值不同，而各灰度值出现的概率相同）。设数据的量化级数为 m，根据信息论的研究公式，则每个像元所能包含的最大信息量应为 $\log_2 m$（bit）。

一幅单波段图像内有 n 个像元，则一个单波段图像所包含的最大信息量为

$$I_m = n\log_2 m \qquad (1-6)$$

一个传感器系统可以有 K 个波段。这个遥感系统所能容纳的最大信息量 I_s 为

$$I_s = KI_m = kn\log_2 m = k\frac{C}{G^2}\log_2 m \qquad (1-7)$$

式中：C 为一景图像所对应的地面面积；G 为地面分辨率（即空间分辨率）；n 为像元数；K 为波段数（可理解为光谱分辨率）；m 为量化级数（辐射分辨率）。

遥感系统对同一地区重复覆盖，多次采集数据，因而考虑其信息量时，应考虑它的时间分辨率。也就是说，任一个遥感系统都有一定的信息容量。它的最大信息容量与其空间、光谱、时间、辐射分辨率有关。在具体分析应用时，人们必须通过研究对象的特征来选择遥感信息，并使之与遥感系统的信息能力相一致。

1.2.3 地表景观特征

自然界的一切地物都具有空间分布特征、波谱特征、辐射特征及时间变化特征，研究地面目标的特征是进行遥感图像分析应用的必要前提。作为遥感的研究对象，各种地物具有什么样的特征，遥感信息特征与地表特征的关系如何等问题，我们予以讨论。

1.2.3.1 空间分布特征 任何地物均有一定的空间分布特征。根据空间分布的平面形态，把地物分为三类：面状、线状、点状。可以从四个方面来确定地物的空间分布特征：空间位置、大小、形状、空间关系。前三者是针对单个目标而言，可以通过数据的形式来表示。

面状地物的空间位置可由其界线的一组 (x, y) 坐标对来确定，并可相应地求得其大小和形状参数。目标大小参数包括面积 S 和边界间距，边界间距由一组数值 $(l_1, l_2, \cdots, l_n)$ 组成。形状参数 M 的确定可以有不同方法，通常可用 $M = L/S$ 来确定（L 为周长）。线状地物的空间位置可由线性形迹的一组 (x, y) 坐标对确定；点状目标的空间位置由其实际位置或中心位置的 (x, y) 坐标确定。

地物在分布上呈现一定的空间组合关系，即具有一定的空间结构。如区域内不同地质体脊柱、马蹄形盾地、前弧、反射弧等有规律地排列形成独特的山字形构造；由海湾海岸和阻隔沙堤组成潟湖地貌特有的空间结构；根据不同城市特点，道路、建筑、工农业布局等可有四方形城墙包围的传统古都式结构（北京、南京、西安），也有如同鞍山市沿铁路南北伸展的工业带状结构等。

地物的空间分布特征、组合关系受地域分异规律的控制。如，我国南方地形、构造较为复杂，造成其他环境要素组合（水系、植被、土壤等）的复杂化，土地资源条件和土地利用类

型差异较大。因而从北往南自然景观的分异越来越明显，类型增多，基本景观单元变小，形状复杂程度增加。

不同的地面对象有着不同的空间分布特征。地物的空间分布特征是在遥感图像上鉴别该地物的重要依据，在目视解译中体现得更充分、更直接。比如，飞机场、导弹基地、雷达站的识别，是直接通过它们独特的形状、大小、图型结构等来认识的，河流也是通过其特有的河曲形态直观认识的。

在遥感数字图像处理中，地物空间特征的大小、形状等，主要是通过光谱特性数据的变化，即色调(或颜色)变化来体现的。比如，一定宽度的水泥公路，当它两边是水、草、林荫大道时，易于识别，但当两侧是沙地时，识别它便有一定难度。可见这条公路是借助于它与周围色调(或颜色)的带状差异而衬托出来的。西北干旱区的间隙性辫状河流，往往是通过河两旁的胡杨林所呈现出的曲状条纹而加以识别的。也就是说，地物的形状、大小这种空间几何特征，主要是依赖于该目标与周围物体间的光谱差异来反映的。至于另一重要的空间特征纹理结构，它是通过较小区域光谱特征(色调)的变化频率来反映的。如农田、森林、牧草地，对于一定空间分辨率的遥感图像(如航空像片、TM、SPOT 等)而言，可以根据它们纹理结构上的差异区分出来，但对于空间分辨率较低的遥感数据，要区分它们只有更多地依赖于色调的变化和一些很粗的空间特征。对数字图像来说，一般采用计算小窗口内若干像素的统计特征或者采用自相关函数和功率谱等直接或间接地对区域的空间频率特征进行度量，以表达图像的纹理特征。可见，在数字图像处理中，空间特征的有效利用率远不如光谱特征。因而，图像处理与 GIS 结合，建立以空间特征为基础的图像数据分析系统，是一个重要方向。

地物空间分布特征的研究也是选择适当空间分辨率的遥感资料的依据。表 1-4 为不同空间尺度的地物特征对地面分辨率的要求。

表 1-4 中：①巨型地物特征，如大陆漂移、洋流、自然地带等均属千米级(1 000～1 500 m)的宏观现象，选用千米级空间分辨率的气象卫星、海洋卫星数据可以满足需求；②大型地物特征，如资源调查、环境质量评价、土地类型等，均属百米级(80～100 m)的地物要素，选用陆地卫星系列的空间分辨率可以保证；③中型地物特征，如作物估产、土种识别、林火监测、污染监测、交通规划等，空间尺度约在 50 m 以下，属区域范围的地物元素，一般选用较高空间分辨率的陆地卫星系列(如 TM、SPOT、CBERS 等)完成；④小型地物特征，如港湾、水库、工程设计、城市规划等，空间尺度为 5～10 m，属地区性地物，主要依赖于航空遥感资料，高空间分辨率的 SPOT、ETM 等卫星资料也可完成。

表 1-4　不同尺度地物特征的地面分辨率要求

地物特征	地面分辨率要求	地物特征	地面分辨率要求
Ⅰ.巨型地物特征		水土保持	50 m
地壳	10 km	植物群落	50 m
成矿带	2 km	土种识别	20 m
大陆架	2 km	洪火灾害	50 m
洋流	5 km	径流模式	50 m
自然地带	2 km	水库水面监测	50 m

（续）

地物特征	地面分辨率要求	地物特征	地面分辨率要求
生长季节	2 km	城市、工业用水	20 m
		地热开发	50 m
Ⅱ.大型地物特征		地球化学性质、过程	50 m
区域地理	400 m	森林火灾预报	50 m
矿产资源	100 m	森林病害探测	50 m
海洋地质	100 m	港湾悬浮质运动	50 m
石油普查	1 km	污染监测	50 m
地热资源	1 km	城区地质研究	50 m
环境质量评价	100 m	交通道路规划	50 m
土壤认识	75 m		
土壤水分	140 m	Ⅳ.小型地物特征	
土壤保护	75 m	污染源识别	10 m
灌溉计划	100 m	海洋化学	10 m
森林清查	400 m	水污染控制	10～20 m
山区植被	200 m	港湾动态	10 m
山区土地类型	200 m	水库建设	10～50 m
海岸带变化	100 m	航行设计	5 m
渔业资源与保护	100 m	港口工程	10 m
		渔群分布与迁移	10 m
Ⅲ.中型地物特征		城市工业发展规划	10 m
作物估产	50 m	城市居住密度分析	10 m
作物长势	25 m	城市交通密度分析	5 m
天气状况	20 m		

1.2.3.2 地物波谱特性 地物反射、吸收、发射电磁波的能力随波长而变化，人们往往以波谱曲线的形式表示，简称地物波谱。图1-9表示四种不同地物的反射光谱曲线，其形态差异很大。以可见光谱段为例，雪在蓝光0.49 μm附近有个峰值，随着波长增加，反射率逐渐降低，但可见光的蓝、绿、红谱段反射率均较高；沙漠在橙光0.6 μm附近有个峰值；小麦在绿光0.54 μm附近有个峰值；而湿地反射较弱，呈暗灰色。4种地物在可见光谱段内反射率差异十分明显，分别呈现蓝白、浅黄、绿、暗灰色。严格地说，每种地物的波谱曲线不是一条线而应呈带状。因为在一

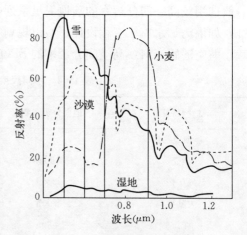

图1-9　不同地物的反射率

个特定类型中，光谱反射率也是有变化的，图中的曲线是通过测量大量样品综合而成，它仅代表平均的反射率。每种地物类型均具有区别于其他地物类型的代表性曲线。应该说，这些曲线的形状，特别是几个重要的光谱响应区域，是它们各自类型和状态的指示指标。

地物波谱特性非常复杂，受多种因素控制，且本身因时因地不断变化着。以植物波谱为例，植物波谱特性十分敏感，受多种因素的控制和干扰，变化十分复杂。一是植物冠层本身组分叶子的光学特性，二是植物冠层的形状结构，三是辐照及观测方向。而这些因素又依赖于叶的类型、植物生长阶段及环境的控制。

叶子的类型不同，其叶内结构不一，必然导致反射率的明显变化。植物生长期的变化，意味着成熟度、叶绿素含量、水分含量以及叶子内部结构也发生相应变化，这种生理变化必将导致光谱特性的改变。

至于环境因素，对植物波谱的影响是多方面的。事实上，野外测量的植物波谱不应理解为植物的生理波谱而应是植物的环境波谱。这里的环境背景主要指土壤，也就是说，土壤是野外植物波谱的组成部分。土壤湿度、土壤有机质含量等的变化，均引起土壤反射率的明显变化，也必然影响到土壤中生长的植物波谱特性。

在地形起伏的山地，同一种植物类别的反射率还受太阳高度角、坡度、坡向的影响。它一方面改变了辐照方向，引起入射角度的变化，同时影响植物叶的反射层数，实际上影响到植冠的形态结构；另一方面使植物阴影及土壤的反射率的影响程度发生变化，即植物和土壤的相对比例有所改变，导致植物野外波谱特性的变化。为了使测得的植物光谱有价值，必须在测定植冠光谱的同时，测定其坡度、坡向、太阳高度角及方位角，作为所记录的辐射数据的修正参数。

此外，大气状况、天气变化、大气透射率等均会引起光谱值的变化，而这种干扰是因时因地变化的，很难有一个统一的修正参数。

以上分析说明植物波谱和许多因素密切相关，如果忽略了对其他环境因子的相关研究，植物波谱研究也就失去实用价值。其他地物波谱也一样，正是这种地物波谱特性的复杂性构成了遥感图像解译具有一定的不确定性。因而一方面要充分认识地物波谱的复杂性，注意尽量减少外界因素的干扰；另一方面应当看到由于难以将以上干扰因素逐项加以定量消除，要提高定量遥感的精度是项艰巨的工作，需要通过大量地面样本分析建立先验知识，确定遥感模型的约束条件，以便提高定量遥感的精度。

对于地物波谱特性，有两个概念需要说明，这就是光谱标志(spectral signature)与光谱响应模式(spectral response pattern)。既然地物波谱特性是随时间、地点、环境背景等的变化而变化，影响因素很多，是一种综合作用的结果，那么，对于任一特定的地表特征(或覆盖类型)就不可能存在一种唯一的、不变的"光谱标志"。如玉米地，在刚种下、发芽生长、成熟、收获的不同阶段，均各有它不同的光谱响应。这种光谱响应是实际存在的，可以通过仪器测得。这就是说，任何地物的波谱特性都是针对性很强的，它针对某个特定的观测波段，针对目标的某一特定状态，针对某个具体的环境背景条件等。尽管它显示出区别于其他类型的独特光谱特性，但它是有变化的。而光谱"标志"这一词往往隐含着一种绝对的、唯一的模式的意思。我们知道传感器所测得的光谱响应可以定量，但它们不是绝对的；它们可以是特定的，但不一定是唯一的。因此，为了避免错误，应避开"光谱标志"一词，而代之以"光谱响应模式"这一概念。后者不强调唯一性，但又可用以识别地物或获得有关地物形状、大小及物理化学性质的信息。"光谱响应模式"表示一组定量的却又是相对的测量值（即一组观测或测量值）。这组测量值可以通过一组特定的多波段遥感仪器测得，并与某种特定的目标相对应。

1.2.3.3　时相变化　地物都有时相变化过程，即它的发生、发展和演化的自然发展过程。同时，有些地物或自然现象在它发展的时间序列中表现出某种周期性重复的规律。如植物生长有它的季节变化规律（称之为季相节律），太阳黑子 11 年一周期的活动规律等。

遥感图像记录的是瞬时信息。在遥感图像分析应用中，必须考虑研究对象的时相变化特性，抓住合适的遥感信息获取时机，以达到专题应用目的。如进行土地资源调查需要抓住土地资源反映最丰富且光谱反射差异最大的时期。这就不可避免地需要详细研究各土地资源类型的时相变化特性，农事历状态（各种农作物播种—抽穗—开花—成熟事历）、物候期（自然植被的物候差异）、耕作制度（一年一作或一年二作，轮作或间作等）。而这些信息是因时因地而异的，在北方与南方、干旱区与湿润区、春季与冬季都有很大差异。即使在复种指数较高的东南地区或干湿季明显、垂直带复杂的西南山区都有同样的问题。表 1-5 是华北地区农事历。

由此可见，进行华北地区土地资源遥感调查时，选择 9 月上旬的遥感资料为宜。此时大田作物较齐全，且早稻、晚稻、秋粮均处于不同的抽穗阶段，春粮已黄熟尚未收割。"三北"森林资源调查是以识别各类树种为目标，则选择树种差异最大的 9～10 月为宜。从物候资料可知，此时落叶松开始落叶，杨桦树叶已变色可与其他阔叶树种区分，而处于低山和河谷平原的刺槐及杨树仍保持绿色。再如，泰国热带雨林区，柚木是一种很珍贵的木材，尽管它长得高大，也难在热带茂密的雨林中识别出来。若抓住它有别于其他树种的重要物候期，即每年 4 月上旬至 5 月下旬开小白花，"万绿丛中一点白"则不难在丛林中把它识别出来。

图 1-10 表示在二维光谱空间中，玉米和大豆光谱响应随时间的变化。在美国中部地区玉米和大豆两种作物都春季种下，秋季收获，整个生长期约 140 天。两者生长周期相同，光谱特性也很相似，又行间种植，较难区分。但是相比而言，玉米细而高，大豆矮而密，植株几何形状的差异导致不同的阴影效果和"植-土"比例，再加上两种作物叶子本身光谱特性的微小差异。这使两种作物光谱特性间仍存在微弱差异，这种差异是随时间而变化的。从图 1-10 可见，在作物种植后的 30 天，两种作物的光谱响应差异最大。那么利用第 30 天的光谱数据，则区分效果较好。这说明我们不仅要熟悉研究对象

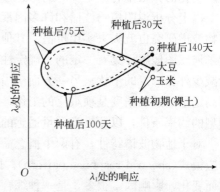

图 1-10　二维光谱空间的时间变化

本身的时相变化以及光谱特性随时间的变化规律，还应熟悉周围易于混淆作物的有关特征差异才能有效地区分它们。

遥感研究时相变化主要反映在地物目标光谱特性的时间变化上。这种光谱特性随时间的变化称为光谱特性的时间效应（temporal effects）。这种时间尺度可以几小时也可几个月。如植物在它整个一年的生长周期中光谱特性几乎处于连续的变化状态中。这种变化可能属于自然变化，也可能是由于翻地、施工等人为因素造成的。植物季相节律的自然变化对于不同种

表 1 - 5　华北地区农事历

类	作	作物	1	2	3	4	5	6	7	8	9	10	11	12
谷物类	一年一作	早稻						插秧	拔节	抽穗	灌浆	黄熟		
		春玉米				播种　出苗		拔节	抽穗	灌浆		黄熟		
		春高粱				播种　出苗		拔节	抽穗	灌浆		黄熟		
	非一年一作	冬小麦			返青	拔节	抽穗　灌浆	黄熟						
		春小麦			播种　出苗	拔节	抽穗　灌浆	黄熟						
		晚稻						插秧		抽穗　灌浆	黄熟			
		秋玉米						播种	拔节	抽穗　灌浆	黄熟			
		秋高粱						播种	拔节	抽穗　灌浆	黄熟			
不同茬口的蔬菜		根茬菜	全年生长，一年收割 3~4 次											
		越冬菜		返青	初上市	全收割								
		早春菜		播种	初上市	全收割								
		春夏菜			定植		初上市		全收割					
		连秋菜					定植		初上市		全收割			
		秋菜								播种	定植		初上市　全收割	
苇田				芽出土		展叶盛期				开花期	始枯黄		全枯黄	收割

（注：每月分上、中、下三旬）

类的植物在不同时期内所发生的变化是很不同的，这种光谱特性的时间效应可以通过遥感动态监测来了解它的变化过程和变化范围。充分认识地物的时间变化特性以及地物光谱的时间效应有利于选择有效时段的遥感数据，提高目标识别能力和遥感应用效果。

另一方面，在同一时刻，在不同地理区域的同种植物也具有不同的光谱响应。如森林中某树种的光谱特性随地点迁移而变化。这种光谱特性随地点的变化称为光谱特性的空间效应（spatial effects）。这里不同地点可以只有几米，如作物行距或植物形态变化造成"植-土"相对比例的变化，但更多情况下是指几千米、几百千米较大地理范围的空间变化。

在对遥感数据有效解译中，最大的难点之一是掌握被研究对象光谱特性的时间和空间变化规律。从某种意义上说，光谱特性的时间和空间效应几乎影响整个遥感作业过程，它使分析地球资源的光谱反射率更为复杂化，但人们必须了解它，因为它们是在应用分析中选择合适信息的关键。

以上讨论了遥感研究对象具有的地学属性，包括空间分布、波谱特性、时相变化，与之相对应的遥感信息有它的物理属性，即空间分辨率、光谱分辨率、时间分辨率、辐射分辨率。在遥感应用研究中，要正确判断地物就必须对研究对象的地学属性和光谱特性的时间、空间效应进行深入的研究，并把它与遥感信息的物理属性对应起来。这就是说，你所取得的遥感数据是否足以反映对象的空间分布规律，是否符合其波谱特性，是否符合其时相变化规律，两者如果符合，就有可能取得较好的应用效果；反之，基本条件不具备，则不可能成功。

1.3　遥感图像的解译标志

遥感图像是地壳表层按一定比例缩小了的自然综合景观影像图，是物质反射、发射电磁波信息的记录。由于各种物体和现象的几何形态和物理、化学性质不同，其辐射的电磁波就有差别，结果造成图像上影像特征的差异，我们正是根据影像特征的差异来区分不同物体或现象的。任一张遥感图像上的影像都是由两个最基本的要素即色调和图型所组成的，色调反映图像的物理性质，图型结构反映图像的几何特征。

所谓遥感图像的解译标志，是指那些能够用来区分目标物的影像特征，它又可分为直接解译标志和间接解译标志两类。凡根据地物或现象本身反映的信息特性可以解译目标物的影像特征，也即能够直接反映物体或现象的那些影像特征称为直接解译标志；通过与之有联系的其他地物在图像上反映出来的影像特征，也即与地物属性有内在联系、通过相关分析能推断出其性质的影像特征，间接推断某一事物或现象的存在和属性，这些地物和特征就称为间接解译标志。直接解译标志和间接解译标志是相对的，同一个解译标志对甲物来说是直接解译标志，对乙物可能就成了间接解译标志。

1.3.1　直接解译标志

遥感图像的直接解译标志包括色调、形状、大小、阴影、纹理和图型，这里主要以可见光航空摄影像片为例，介绍解译标志。

1.3.1.1　色调　色调是地物电磁辐射能量在图像上的模拟记录，在黑白图像上表现为灰度，在彩色图像上表现为颜色，它是一切解译标志的基础。

黑白图像上根据灰度差异划分为一系列等级，称为灰阶。一般划分为 10 级：白、灰白、淡灰、浅灰、灰、暗灰、深灰、淡黑、浅黑、黑，也有分为 15 级，或更多。对于分为 10 个以上的灰阶，摆在一起，人眼可分辨出它们的差别，但是如果单独拿出一个灰阶，则难以确定出其级别。因此，在实际应用时，人们习惯归并为七级(白、灰白、浅灰、灰、深灰、灰黑、黑)和五级(灰白、浅灰、灰、深灰、黑)，甚至更简略地分为浅色调、中等色调、深色调三级。各种地物的原色在可见光图像上的灰阶如表 1-6。

表 1-6　物体本身颜色与黑白图像的色调对比

彩色体的原生色调	消色体的原生色调	黑白图像上的色调
白	白	白
淡黄	灰白	灰白
黄、褐黄、深黄、橙、浅色、浅蓝	淡灰、浅灰	浅灰
红、蓝	灰	灰
深红、紫红、深蓝、淡绿、绿、紫	暗灰、深灰	深灰
深绿、黑绿	淡黑、浅黑	浅黑
黑	黑	黑

彩色图像上人眼能分辨出的彩色在数百种以上，常用色别、饱和度和明度来描述。实际应用时，色别用孟塞尔颜色系统的 10 个基本色调，饱和度用饱和度大(色彩鲜艳)、饱和度中等和饱和度低 3 个等级，明度用高明度(色彩亮)、中等明度和低明度(色彩暗)3 级。

在解译时，能识别出的地物色调虽然是一个灵敏的标志，但它又是一个不稳定的标志，影响它的因素很多，包括物体本身的物质成分、结构组成、含水性、传感器的接收波段、感光材料特性、洗印技术等因素。因此，色调标志的标准是相对的，不能仅仅依靠色调来确定地物。

(1)物体本身的颜色。一般物体颜色浅者，则像片色调较淡；反之，则暗。

(2)物体表面的平滑和光泽亮度。一般物体表面平滑而具有光泽者，则反射光较强，图像色调较淡；物体表面粗糙者，则反射光弱而图像色调较暗。

1.3.1.2　形状　形状是地物外貌轮廓在图像上的相似记录，任何物体都具有一定的外貌轮廓，在遥感图像上就表现出不同的形状，如：游泳池是长方形，足球场则是两端为弧形的长方形，水渠为长条形，公路为蜿蜒的曲线形等。因此利用形状可直接判定物体的存在与否。

物体在图像上的形状显示能力与比例尺有很大关系，比例尺愈大，其细节显示愈清楚；比例尺愈小，其细节就愈不清楚，即地物形状根据比例尺在像片上的表现不同。但是应当注意，遥感图像上所表现的形状与我们平常在地面所见的地物形状有所差异：

(1)遥感图像所显示的是地物顶部或平面形状，而我们平常是从侧面观察地物，看到的是侧面形状，二者之间有一定差别。因为物体的俯视形状是它的构造、组成、功能的重要的甚至是决定性的显示，了解与运用俯视的能力，有助于提高遥感图像的解译效果。

(2)遥感图像为中心投影，物体的形状在图像的边缘会产生变形，因而同一形状的地物，在图像上的形状因位置不同而发生变异，如图 1-11 所示。同时，采用不同的遥感方式，变形也不同，在解译时要认真分析，仔细判别。

1.3.1.3 大小 大小是地物的长度、面积、体积等在图像上按比例缩小的相似记录，它是识别地物的重要标志之一，特别是对形状相同的物体更是如此。

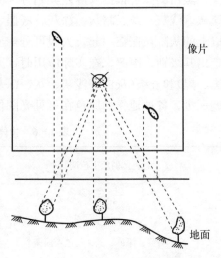

图 1-11 形状与位置关系

地物在图像上的大小，主要取决于成像比例尺，当比例尺大小变化时，同一地物的尺寸大小也随着变化。在进行图像解译时，一定要有比例尺的概念，否则，容易将地物辨认错。例如，公路和田间小路、楼房和平房、飞机场和足球场等形状相似的地物，借助其图像大小，可将两者区别开，当然在某些情况下，也可利用其他标志解译。在目视解译时，能识别出的地物如表 1-7 所示。

表 1-7 目视解译能识别出的地物

比例尺	目视地面分辨率	可识别的地物
1:1000 万	1000 m	大地构造板块、地带性景观、气旋、反气旋、海洋温度、含盐量、洋流等
1:400 万	400 m	区域地质构造、沙漠风系、山脉走向、森林分布、空气污染来源与扩散、海流、海洋中尺度旋涡、城市等
1:100 万	100 m	层单元、构造体系、地貌类型、土地类型、植被类型、河流类型、飞机场、村镇、海港、铁路等
1:25 万	25 m	矿产调查、地震破坏、流域水系、海况调查、海水污染、牧场、公路等
1:10 万	10 m	土壤侵蚀、水污染、农场、河床演变、河口淤积等
1:5 万	5 m	土壤湿度、盐分、排水类型、森林密度、树冠直径、树种、农作物类型、人工建筑等
1:1 万	1 m	工程点、矿坑、坝址、桥涵等

1.3.1.4 阴影 阴影是指地物电磁辐射能量很低的部分在图像上形成的影像特征，可以把它看成一种深色到黑色的特殊色调。阴影可造成立体感，帮助我们观察到地物的侧面，判断地物的性质，但阴影内的地物则不容易识别，并掩盖一些物体的细节。阴影根据其形成原因和构成位置，分为两种：

(1)本影。本影是地物本身电磁辐射较弱而形成的阴影，在可见光图像上，就是地物背光面的影像，它与地物受光面的色调有显著差别。本影的特点表现在受光面向背光面过渡及两者所占的比例关系。地物起伏越和缓，本影越不明显；反之，地物形状越尖峭，本影越明显。

(2)落影。在可见光图像上落影是指地物投落在地面上的阴影所成的影像。它的特点是可显示地面物体纵断面形状，根据落影长度测定地物的高度。

阴影的长度和方向随纬度、时间呈有规律的变化，是太阳高度角的函数。太阳高度角不同，可造成不同的阴影效果，太阳高度角大，阴影小而淡，图像缺乏立体感；太阳高度角过小，则阴影长而浓，掩盖地物过多，也不利于解译；通常以 30°～40°的太阳高度角较适宜。

在热红外和微波图像上，阴影的本质与此不同，解译时要根据物体的波谱特性认真分析。

1.3.1.5　纹理　纹理又称质地，指图像上一定区域内色调变化的状况。由于图像比例尺的限制，物体的形状不能以个体的形式明显地在图像上表现出来，而是以群体的色调、形状重复所构成的、个体无法辨认的图像细小特征的组合，这种组合状况就称为纹理。不同物体的表面结构、光滑程度、个体大小和空间分布是不一致的，在遥感图像上形成不同的纹理特征。如河床上的卵石较沙粗糙些，草原表面比森林要光滑，沙漠中的纹理能表现沙丘的形状以及主要风系的风向，海滩纹理能表现海滩沙粒结构的粗细等。

纹理(质地)与地物表面的质感(平滑、粗糙、细腻等印象)有关，且受光照角度影响，是一个变化值。常用光滑状、粗糙状、参差状、海绵状、疙瘩状、锅穴状表示。

1.3.1.6　图型　图型反映地物的空间分布特征，又称结构，是个体可辨认的许多地物重复出现排列所组成的空间形式，它包括不同地物在形状、大小、色调、阴影等方面的综合表现。水系格局、土地利用形式等均可形成特有的图型，如平原农田呈栅状近长方形排列，山区农田则呈现弧形长条纹形。

图型常用点状、斑状、块状、线状、条状、环状、格状、纹状、链状、垅状、栅状等描述，见表 1-8。

表 1-8　图型分类

类型	类　　别
点	粗点、细点、稀点、密点、显点、隐点、白点、黑点、圆点、星点、均匀点、非均匀点
斑	粗斑、细斑、稀斑、密斑、显斑、隐斑、圆斑、方斑、黑斑、白斑、斑块、花斑、亮斑
块	圆块、椭圆形块、方块、长块、条块、菱形块、多角形块、隐块、非规则块
格	粗格、细格、宽格、密格、方格、条格、菱形格、鱼鳞格、网格、长格、弧形格、不规则格
条线	粗条、细条、疏条、密条、宽条、窄条、长条、短条、直条、曲条、环形条，弧线、放射线、平行线、斜交线、环形线、点线、点直线、点曲线、粗线、细线、疏线、密线、长线、短线
纹	粗纹、细纹、疏纹、密纹、显纹、隐纹、粗斑纹、细斑纹、粗点纹、细点纹、指状纹、波状纹、曲线纹、树枝纹、羽状纹、平行纹、梳状纹、放射纹、环状纹、断线纹、紊乱纹
链	粗链状、细链状、折链状、网链状、垅链
垅	粗垅状、细垅状、尖脊垅、圆脊垅、断续垅、弧形垅、蠕虫垅、整齐垅、不整齐垅
栅	粗栅状、细栅状、格栅状、显栅状、隐栅状、断续栅、平行栅

1.3.2　间接解译标志

自然界各种物体和现象都是有规律地与周围环境及其他地物、现象相互联系、相互作用。因此我们可以根据一类地物的存在或性质来推断另一类地物的存在和性质，根据已经解译出的某些自然现象判断某些在图像上表现不明显的现象。例如，通过直接解译标志可直观地看到各种地貌现象，通过岩石地貌分析可识别岩性，通过构造地貌分析可识别构造。这种通过对与解译对象密切相关的一些现象的研究、推理、判断来达到辨别解译对象的方法称间接解译。如位置、相关布局等与解译对象密切相关的事物和现象称为间接解译标志。

(1)位置。位置是指地物所处环境在图像上的反映，即图像上目标(地物)与背影(环境)的关系。所有地物和现象都具有一定的空间位置和分布规律，例如芦苇长在河湖边沼泽地，红柳丛生在沙漠，河漫滩和阶地位于河谷两侧，洪积扇总是位于山区河流的沟口，河流两侧的湖泊是牛轭湖，雪线附近的是冰斗湖等。

(2)相关布局。景观各要素之间或地物与地物之间相互有一定的依存关系，这种相关性反映在图像上形成平面布局。例如，山区从山脊到谷底，植被有垂直分带性，于是在图像上形成色调不同的带状图型布局；山地、山前洪积扇，再往下为冲积洪积平原、河流阶地、河漫滩等。

建立间接解译标志的实质是"地理"相关分析，其建立将大大开拓遥感图像所能发挥的作用，是各种专业解译发展的方向。间接标志的使用要求有较强的地学知识和相关的专业知识，特别是地物之间相互影响、相互联系的作用机制和相关知识。

表 1-9 是三北防护林地区部分土地利用类型在 TM_4、TM_5、TM_3 假彩色合成图像上的解译标志。

表 1-9 三北防护林土地利用类型解译标志

代号	地类	TM_4、TM_5、TM_3 假彩色合成图像	代号	地类	TM_4、TM_5、TM_3 假彩色合成图像
11	水稻地	暗红(稻熟期)或蓝黑色(未种稻，有水)，边界清晰，色调均匀，规则块状	12	水浇地	鲜红、紫红或青灰色条块分明，边界清晰，大面积呈网格状，规则块状
13	旱地	多为浅红或黄红色斑块，色调不均，形状不规则	14	菜地	红、黄、浅红等色小块相混杂，各小块内色调均匀，形状规则
21	果园	红色、橘红色、内部色调较均匀，形状不规则为多	31	有林地	深红、紫红、暗红色、内部色调较均匀，形状不规则或规则
32	灌木林	棕红色或红褐色，或青灰色中带"红雾"，内部色调不均，形状不规则	35	苗圃	浅红或橘红色，内部色调均匀，边界清晰形状规则
41	天然草地	红、浅红、棕红、黄、红等色调相混杂，色调不均匀，边界不明显，形状不规则	43	人工草地	淡黄色，内部色调不均匀，边缘整齐，形状规则
51	城镇用地	青灰、灰黑色，折线轮廓明显，内部色调不均，形状有规则	52	农村居民点	紫红色中夹青灰色，内部色调不均，形状不规则的斑块
61	铁路	灰黑色曲线条(直线条)	62	公路	紫红色或紫褐色直线(曲线)条
71	河流	蓝褐色，宽窄不一，色调不均，或蓝色色调较均匀，流线状弯曲长条状	72	湖泊	从蓝色到深黑色，边界清晰，常与白色条带相邻，形状不规则
81	荒草地	浅黄色，灰白色中夹青色，内部色调不均，有少许红点，形状不规划	82	盐碱地	白色、灰白色中带黄点或红、黄条，色调较匀，边界不明显，形状不规则

（续）

代号	地类	TM₄、TM₅、TM₃假彩色合成图像	代号	地类	TM₄、TM₅、TM₃假彩色合成图像
84	沙地	黄白色、灰白色、色调不均匀，有明显波状起伏或蜂窝状，形状不规则	86	裸土地	灰白色或白色片状，内部色调较均匀，边界不明显，形状不规则
87	戈壁	墨绿或黑色中带绿色条带，呈明显冲积扇形，色调较均匀，边界明显	88	裸岩	青灰色中有明显沟状，立体感强，内部色调不均，形状不规则

1.3.3　解译标志的可变性

　　各种地物处于复杂、多变的自然环境中，所以解译标志也随着地区的差异和自然景观的不同而变化，绝对稳定的解译标志是不存在的，有些解译标志具有普遍意义，有些则带有地区性或地带性，它们常常随着周围环境的变化而变化。有时即使是同一地区的解译标志，在相对稳定的情况下也会变化。

　　解译标志的可变性还与成像条件、成像方式、响应波段、传感器类型、洗印条件和感光材料等有关，如色调、阴影、图型、纹理等标志总是随成像时的自然条件和技术条件的改变而改变，因此，在解译过程中，对解译标志要认真分析总结，不能盲目照搬套用造成解译错误。正是有些解译标志存在一定的可变性或局限性，解译时不能只凭一两项解译标志予以判定，而要尽可能运用一切直接或间接的解译标志进行综合分析。为了建立工作区的解译标志，必须反复认真解译和进行野外对比检验，并选取一些典型像片作为建立地区性解译标志的依据，以提高解译质量。

1.4　遥感图像的解译方法

1.4.1　遥感资料选择及图像处理

　　1.4.1.1　遥感资料选择　遥感图像记录的仅仅是某一瞬间某一波段的空间平面电磁辐射信息，绝非是地面实况的全部信息。因此遥感资料选择的正确与否，直接影响到解译效果。不同的遥感资料具有不同用途，研究不同的问题要选择合适的遥感资料。

　　（1）资料类型选择。由于不同的成像方式对地物的表现能力不同，图像的特征不同，所以在进行目视解译时，要求选择合适的遥感资料类型。

　　（2）波段选择。由于各类地物的电磁辐射性质各不相同，因此应根据地物波谱特性曲线来选择适用的波段。如解译植物采用 TM_2、TM_3、TM_4、MSS_5、MSS_7 较好，水体则用 TM_1、MSS_4、MSS_5 最佳，岩性识别为 TM_1、TM_5 等。

　　（3）时间选择。由于季节不同，环境变化很大，所获得的图像模型是不同的。例如，地质、地貌解译最好选择冬季的图像，因为这时植物枯谢，地表岩石裸露；植被类型的识别一般要用春、秋季图像，因为这时季相变化明显；农作物估产则要选择扬花和开始结实时的图像。

　　（4）比例尺选择。由于解译目标不同，要求不同，采用最佳的图像比例尺也相应不同，决不能认为比例尺越大越好。不适当地扩大图像的比例尺，不仅造成浪费，而且还不一定有好的解译效果。一般要求和成图比例尺相一致的图像比例尺。

对于"静止的"或变化缓慢的自然现象，有时只需选择特定波段、特定时间、特定比例尺的图像就可完全识别。对于动态的自然现象，则需要多波段、多时相、多比例尺的图像进行对比分析才能完全掌握它的动态变化，例如农作物的估产便如此。

1.4.1.2 遥感图像处理 对遥感图像进行解译时，必须要有高质量的图像，即高几何精度、高分辨力的图像，才能有好的解译效果。尤其是进行图像增强和信息特征提取等预处理技术，对目视解译很有帮助。因此要充分利用现有的各种处理手段，尽可能得到高质量的图像。

(1)图像放大。图像放大是最简单、最实用的图像处理方法。虽然图像经过放大不能产生新的信息，但是能提高其分辨力，尤其是能提高图像的几何分辨力。因为人眼的几何分辨力是受生理条件所限制的，物体或图像的大小要大于最小人眼分辨能力时，才能为人眼所识别。在小比例尺图像上看不到的目标物，往往在放大的图像上能看到。

(2)图像数字化。图像数字化是图像预处理的重要方面，依靠数字图像可进行各种增强和信息特征提取的试验，提高目视解译的速度和精度，图像数字化利用数字化仪和模数转化器进行。

(3)图像处理。遥感图像处理的方法很多，有光学处理、计算机处理和光学计算机混合处理。原始图像经过包括图像复原、增强、特征提取等处理技术，使得识别地物的有用信息增加、特征突出，有助于目视解译的顺利进行。

现代图像处理正向资料的复合方向发展，即将不同类型的遥感图像和其他资料复合，为解译提供更丰富而有价值的资料和图像。

1.4.2 解译的原则和方法

1.4.2.1 解译的原则 遥感图像的分析解译，必须遵循以下原则：

(1)解译要基于图像的影像特征。解译图上的线划，一定要有影像特征，而且要符合地面的实况，即所谓"解译线划、影像特征和地面实况三者相一致"的原则。

(2)解译对象的专业分类要基于图像解译的可能性。常规方法的专业分类与遥感图像解译的分类方法是有差别的，因为两者所采用的资料来源不同，方法也存在差异。遥感图像解译中，凡是图像上不能识别的地物类型就不应列入分类类别之中。

(3)充分利用图像的信息特征和处理技术。遥感图像要经过合适的放大、校正、增强、信息提取等处理和图像复合技术，充分利用图像的各种信息、已有的资料，进行综合解译和分析，在许可的情况下，要利用每一个像元的各种信息。

(4)严格遵循解译程序。要重视建立解译标志，逐步完善解译标志，即标准色谱、波谱和图谱，要遵循由已知到未知、先易后难、由大到小的原则，按照解译程序逐步进行解译。

1.4.2.2 目视解译的方法 遥感图像解译过程中，如何利用解译标志来认识地物及其属性，判断地物类型和性能参数，通常可以归纳为以下几种方法：

(1)直判法。直判法是指通过遥感图像的解译标志，能够直接确定某一地物或现象的存在和属性的一种直观解译方法。直判法所运用的解译标志是解译者曾经见过的并了解了它的含义，因此能较快地鉴别某一地物或现象的存在和属性。一般具有明显形态、色调特征的地物和现象，多运用这种方法进行解译。

(2)邻比法。在同一张遥感图像或相邻较近的遥感图像上，进行邻近比较，进而区分出两种不同目标的方法称为邻比法。这种方法通常只能将不同类型地物的界线区分出来，但不一定能鉴别出来地物的属性。如同一农业区种有两种农作物，此法可把这两种作物的界线分出，但不一定能认出这是两种什么作物。用邻比法时，要求遥感图像的色调保持正常，邻比法最好是在同一张图像上进行。

（3）对比法。对比法是指将解译地区遥感图像上所反映的某些地物和自然现象与另一已知的遥感图像样片相比较，进而确定某些地物和自然现象的属性。但要注意，对比必须在各种条件相同下进行，如地区自然景观、气候条件、地质构造等应基本相同，对比的图像应是相同的类型、波段，遥感的成像条件（时间、季节、光照、天气、比例尺和洗印等）也应相同。

（4）逻辑推理法。此法是借助各种地物或现象之间的内在联系所表现的规律和机制，依据识别出的地物或现象间接判断另一地物或现象的存在和属性。当利用众多的表面现象来判断某一未知对象时，要特别注意这些现象中哪些是可靠的间接解译标志，哪些是不可靠的，哪些线索是反映未知对象的真实情况，哪些是假象，从而确定未知对象的存在和属性。在解译过程中经常会用到这种方法，例如，当在图像上发现河流两侧均有小路通至岸边，由此就可联想到该处是渡口处或涉水处；如进一步解译时，当发现河流两岸登陆处连线与河床近似直交时，则可说明河流流速较小；如与河床斜交，则表明流速较大，斜交角度愈小，流速愈大。

（5）历史对比法。利用不同时间重复成像的遥感图像加以对比分析，从而了解地物与现象的变化情况，称为历史对比法。这种方法对自然资源和环境动态的研究尤为重要，如土壤侵蚀、农田面积变化、沙漠化移动速度、冰川进退、洪水泛滥等。

上述各种解译方法在具体运用中不可能完全分隔开，而是交错在一起，只能是在某一解译过程中，某一方法占主导地位而已。

1.4.3　遥感图像的解译程序

解译遥感图像可有各种应用目的，有的要编制专题地图，有的要提取某种有用信息和数据估算，但解译程序基本相同。

1.4.3.1　准备工作　准备工作包括资料收集、分析、整理和处理。

（1）资料收集。根据解译对象和目的，选择合适的遥感资料作为解译主体。如有可能，还可收集有关的遥感资料作为辅助，包括不同高度、不同比例尺、不同成像方式和不同波段、不同时相的遥感图像。同时收集地形图和各种有关的专业图件，以及文字资料。

（2）资料分析处理。对收集到的各种资料进行初步分析，掌握解译对象的概况、时空分布规律、研究现状和存在问题，分析遥感图像质量，了解可解译的程度，如有可能要对遥感图像进行必要的加工处理，以便获得最佳图像。同时，要对所有资料进行整理，做好解译前的准备工作。

1.4.3.2　初步解译、建立解译标志　初步解译阶段的工作包括路线踏勘，制订解译对象的专业分类系统和建立解译标志。

（1）路线踏勘。根据专业要求进行路线踏勘，以便具体了解解译对象的时空分布规律、实地存在状态、基本性质特征、在图像上的反映和表现形式等。

（2）建立分类系统和解译标志。在路线踏勘基础上，根据解译目的和专业理论制订出解译对象的分类系统及制图单位。同时依据解译对象原型与图像模型之间的关系，按照图像特征建立专业解译标志。

1.4.3.3　室内解译　严格遵循一定的解译原则和步骤，充分运用各种解译方法，依据建立的解译标志在遥感图像上按专业目的和精度要求进行具体细致的解译。勾绘界线，确定类型。对每一个图斑都要做到推理合乎逻辑，结论有所依据，对一些解译中把握性不大的和无法解译的内容和地区记录下来，留待野外验证时确定，最后得到解译草图。

1.4.3.4　野外验证　野外验证包括解译结果校核检查、样品采集和调绘补测。

（1）校核检查。将室内解译结果带到实地进行抽样检查、校核，发现错误，及时更正、修改，特别是对室内解译把握不大和有疑问的地方应做重点检查和实地解译，确保解译准确无误，符合精度要求。

（2）样品采集。根据专业要求，采集进一步深入研究、定量分析所需的各种土壤、植物、水体、泥沙等样品。

（3）调绘和补测。对一些变化了的地形地物，无形界线进行调绘、补测，测定细小物体的线度、面积、所占比例等数量指标。

1.4.3.5　成果整理　成果整理包括编绘成图、资料整理和报告编写。

（1）编绘成图。首先将经过修改的草图审查、拼接，准确无误后着墨上色形成解译原图，然后将解译原图上的专题内容转绘到地理底图上，得到转绘草图；在转绘草图上进行地图编绘，着墨整饰后得到编绘原图；最后清绘得到符合专业要求的图件和资料，即解译草图、解译原图、转绘草图、编绘原图、清绘原图。

（2）面积量算。在编绘工作完成后的编绘原图上量算面积。面积量算应遵循以图幅为基本控制、分幅进行量算、按面积比例平差、自下而上逐级汇总的原则。具体过程是：先按图幅量算各分区或高级分类单元面积；它们的面积之和，与图幅理论面积之间的误差小于允许值，以图幅理论面积为控制，按分区面积的比例进行平差；将平差后的量算结果汇总，得出各个行政单位的面积。

（3）资料整理、报告编写。首先将解译过程和野外调查、室内测量得到的所有资料进行整理汇总，登记归档；然后进行数据和图件的分析计算，归纳总结；最后编写技术报告，报告内容包括项目名称、工作情况、主要成果、结果分析评价和存在问题等。

思　考　题

1. 遥感影像解译的基本原理是什么？
2. 遥感影像解译的复杂性表现在什么地方？
3. 遥感影像的分辨率有哪些？深刻理解它们之间的关系。
4. 遥感影像解译标志有哪些？如何理解解译标志的可变性？
5. 遥感解译的图像如何选择？要做哪些处理？
6. 遥感影像目视解译的原则是什么？有哪些方法？
7. 理解遥感影像解译的工作程序。

第2章 遥感综合分析方法

2.1 地学相关分析方法

遥感图像反映的是某一区域特定地理环境的综合体,它由相互依存、相互制约的各种自然和人文景观、地理要素等所构成,同时包含了地球各圈层间的能量流动和物质交换。既然遥感信息综合反映了地球系统各要素的相互作用、相互关系,那么,各种要素或地物的遥感信息特征之间也就必然具有一定的相关性。因此,人们在应用遥感技术认识地球时,就有可能考虑和利用遥感图像反映的这些地物信息之间的相关性,进行遥感图像的信息提取和分析应用。

所谓遥感地学相关分析,指的是充分认识地物间的相关性,并借助这种相关性在遥感图像上寻找目标识别的相关因子即间接解译标志,通过图像处理与分析提取出这些相关因子,从而推断和识别目标本身。例如,我们对土壤要素进行分类或识别时,该要素在图像上表现得并不明显,而与它相关的其他要素如植被、地貌可能在图像上表现得更为明显。由于区域内这些要素之间的相互关系和作用机制,可以通过植被、地貌等相关要素推断出所研究土壤对象的性质,或在分类时充分考虑到这种关系,以提高分类精度,避免错误。

在遥感的实际应用中,无论是目视解译还是数字图像自动分类识别,地学相关分析法都被十分广泛地应用。为了取得较好的遥感分析效果,在地学相关分析中,首先要考虑与目标信息关系最密切的主导因子;当主导因素在遥感图像上反映不明显,或一时还难以判断时,则可以进一步寻找与目标有关的其他相关因子。但不管如何,选择的因子必须具备以下条件:一是与目标的相关性显著,二是在图像上有明显的显示或通过图像处理可以提取和识别。

2.1.1 主导因子相关分析法

在影响地表生态环境形成的各因素中,地形无疑是一个主导性因素。它决定了地表水、热、能量等的重新分配,从而引起地表结构的分异。地形因子包括高程、坡度、坡向等地形特征要素,也可以表达为综合性的地貌类型。地貌类型的划分与所在地理区域有关,不同的区域会有不同的地貌类型划分原则和方法。如黄土高原地区主要分为塬、梁、峁和各类沟谷等地貌类型,沿江地区河流的侵蚀与堆积形成河床、河漫滩、阶地、冲积平原等地貌类型。地形因子的影响或差别造成区域土壤、植被分布的差异。在区域图像分析应用过程中,由于地形部位的差别往往造成同物异谱或异物同谱现象,以致解译识别发生错误。地形主导因子相关分析方法的目的就是根据地形因子影响某些地物类型光谱变异的先验知识,建立相关分析模型,提高识别相关地物的能力。

2.1.1.1 地形因子相关分析 以土壤自动分类为例,说明地形因子相关分析方法的工作原理与应用过程。土壤是岩石风化物在生物、气候、地貌、水文等因素综合作用下形成和发展的，它是各种因素的综合反映。一般说来，仅凭遥感图像数据，直接进行土壤遥感自动分类，难以取得好的分类效果。这是因为土壤的光谱数据受到许多因素的干扰，如植被覆盖、大气条件、太阳高度角的变化、土壤表层性质的季节变化(如灌溉、施肥、返盐、翻耕等)、地表形态等，它们都影响到多光谱数据直接识别土壤的精度。而且，单纯光谱分析不能有效地表达一些重要的成土因子，如地表形态等。因此，在土壤遥感分类中，往往要把遥感光谱数据与常规的土壤分析方法结合起来，利用土壤形成发育与成土因素、成土环境之间的密切关系进行相关因子分析，以识别土壤类型。美国农业部利用山区土壤与地形因子的密切关系，通过数字地形数据(DTM)计算得到的定量地形因子(如平均坡度、水网密度、高程偏差等)来自动识别土壤类型，取得较好的识别效果。具体方法如下：

(1)确定分类系统。选择 10 个样区，根据土壤的母质、颜色、质地、厚度(即发育程度)、植被覆盖状况及土壤自然排水能力等，把试验区土壤分为不同种类的黄土、冰碛土、砂、砂砾石等 9 种组合类型，分别用英文代码 A、G、I、J、K、I、Q、R、X 来表示。

(2)选择相关变量。由于地形是影响土壤发育的主导因素，故建立一组能用于描述地表形态几何特征的数量因子。这些因子要能反映出它与土壤类型间的相关性。这里选择了 11 个地形因子，并分别给予明确的含义。其中，6 个地表几何特征地形因子为：

- 平均坡度(AS)：取周围 4 个方向(或 8 个方向)的坡度平均值(%)。
- 平均坡度变化(MSDC)：周围高程值的拟合面的法线指向(坡度变化/km)。
- 粗糙指数(RI)：计算单元内地表面积与底面积之差(或之比)。
- 地形高程比(ERR)：计算单元内高程之比。
- 地势(SR)：平均高度与最低点之差(m)。
- 高程偏差(SV)：计算单元内，最大与最小高程值之差(m)。

5 个水系特征地形因子为：

- 水网密度(DD)：总沟谷长度/相应地面积(单位：km/km^2)。
- 崎岖数(RN)：局部高差×水网密度。
- 河网分叉度(BA)(度)。
- 结构(T)：分叉数/沟谷长度(分叉/km)。
- 平均河谷深度(MVD)：计算单元内，河谷的平均深度(m)。

(3)建立数学分析模型。即在对以上 11 个变量定义的同时，建立从 DEM 计算出这些地形因子适用的计算方法。

(4)数字高程数据(DEM)的采集。DEM 的采集可以有多种方法，如由摄影测量系统对遥感立体像对(SPOT、航空图像等)采集输出，或从地形图上人工采样等。这里，DEM 的采集是选用地形图和航空像片完成的。在 1：2.4 万的地形图上，按 10 cm×10 cm 的格网取样，每个样区内地形起伏数据约 400 个；水系数据通过数字化记录其 z、y、z 坐标对来表示。

(5)确定不同土壤类型的数量地形因子和定量判别指标。在 10 个样区计算已知的 9 种土壤组合类型的 11 种地形因子的平均值和系数，即通过已知样区可得到变量 y 及 x_1，x_2，…，x_m 的 n 组观测值($m=11$，$n \geqslant m$)，把它们近似地描述为具有线性相关关系，则可用线性回归方程表示为

$$y = a_0 + a_1 x_1 + a_2 x_2 + \cdots + a_m x_m$$

即

$$y = a_0 + \sum_{i=1}^{11} a_i x_i \qquad (2-1)$$

式中：y 为土壤类型值（或灰度值）；x_1，x_2，…，x_m 为相关地形因子（已知）；a_0 为回归常数项；a_1，a_2，…，a_m 为回归系数（权重）。用最小二乘法可求模型系数。

经统计分析，建立判别函数，即寻找出各种土壤类型有明显特征的数量地形因子，作为定量判别它的指标。

（6）分层分类。在以上分析的基础上建立分类树（图 2-1），对遥感数据逐级进行土壤专题要素的自动分类。通过 11 个因子参与的 5 级分类，最终 9 种土壤类型均被区分出来。

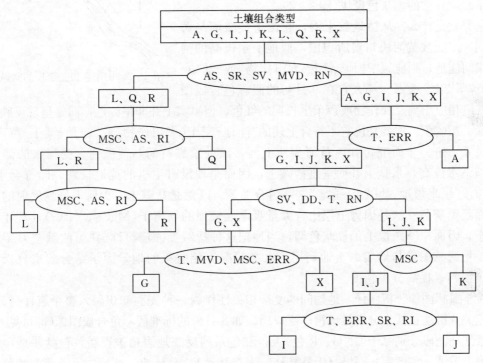

图 2-1　地形因子参与土壤自动分类

（7）分类精度及因子有效性分析。运用现有的大比例尺的土壤图、地形图、航空像片来检验分类精度，并对 11 个定量地形因子进行有效性评价。分析结果表明，在 11 个定量地形因子中，相对地形（即高程偏差 SV）和水网密度 DD 对区分土壤类型最为重要。也就是说，地形和水系是控制景观几何特征的两个主要形态参数，对土壤分类最有意义。

以上的实例说明，对于某些特定地区（即地形是影响土壤的主导因素的地区），从地形与土壤形成的内在联系出发，采用由遥感信息提供的数字高程数据计算出的相关地形因子，作为土壤分类的唯一指标，而不用任何土壤本身的指标，也可以较好地区分出不同的土壤类型以及土壤特征的细小差异。

2.1.1.2　地貌类型相关分析　以盐碱土识别为例，说明地貌类型相关分析方法的工作原理与应用过程。

华北平原地貌类型比较简单，主要表现为岗地、坡地、洼地等微地貌形态。这种微地貌差异会导致区域水分、盐分、土壤、植被等一系列要素产生相关的规律性变化：微地貌（岗、坡、洼）→影响着地下水的分布与埋深→控制着水盐动态变化→制约土壤的形成过程与盐渍化，呈现出"岗旱、洼涝、二坡碱"的地学规律→控制着作物、植被分布及村落的集聚等。这里 3～4 月份多为干旱、多风的气候，促使地下盐分运移到地表，使地面返盐，出现盐霜、盐壳，地表反射率高，则在陆地卫星 MSS 黑白图像上，重盐碱土一般应该为白色斑块，易于识别。但是在山东惠民县李庄一带图像上出现了一块异常的黑灰色斑块（图 2-2）。

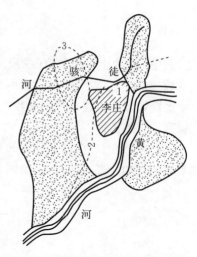

图 2-2　山东惠民县李庄的盐碱土

　　它究竟是什么？从微地貌上看，它位于徒骇河与黄河之间，三面被黄河决口扇所包围，似地下水位高的河间、扇间洼地，则应属"洼地-潮土-大田作物"或"洼地-潮土-芦苇"组合关系。那么它在 9 月初的假彩色合成图像上，应相应出现反映作物或芦苇生长期的红色，但事实上并非呈红色，而是呈现反映荒地的灰绿、灰蓝色。这就是说它不符合上述的"洼地-潮土-大田作物"或"洼地-潮土-芦苇"的组合关系。进一步研究可知，黄河为地上河，该处紧靠黄河与徒骇河，受河水的侧渗作用，地下水位高，水盐上升而呈重盐碱土，因而呈现没有生机的荒地景观。即符合于"地下水位浅-缓平坡地-盐碱土-荒地"这一组合关系。既然是盐碱土，为何不呈高反射的亮白色，而是黑灰色？这是因为土壤中含大量吸湿性较强的氯离子（$MgCl_2$、$NaCl$），常年呈潮湿状态，因而旱季图像上仍显暗色调，当地把这种盐碱土（卤碱）称为"黑油碱""万年湿"。所以，把遥感图像与地貌、土地利用、水文状况等相联系的地学因子结合起来分析，可以减少误判，提高分类精度。

　　对于遥感图像分析解译，地物间的复杂相关性作为一种先验知识融入整个解译过程中。地学相关分析法也就十分自然地被广泛应用。如 8 月份的标准假彩色合成图像（即可见光绿、红及近红外波段分别赋予 B、G、R 色）上，红色系列反映地表植被覆盖，包括耕地（水田、水浇地、旱地、菜地等）、林地（天然林地、人造林地）、灌丛地、草地、沼泽芦苇和低湿草甸等。首先根据农事历、物候差，通过不同时相的对比（如与 9 月下旬作物收割季节卫星图像的比较）分出耕地与林、草。而林、草、低湿草甸又可运用地貌相关法予以区分。林地多在山地阴坡，呈红色；灌丛多在山地阳坡，色暗发黄；草地在较平坦地面呈浅红、黄绿色；低湿草甸、沼泽芦苇多与水体有关，而后者为鲜红色，色调均匀。浅黄-白色系列包括裸沙、干裸土、盐碱地、休闲地、道路等。其中裸沙多呈斑点状、垄状，与风向或河道有关，呈黄-浅黄-黄白系列；而白色多为盐碱土与沙土，它们又可依据地貌部位、地下水埋深、土地利用状况等相关特征的差异加以区分。由此可见，尽管各种地物类型在图像上的反映是复杂的，受着多种因素的影响，但若了解它与地理环境其他要素的相关性与组合特征，就有可能通过相关分析来识别它们。

2.1.2　多因子相关分析法

　　在遥感图像分析解译过程中，由于需要识别的对象受到多种因素的影响与干扰，影像特征往往不明显，而且相关因素较多，难以确定相对于影像特征较明显的主导因子。为此采用多元数理统计分析方法，通过因子分析，从多个因子中选择有明显效果的相关变量，再通过选择的若干相关变量分析，达到识别目标对象的目的。

下面以遥感地质找矿为例，说明多因子相关分析方法的工作原理与应用过程。

试验区为湖北变质岩系地层广为出露的地区，地质构造较复杂，岩浆活动频繁、强烈，矿种多、矿化普遍，与成矿有关的因素很多，关系复杂，一时难以判断出最主要的相关因素。区内已做过大量常规地质工作，但尚未发现有一定规模的矿床。

遥感地质找矿是在现有物化探、地质、地震等资料及遥感图像构造解译的基础上，采用多因子的点群分析方法，寻找各因子与成矿的内在关系，并通过多变量分析找出有希望的矿点、矿区。具体做法如下：

① 把全区网格化，划分为 161 个网格单元，每个网格相当于地面 1 000 km^2。

② 确定与找矿有关的变量。共选出 45 种变量，将它们归纳为线性图像特征密度、矿床矿点密度、航空磁异常、岩浆岩、地层、地震参数、化探异常元素、重砂异常元素等 8 大类。

③ 变量测定。以格网为单位，进行 45 种变量数据的测定。由于这些变量已有相应的专题图，变量的测定便可在图上进行。对于有些变量要用平均值表示，如线性形迹的平均密度表示为单位面积中的线性形迹的总长度。这样，每类变量相当于有 161 个样品值。

④ 多因子点群分析。经以上变量测定，161 个样品，每个样品均由 8 个变量组成，每个样品可以看作由 8 个变量组成的 8 维空间中的一个点，则 161 个点在 8 维空间内均有各自确定的位置。对这些数据按一定的规则进行统计分类，根据各点相似性程度的大小逐一把 161 个样点归类成群。在统计计算前，为了避免测量单位及标准不一而引起的错误，使每个变量统一于同一标准范围变化之内，必须对各数据做标准化处理。

样品聚类分析的结果，把有希望的矿区分为 4 类，每一类进一步划分为数个亚区，为进一步找矿提供依据。同时，对 8 类变量的有效性进行分析评价，通过求算复相关系数，来说明各变量与成矿的关系。结果表明，断裂构造对控制岩性、矿物起重要作用，与成矿关系最密切；岩体、地层、物化探异常均与成矿有关；唯有地震参数与成矿无关，说明地震是成矿后发生的。

2.1.3　指示标志分析法

地球表面环境的形成与发展是地球大气圈、水圈、生物圈、岩石圈等各圈层相互作用的综合表现。它体现出一定的规律性特点（即环境本底）。由于环境各组分相互关系的变化，往往造成局部区域内自然环境"正常"的组合关系、空间分布规律等会遭到"破坏"，而引起一系列生物地球化学异常现象的出现。在遥感中，对这些异常现象的研究主要通过各环境要素间的相关性，在图像上寻找相关因子和"异常"标志。这在遥感生物地球化学找矿及地植物学找矿，地热、油气藏勘探，以及对环境污染、植物病虫害监测等方面有广泛应用。

2.1.3.1　遥感生物地球化学及地植物学找矿　近地表的矿床和矿化地层，经风化后，地球化学元素的迁移、集中，往往形成元素富集的分散流和分散晕（矿晕），从而造成一定范围的地球化学元素异常。这种异常也会引起土壤化学性质的变化，如微量元素的过量或缺少；地表植被异常，如引起植物体内化学成分、水分、结构及其他生理机制的相应变化，以至于某些植物生长受压抑、病变或特别茂盛、植物群体分布特别稀疏或集中等，形成所谓的"生物地球化学异常"或"地植物学异常"。这种异常往往导致出现一些特有的指示植物，如中非的"铜花"（*ocimun homblei*）、我国的"铜草"（又称海洲香薷）都是铜（Cu）的典型指示植物，可以准确地追踪富铜区、铜矿的踪迹；杜松（*juniper*）是探铀（U）的指示植物；波希米亚的七瓣莲（*trinetaliseur paea*）为锡（Sn）的指示植物等。

研究表明，一些微量元素能促进植物体中酶的活化，对细胞新陈代谢有催化作用，可以促进植物正常生长。这些元素若过量或缺少都将使植物发生病变，表现出植物生理特征、形态、色泽等的明显异常，植物反射光谱也会发生变异。如当植物体中缺少氮、磷、钾、锌、镁、钙、铜、铁、锰、钼、硼、硫等元素，或超出植物所能适应的范围时，则对植物起毒害和抑制作用，植物将出现顶芽萎缩枯死，叶子褪色，生育期延长，叶柄变粗、变脆，叶面出现多种色斑等不同的生态变异现象；当植物体中含过量的金、银、铜、铅、锌、镉、汞、砷、锑、硫、硅等元素时，植物将出现枝干变脆、叶子发黄、根系短少、生长缓慢、植株矮小甚至叶片脱落枯死等不同生态变异现象；或因土壤中过量的锌，引起植物叶形发生变化，叶色变黄或变红，过量的硼使某些植物叶色变暗绿，过量的铜使某些植物叶色变浅，过量的锰使某些植物叶色变为灰蓝色。铀矿引起植物的白叶病或矮化症，油田的瓦斯逸出引起植物开花异常或产生巨型化等。已有研究认为，由于植物体内某些微量元素过量，阻止了根部对营养元素和水的吸收，减少酶的活性，减少根分裂速度，抑制光合作用和细胞代谢作用，因而阻碍了植物正常生长发育，甚至使根叶坏死。表 2-1、表 2-2 列出的分别为植物缺少某些元素和过量吸收某些元素产生的植株和叶片形态和生理变化。

表 2-1 植物体中缺少某些元素生态变化特征

缺少元素种类	植物生态变化	叶片上斑点出现情况	缺少元素种类	植物病变出现部位
N	新叶呈淡绿色，老叶黄化枯焦，有早衰现象	易出现	N P K	老组织先出现
P	茎叶呈暗绿色或紫红色，生育期延迟			
K	叶尖及边缘先焦枯，叶面出现斑点症状随生长发育而加重，有早衰斑			
Zn	叶小簇生，叶面斑点在叶主脉两侧先出现，生长发育期延长、推迟			
Mg	叶脉间明显失绿、网状叶脉清晰，出现多种颜色斑点或斑块	不易出现	Mg	
Ca	叶尖呈不开弯钩状，且相互粘连，不易伸展	顶芽易枯死	Ca B	
B	茎叶柄变粗、变脆、易开裂，花器官发育不正常，生育期延长			
S	新叶黄化，失绿均一，生育期延迟，阻碍叶绿素合成		S Mn	新组织先出现
Mn	叶脉间失绿，并出现细小棕色斑点，组织坏死			
Cu	叶脉萎缩，叶面出现白色斑，果穗发育不正常	顶芽不易枯死	Cu Fe Mo	
Fe	叶脉间失绿，整个叶片逐渐呈淡黄色或白色			
Mo	叶片生长畸形，斑点散布于整个叶片			

表 2 - 2　植物体中过量吸收某些元素生态变化特征

元素	植物体中正常含量	植物体过量吸收导致的生态变化
Au		过量使枝干变脆和叶片失水。叶片整体呈黄色，并出现黄色斑
Ag		系有毒元素，微量即抑制根部吸收营养元素，使根坏死，甚至导致植物死亡
Cu	$(3\sim20)\times10^{-9}$	过量将使植物生长发育受阻，叶片出现褪绿现象，且光合作用减弱，并抑制其他有益元素吸收，致使植物缺铁。并使根尖硬化，阻止根生长尖细胞分裂，使支根减少，严重时导致缺水和叶枯，直至植物死亡
Pb		过量将影响植物生长，减少根细胞分裂速度，减弱植物光合作用强度，导致植物生物量下降，抑制细胞光合作用的电子传递及光合系统 II 的活性，阻碍生物化学过程的氧化还原作用
Zn	$(18\sim200)\times10^{-9}$	过量会伤害根系，使根生长受阻，导致老叶出现褐色、紫红色斑点，直至植物死亡
Cd		系有毒元素，微量即能破坏叶绿素结构，降低叶片中叶绿素含量，使叶体发黄褪绿，叶脉呈酱色，且使叶片变脆、萎缩（表现为缺锌病症）、生长缓慢，植株矮小，使植物根系生长受抑制，导致植物生理作用发生障碍
Hg		汞气将使植物叶茎、花瓣、花梗、幼蕾花冠变成棕色或黑色，严重者将使叶和幼蕾掉落
As	$<75\times10^{-9}$	过量将阻碍植物生长发育，使根生长受阻，甚至破坏根叶细胞，导致叶片发黄、脱落，其机理是阻碍植物对水和氮的吸收，阻碍吲哚酸的形成，抑制植物呼吸和磷的代谢
Sb		与砷类似
S		过量，使植物叶发黄、枯死
Si		减少叶的蒸腾强度，起调节水蒸发的作用，提高根对某些元素的氧化能力，减少根对铁锰的过量吸收

注：植物体中含量实指植物灰分中含量。

这些异常还会出现植物长势、密度、植物组合等明显异常，可能使一些植物属种消失，而出现另一些特有的属种。这均使植物反射光谱产生变异，并引起植物群落波谱特性的变化。在遥感图像上，影像色调、形态、纹理结构均会有所反映，因而可对"植物景观遥感异常"发生的时间、范围、强度等做出判断，同时进行空间圈定，以绘制植物异常图。

图 2-3 反映了铜矿脉的生物地球化学指标。说明植物密度的异常和表土化学元素的异常，揭示其本质在于铜元素的富集、铜矿脉的存在。再结合地面调查、化探、采样分析等追根求源，不仅可以寻找矿源及新矿化带，而且可以研究植物分布与地下矿带间的关系，为进一步找矿服务。遥感生物地球化学找矿和遥感地植物学找矿方法就是这样派生出来的。

金矿区的生物地球化学标志也是很明显的，如秦岭太白、广东河台金矿区等。从表面外观特征看，地表植被景观与周围背景区植被相比色调有差异，矿区内呈黄绿色，区外呈绿色，且金矿区内植物长势差，叶面变得小而粗糙、多色斑；植物灰分分析数据表明，矿区内植物灰分中金含量不同程度增高，形成强度不等的含金生物地球化学异常。植物光谱特征分析显示，不仅金矿区内植物的光谱反射率较矿区外植物高，如广东河台金矿区内，植物光谱反射率较正常值高出 5%～20%（图 2-4），而且反射光谱曲线形态也发生部分变异，尤其是"红边"（红-近红外陡坡段）斜率增大，且向短波方向移动 5～10 nm，即出现"红边蓝移"现

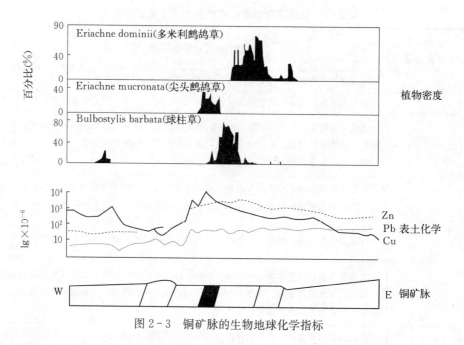

图 2-3　铜矿脉的生物地球化学指标

象。进一步研究还发现，金矿区内叶体含水量低22.5％，叶面温度低 1～2 ℃，叶体色素含量高，电镜下叶体细胞结构也发生变异。正是这些叶冠结构、叶体色素、叶体水分、温度等的变化，导致了植物光谱特征的变化。同时，与金矿化直接有关的热液蚀变，如钾化、硅化及黄铁绢英岩化等交代作用往往使暗色矿物分解流失，浅色矿物增多，岩石色调变浅，结构构造被破坏变细，常形成光谱反射率较高的浅色调异常带（段）。根据以上微观与宏观特征的变化，就可以通过遥感生物地球化学方法寻找金矿体。

　　同样，在广东鼎湖斑岩钼矿区，钼矿体及围岩蚀变带内土壤与植物体内钼含量的分布及其变化是一致的，有很高的相关性（相关系数在 0.90以上）。由于土壤中 Mo 含量过高，使植物体内Mo 含量过高，引起 Mg、Fe、Cu、Ze 等元素的吸收和输导受阻，使 Fe、Mg、Cu、Zn、Mn、Mo 在植物体内不平衡，尤其是 Mg 含量显著降低，影响叶绿素的代谢、更新和光合作用，叶绿素含量下降，并使叶细胞受破坏，植物叶片普遍褪绿发黄，严重出现黄褐色斑点、叶尖枯黄等一系列病变；受钼的毒害作用，植物生理、生态发

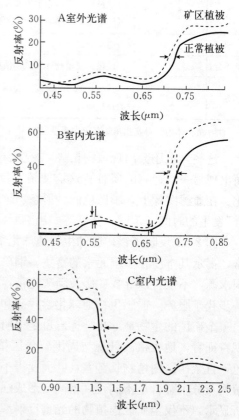

图 2-4　植物光谱的"红边蓝移"现象

生变化，导致了植物光谱特征的变化。即在可见光近红外波段，受害植物的反射率一般高于正常植物；在红外波段则相反，受害植被的光谱曲线普遍出现"红边蓝移"现象，且蓝移量为 $5\sim10\ nm$。植物含钼量越高毒害越深，其光谱曲线与正常的差异越大。经对研究区岩矿、土壤与植物中的钼含量、植物叶色素、水分含量、植物波谱特性以及图像特征等进行相关分析，结果表明：植物波谱特性及图像特征的变化主要受土壤、叶片中钼含量的制约，同时也受植物叶片的色素和水分含量影响。

2.1.3.2　油气遥感探测　油气遥感探测可以说是遥感生物地球化学探矿的又一重要体现。油气藏是深埋于地下的非固态矿床（流体状态），内部具有很大的压力，与地表间存在巨大的压力差。油气藏的烃类（液态烃、气态烃）及伴生物（水及惰性气体）沿着压力梯度方向通过地层孔隙、裂隙、节理、断层等向上渗透、扩散运移，产生"烃类微渗漏现象"。应该说油气藏的烃类微渗漏是以渗透运移为主，另有水动力运移和扩散运移等，且运移过程中受到岩性、构造、水文和热力学等因素的综合制约。据原子能委员会的研究证明，小分子的烃类气体，在 14 天内能透过 300 m 的上覆沉积盖层；凡是分子体积与胶粒相当的气体，在地下水作用下能以每秒数毫米的速度上升运移。可见，烃类微渗漏的渗透运移速度还是较快的，但油气藏气体分子向上扩散的速度很慢。只有处于相对动态平衡状态的油气藏才有可能源源不断地产生微渗漏现象。运移到地表的烃类物质，其中常温下气态烃的一部分逸散到大气，一部分储藏在土壤孔隙中，并部分被喜烃菌类"吃掉"；还有部分烃类（包括重烃）被土壤的矿物颗粒吸附或与地下水结合形成碳酸，以致形成次生盐类。

烃类微渗漏现象造成油气藏上方的地表或近地表物质的理化性质发生变化，出现地球化学异常和一系列烃类微渗漏的"蚀变现象"。这种异常和蚀变现象表现在以下方面：

（1）土壤吸附烃类异常。烃类物质在 $1.72\ \mu m$ 附近（$1.68\sim1.84\ \mu m$）、$2.27\sim2.47\ \mu m$ 波段的吸收带，以及在 $3.33\sim3.53\ \mu m$ 的强吸收带，均位于遥感"窗口"内，且均无其他油气组分的特征波谱干扰，为油气藏烃类渗漏遥感探测的有用波段，可以通过红外高光谱扫描来获取有关信息。

（2）土壤碳酸盐化。有关研究表明，微生物（细菌）垂直迁移烃类的氧化作用，会造成油气藏上方沉积层、土壤及近地表土壤中方解石或其他碳酸盐的沉淀，即碳酸盐总含量异常，碳酸盐矿物的吸收峰在 $2.35\ \mu m$ 附近，在 $2.50\ \mu m$ 也有吸收。

（3）红色岩层褪色。微生物对烃类的氧化作用消耗游离氧（O_2）和化学结合态的氧（如 SO_4^{2-} 或 NO_3^-），形成还原环境。硫酸盐还原菌产生硫化氢，烃类与硫化氢等伴生组分在岩层、土壤中迁移时产生一种还原环境，使铁、锰等元素还原成较低价态（如 $Fe^{3+}\rightarrow Fe^{2+}$），在油气藏上方形成磁铁矿、磁赤铁矿、褐铁矿、黄铁矿沉淀，或碳酸盐铁锰物质与方解石沉淀。经测定磁铁矿在 $0.4\sim1.1\ \mu m$ 波谱范围最大反射率值为 15% 左右，含锰砂岩的反射率也在 15% 左右，即还原环境形成的铁锰等物质会极大地降低反射率。$Fe^{3+}\rightarrow Fe^{2+}$ 吸收峰分别在 $0.9\ \mu m$ 和 $1.1\ \mu m$ 附近。

（4）土壤黏土矿化。即黏土矿物丰度异常，如高岭石、绿泥石等的吸收峰在 $2.2\ \mu m$ 附近。

（5）地表磁性异常。使非磁性的赤铁矿、褐铁矿、针铁矿、黄铁矿变为具磁性的磁铁矿、磁黄铁矿，而使岩石具有磁性，可以通过航空磁力仪探测。

（6）地表层放射性矿化异常。可以通过航空伽马能谱仪探测航空放射性异常。

（7）地热梯度异常。油藏上方的地面辐射温度可高于背景区 1～3 ℃，气藏上方则低于背景区 0.5～2 ℃，可通过热红外遥感探测。如陕北油藏区地面温度场值为 11 ℃左右，高于非油藏区 0.2～1.0 ℃。

（8）地植物异常。即由于烃类微渗漏所造成的地球化学元素异常，致使植物的生理、生态变异，植物病变或优势种群分布异常等。它对植物的影响虽是长期的、低浓度的，但也能使植物各波段反射率增减（可见光反射率增高，近红外反射率降低），反射曲线峰值减弱，造成光谱曲线中的"红边蓝移"。植物异常以乔木更为明显，可以通过植物受抑制状态时的可见光-近红外遥感探测。

由此可见，油气藏的烃类微渗漏过程会发生一系列化学作用。这些化学作用主要表现为还原、热降解、化合和氧化作用，在微生物参与下，促使烃类物质加速分解、化合形成一些新的物质。这些新物质使局部地球物理场、化学场、生物场发生较大变化，致使地表自然景观、土壤、水质、地物波谱特性等也发生相应变化。这是产生遥感独特的晕环状、云雾状等图像异常的原因所在，是遥感探测油气藏的理论依据。

我国内蒙古白音都兰含油凹陷为一个埋藏很浅的油气藏，赋存于白垩系含油沙层中，埋藏最浅处距地面仅 90 m 深，油层总厚度达 70 m。由于油气的渗漏与扩散运移，造成陆地卫星图像上的圆形色调异常。植物反射光谱（0.688 μm）测定表明，图像异常圈内反射率较高，边缘出现最高值窄带，而异常圈外，植物反射率较低。采用 $MSS_5/(MSS_4+MSS_5+MSS_7)$ 的比值分析所出现的边缘陡变现象与 MSS_5 图像上色调异常清晰的边界相对应（图 2-5）。

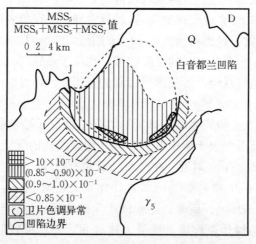

图 2-5　内蒙古白音都兰含油凹陷的遥感影像异常

这是由于油气藏的烃类微渗漏致使油气藏上方的植物受毒害，生理、生态发生变异所造成的。对羊草、冷蒿、针茅的全植株灰分分析表明：图像异常圈内微量元素 Cu、Zn、Mn、Ni 均有明显增高，其中以 Mn 增高最为明显。石油地球化学探勘中，色调异常圈内土壤有明显的重烃（乙烷、丙烷、丁烷）气体异常，土壤中沥青含量在异常圈内为 $50×10^{-6}$ 以上，在圈外为 $35×10^{-6}$。遥感图像的圆形色调异常与植物光谱异常，植物微量元素异常、地表地球化学元素异常，以及油气藏的吻合，正反映了地下油气渗透、扩散作用所引起的一系列异常现象。而这些异常在遥感图像上有着明显的指示标志。指示标志分析法为遥感找油气提供一条新路。

油气藏的烃类微渗漏的遥感图像异常信息往往是较微弱的。因而关键在于一方面进一步研究图像异常形成的机制，即烃类微渗漏引起的蚀变现象的光谱行为，加强不同成油条件、不同环境背景下，遥感异常与油气微渗漏两者间相关性研究；另一方面加强遥感图像异常信息提取方法研究，运用多种图像处理方法，如比值分析、主成分分析、穗帽变换、矿物吸收指数等，以排除其他信息的干扰，突出和提取与油气藏有关的"异常"信息。此外，还应注意遥感技术与油气化探、地面波谱测试、地磁、地温、能谱测量、地电化学勘探手段结合，将遥感图像异常特征分析与地质构造/地貌特征分析结合起来，并融合各种非遥感信息，以提高遥感油气探测的水平。

2.2　分层分类方法

2.2.1　分层分类的概念

2.2.1.1　分层分类思想的产生　地理环境中的景物和现象是多种多样的。这些景物和现象本身处于不断运动变化中，加上自然和人为因素的影响，更增加了景物和现象的复杂多变性。在遥感图像上，这种景物或现象的复杂性表现在它们的图像特征和组合关系是多变的。它们的可分性与不可分性也时刻在变化，有的情况下是可分的，有的情况又是不可分的。如美国中部广泛种植的玉米与大豆，因光谱特征、生长周期十分相似，就单波段、单时相而言一般是不可分的，但是在 $1.7\ \mu m$ 波段处，及播种约 30 天时，因光谱特征有差异可以区分，倘若采用多波段数据多变量分析，则更是可分的；再如，云和雪一般是可分的，虽然它们均为高反射，光谱特征相似，但可通过云的阴影加以区分。但是对于低空薄云则无论在可见光、近红外、热红外波段都是难以区分的，然而在 Landsat/TM$_5$ 波长 $1.55\sim1.75\ \mu m$ 的短波红外波段，雪被为低反射率，云为高反射率，两者反差较大可以区分。由此可见，景物的复杂多变性给遥感图像识别带来许多难题，面对这些复杂的景物或现象不可能用一个统一的分类模式来描述或进行区域景物的识别与分类。因而，对于这些看似"杂乱无章，错综复杂"的景物往往需要深入研究它们的总体规律及内在联系，理顺其主次或因果关系，建立一种树状结构的框架，即建立所谓的分类树来说明它们的复杂关系，并根据分类树的结构逐级分层次地把所研究的目标一一区分、识别出来。这就是分层分类的基本思想。

这种通过建立分类树的分层分类思想常被用于处理复杂的景物、现象或一组复杂的数据等，如图书分类、学科分类、动植物属种分类等。图 2-6 是从遥感应用的角度，以分类树的形式表示地表特征类别的总体结构与分层关系。此分类树是根据具有信息价值的各种类别的内在关系绘制的，它看似一颗倒立的树，顶部是一般地表特征类别（云、地表水、植被、裸露地表、人工特征）。它们又被进一步划分为适当的子类，如植被又被分为天然植被与人工栽培植被（农作物）；天然植被又分为森林、灌木林、草地，如此继续分下去。也可以根据特定的目的，把分类树中感兴趣的部分描述得更为详细。应该说，目前航天遥感的发展已经使我们有可能在分类树的不同节点上选择不同的遥感数据和适宜的数据分析方法，来最终实现各类别的区分和提取。

2.2.1.2　分层分类的本质　建立遥感图像分析应用的分层分类方法，其本质包含三方面的含义：

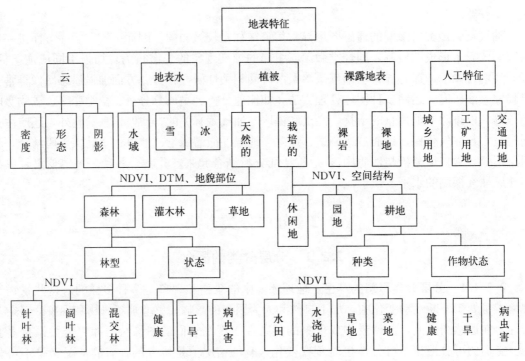

图 2-6 典型地表特征类别的分类树

A. 根据景观分异规律和对景物总体规律及内在关系的认识，设计分类树。这种不同类别间的相互关系、内在联系，有的可以根据理论分析和实际知识与经验来直接确定；有的需要通过大量计算或统计分析、间接指标来寻找。

B. 根据分类树所描述的景物总体结构和分层节点，进行逐级分类。实际上，对目视解译而言，就是在分类树的每个节点上建立类别间的解译标志来区分它们；而对数字图像自动分类而言，则是按一定的分类规则（如最小距离、最大似然法等）分别设计各种分类器，对图像中的各像元进行逐层的识别、归类，通过若干次中间判别最终得到判别分类的结果。也就是通过一组独立变量将一个复杂数据集逐步分解为一些更纯、更同质（均匀）的子集。

C. 分类过程中，在结构层次间可以不断加入遥感或非遥感的决策函数、专家知识及有关资料（如一些边界条件、分类参数等），以进一步改善分类条件，提高分类精度。这种辅助决策函数的加入，使分类树的结构更为合理，而组成一个最佳逻辑决策树，可以得到更为满意的分类结果。

2.2.1.3 分层分类法的特点

A. 用逐级逻辑判别的方式，使人的知识及判别思维能力与图像处理有机地结合起来，避免出现逻辑上的分类错误。如由于参考地貌部位等知识，已将山、水、林、田、湖、草分开，因而即使某块农田中的像元与某块草地的个别像元亮度值相近，也不会将它们混淆为一类。

B. 运用分层分类法，把复杂景物或现象按一定原则做了层层分解后，它们的关系被简单化了。由于在分类树的各个中间节点上，只存在较少的类别，面对较少的对象就有可能选择更有效的判别函数或有针对性的分类方法，如选择合适的波段与波段组合、采用不同的算法，或加一些辅助数据进行复合处理等。其针对性更强，分类精度更高。当然对于个别对总体精度贡献小的低层节点（权重小的变量），也可进行"反向调整"（修枝），使之合并到上一层节点（父节点）。

C. 根据不同目的要求进行层层深化，相互关系明确，局部细节描述得更为清楚，每个节点上只需考虑与区分目标有关的最佳变量，这就避免了数据的冗余，减少了数据的维数，能更充分地挖掘数据的潜能。

D. 由于分层分类对样区（训练区）内的统计并非基于任何"正态或中心趋势"假设，因而比传统的统计分类法更适于处理非正态、非同质（分布不均）的数据集，并对于特定的类别可以产生不止 1 个（多个）终端节点。这种节点描述了非正态训练区的类间方差。

E. 知识的参与灵活方便，可以在不同层次间以不同形式（逻辑判断或物理参数，数学表达式等）介入，便于遥感与地学知识、专家经验的融合。

F. 分层分类法能一目了然地显示任何独立变量的层次特性、相互关系，及它们在分类中的相对重要性（权重）等，操作者可以实实在在看到分类过程中所发生的一切。

显然这种逻辑判别算法可以增强信息提取能力、分类精度和计算效率，且在数据分析和解译方法上表现出更大的灵活性。因此分层分类法在遥感数据分析中得到广泛的应用。

Hansen 利用 NOAA/AVHRR $1°×1°$ 经纬格网的全球数据（空间分辨率 8 km），选用 1987 年 12 个月的 NDVI（normalized difference vegetation index，归一化植被指数）、月平均 NDVI、最大 NDVI 以及相关的 CH1、CH2 反射率（ρ_1、ρ_2）和 CH4、CH5 亮度温度（T_4、T_5），推导出植被的 16 种生物物理特征参数（表 2-3），并从全球土地覆盖数据集中选择反映全球主要生物群系的 13 种植被类型，圈定训练区，进行最大似然分类法和分类树法的比较分析。结果显示，分类树法的精度优于最大似然分类法的精度，且区分的类别具更高的验证比例（8/12）。

表 2-3　生物物理特征参数

序　号	参　数
1	NDVI 的最大值 NDVI$_{max}$
2	NDVI 的平均值
3	NDVI 数值范围
4	植被生长率的 NDVI 阈值
5	植物生长季的长度
6	生长季中绿度开始的分量
7	生长率（即绿度开始的速率）
8	衰老率（Senescence）
9	生长季的总 NDVI
10	绿度开始的总 NDVI 占衰老期总 NDVI 的比率
11	对应 NDVI$_{max}$的红波段反射
12	对应 NDVI$_{max}$的近红外波段反射
13	最大地表温度
14	最大 NDVI 时的温度
15	最大温度——最大 NDVI 时的温度
16	最大温度——生长期 NDVI 取阈值时的温度

图 2-7 显示全球主要生物群系(13 种)的分类树(部分)。当偏差最大时，出现第一个分支。它采用平均 NDVI 为 0.164(或采用亮度值 148.5)，将初始节点分为两个非终端节点，分别确认为冻土带(类 1)和常绿阔叶林(类 9)；然后以同样的方式对这两个节点进一步分解。整个决策树的最终结束是依据最小终端节点的大小(它是由像元数人为决定的，可以是 1 个像元，2×2、3×3 等)。图 2-7 中还显示，从根节点开始，对于任一给定的覆盖类型，人们可以有一个或多个终端节点。变化少的类别如裸地(沙漠)，其终端节点少；若选用平均 NDVI(N_2)、最大温度(N_{13})、最大 NDVI 的红反射(N_{11})3 个判别变量，可将裸地分为两类(即两种裸地的终端节点)；相反，耕地由于有较大的内部差异(即同质类变化大)，因而可分为 7 类(即有 7 个终端节点)。

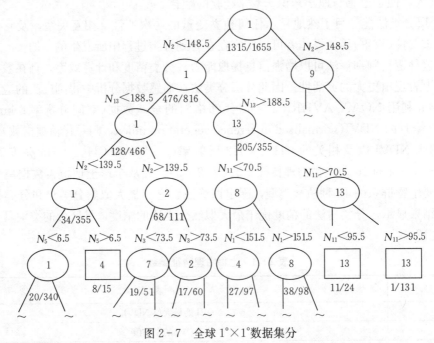

图 2-7　全球 1°×1°数据集分

(椭圆为中间节点，方形为特定类别的终端节点，错分率表示在节点之下，指标数及相关
阈值显示在节点的连线上)

图 2-8 是最大似然法与分类树两种方法下，林地与非林地两个数据集在由平均植被指数 NDVI$_{mean}$ 和最大植被指数 NDVI$_{max}$ 的红波段反射率两个指标所构成的二维空间散点图中的实际分布。图 2-8 中椭圆为两个类别数据集的标准差，显然，用最大似然的聚类统计，很难有效地区分两类，两个椭圆重叠部分大，即混分比例大；图中虚线为最大 NDVI 中的红波段反射率 N_{11} 阈值界线。显然，若在分类树法中，采用 N_{11} 判别指标，仅取一个阈值，便能较好地区分林地与非林地两类，且验证精度达 92%。

2.2.1.4　分层分类的原则　根据分层分类思想建立的分类树必须满足以下原则：

A. 所要表达的类别在各层次中均无遗漏。

B. 各类别均必须具有信息价值，即必须与识别的目标对象有关联、有意义，在分类中能起到作用。

C. 所列类别必须是通过遥感图像处理能够加以识别、区分。也就是在图像上有明确的

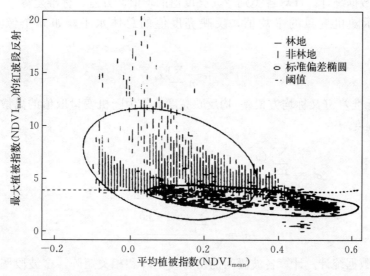

图 2-8 最大似然法与分类树林地、非林地分类结果散点图

显示或可以通过图像数据来表达。

对于某一景物或现象而言，同时满足以上三条原则的分类树可以有多种。不同的人考虑问题的角度和理解程度不同，所建立的分类树、寻找的分类途径均不同。但是，一个分类树设计得好坏在于，各分类结点上的类别间差异越大，遥感的可分性越高，分类精度才能越高。这里有个特征选择问题，即波段与方法的选择。选用何种遥感数据源，采用何种分类方法，以及分析者的水平均直接影响到识别和分类的结果。

2.2.2 分类树的建立方法

2.2.2.1 遥感数据统计特征分析 地物的波谱特效具有随机性，因此，遥感图像数据是一种随机数据。遥感数据的随机性往往掩盖了波段间或研究类别间的内在差异。遥感图像的统计特征能揭示和反映遥感数据内部及各波段间内在的规律性。实际上，遥感图像的统计特征(如均值、方差等)是图像本身所固有的特征，只是人们不能直接观察到，而需要通过统计分析计算获得。建立分类树首先需要了解地物间总体规律、内在联系，因而对遥感数据的统计特征分析是建立分类树过程中不可缺少的基础性工作。

统计特征分析一般通过典型区抽样调查方法(选择训练区)进行，对训练区内各已知类别进行各波段数据的统计分析，主要包括绘制各波段直方图，计算各像元亮度值的均值、方差、标准差，以及计算各波段间的协方差矩阵、相关矩阵等。

(1)灰度直方图。灰度直方图是整幅图像或某类别像元亮度值分布密度的统计图。它既直观地反映了亮度值的最大、最小值，也反映了大部分值的分布范围。它是对遥感图像亮度值这种随机变量概率分布状况较完整的描述。

一般说来，每个类别灰度分布的几维直方图均可近似地用正态概率密度函数来表示。因此可以用某一类别的统计特征值，如均值、方差、均值矢量、协方差等来描述它。这是一种比直方图更为简洁、方便的特征表示法。这样便只需存储每个类别的这些统计特征值，而不必存全部直方图。一旦需要某一数据值的对应概率函数值时，利用相关方程便可计算出来。

(2)单波段数据统计。计算各类别像元亮度值的均值、方差、标准差等。

均值 x 表示随机变量的平均值，反映亮度值的总体水平。如 n 个像元点，各取值 x_i，则

$$\bar{x} = \frac{1}{n} \sum_{i=1}^{n} x_i \qquad (2-2)$$

方差 σ^2、标准差 σ（又称均方根差）均反映亮度值作为随机变量取值的离散程度，即变量与均值的偏差程度。

$$\sigma^2 = \frac{\sum_{i=1}^{n}(x_i - \bar{x})^2}{n} = \frac{\sum_{i=1}^{n} x_i^2}{n} - \bar{x}^2 = \overline{x^2} - \bar{x}^2 \qquad (2-3)$$

$$\sigma = \sqrt{\frac{\sum_{i=1}^{n}(x_i - \bar{x})^2}{n}} \qquad (2-4)$$

(3)多波段数据统计。计算各波段间的协方差矩阵和相关矩阵。多波段图像中，每个像元点各个波段的图像数据（亮度值）构成一个多维向量。它是一个多维随机变量所取的值。多维随机变量的协方差矩阵 $\boldsymbol{\Sigma}$ 由各个变量的方差和每两个不同变量的协方差（相关矩）组成，表示为

$$\boldsymbol{\Sigma} = \begin{bmatrix} \sigma_{11}^2 & \sigma_{12}^2 & \cdots & \sigma_{1n}^2 \\ \sigma_{21}^2 & \sigma_{22}^2 & \cdots & \sigma_{2n}^2 \\ \vdots & \vdots & & \vdots \\ \sigma_{n1}^2 & \sigma_{n2}^2 & \cdots & \sigma_{m}^2 \end{bmatrix} \qquad (2-5)$$

$$\sigma_{ii}^2 = \frac{1}{n} \sum_{k=1}^{n} (x_{ik} - \bar{x}_i)^2 \qquad (2-6)$$

$$\sigma_{ij}^2 = \frac{1}{n} \sum_{k=1}^{n} (x_{ik} - \bar{x}_i)(x_{ik} - \bar{x}_j) \qquad (2-7)$$

其中：σ_{ii}^2 表示第 i 分量 x_i 的方差；σ_{ij}^2 表示 x_i 和 x_j 的协方差。

$\boldsymbol{\Sigma}$ 协方差矩阵为对称矩阵；$\bar{x}_i$ 表示第 i 分量 x_i 各波段取值 x_{ik} 的平均值矢量。

$$\bar{x} = \frac{1}{n} \sum_{k=1}^{n} x_{ik}, \quad k=1, 2, \cdots, n \qquad (2-8)$$

前者反映变量取值的离散程度，后者反映了不同变量间的相关程度。因此，协方差矩阵既能反映各个分量各自取值的离散程度，又能反映不同变量间的相关密切程度。

相关矩阵只是反映多维随机变量各个分量两者间相关密切程度的另一种方式。它的主对角线元素是 1，其他元素则是某两个变量间的相关系数，反映两个随机变量之间线性关系的密切程度。

$$\boldsymbol{R} = \begin{bmatrix} 1 & \gamma_{12} & \cdots & \gamma_{1n} \\ \gamma_{21} & 1 & \cdots & \gamma_{2n} \\ \vdots & \vdots & & \vdots \\ \gamma_{n1} & \gamma_{n2} & \cdots & 1 \end{bmatrix} \qquad (2-9a)$$

$$\gamma_{ij} = \frac{\sigma_{ij}^2}{\sigma_{ii} \cdot \sigma_{ij}} \qquad (2-9b)$$

可见，相关矩阵 R 可以从协方差矩阵 Σ 得到，R 也是对称矩阵。

2.2.2.2　各波段及波段组合的类别可分性分析　统计可分性可以有多种定量描述方法。这里介绍 3 种可分性度量法。

(1)均值间标准化距离 d。反映两个密度函数的可分性，即计算类别间的统计距离，可表示为

$$d = \frac{|\mu_1 - \mu_2|}{\sigma_1 + \sigma_2} \tag{2-10}$$

式中：μ_1、μ_2 分别为两类样本区域的光谱均值；σ_1、σ_2 分别为两类样本区域的标准方差。

"均值间标准化距离"被定义为，均值之差的绝对值除以标准差之和。它是相应的两个概率密度函数可分性的一种度量。图 2-9 显示了三对具有不同重叠程度的正态概率密度函数。假设模式类别均具有相同的先验概率，则判别界线位于概率函数曲线中间的交点处。若方差相同[图 2-9(a)、(b)]，均值间的距离($\mu_2 - \mu_1$)越大，重叠面积越小，可分性越大；若均值间距离相等[图 2-9(b)、(c)]，则方差越大(即测量空间的数据越分散)，重叠面积越大，可分性越小。可见，统计可分性与错误概率间呈反比关系，类别间的统计可分性越大，分类的错误概率越小。

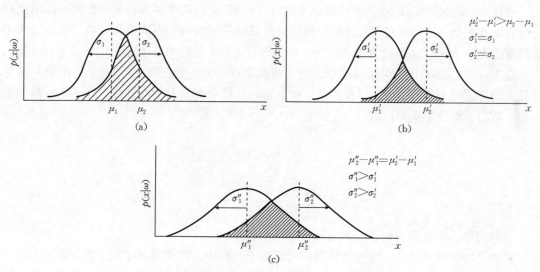

图 2-9　错误概率与"标准化距离"之间的关系

此种方法不足之处在于，尽管用重叠面积大小所表示的可分性是随着密度函数方差的变化而变化的。但是当两个密度函数均值相等时，不管方差如何变化，d 的数值均为零，反映不出可分性大小。此外，此法是一维特征空间的一种度量，它不适于进行多变量的研究。

对于多维特征空间，多变量统计可分性的度量可以用离散度、J-M 距离等方法，即计算每一可能的子空间中每个类对之间的统计距离或统计分散度，用以间接表征类别间的可分性大小。

(2)离散度 D。

$$D_{ij} = \frac{1}{2}\mathrm{tr}(\boldsymbol{\Sigma}_i \cdot \boldsymbol{\Sigma}_j) \cdot (\boldsymbol{\Sigma}_i^{-1} - \boldsymbol{\Sigma}_j^{-1}) + \frac{1}{2}\mathrm{tr}(\boldsymbol{\Sigma}_i^{-1} + \boldsymbol{\Sigma}_j^{-1})(\boldsymbol{U}_i - \boldsymbol{U}_j) \cdot (\boldsymbol{U}_i - \boldsymbol{U}_j)^{\mathrm{T}}$$

$$(2-11)$$

式中：$\boldsymbol{U}_i$、$\boldsymbol{U}_j$ 分别为 i、j 类的均值矢量；$\boldsymbol{\Sigma}_i$、$\boldsymbol{\Sigma}_j$ 分别为 i、j 类的协方差矩阵；$\mathrm{tr}[\boldsymbol{A}]$ 表示矩阵 $\boldsymbol{A}$ 对角线元素之和。

公式(2-11)前部分表示各协方差矩阵的差别，后部分为均值间的标准化距离在多变量情况下的推广形式。式子中只含均值矢量和协方差矩阵，看上去虽复杂，但可以通过计算机直接计算。可见，在 2 个类别特征选择时，离散度越大、可分性越大，分类的错误概率越小。离散度是两个类间的距离度量，是错误概率大小的间接指示。

(3)J-M 距离(Jeffries-Matusita Distance)。J-M 距离是类对间统计可分性的一种度量，是两个类别密度函数之间的均差异的度量。

假定各类别均具有正态的密度函数时，则 J-M 距离被定义为

$$J_{ij} = [C(1 - \mathrm{e}^{-\alpha})]^{1/2} \qquad (2-12)$$

其中，$\alpha = \frac{1}{8}(\boldsymbol{U}_i - \boldsymbol{U}_j)^{\mathrm{T}}\left(\frac{\boldsymbol{\Sigma}_i + \boldsymbol{\Sigma}_j}{2}\right)^{-1}(\boldsymbol{U}_i - \boldsymbol{U}_j) + \frac{1}{2}\ln\left[\frac{(\boldsymbol{\Sigma}_i + \boldsymbol{\Sigma}_j)/2}{(|\boldsymbol{\Sigma}_i| \cdot |\boldsymbol{\Sigma}_j|)^{1/2}}\right]$

和离散度一样，上式中只含有均值和协方差，且也是两类对间的距离度量。可见，离散度与 J-M 距离均是针对两个类别而言，是一种"类对间"的距离度量。

对任一对给定的波段(候选波段组合或称特征子集)进行两个类别特征选择时，离散度和 J-M 距离均是表示它们相对有效性的一种度量。只要算出这两个不同类别在给定波段组合中的离散度或 J-M 距离，并选取其最大者，便是区分这两个类别的最佳波段组合(即最优子集)。

以上讨论的是两个类别间的选择。至于多类别问题(m 为类别数)，一个常用的办法是计算平均离散度 $\overline{D}$ 或平均 J-M 距离 $\overline{J}$。也就是，计算全部类对的离散度或 J-M 距离的平均值。它们分别被定义为：

$$\overline{D} = \sum_{i=1}^{m} \sum_{j=1}^{m} p(\omega_i) p(\omega_j) D_{ij} \qquad (2-13)$$

$$\overline{J} = \sum_{i=1}^{m} \sum_{j=1}^{m} p(\omega_i) p(\omega_j) J_{ij} \qquad (2-14)$$

它们均是一个以类别先验概率为权重的平均值。

这种平均类对可分性，需先计算每一可能的子空间中，每个类对之间的统计距离或统计离散度，再计算这些类对间统计可分性度量的平均值，并按其平均值大小排列所有被评价的子集顺序，从而选择最佳波段和波段组合，并设计分类树，如表 2-4 所示。这里假定选用了陆地卫星 TM 7 个波段的数据，经特征选择算法来评价所有 3 个波段组合形成的各种子集对于不同作物类别的可分性和平均可分性，并根据平均可分性的大小将子集顺序排列，以评价和确定出最优子集。考虑的作物类别用大写字母缩写表示，包括大豆 S(soybean)、玉米 C(corn)、小麦 W(wheat)、苜蓿 A(alfalfa)、水稻 R(rice)、山药 Y(yam)等。从表 2-4 可见，选用 TM$_3$、TM$_4$、TM$_5$ 波段数据的平均可分性最大，说明它对区分大多数类别有效，是识别以上作物类别的首选波段组合(最优子集)。由于作物类别较多，并不存在一种最佳波段组合对所有作物类别的区分效果均最佳。

表 2 - 4　特征选择的类别可分性

顺　序	波段组合	平　均可分性	类别可分性度量（无最大值限制）				
			特定类对的可分性				
			S C	S W	S A	W R	W Y…
1	3、4、5	448	25	196	188	620	58
2	2、3、4	428	26	177	229	630	208
3	1、4、7	423	24	151	182	619	58
⋮	⋮	⋮	⋮	⋮	⋮	⋮	⋮

2.2.2.3　分层分类过程　以美国印第安纳州 Pigeon 河地区湿地分类为例，当地湿地类型多样，其中的高、低湿地因植被类型相似（硬木）、光谱特征相近，按常规的遥感监督、非监督分类法，两者难以区分。考虑到因地形高低不一，影响到排水条件及土壤类型，造成沼泽湿地类型的差异，加入地形信息（或由地形高低引起的土壤信息差异），运用分层分类法对各层的分类节点进行光谱特征统计分析与可分性研究，寻找区分类别的最佳波段或波段组合，以此设计分类树，可以明显改善湿地的分类精度，有效地区分出同一植物类型的低位湿地与高位湿地。具体步骤如下：

（1）分类系统的确定。根据 Pigeon 河地区的区域特点，确定待区分的有深沼泽湿地、浅沼泽湿地、灌丛沼泽、高位硬木沼泽、低位硬木沼泽，以及农田、针叶林、水体等 8 种主要类别。

（2）训练区光谱特征的统计分析和可分性研究。通过各波段、各地类信息的统计分析（均值、方差、协方差等）以及波段间地类统计可分性（离散度等）与平均可分性，以选择区分类别的最佳波段组合方案。

（3）最佳决策树设计。在对区域充分认识的基础上引入非遥感决策函数，如高地、低地地形部位信息，运用上一步骤的统计分析结果和所选择的分类波段设计湿地分类的分层决策树。

（4）决策树结构的描述。第一层高、低地信息的输入是根据土壤类型与高、低地形的相关性，通过数字化高低地土壤界线的人工输入叠置在遥感数据上，从而分出高地与低地两大类。随后，根据对训练区光谱统计分析和可分性研究所确定的对不同类型区分的最佳波段组合设计湿地分类的分层决策树。

（5）分层分类。按照最佳逻辑决策树的设计，采用最大似然法对全区进行逐级分类，输出 8 种不同地类。

（6）结果分析与评价。仅用光谱数据，不采用分层分类法及辅助参数，高位硬木沼地与低位硬木沼泽难以区分。但若在光谱数据的基础上，只增加一个"高"与"低"的地学概念，把卫星数据与土壤界线数据叠加在一起进行多层分类，便可将 8 种地类区分出来，提高了图像的识别能力，可信度从单层分类的 71.7% 提高到多层分类的 84.3%，可区分的类别也从 6 类增加到 8 类。

2.2.2.4　叠合光谱图（coincident spectral plot）**方法**　叠合光谱图又称多波段响应图表，是建立在光谱数据统计分析的基础上。首先进行各波段各类别光谱特征的统计分析（计算均值、方差），再将分析计算结果表示在图表上，如图 2 - 10 所示。

在此图表中，绘出每种类别在每个波段中的平均光谱响应，用各种字母分别表示不同类型，并算出各类别相对于均值的标准偏差 σ，以均值为中点的星线长度表示 $\pm\sigma$，即表示该类别亮度值取值的离散程度。因此，星号线越长，表示数据的方差越大，变量与均值的偏差（离散程度）越大；反之，方差较小的类别（和波段），则星线较短。

叠合光谱图直观地显示了不同类别在每一波段中的位置、分布范围、离散程度、可分性大小等，是一种以定量方式对类别数据的光谱特征进行分析与比较，选择最佳波段和波段组合，建立分类树的直观、简便、有效方法。

以山区雪被分类为例来说明。为了进行水资源研究，需要对一个流域内的雪被进行分类和制图。即区分出积雪区不同雪被类型（不同含水量的雪）。此项工作是在叠合光谱图分析的基础上运用遥感分层分类法完成的。

工作区位于美国西南部山区，根据不同含水量雪的光谱特征差异以及考虑到一些基本的地面覆盖类型，确定了待区分的九种类别：5 种雪（雪 1 至雪 5）、水体、森林、农业区、镜面反射的水体，并分别用字母 A～I 表示。所选用的数据源为美国天空实验室 13 通道多光谱扫描仪的数据。它包括 5 个可见光通道、3 个近红外通道、4 个短波红外通道、1 个热红外通道。

选择 9 种不同类别的训练区，并对训练区 9 种不同类别的光谱特征进行统计分析，计算均值、标准差。绘制叠合光谱图（图 2-10），将 9 种类别（A～I）在每个通道中的平均光谱相应范围表示在图上。即字母的位置表示这一类别在该波段中的均值位置，以均值为中点的星线长度为 $\pm\sigma$。于是各类别在各波段所处的位置、分布范围、离散程度，以及各类别之间取值的重叠状况、可分性大小均一目了然地呈现在叠合光谱图上。图中显示 5 通道是把 A、B、C（作物、树、水）与其他类别区分的最佳通道，可以建立明显的判别界线；7 或 8 通道是区分 A、B、C 类的最佳通道。对于其他 6 种类别，可以先通过 7 通道将 D、H、I 三类别分出来，再利用 9 或 10 通道把最后的 E、F、G 分出。根据叠合光谱图的分析、对比所表述的分类过程也正是设计分类树，并进行逐级分类的过程。

图 2-11 显示采用分层分类法，仅需三个分类步骤（5、7、9 通道）即可完成全部分类。由于分析人员始终操纵着分类的全过程，因而分类精度可高达 99.7%，比标准监督分类法的分类精度（97.5%）高 2.2%，计算时间减少 15.75%。

最后输出 5 种不同雪被分类图及相应的面积表等。若将该区的数字地形数据（DTM）与光谱数据复合，则可以了解不同雪被随高度而变化的规律，再结合必要的地面资料和应用分析模型，方可对该地区各流域内的径流量做出预测。

叠合光谱图在选择最佳波段组合中还有一个作用，就是结合方差大小及光谱"反向"现象来判断目标的分离度（可分性）。图 2-12 给出了一个应用实例。

图 2-12 绘出了六种不同类别：阔叶树 A、针叶树 B、水 C、牧场 D、玉米 E、大豆 F，在五个不同波段：可见光（0.52～0.57 μm、0.61～0.70 μm）、近红外（0.72～0.92 μm）、短波红外（1.50～1.80 μm）、热红外（9.30～11.70 μm）的分布情况。一方面该图表直观地显示了区分类别的有用波段或波段组合。如近红外波段易区分水和大豆，可见光波段易区分牧场，短波红外波段各类别均值间的离散度大，因而采用以上三个波段合成的图像区分类别优于其他波段组合。也可以设计分类树，分阶段地选用不同波段，以更好地区分类别；另一方面，对于难以区分的类别，如阔叶树 A 与针叶树 B，玉米 E 与大豆 F，它们在各一个单波段

光谱波段(μm)

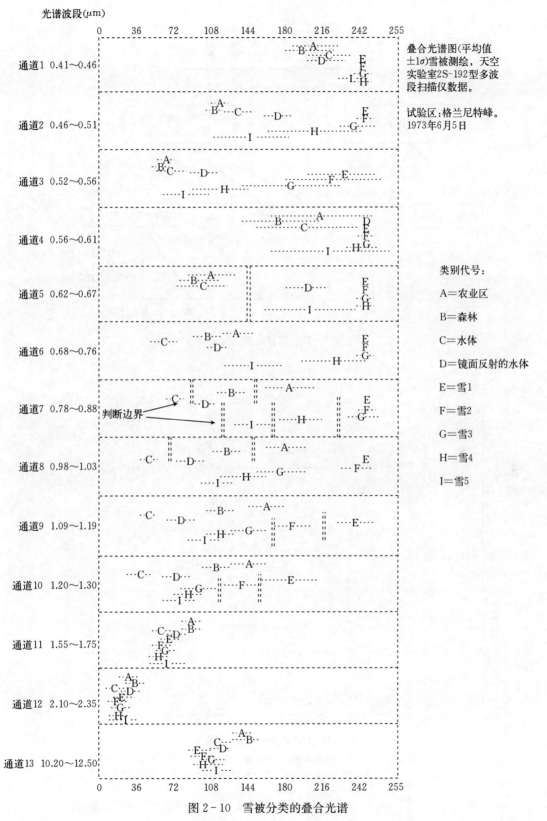

叠合光谱图(平均值
±1σ)雪被测绘，天空
实验室 2S-192 型多波
段扫描仪数据。

试验区:格兰尼特峰。
1973年6月5日

类别代号:

A=农业区

B=森林

C=水体

D=镜面反射的水体

E=雪1

F=雪2

G=雪3

H=雪4

I=雪5

图 2-10　雪被分类的叠合光谱

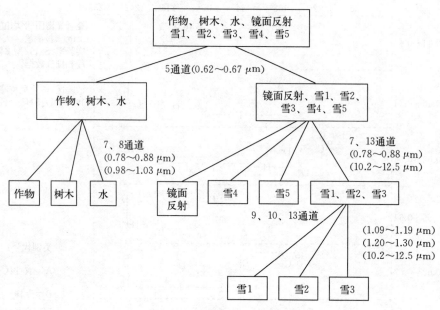

图 2-11 雪被分类的分类树

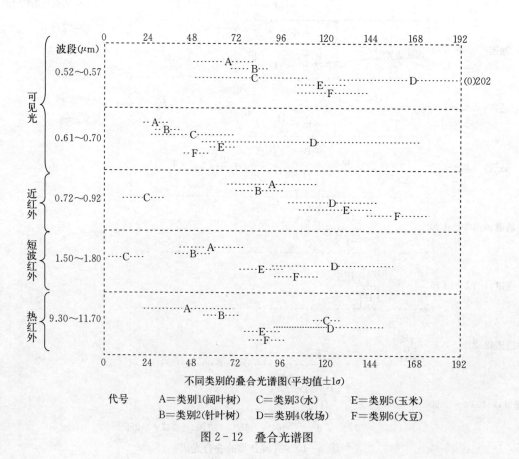

不同类别的叠合光谱图(平均值±1σ)

代号 A=类别1(阔叶树)   C=类别3(水)   E=类别5(玉米)

B=类别2(针叶树)   D=类别4(牧场)   F=类别6(大豆)

图 2-12 叠合光谱图

均因光谱响应特征重叠量大，而无法区分。但是，在可见光及热红外波段 A＜B，而近红外、短波红外波段 A＞B；在可见光的 $0.61\sim0.70\,\mu m$ 波段 E＞F，而近红外、短波红外波段 E＜F。这种现象称为光谱响应的反向（reversal）现象。图 2-13 表明这种反向现象在多光谱图像处理中的应用价值。A、B 类在 1 波段上有部分重叠，这个重叠部分在 2 波段上易于区分。因此，利用这种光谱的反向现象，单波段不能区分的类别，将可以通过具有光谱反向现象的 2 个波段的结合加以区分。

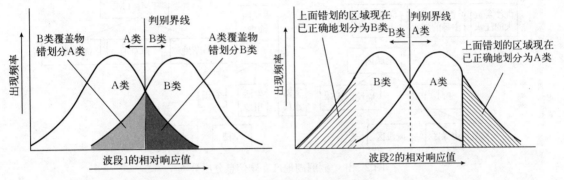

图 2-13 光谱响应的反向现象

2.2.3 基于知识的分层分类法

地理环境是十分复杂的。在许多情况下，对于目标的分类，仅靠光谱信息的统计分析和自动分类，精度较低。为了提高计算机自动分类的精度，往往要引入光谱知识及空间分布、DTM 等信息或知识，根据一定的知识规则，参与遥感的分层分类。

2.2.3.1 洞庭湖区专题信息分层分类中地域因子及知识的应用 研究区地处长江与洞庭湖之间易受洪水威胁的君山农场。为了配合洪水灾情研究，需进行不同类型水体、洪水淹没区及芦苇、芦草等与洪水灾害有关的专题信息的提取。这些信息往往差异不大，仅用亮度值难以区分或保证精度。因此根据洞庭湖区的地域分异规律，引入地域因子作为辅助信息，并加入相关的光谱知识，进行遥感分层分类，提高了分类精度，取得了较好的效果。

根据应用目的和研究区的特点，确定了待区分的 9 种类别，即农田（包括水田和旱地）、江水、湖水、堤垸内水体、淹没区、湖水边缘区、芦苇地、芦苇-芦草地、泥沙滩地；选择训练区，进行各类别光谱值的统计分析；分析各地类在 TM 各波段的亮度特征，绘制地类在 TM 各波段的亮度均值分布曲线，它显示了各波段、各类别均值分布范围。均值离散度最大的波段，区分类别的可能性也最大。但是因为各类别方差大小不同，所以均值分布的离散度并不能完全表达类别的可分性。由于研究区的特殊性，为了利于区分光谱特征相近的类别，引入辅助参数，即根据研究区地物的地域分布规律，划分三个地域因子，即堤垸内、堤垸外过渡区、水区。每个地域类别又包含若干地类，如堤垸内包括农田、生活用地、园地、水体、水渠、公路、堤垸；堤垸外过渡区包括芦苇地、芦草混生地、泥沙滩地、淹没区、湖水边缘区；水区包括江水、湖水等。

结合地域因子，设计分层分类树。在分类树的每个结点上，运用光谱数据和光谱知识采用多种光谱指数提取专题特征信息，并运用阈值法，根据像元亮度与阈值的关系来确定像元的类别，进行专题分类，如图 2-14 所示。

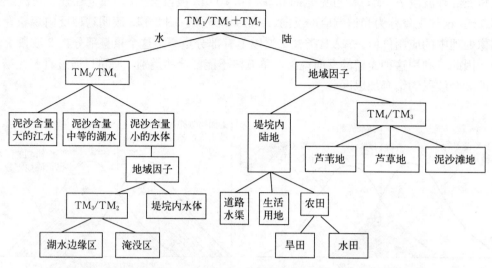

图 2-14　洞庭湖地区专题信息分层分类

结合该地区和相关图像的特点，首先用 TM_1/TM_5+TM_7 将水陆区分，以提取各种水体信息；用 TM_5/TM_4 比值图像来区分不同泥沙含量的水体：泥沙含量大的江水、泥沙含量中等的湖水和泥沙含量小的水体。在泥沙含量小的水体中，由于堤外洪水淹没区水流动小，造成泥沙大量沉积，其光谱特征与堤垸内的水体十分相似。因而加上地域因子(堤垸内、外)，则易于将它们区分开；再用 TM_3/TM_2 区分淹没区与湖水边缘区；农田与芦苇光谱相似，用地域因子(堤垸内、堤垸外过渡区)则将之区分；用 TM_4/TM_3 比值植被指数把芦苇地与芦草地区分开来。按分层分类原则，由地域因子和光谱特征交叉灵活应用，逐级提取各种不同的专题信息，方法简便、运算量少、效果明显。

2.2.3.2　黄土丘陵区基于知识的土地覆盖分层分类　研究区为陕西省子长县黄土丘陵区。此处地形破碎、植被覆盖度低、地物类型在 TM 图像上色调单一，传统的遥感自动分类精度较低。为了提高分类精度，在自动分类的基础上，利用光谱、空间属性、DTM 等信息，按一定的知识规则，分层提取各类型要素，生成分类专题图。其分类精度提高了 19.06%。具体方法如下：

(1)最佳时段的选择和分类系统建立。根据研究区的特点(农事历、耕作制度等)选择最佳时段的遥感资料以及确定待区分的 7 种地类，即河流、城区、裸地、林地、草地、坡耕地及川耕地。

(2)自动分类。据各类别、各波段的光谱响应特征进行监督或非监督分类，因存在大量的混合像元和光谱混淆(即同物异谱、异物同谱)现象，错分现象明显，分类精度较低。

(3)辅助数据的介入。选择与土地覆盖类型密切相关的因子 DTM，将之与 Landsat 的 TM 数据复合。取 TM 第 1、第 3、第 4、第 7 四个波段数据，用 1∶5 万地形图选地面控制点与 DTM 匹配复合。

(4)基于知识的分层分类。通过训练样本计算每个类别的 6 个特征值，即 TM 第 1、第 3、第 4、第 7 波段的亮度值，TM_4/TM_3 比值植被指数 RVI，以及 DTM 高程值。在具体分类时，根据不同研究对象选用不同的特征值，采用阈值法按一定阈值范围、知识规则、设计分类树进行各专题信息的分层提取，如图 2-15 所示。首先将比值植被指数 RVI 取阈值1.2，用以识别植被与非植被区；取阈值 2.5，用以识别林地与非林地。其阈值的选取是经试验而得的经验值。其次利用波谱递减特征提取水域。这是因为水是唯一的随着波段序号增加光谱亮度值（反射率）减小的类别，因而在自动分类基础上，用此法可以提高水域边界的检测精度。对于非水域区的城区与裸地，因光谱响应特征差异明显易于区分。对于鉴别林地，除了选用平均植被指数 $RVI>2.5$ 外，还辅以 DTM 高程值介于 49～100 m，TM_1 的光谱值 ρ_1 小于 80，满足这三个条件的为林地。对于非林地，仅根据空间几何形态、纹理特征便可以区分出是耕地还是草地；再根据空间属性、形态及 DTM 等来区分川耕地与坡耕地，前者较后者纹理清晰、地形低而平坦，呈条块状等。最后将以上结果合并为分类专题图，并在GIS 支持下自动制图输出栅格或矢量图。

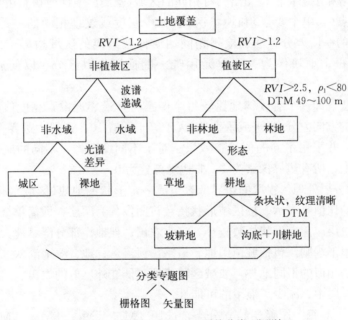

图 2-15　黄土丘陵区土地覆盖分类（张渊智）

2.2.3.3　土地覆盖分层分类中空间知识的应用　常规的统计分类，往往对于有限区域光谱变化不大时，能获得较好的结果。但是，随着遥感器光谱敏感度及环境、地形、物候等因素的变化，以及大量"同物异谱，异物同谱"现象的存在，使纯像素光谱特征的聚类归并会产生较大的分类误差。于是人们往往将空间异质的大区域划分为几个相对均匀的子区，再对每个区域分别分类。这是利用区域知识和相关的光谱知识来有效地提高分类精度。这里的区域知识可以是判别者的实际知识和经验，并通过辅助信息 DEM 或专题图的界线等引入；也可以是图像直接提取的空间信息，并将它参与光谱信息的辅助分类中。

所谓空间信息，是指图像本身所固有的特征，如图像纹理、像素的相似性（proximity）、特征的大小、形状、方向、重复性（repetition）和上下文关系（context）等。它可以被提取用于辅助不同阶段的光谱分类。如利用云和阴影的相对位置关系成功地将云影从光谱特征相似的水面上分离出来；通过特征的尺寸和相邻关系来改善光谱分类结果；还有在移动窗口内利用"光谱类别的空间组成"来对预分类结果编码，以得到土地利用/土地覆盖特征；在城市分类中，利用边缘检测分割技术，结合特征的纹理、上下文关系以及线段的光谱特征等知识设计基于专家系统的分类方法，以改善传统的分类技术。

美国中西部内布拉斯加 Nebraska 的 Platte 河谷平原区以农田为主，主要作物有玉米、高粱、大豆等，另有天然草地以及分割破碎的林地、湿地、灌木等。常规的光谱自动分类结果，城市绿地与农田、城市混凝土与裸地，河边林地与湿农业用地等之间混分现象严重。为了解决纯像素分类造成的光谱混淆问题，运用了一种光谱和空间图形结合的识别技术，引入被探测目标的形状指数，将空间知识有效地融入分层分类中，取得了很好的分类结果。

具体做法如下：

(1)用边缘检测技术确定相同的区域。即运用梯度的一阶差分算法，对原始图像进行边缘增强。通过网络和边缘特征检测出相对相同的区域(检测出线性地物和边缘)。

数字图像由点(如单个要素)和块状区域(如由灰度或纹理相同的一系列像素连成片)组成。采用改进的一阶差分算法来检测相同性质像素组成的区域边界或线性地物，将这些区域隔离，即每个地块作为一个单元用唯一的标记加以区分，以便后续形状参数的测量。

一阶差分算法，即逐个有规律地比较每个像素与其最邻近像素亮度值的差值的处理过程。若一个像素的方向差分(水平或垂直的)大于等于阈值10，则视为边界像素，否则忽略。阈值由试验确定，并采用不同的值检查效果。对于不同的图像、不同的应用目标，阈值不同。在输出图像上，所有边界像素为1，非边缘像素为0。

(2)分类前的分层处理。提取的边界像素组成一定形状的地块(区域)。形状指数是通过计算周长与面积的比值来表示。按区域形状指数将图像分为两层，即简单规则形状的地块层和复杂形状的地块层。前者形状指数较小，多为农田、裸地、部分湿草地，后者形状指数较大，检测的边缘很不规则，包括城镇用地、道路、河流、林地、湿地灌木等。

分层后，光谱相似的不同地类，如城区绿草地与低红外反射的农田、湿地与河边林地等被分到不同的图像层中，减少了混淆的可能性。

(3)分层分类。对每一图像层独立分类，选用 TM$_2$、TM$_3$、TM$_4$、TM$_5$ 进行非监督分类。再将两个图层的分类结果叠合生成最终土地覆盖分类图，由 8 类组成：水域、湿地灌木、林地、湿草地、草地、农田、城镇和裸地。分类效果明显提高。

2.2.3.4　目视解译的分层分类　在遥感图像目视解译中，分类树的设计主要依据设计者对各待分类别特点及类别间内在规律性的认识。根据理论分析和实际知识与经验，在分类树的每个结点上，建立类别间的解译标志，从而识别、区分它们。下面以腾冲地区植被分类为例予以说明。

腾冲位于亚热带山区，气候湿润，植被茂密，种类繁多，这给植物分类带来一定的难度。若单靠植物光谱响应特征的差异分类，仅能分出十来种。但是，该区植物分布的水平及垂直地带性明显，若根据地学相关特征，以植物群落的生态系统为背景，建立分类树，并通过一系列遥感解译标志和引入一些辅助参数(如高程、地貌等)，则可以分出 10 个层次 40 多种植物类别，同时分类精度也有明显提高，如图 2-16 所示。

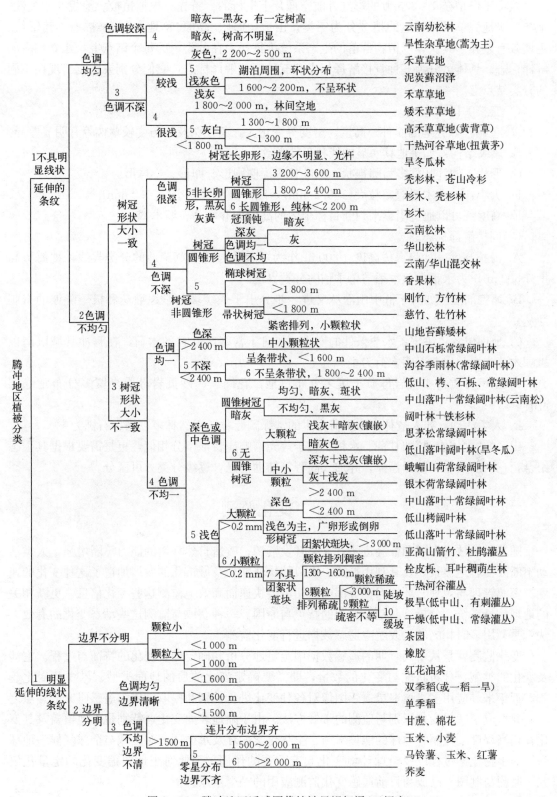

图2-16 腾冲地区遥感图像植被目视解译(王绍庆)

该项工作是在 1:3.5 万的彩红外航空像片上进行的。首先，根据植被、地貌的相关性，把与一级地貌单元相对应的植被分为三类，山地-林地、高原-草地、盆地-耕地，其影纹、色调各有差异；其次，以植物群落的生态系统为依托，在分类树的每个结点上，建立相应的解译标志。具体可分为五种直接解译标志和五种间接解译标志，它们分别或重复出现在不同的分类结点上。

(1)直接解译标志。

A. 色调：如林地因属种、高度、密度等变化大，其色调及均匀度较草地等有明显差异。

B. 影纹结构：如耕地具明显的线状延伸条纹。

C. 形状：如针叶林多为圆锥状，阔叶林多为椭圆形、卵形、半球形。

D. 大小：如乔木树冠颗粒大(>0.2 mm)，灌木冠部颗粒小(<0.2 mm)。

E. 高度：可以通过阴影来判断目标个体的高度如乔木高、灌木低。

(2)间接解译标志。

A. 海拔高度：如将海拔高度 1 800 m 作为矮禾草与高禾草草地的分类界线，把海拔高度 1 600 m 作为水稻中双季稻与单季稻的分类界线。

B. 地貌部位：如对于低中山灌丛又进一步分出干燥缓坡的常绿灌丛和极干陡坡的有刺灌丛。

C. 地理位置：决定了水热条件的变化，如对于常绿阔叶林的木荷，在腾冲县城以南以峨嵋木荷为主，以北以银木荷为主。

D. 土壤母质：如灰岩母质土壤多分布草地，花岗岩、砂页岩母质土壤多分布常绿阔叶林。

E. 人类活动：如人造林多为木荷为主的常绿阔叶林，天然林多以栲、石栎为主。

山区的"立体农业"如甘蔗、水稻、竹子等光谱响应特征十分相似，更是需要根据其生态组合，它们的共生和差异指标，并加入高程等辅助信息，逐级分类方可区分。

2.3 变化监测

随着科学技术发展和社会进步，人类开发资源、改造自然环境的能力不断增强，人类活动不断改变着地表景观及其利用形式。人口的快速增长及城市化的发展加速了这种变化的速度。资源管理与规划、环境保护等部门迫切需要快速而高效地监测这些变化信息，更新相关的地理信息系统，分析这些动态变化的特点与原因。一种获取与监测这些动态变化的有效方法就是利用多时相的航天或航空遥感数据进行变化监测。

变化监测就是从不同时期的遥感数据中定量地分析和确定地表变化的特征与过程。它涉及变化的类型、分布状况与变化的数量，即需要确定变化前后的地面类型、界线及变化趋势。近年来，应用多光谱卫星遥感图像对各种变化进行识别和提取已成为遥感研究的热点之一，并形成了一些变化识别与监测的常规方法。由于陆地表面变化，特别是土地覆盖及其变化在相当程度上控制着地球的能量平衡、生物化学循环及水循环，对区域与全球气候、地球系统的生物化学过程以及全球环境变化起着重要的作用，因此对土地覆盖变化的定量化研究、监测与制图，已成为目前遥感变化监测应用的一个重点。

2.3.1　遥感变化监测的影响因素

遥感变化监测的工作对象是同一区域不同时期的图像。由于遥感图像信息的获取过程受到各种因素的影响，因此不同瞬间获取的遥感图像所反映的当时环境背景是不同的。这些影响遥感图像的因素可分为两类：遥感系统因素与环境因素。在变化监测时必须充分考虑这些因素在不同时间的具体情况及其对于图像的影响，并尽可能消除这种影响，使监测工作建立在一个比较统一的基准上，以获得较为客观的变化监测结果。

在变化监测之前需要对监测区域的主要问题进行调查，分析监测对象的空间分布特点、光谱特性及时相变化的情况。其目的是要为分析任务选择合适的遥感数据及理解遥感成像时的环境背景。不同遥感系统的时间分辨率、空间分辨率、光谱分辨率和辐射分辨率不同，选择合适的遥感数据是变化监测能否成功的前提。另外，如果不能很好地理解各种环境因子对变化监测的影响，往往也会导致错误的分析结论。

考虑到环境因素的影响，用于变化监测的图像最好是由同一个遥感系统获得。如果无法获得同一种遥感系统在不同时段的数据，则需要选择俯视角与光谱波段相近的遥感系统数据。

2.3.1.1　遥感系统因素的影响及数据源的选择

（1）时间分辨率。这里需要根据监测对象的时相变化特点来确定遥感监测的频率，如需要一年一次、一季度一次还是一月一次等。同时，在选择多时相遥感数据进行变化监测时需要考虑两个时间条件。首先，应当尽可能选用每天同一时刻或者相近时刻的遥感图像，以消除因太阳高度角不同引起的图像反射特性差异。另外，尽可能选用年间同一季节，甚至同一日期的遥感数据，以消除因季节性太阳高度角不同和植物物候差异的影响。

（2）空间分辨率。首先要考虑监测对象的空间尺度及空间变异的情况，以确定其对于遥感数据的空间分辨率要求。变化监测还要求保证不同时段遥感图像之间的精确配准。因此，最好是采用具有相同的瞬时视场（IFOV）的遥感数据，如具有同样空间分辨率的 TM 图像之间就比较容易配准在一起。当然也可以使用不同瞬时视场遥感系统获取的数据，如某一日期的 TM 图像（30 m×30 m）与另一日期的 SPOT 图像（20 m×20 m）进行变化监测。在这种情况下需要确定一个最小制图单元 20 m×20 m，并对两个图像数据重采样，使之具有一致的像元大小。

一些遥感系统按不同的视场角拍摄地面图像，如 SPOT 的视场角达到 ±27°。在变化监测中如果简单地使用俯视角度明显不同的两幅遥感图像，有可能导致错误的分析结果。例如，对于一个林区，不均匀地分布着一些大树。以观测天顶角 0°拍摄的 SPOT 图像是直接从上向下观测到树冠顶，而对于一幅以 20°观测角拍摄的 SPOT 图像所记录的实际是树冠侧面的光谱反射信息。因此，在变化监测分析中必须考虑到所用遥感图像俯视角度的影响，而且应当尽可能采用具有相同或相近俯视角的数据。

（3）光谱分辨率。应当根据监测对象的类型与相应的光谱特性选择合适的遥感数据类型及相应波段。变化监测分析的一个基本假设是，如果在两个不同时段之间瞬时视场内地面物质发生了变化，则不同时段图像对应像元的光谱响应也就会存在差别。所选择遥感系统的光谱分辨率应当足以记录光谱区内反射的辐射通量，从而最有效地描述有关对象的光谱属性。但实际上不同的遥感系统并没有严格地按照相同的电磁谱段记录能量。比较理想的是采用相

同的遥感系统来获取多时相数据。如果没有条件，则应选择相接近的波段进行分析。如
SPOT 卫星的波段 1(绿)、波段 2(红)和波段 3(近红外)可以成功地用来与 TM 的波段 2
(绿)、波段 3(红)和波段 4(近红外)，或与 Landsat MSS 的波段 4(绿)、波段 5(红)和波段 7
(近红外)进行对比。

(4)辐射分辨率。变化监测中一般还应采用具有相同辐射分辨率的不同时期遥感图像。
如果采用具有不同辐射分辨率的图像进行比较，需要把低辐射分辨率遥感图像数据转换为较
高辐射分辨率的图像数据。当然这种转换并没有提高其原始数据的亮度值精度。

2.3.1.2　环境因素影响及其消除

(1)大气状况。用于变化监测的遥感图像应当无云或没有很浓的水汽。即使很薄的雾气
也会影响图像的光谱信息，以至造成光谱变化的假象。一般云覆盖不能超过 20%。在变化
监测分析中应判断云及其阴影的影响范围，并确定可替代的数据。如果用于变化监测的不同
时期遥感图像大气状况存在明显的差异，且难以找到可替代的数据，则需要应用大气传输模
型进行大气校正处理，以消除图像上的大气衰减影响。

(2)土壤湿度状况。土壤湿度条件对地物反射特性有很大的影响。在一些变化监测中，
不仅需要收集图像获取时的土壤湿度，还需要掌握前几天(或几周)的雨量记录，以确定土壤
湿度变化对光谱特性的影响。如果研究区仅某些地段的土壤湿度差异明显，则需要对这些地
段进行遥感图像分层分类处理。

(3)物候特征。地球上的任何对象都存在时相变化，不管是自然生态系统还是人文现象，
只是变化的速度和过程有所不同。通过对地面对象的物候变化特征的分析理解，才有可能选
择合适时间的遥感数据，并从中获得丰富的变化信息。植物按照每天、季节、周年生长发
育，不同季节的植被生长状况是不一样的。除非研究年内的季节变化，否则若采用不同季节
的遥感图像进行年际变化比较就有可能得出错误的结论。

2.3.2　变化监测的方法

由多时相遥感数据分析地表变化过程需要进行一系列图像分析处理工作，包括数据源选
择、几何配准处理、辐射处理与归一化、变化监测算法及应用等，如图 2-17 所示。

(1)几何配准处理。几何配准处理是指利用地面控制点数据对不同时段的遥感图像进行
精确的几何校正，及图像与图像之间的配准。不同时相遥感图像之间的配准精度非常重要。
研究结果表明，对于变化监测来说，图像之间的配准误差(平均均方误差)应小于半个像元。

(2)灰度匹配与归一化处理。用于变化监测的不同时相遥感图像之间通常需要进行灰度
匹配与归一化处理。即使对于那些已分别作过辐射校正处理的图像，这种图像之间的灰度匹
配与归一化处理仍然是必要的。图像之间的灰度匹配与归一化是以一幅图像的直方图为基
础，将其他图像的直方图与之匹配。其主要目的是保证不同时段图像上像元灰度值的可对
比性。

(3)方法选择。不同时相的遥感图像经过几何配准和辐射校正处理，就需要选取不同的
算法来增强和区分出相对变化的区域。利用遥感图像数据进行地面类型变化监测有多种方
法。可把它们归为光谱类型特征分析、光谱变化向量分析和时间序列分析等三类。光谱类型
特征分析方法主要基于不同时相遥感图像的光谱分类和计算，确定变化的分布和类型特征；
光谱变化向量分析方法基于不同时间图像之间的辐射变化，着重对各波段的差异进行分析，

确定变化的强度与方向特征；时间序列分析则是强调利用遥感连续观测数据来分析地面监测对象的变化过程与变化趋势。

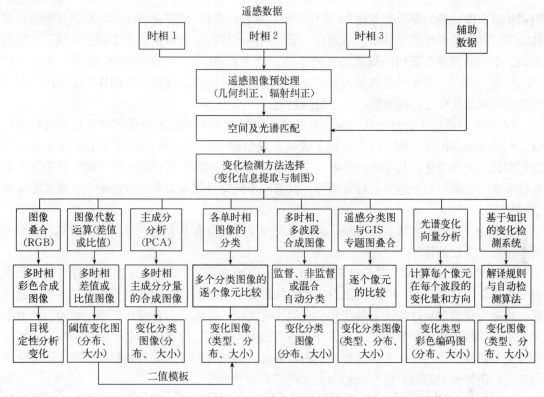

图 2-17　变化监测方法

2.3.2.1　光谱类型特征分析方法

（1）多时相图像叠合方法。在图像处理系统中将不同时相遥感图像的同波段数据分别以 R（红）、G（绿）、B（蓝）合成方案显示，从而实现对变化区域进行增强与识别。例如，在土地利用变化监测中，利用三个时相的 SPOT-Pan 图像分别赋予红、绿、蓝色。如早期的 SPOT 图像用红色表示，后期的图像用绿和蓝色表示，往往由低反射率到高反射率的地表变化（如植被到裸地）显示为青色，而由高反射率到低反射率的地表变化（如裸地到居住区）则可表示为红色。一般反射率变化越大对应的色调变化也大，可指示该区域对应的土地利用方式已经发生了变化；而没有变化的地表显示为灰色调。这种叠合分析方法可以直观地显示 2~3 个不同时相的变化区域，便于目视解译，但是无法定量地提供变化的类型和大小，需要人工进行后续处理，判定变化类型。

（2）图像代数变化监测算法。图像代数算法是较简单的变化区域及变化量识别方法，包括图像差值与图像比值运算。

图像差值：将一个时间图像的像元值与另一个时间图像对应的像元值相减，在新生成的图像中，图像值为正或负则是辐射值变化的区域，而没有变化的区域图像值为零。在 8 位图像中，其图像差值的范围为 $-255 \sim 255$，由于差值往往有负值，故可加一个常量 C。差值图像的值常近似高斯分布，没有变化的像元多集中在均值周围，而变化的像元分布在尾部。

图像比值：将一个时间图像的像元值与另一个时间图像对应的像元值相除。新生成的比值图像的值域范围为 $0 \sim 2^n - 1$，$2^n - 1$ 为图像灰度的最大值，没有变化的区域图像值为 1。

为了从差值或比值图像上显示出明显变化区域，需要设置一个阈值（threshold），将差值或比值图像转换为简单的变化/无变化图像，或者正变化/负变化图像，以反映变化的分布和大小。阈值的选择必须根据区域研究对象及周围环境的特点来定。在不同的区域、不同的时间、不同的图像上采用的阈值会有所不同。通常，通过差值或比值图像的直方图来选择"变化"与"无变化"像元间的阈值边界，并需要多次反复试验。这种图像同样不能得出具体的变化类型或变化程度，需要进行人工后续处理。

（3）多时相图像主成分变化监测。对经过几何配准的不同时相遥感图像进行主成分分析（PCA），生成新的互不相关的多时相主成分分量的融合图像，并直接对各主成分波段信息进行对比，监测变化。其主成分是由一个方差、协方差矩阵计算得到，通常需要将协方差矩阵标准化，即除以一个适当的标准偏差，以消除不同变量尺度差异产生的影响，提高图像的信噪比。

主成分变化监测方法虽然简便，但只能反映变化的分布和大小，难以表示由某种类型向另一种类型变化的特征。

（4）分类后对比监测。对经过几何配准的两个（或多个）不同时相遥感图像分别进行分类处理后，获得两个（或多个）分类图像，将不同时相的类型图逐个像元进行比较，生成变化图像。根据变化监测矩阵能确定各变化像元的变化类型，并统计出各变化类型的数量。此方法的优点在于除了确定变化的空间范围外，还可提供关于变化性质的信息，如由何类型向何类型变化等；缺点是一方面必须进行多次图像分类，另一方面变化分析的精度依赖于图像分类的精度。图像分类的可靠性严重影响着变化监测的准确性。

2.3.2.2　光谱变化向量分析方法（change vector analysis，CVA）　对两个不同时间的遥感图像进行图像的光谱量测，每个像元可以生成一个具有变化方向和变化强度（大小）两个特征的变化向量。变化强度 CM_{pixel} 通过确定 n 维空间中两个数据点之间的距离（欧氏距离）求得（图 2-18）。

$$CM_{pixel} = \sum_{k=1}^{n} \left[BV_{ijk(date2)} - BV_{ijk(date1)} \right]^2 \qquad (2-15)$$

式中：$BV_{ijk(date1)}$ 和 $BV_{ijk(date2)}$ 是像元 (i, j) 分别对于日期 1 和日期 2 在波段 k 的光谱值，$k = 1, 2, \cdots, n$，n 为选用的波段数。

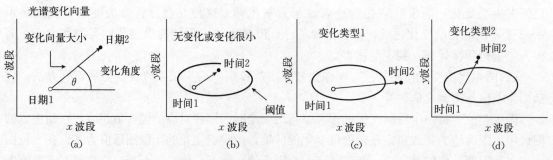

图 2-18　光谱向量变化的大小与方向

对于每个像元来说，其变化方向反映了该点在每个波段的变化是正向还是负向，可根据变化向量的方向和角度 θ 来确定。每个像元的变化方向可归为 2^n 种模式。在选用的各波段分别计算得到 BV 变化值（$BV_{ijk(\text{date2})}-BV_{ijk(\text{date1})}$）及其变化模式。

图 2-19 表示当选用 3 个波段、两个时相的图像进行变化监测时设定的 $2^3=8$ 种变化模式（方向码）。假定对于像元 (i, j)，其在波段 1，日期 2 图像上的光谱值为 45，在日期 1 图像上的光谱值为 38，光谱变化值 $45-38=7$；其在波段 2，日期 2 图像上的光谱值为 20，在日期 1 图像上的光谱值为 10，光谱变化值 $20-10=10$；其在波段 3，日期 2 图像上的光谱值为 25，在日期 1 图像上的光谱值为 30，光谱变化值 $25-30=-5$。其变化模式为"$+$，$+$，$-$"，可列入第七类方向码。同时计算出其变化强度为 $7^2+10^2+5^2=174$。

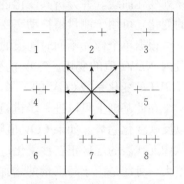

图 2-19　像元可能变化模式

变化向量分析的结果可输出两幅几何上配准的图像：变化强度图像和变化方向码图像，以提取区域变化信息。在实际应用中，可根据区域具体情况对变化强度设定一个阈值。若像元的变化强度在此阈值范围内，可以认为该点未发生类型的变化，若超出此阈值范围，则可判断该点已经发生了类型变化。将变化向量信息与其他图像特征结合起来可进一步分析区域内有关专题类型变化的规律。

2.3.2.3　时间序列分析　这里所说的时间序列分析，强调的是通过对一个区域进行一定时间段内的连续遥感观测，提取图像有关特征，并分析其变化过程与发展规律。当然首先需要根据监测对象的时相变化特点来确定遥感监测的周期，从而选择合适的遥感数据。为了实现时间序列分析，就要求遥感监测数据有一定的时间积累。如进行区域生态环境变化、土地退化或沙漠化的监测就需要有若干年甚至数十年的遥感数据，才能得出有价值的连续变化结果。

（1）变化特征的确定。由于遥感时间序列分析是通过相关图像特征的变化监测来分析地面环境变化的过程与趋势，因此图像特征的选择是重要的，它应当是比较灵敏地反映地面变化的环境指数。红波段（RED）和近红外波段（NIR）适合于探测植被。健康植物叶绿素对红光强吸收而低反射，叶子细胞壁结构对近红外光强反射，所以电磁波谱的红光和近红外区是植物遥感中使用的主要波段。两波段比值或差值的组合更增强了对光合作用的敏感度。近年来发展了各种各样的植被指数，其中 $NDVI=(NIR-RED)/(NIR+RED)$ 是最常用的指数。归一化处理后的 $NDVI$ 值介于（-1，$+1$），典型情况下的 $NDVI$ 值：水<0，裸土 $0\sim0.1$ 之间，植被 >0.1。对于特定像元，$NDVI$ 在一定程度上反映了像元所对应区域的土地覆盖类型的综合情况。因此，在生态环境变化研究中常常采用 $NDVI$ 或相关的其他植被指数作为时间序列分析的图像特征，区域 $NDVI$ 值随时间周期性的升高和降低是植被生长周期的典型体现。分析区域植被变化的一个有效方法就是观察像元 $NDVI$ 曲线的时序变化：植被生长，$NDVI$ 增加；植被死亡，$NDVI$ 降低。但 $NDVI$ 并不总是有效的，例如，在一些干旱区草场土地沙漠化状况中发现，由于区域内植被覆盖稀疏，植被的季节变化并不明显，利用 $NDVI$ 难以确定植被覆盖逐渐衰退的趋势。为此利用每月或年植被指数 $NDVI$ 的变化系数（coefficient of variation，COV）作为植物生物量监测的变化特征。COV 被定义为某一像元

$NDVI$ 值的标准差 σ 和均值 μ 之比，即 $COV=\sigma/\mu$，COV 是一个无量纲数值，适合于不同时间段数据的对比。

（2）变化分析。分析样本通常是时间序列数据。可以对每个像元的变化特征值绘制时间序列变化曲线，并分析其变化过程与趋势。在上面例子中，COV 表示像元的 $NDVI$ 随时间的变化，可用于测量植被动态变化，估计植被变化范围，如年际变化特点。

根据单个像元不同时间段的 $NDVI$ 值可以组合生成一幅 COV 图像，表示数据所在时间段内 $NDVI$ 值的变化。COV 的变化可用于识别植被生长周期的变化，如干旱、半干旱地区 $NDVI$ 的变化系数 COV 的下降，或反映该区雨量的减少或反映该区生物生产力的降低。

在此基础上可以进一步进行定量化变化监测，如对每个像元的 COV 作一个线性回归，以反映变化趋势。如果 COV 值随时间减少，可能是与植被生长有关的 $NDVI$ 降低，即表明该像元代表的地区正在沙漠化；如果回归线的斜率增加，可以认为与植被生长有关的 $NDVI$ 增大，可能是由于降水量的增加或者农业灌溉发展造成植被密度变大的结果。在上面例子中，研究结果表明，某些地区正 COV 斜率的出现是由于不再放牧，植被重新生长；斜率为零或负值的区域，通常是由于植被覆盖减少，有些地区呈现严重土地退化。

思 考 题

1. 什么是地学相关分析方法？相关因子如何选择？
2. 分层（决策树）分类方法的基本思想是什么？它有哪些特点？
3. 如何判别不同地物的光谱可分性？
4. 什么叫光谱叠合图？如何绘制？根据光谱叠合图建立决策树。
5. 遥感影像变化检测的影响因素有哪些？
6. 遥感影像变化检测的主要方法有哪些？

第3章 遥感定量分析方法

3.1 遥感定量反演

随着经济的飞速发展、科技的迅猛进步，国家宏观决策、资源调查、环境灾害监测等关系国民经济发展的关键领域急需数据支持，要求数据具有空间上的宏观性、时间上的连续性和数据获取的便捷性。遥感技术正好具备满足上述要求的潜力，因此备受关注。遥感的优势在于能以不同的时空尺度，不断地提供多种地表特征信息。这对于传统的以稀疏离散点为基础的对地观测手段而言是一场革命性的变化。但目前与遥感数据获取能力相比，遥感数据的自动化、定量化处理乃至遥感数据的理解能力还远远不足，面临大量的遥感数据仍未得到真正充分、有效的利用，信息资源极大浪费，而实际应用所需求的有效信息却又十分匮乏的现实窘境。这也是目前制约遥感充分发挥自身作用的瓶颈问题。

比如，尽管气象卫星云图能直观地显示各种气团的运动趋势，为数值天气预报奠定了基础，但中长期天气预报和全球大气环流模型(GCM)需要的是宏观、动态、精确的大气下垫面参数，包括影响地气温度的表面温度、反照率和影响气流运动的地表粗糙度、植物覆盖度和结构信息，而目前遥感所能提供的仅是垂直方向或个别方向上的反射率，以及非常有限的地表结构参数，显然难以满足模型精度的要求。再如，农业丰收关键在于对作物生长过程的监控，其中关键的参数有叶面积指数(LAI)、叶绿素含量、植物覆盖度(FVC)、植物根系层的土壤水分 W_s、植冠水分 W_v、胁迫因子等。而目前遥感所能提供的植被指数(VI)、植物缺水指数(CWSI)等较为粗糙的指标难以满足农学、生态学模型等的基本需求。出现这种供需矛盾，除了遥感本身的原因外(如遥感数据的质量和专题信息提取水平等问题)，一个相当重要的原因在于对遥感应用研究中的一些基本理论问题尚缺乏深入的研究，导致人们对于遥感数据的认识与理解还很不充分，这些必然影响了遥感定量应用的精度。

随着遥感科学的发展、遥感应用的深入，人们越来越体会到定量遥感的重要性和必要性。而 EOS-MODIS/MISR、ADEOS-POLDER、SPOT、ASTER、ERS-ASTR 等多角度遥感器的陆续入轨、大量多角度遥感数据的不断问世，使得地物反射、辐射方向性的研究以及目标空间结构参数的定量反演不仅成为可能，而且已成为目前研究的热点。定量遥感(遥感定量分析)是利用遥感传感器获取的地表地物电磁波信息，在先验知识和计算机系统支持下，定量获取观测目标参量和特性的方法与技术。定量遥感强调通过数学或物理的模型将遥感信息与观测地表目标参量联系起来，定量地反演或推算出某些地学目标参量。定量遥感也是当前遥感研究与应用的前沿和热点领域。

为了更好地理解电磁波与地表物体间的相互作用，国内外学者们将经典的数学、物理理论与遥感实践相结合，建立了近百种不同的遥感模型。这些模型大体可分为半经验统计模型、物理模型、半经验模型三种。

所谓经验统计模型，一般是描述性的，即对一系列观测数据做经验性的统计描述，或者进行相关分析，建立遥感参数与地面观测数据之间线性的回归方程（一种直接的统计相关关系），而不解答为什么会具有这样的相关或统计结果这类问题。"统计模型"的主要优点是简便、适用性强，一般仅包含 3～6 个参数。但其理论基础不完备，缺乏对物理机理的足够理解和认识，参数之间缺乏逻辑关系。对于不同地区、不同条件，往往可以得出多种统计规律，所建立的经验模型缺乏广泛的普适性。此外，许多遥感参数与地面参数之间并非简单的线性关系，还需要考虑方向反射、结构变化的非线性影响等，情况是复杂的。当然，对于地面实况不清或遥感信号产生机理过于复杂的情况下，"统计模型"应该是一种较合适的描述工具。但是随着地面知识的积累和遥感观测波段数的增加，它的优势则明显减弱。

"物理模型"理论基础完善，模型参数具有明确的物理意义，并试图对作用机理过程进行数学描述，如描述植被二向性反射的辐射传输模型、几何光学模型，描述作物生长过程的动力学模型等。此类模型通常是非线性的，输入参数多、方程复杂、实用性较差，且常对非主要因素有过多的忽略或假定。

"半经验模型"又称为混合模型，它综合了统计模型和物理模型的优点。模型所用的参数往往是经验参数，但又具有一定的物理意义；此类模型通常在机理性和实用性之间有比较好的折中。

遥感理论模型与遥感应用分析模型的深化是定量遥感迫切要解决的问题，有待遥感与地学工作者的共同努力使其逐步发展完善。

3.1.1　定量遥感的基本概念

遥感的成像过程是十分复杂的（图 3-1）。它经历了从辐射源→大气层→地球表面（植被、土壤、水体等结构和组分均十分复杂、多样的不同"介质"）→探测器等的过程。这里的每一个环节都涉及几乎无穷多的参数，而且许多参数间又是密切关联的。

以植被遥感系统为例，Geol、李小文等把整个植被遥感系统概括为以下 5 个部分：

（1）辐射源 $\{a\}$，包括太阳和天空散射，用 $\{a\}$ 表示其特性和参数集合，它们包括光谱密度 I_λ 和方向 (θ_1, φ_1)，其中 λ 为波长，(θ_1, φ_1) 分别表示入射方向的天顶角和方位角。

（2）大气 $\{b\}$，包括大气中的空气微尘、水蒸气、臭氧等的空间密度分布和本身因波长而异的吸收和反射特性，用 $\{b\}$ 表示其特性和参数集合。

（3）植被 $\{c\}$，包括植被组分（叶、茎、干等）的光学参数（反射、透射）、结构参数（几何形状、植株密度）及环境参数（温度、湿度、风速、降水量等），用 $\{c\}$ 表示其特性和参数集合。一般说来这些参数都可能随波长、时间和空间位置不同而变化。

（4）地面或土壤 $\{d\}$，包括其反射、吸收、表面粗糙度、表面结构及含水量等，用 $\{d\}$ 表示其特性和参数集合。

（5）探测器 $\{e\}$，包括频率响应、孔径、校准、位置及观察方向的天顶角 θ_2、方位角 φ_2 等，用 $\{e\}$ 表示其特性和参数集合。

用 $\{R\}$ 表示探测器所得到的辐射信号，即观察值，它可以是多光谱、多时相、多角度等数据，也可以考虑为由这些观察值所派生出的综合指数（如绿度、亮度等）。它随辐射源、大气、植被、地面、探测器的特性而变化。一般可表示为

$$R = f(a, b, c, d, e) \tag{3-1}$$

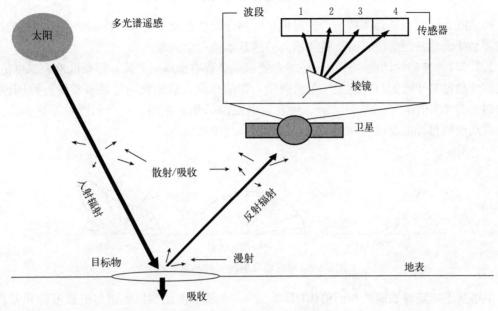

图 3-1　遥感成像过程示意图

函数 f 反映了产生$\{R\}$的辐射转换过程。若给定系统参数$\{a-e\}$来产生$\{R\}$，则为正演问题，即前向建模问题。"正演"是从机理出发，研究因果关系，并用数学、物理模型来描述地学过程。相反，若从测量值$\{R\}$来产生$\{a-e\}$中的任一个或任几个参数，则属于反演问题。"反演"是从测量到的现象来反向推求未知的原因或参数。

如，若要从测量值$\{R\}$中反推植被参数$\{c\}$，则可以定义或导出一个函数或算法 g，即

$$c = g(R, a, b, d, e) \tag{3-2}$$

为了求出$\{c\}$，往往需要对系统参数$\{a, b, d, e\}$都假设为或可测或已知。但事实上，在遥感数据的反演过程中，上述的每个参数都包含了若干因子，其中很多是未知的或目前难以精确测量的。由此看来，"前向模型"的建立是"反演"的先决条件，而"反演"则具有更为实际的应用价值，但难度更大，有时甚至不可能。因而，要实现遥感的反演，就不可避免地要做些过程的简化或条件的假设，这就必然存在着"无定解"（underdetermined）问题。对于复杂过程的分解简化，往往可以或单独处理$\{e\}$的影响（辐射纠正），或单独处理$\{b\}$的影响（大气校正）等。值得注意的是，对于辐射源$\{a\}$的处理，由于可见光-近红外波段的辐射源为太阳，若是水平的地面，仅给定太阳的方位和探测器的光谱响应，则不难将$\{a\}$与$\{c\}$和$\{d\}$分开；但对于热红外波段，其主要辐射源是地面目标的热辐射，它与地表的发射率和温度的分布以及地表结构有关，此时的$\{a\}$与$\{c\}$、$\{d\}$有密切的联系。若是崎岖的山地，则无论是可见光-近红外波段，还是热红外波段均要考虑地形的影响进行地形纠正。另外，精确的大气校正也需要知道大气下垫面方向反射及地表结构的情况。也就是说，$\{b\}$与$\{c\}$和$\{a\}$也是相关联的。

定量遥感，不仅要进行遥感机理与各种前向模型的研究，还要进行各种反演模型和反演策略的研究。

3.1.2 定量遥感面临的基本问题

遥感既是一项对地观测技术，同时也是一门综合性的交叉学科。特别是定量遥感的进一步发展必须面临甚至解决自身学科体系内一些基本的科学问题。

3.1.2.1 方向性问题 传统的遥感主要采取垂直对地观测方式，以获取地表二维信息，对获取的数据基于地面目标物漫反射的假定，即简单化、理想化地把地表看作各种同性的、均匀的表面"朗伯体"(Lambertian)，地表与电磁波的相互作用是各向同性。遥感的研究也主要是从地物目标的波谱特性入手，进行分析、判读或分类。

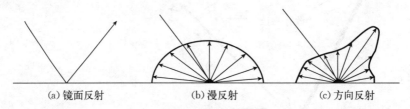

（a）镜面反射　　　　　（b）漫反射　　　　　（c）方向反射

图 3-2　电磁波反射的三种基本形式

但事实上，地球表面并非朗伯体(图 3-2)。大量事实证明：地物与电磁波的相互作用也非各向同性，而具有明显的方向性。这种反射的方向性信息中，既包含了地物的波谱特征信息，又包含了其空间结构特征信息；而辐射的方向性信息，也是由物质的热特征及几何结构等决定的。因而，随着太阳高度角及观测角度的变化，地物的反射、辐射特征及地物瞬时所表现出的空间结构特征都会随之变化(图 3-3)。这种变化记录在遥感图像上，则将可能产生同一地物反射、辐射信息的很大差异。有研究认为朗伯体表面的假设会在反照率(Albedo)计算中引起高达 45% 的误差，而随着观测天顶角从 0°～80° 变化，观测到的作物表面亮度温度也可产生 13 ℃ 的变化。

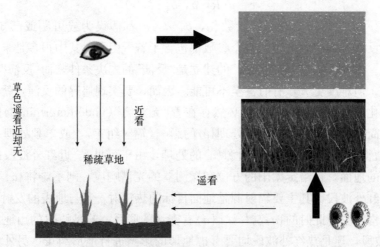

图 3-3　定量遥感方向性问题具体实例示意
（根据李小文院士的讲座报告内容稍做改动）

正因为传统遥感缺乏足够的信息来同时推断像元的组分光谱和空间结构，使遥感的定量精度受到很大的限制。地表反射与发射辐射的方向性模型研究和应用，是定量遥感必须首先解决的关键问题。

3.1.2.2　尺度效应与尺度转换　尺度问题是多个学科普遍面临的问题，也是人类长期面临至今仍未很好解决的问题，在定量遥感当中显得尤为重要。由于人类所面对的自然与人文环境是十分复杂的，所要研究的对象也是多种多样的，它们在空间特征上差异性很大（空间异质性），这些差异又往往具有非线性的特征。也就是说，自然单元、人文单元是以不同空间尺度客观存在着的。对于这些不同地表现象与过程的地学描述和研究，需要按不同的尺度进行。这里便存在着不同尺度间的对比、转换、误差分析等问题，也就是所谓的"尺度效应与尺度转换"。多层次遥感对地观测系统为地学分析提供了多空间分辨率、多时间分辨率的遥感数据，可以为不同空间尺度、不同时间尺度地学对象的应用研究提供适合的信息。地面观测与不同层次遥感数据之间、各个层次遥感数据之间的"尺度转换"是提高遥感应用的效率与实用性的关键之一。

定量遥感中所谓尺度效应与尺度转换可概括理解为以下4层含义：

A. 指那些立足于点或均一表面（在给定微观尺度上）的基本物理定理、定律、概念，直接用于以遥感像元尺度的面状信息（多为非均一的）时，有个适应性问题。即随着尺度的变化，原有的原理、规律可能有效，也可能需要修正，存在着尺度效应与尺度转换问题。比如：

a. 像元的漫反射性问题，即像元内处处漫反射，但像元未必为漫反射。假想一个遥感像元对应于地面一个90°谷地的顶部，太阳与遥感器位于谷地走向垂直的主平面上，尽管两坡面均为朗伯反射面，但因入射光的方向及多次散射，则在遥感器视场内两坡的亮度不一，而亮、暗的面积比随观测角而变化。这个像元作为整体，不再具有朗伯特性（图3-4）。

Li-Strahler几何光学模型本身涉及像元的漫反射问题。该模型在假定树冠表面与地面处处具有朗伯特性的条件下，用四分量（承照植被、承照地面、阴影植被、阴影地面）向不同方向投影之差异，来解释由于地表的三维结构，导致像元内亮度的不均匀。因而，虽然像元尺度的微观部分具朗伯特性（各向同性），但是像元作为一个整体是非朗伯特性（各向异性）。

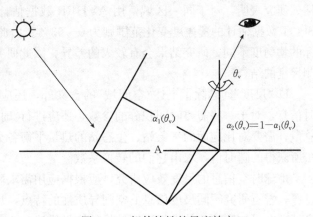

图3-4　朗伯特性的尺度效应

b. 赫姆霍兹（Helmholtz）互易原理是电磁学、光学的基本假设之一，是辐射传输理论的基石。对于遥感像元而言，即使像元内每一点都满足互易原理，但是，由于像元内的多次散射形成空间不均一的反射，则像元作为一个整体可以不满足所谓源与遥感器的互易原理，研究者已给出了像元尺度上互易原理失效的条件。

c. 普朗克（Planck）定律是现代物理学的基石之一。它的适用条件是对于同温 T 的平面地面（给定温度的黑体表面），仅有发射率 ε_0 的空间变化时，可以认为是尺度不变（即热辐射各向同性）。因而长期以来，地表热辐射可表达为

$$L_\lambda = \bar{\varepsilon}_\lambda \cdot B_\lambda(\bar{T}) \qquad (3-3)$$

式中：$\bar{T}$ 为平均地温，$\bar{\varepsilon}_\lambda$ 为平均发射率。Planck 定律给热红外遥感带来极大的便利。但是遥感像元尺度上往往非同温，则 $\bar{\varepsilon}_\lambda$ 和 $\bar{T}$ 也就难以实际应用。更何况像元内部还往往并非平面，而有一定的空间结构，那么像元内就存在着内部的反射与多次散射。李小文等认为假定像元内处处为黑体表面满足 Planck 定律，像元作为一个整体可以不满足 Planck 定律所要求的条件，并导出了考虑空间结构、温差分布、材料发射率等因素的概念性模型，把 Planck 定律修正到像元的尺度。

B. 常规地学手段对地表信息的采集多是以稀疏的地面观测点方式进行的，而遥感数据的采集是以面状"连续"像元方式记录。遥感数据是其空间位置的函数，是像元尺度上积分统计的结果。这种二维扩展的面状变量具有空间异质性(spatial variation)。由离散观测的点数据来标定遥感像元面数据，再由遥感像元面数据扩展到"区域"甚至"全球"，是完全不同的空间尺度。这种不同尺度信息之间往往是非线性或不均匀的，两者链接中必然存在着空间扩展、数据转换、误差分析和是否具有"代表性"等一系列的问题。

C. 对于每一种具体的传感器来说，多是以单空间分辨率方式采集地表数据，但是遥感可以多平台、多传感器方式采集地面数据，它本身是多空间分辨率的。也就是说，遥感图像像元所对应的面状信息本身具有空间分辨率从小于 1 m 到数千米的不同尺度。这些不同尺度的像元各表征不同的"量"，其空间异质性程度有明显差异。因而，某个尺度的特征、规律在另一尺度上不一定有效，需要验证与修正，建立像元尺度上的数学模型需要进行不同尺度信息间的尺度效应与尺度转换研究，也需要有相关先验知识的补充和支持。

Leprieur 等对半干旱地区(尼日尔)运用不同尺度的 NOAA/AVHRR、SPOT 卫星观测数据，通过不同植被指数(NDVI、MSAVI、GEMI)来进行区域尺度上的植被变化监测和评估。研究表明，对于同一区域，用 AVHRR 数据估计的覆盖度变化范围为 $0\sim22\%$，而用 SPOT 数据估计的覆盖度变化范围则为 $0\sim63\%$。由此可见，观测尺度不同，像元所对应目标的均匀度不同，研究结果会有较大的差异，因此研究工作应考虑植被指数、表面参数和观测尺度的结合。

D. "尺度"问题除了上述"空间域"的含义外，还应包涵"时间域"的转换。遥感信息是瞬时信息，对于一些需要时间积分的参数，还应进行"时间扩展"。例如，热量平衡各分量的日总量，需要对比地面的气象站、生态站的热量平衡各分量时间过程数据的日积分值和遥感方法所获得的瞬时值，求出它们的转换系数。

地球时空信息的尺度效应研究，应根据应用需求确定不同的研究尺度和空间分辨率的信息源，着重研究不同尺度信息的空间异质性的特点，尺度变化对信息量、信息分析模型和信息处理结果的影响，并进行尺度转换的定量描述。

对尺度效应与尺度转换中空间异质性的研究，一般采用参数化法，即定义不同的参数来描述不同尺度地表特征的空间异质性，测量实际影像的空间结构。如空间自相关性指数、尺度方差(scale variance)与变差图(variogram)、局部方差法(半方差)、纹理分析法、分形几何法、小波分析法、神经网络法等来测度实际影像的空间结构。其中变差图用于描述与测度相邻地物(空间样点)之间的空间相关性，可通过互不相关的地物类别之间的距离来定义。变差图分析被广泛应用于：①探测和描述遥感数据及地面数据的空间异质性；②确定影像数据和地面数据的最佳采样点；③评估纹理分类中适合的窗口大小等。Woodcock 等从实际的数字影像计算了变差图，发现：①地面覆盖物的密度影响着变差图的高度；②物体的大小影响变差图的变程；③地面物体大小在空间分布上的差异影响着变差图的形状（随异质性增加，变差图越平滑）。直方变差图及直方图分解的图谱法则是通过直方变差图参数化的驻点、边界点等来描述空间不同尺度地表特征的空间关系、分布格局、破碎程度等。

数字影像数据也是随时空位置变化而变化的随机变量，其空间异质性与地面景观、遥感器参数相关。Paul 和 Philip 用参数化法来检测加拿大安大略省西北地区高空间分辨率航空成像光谱图像的空间结构。通过计算沿着给定方向的半方差可以精确地描述它的空间异质性。在实验中，半方差做如下定义：

$$\gamma(h) = \frac{1}{2N(h)} \sum_{i=1}^{N(h)} \left[Z(x_i) - Z(x_i + h) \right]^2 \qquad (3-4)$$

式中：h 是估算 γ 的延迟量（或像素间的距离）；N 是采样点对（即空间点 x_i 和 $x_i + h$）的数目；$Z(x_i)$ 和 $Z(x_i + h)$ 分别是随机函数在空间采样点 x_i 和 $x_i + h$ 处的样本值。

实验表明，样本的空间异质性不仅决定了估计样本间空间异质性的精度，而且影响估算地表特征的精度。变差图法具有从多尺度异质性的影像上提取信息的能力。

3.1.2.3　反演策略与方法　遥感的本质是获取遥感数据，并利用遥感数据重建地面模型，也就是反演的过程。而反演就必须研究模型，研究那些描述遥感数据与地学应用之间关系的遥感模型。地球表面是个非常复杂、开放的巨系统。人们对它的认识需要用多种参数加以描述，这种未知参数几乎是无穷的，而遥感数据总是有限的。要用遥感数据反演地表参数始终存在着反演策略与方法问题。传统的遥感地表参数反演都把观测的数据量 N 大于待反演的模型参数量 M 作为反演的必要条件，采用"最小二乘法"进行迭代计算。

各种遥感反演模型都要确定一些参数，通过遥感手段获得起决定作用的关键参数。然而遥感信息的有限性、相关性和地表状况的复杂多变，使得在遥感实践中往往只能得到少量观测数据，却要估计复杂多变地表系统的当前状态。要真正满足 $N > M$ 是十分困难的，有时几乎是不可能的。也就是说遥感反演的信息量通常是不足的，互不相关的信息更少。因而遥感的许多反演问题本质上是"无定解"的问题。显然在遥感反演中，先验知识的引入以及注意反演的策略与方法，是至关重要的。

针对遥感模型反演的特点，学者们对模型反演成功的要素进行总结。Goel 等提出4 要素：

A. 模型参数 M 要小于或等于测量样本数 N，对于非线性模型，要求 $M \ll N$。

B. 模型本身必须是数学可反演的。

C. 模型灵敏度，即指模型反演的抗噪声能力。

D. 利用其他参数的辅助信息。即用测量值或估计值固定一些非重要的参数。

李小文、王锦地采用排除法，提出了模型成功反演的基本要素：

A. 模型本身的特点，即注意模型中部分参数以"同形态"出现以及参数的相关性。所谓参数以"同形态"出现，指不是独立参数，而是以函数组合的形式出现。

B. 观测值的信息量和类型。由于测量数据本身含有噪声，且不完全独立，成功反演的必要条件已不是数据的数量，而是观测数据中的信息量至少大于等于待反演参数的信息量（不确定性的减少）。也就是使测量数据包含的信息量尽可能多，数据之间的相关性尽可能小。增加信息量的方式可以有多种方式，如对某些参数的值域加以限定，或增加观测数量或利用先验知识等。

C. 地面实况下观测值对地表未知参数（反演参数）的敏感性。当地面实况使一个或几个反演参数变得不敏感时，这种不敏感参数的反演结果极不稳定，可能会使反演失败。则需通过先验知识的积累，事先对此有所了解，对其可能的取值范围做出估计，强行赋予它一个合理的值，而不让不敏感参数参与反演。

在模型的反演中，观测数据中噪声对反演结果的影响十分显著。如 Goel 和 Thompson 在反演 LAI 的模拟实验中，用 25 个角度数据反演 Suits 模型的 6 个参数，观测数据中 1% 的误差将导致 LAI 的反演误差为 75%；反演 SAIL 模型的 7 个参数，也产生类似情况。另外，参数的敏感性对反演的作用也是不可忽视的。于是，学者们提出了一些反演策略与技巧。李小文等提出：①基于先验知识的积累解决地学反演无定解问题，强调先验知识的合理利用，可以大大提高反演的效果；②指出对未知参数不确定性的（先验）统计描述（即对某些参数的值域加以限定）和如何根据新的观测值对这种统计描述进行修正，适用于对观测信息量不足、方程组无定解情况下的地学反演问题；③提出"参数的不确定性和敏感矩阵"的概念（uncertainty & sensitivity matrix，USM），用以描述各参数在每个采样方向上的敏感性。USM 把数据对参数的敏感性与参数先验知识的不确定性结合起来，为数据集和参数集的分割提供分析判断依据；④以此为基础制定了基于知识的多阶段反演策略。即在多阶段决策中，先计算参数的 USM，以确定最不确定的参数作为首选反演参数（每次反演参数不超过 4 个，其余的参数可简单固定或忽略），在每个阶段反演中选用最敏感的观测数据，去反演最不确定的参数，并将前一阶段的反演结果作为后一阶段反演的先验知识，直至反演结果满意。USM 概念的引入可将一个复杂的模型简化为若干子模型，分阶段反演，以达到反演目的。

目前反演中采用的数学方法多为最小二乘法。即依据最小二乘法定义代价函数的形式为

$$F = \sum_i W_i [y_i - f(x_i)]^2 \qquad (3-5)$$

式中：y_i 为观测数据；x_i 为模型参数；$f(x_i)$ 则为由 x_i 得到的模型结果；W_i 为相应于第 i 个观测的权重，通过最小化 F 可得到参数 x_i 的值，在计算机领域属无约束最优化范畴。

最小二乘法是高斯以来从大量数据中反演少量未知参数的成熟方法，但对无定解方程组该法并不合适。为了考虑参数物理边界的限制，李小文和 Strahler 提出 WSSEWP（weighted sum of square error with penalty），类似于约束最优化方法中的外罚函数法。此外，神经网络法等也被应用。

3.1.2.4 遥感模型与应用模型的链接 在遥感应用研究中，遥感所获得的大量数据必须转换为有用的信息。这里的关键在于通过各种处理、各种模型运算，从海量遥感数据中提取或反演出"实用"的专题信息、特征指标和地表参数。为此，人们发展了大量的遥感模型。这些模型中有简单算术运算的指数提取模型，如归一化植被指数（NDVI）等；有运用数学、物理学的理论与算法（如回归分析、因子分析、主成分分析、小波分析、Bayes 理论、分形、分数维理论等），发展较为复杂的遥感前向模型和地表参数反演模型，如各种地表二向反射模型、地表真实温度反演模型、大气纠正模型等；也有遥感与 GIS 结合的应用分析模型，如土壤侵蚀模型、作物估产模型等。

面对各种各样的遥感模型，对于实际应用来说，还存在着遥感模型与应用模型相互链接的问题。这是定量遥感实用化的关键。以遥感应用最为广泛的 NDVI 为例，一方面人们根

据不同的地域特征，经改造、修正的 NDVI 模型不下数十种；另一方面，人们致力于研究 NDVI 与植被覆盖度、生物量、叶面积指数、叶绿素含量、农学参数(穗数、粒数、千粒重等)的相互关系，建立起两者间的相关分析模型以适应实际应用的需求。然而遥感参数 ND-VI 与这些植被参数之间的关系并非简单的线性关系。如 LAI，由于随着 LAI 的增加，植物叶子的红光反射减小，而近红外反射率增加，因而在植物生长的早、中期，NDVI 与 LAI 呈线性增长关系。但是，对于水平均匀植被而言，当 LAI 增加到一定程度(约大于 3)时，两者间的线性关系开始变差，而当 LAI 达到 7 后，则趋于饱和，即 LAI 的增加，不再影响植被的反射特征。当然，这是一个非常粗略的概括，精确的定量描述还需考虑到太阳的角度、叶面积密度(FAVD)与叶倾角分布(LAD)的空间分布，并要有足够的样本数。Curran 和 Williamson 用遥感的比值植被指数估算草地的 LAI，发现要达到 5% 的估算精度和 95% 的置信度，至少需要 142~293 个样本，这对遥感是难以达到的。

再如，遥感通过热惯量法(裸地或植被稀疏情况下)、植物蒸腾法(植被覆盖区)、作物缺水指数等方法反演土壤表面含水量。但由于植株(包括农作物)根系深扎(其根系层可达 1 m 左右)，"土壤表面水分"这一参数已意义不大，而实际应用中，特别是精准农业应用中，更需要植物根系层的土壤含水量以及植株(尤其是冠层)含水量，并要求能及时监控以指导农业生产，确保节水丰产。遥感定量反演的遥感参数、土壤表面含水量与应用参数、土壤根系层含水量，遥感参数、植被冠层温度与应用参数、植株含水量之间的关系是十分复杂的。这里存在着遥感模型与各类应用模型的"链接"问题。它涉及对遥感数据的理解、遥感的机理研究、遥感模型的精度、地学过程的理解，以及地表时空多变要素的反演等。

遥感模型与应用模型的链接，关键在于找到遥感模型状态变量与应用模型状态变量之间的对应关系，并通过适当的方法予以耦合或衔接。常用的结合策略有如下形式：①遥感数据驱动应用模型；②遥感数据验证应用模型的预测值；③通过遥感数据同化限制校正应用模型；④遥感数据辅助分析、理解应用模型。这些耦合链接过程中经常需要遥感辐射传输的前向模型，作为观测算子或链接纽带。

3.1.3　前向模型

二向性反射是自然界中物体表面的基本宏观现象。目前对它的建模研究已相当深入。这里我们以植被的二向性反射(BRDF)前向模型为例，加以说明。

3.1.3.1　辐射传输模型(RT 模型)　辐射传输模型的理论基础是辐射传输理论和冠层平均透射理论。即在植被冠层中任一高度上，总辐照度是由直接到达该高度的直接太阳辐射、天空散射辐射以及植被各组分(叶、茎、花等)所截获辐射的反射和透射部分的总和所组成。所谓冠层平均透射理论，即冠层的向上和向下透射相等，取其算术平均值作为平均冠层透射值。为了计算群体中辐射的空间分布，需确定群体中任一高度上的空隙率(即辐射通过群体时未被截获的概率)。它通常是通过植被组分的倾角分布函数来描述的。对于各种类型的水平均匀群体，只要已知各组分的倾角分布函数即可计算出直接透入群体的辐照度。辐射传输理论的核心是辐射传输方程。它的一个基本假设是散射介质水平方向是均匀的，垂直方向上介质的密度、性质有变化。因而它把植被冠层近似分解为无限大的水平均匀的薄层，每一层中的植被单元可以当作小的吸收和散射体，以研究辐射在冠层薄层中或单元中的传输过程为基础，通过引入光学路径和散射相函数的概念建立它们与群体结构参数间的物理联系，来求解辐射传输方程，推算辐射与冠层相互作用，由此解释辐射在冠层中的传输机理，并进而得到冠层及下垫面对入射辐射的吸收、透过和反射的方向、分布和光谱特性。在 RT 模型中，植被冠层构成及其基本光学特性的描述，如冠层厚度、冠层密度、叶面倾角/叶面方向及其分布、叶面积指数和冠层中各组成的基本散射特性等均为模型所采用的参量。

RT 模型的优点在于能考虑多次散射作用，对均匀植被尤其在红外和微波波段较重要；其缺点是复杂的三维空间微分方程即使对均匀植被，通常也只能得到数值解，很难建立起植被结构与 BRDF 之间明晰的解析表达式。由于 RT 方程不考虑植被组分的尺寸大小和它们之间的距离以及各组分的非随机的空间分布，因此它仅适用于植被组分与群体密度相比很小的群体，以及稠密、水平均匀的群体。也就是说，它适用于连续植被冠层的反射状况，如垄状特征不明显的作物或处于生长期的作物、大面积生长茂盛的草地等，而对复杂的不连续的植被冠层，如森林等是不适用的。应该说，在遥感像元尺度上，地球陆地表面大量呈现出非均匀的复杂结构，且以表面散射为主，这是用辐射传输理论难以合理解释的。

典型的 RT 模型有 Suits、SAIL、Nilson‐Kuusk、Hapke 等。其中 SAIL 模型共有 7 个参数，其中 3 个结构参数，叶面积指数 LAI、描述叶倾角分布的两个参数 u 和 V；4 个组分光谱参数，叶片反射率 ρ、叶片透过率 r、土壤（背景）反射率 ρ_s、天空散射光在总入射光中的比例 SKYL。SAIL 模型较好地反映了水平均匀植被的叶面积指数（LAI）与叶倾角分布（LAD）对 BRDF 变化趋势的影响，但它没考虑热点效应及叶片的镜面反射的影响。而 Nilson‐Kuusk 模型通过考虑群体"热斑"效应和镜面反射的影响，使 RT 方程进一步完善。它把群体的 BRDF，分为植冠的一次散射（散射与镜面反射）、土壤的一次散射、群体和土壤的多次散射三部分，分别进行计算。

3.1.3.2　几何光学模型（GO 模型）　几何光学模型把几何光学理论与模型引入植被的 BRDF 研究中。它主要考虑地物的宏观几何结构，把地面目标假定为具有已知几何形状和光学性质、按一定方式排列的几何体。通过分析这些几何体对光线的截获和遮阴及地表面的反射来确定植冠的方向反射。因此，GO 模型首先要解决的是植被几何结构和空间分布模型化，如几何结构可以用结构参数（株密度、树冠大小、高度等）来表达；其次要解决的是利用几何光学理论来计算植被的方向反射函数。

几何光学模型基于"景合成模型"，即在观测视场内，分为阳光承照面与阴影两个基本部分，它们又可以进一步分解为承照植被、承照地面、阴影植被、阴影地面 4 个分量，这 4 个分量是随着太阳角与观察角的变化而变化，而观测结果则是这 4 个分量亮度的面积加权和。

GO 模型适于森林等不连续植被冠层的反射状况。最具代表性的模型为 Li‐Strahler GOMS 模型。该模型把树冠当作椭球体，共有 8 个参数，其中 4 个结构参数 nR^2、b/R、h/b、$\Delta h/b$，和 4 个光谱组分参数 G、C、Z、T。其中 n 为单位面积内树冠的数目，R 为椭球的水平半径，b 为垂直半径，h 为球心离地表的距离，Δh 为树冠中心高度均匀分布时最高值与最低值之差。结构参数：nR^2 反映垂直方向上树冠覆盖度；b/R 为树冠形态参数，主要影响非天顶方向观察的覆盖度；h/b 为树冠离地高度参数，主要影响地面反射对热点贡献的宽度；$\Delta h/b$ 为树冠高度分布离散程度，主要影响 BRDF 碗边效应的形状。光谱参数 G、C、Z、T 分别为给定入照条件下地面、树冠和阴影地面、阴影树冠的亮度。GOMS 模型表示为

$$BRDF = \frac{\int_A R(s) \cdot \langle r, s \rangle \cdot I_i(s) \cdot \langle i, s \rangle \cdot I_r(s)\mathrm{d}s}{A \cdot \cos\theta_r \cos\theta_i} \qquad (3-6)$$

式中：ds 是地表或树冠表面的面积元；$R(s)$ 是该面积元（假设是朗伯表面）的反射率；$\langle i,s \rangle$ 和 $\langle r,s \rangle$ 分别是 ds 的法矢量与入射及观察的方向矢量夹角的余弦；$I_i(s)$ 表示 ds 受阳光直照与否的指数，数值为 1（受直照）或 0；$I_r(s)$ 是 ds 是否直接在观察者视场内的指数，为 1（直接可见）或 0；A 是视场（FOV）在水平地面的投影。

在式（3-6）中，假定 $R(s)$ 只有两种不同的值：地面和树冠的反射，加上考虑天空光和多次散射，则很容易得到遥感器接收的信号为 4 个分量的面积加权和：

$$S=K_g \cdot G+K_c \cdot C+K_z \cdot Z+K_t \cdot T \qquad (3-7)$$

式中：K_g 是视场 A 内地面受阳光承照部分的面积与 A 之比；K_c 是视场 A 内树冠承照表面的投影面积比；K_z 和 K_t 分别是视场内阴影中地面和树冠与 A 之面积比；G、C、Z、T 分别是承照地面、承照树冠、阴影地面、阴影树冠这 4 个分量（图 3-5）。

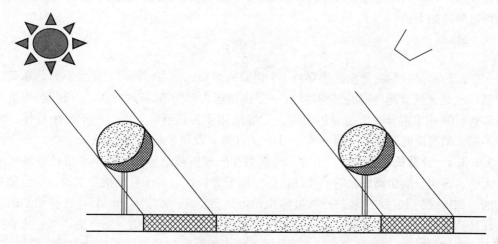

图 3-5　几何光学模型的原理示意图

在给定日照条件下的实际亮度公式（3-7）中，若已知各波段的 G、C、Z、T 和相应 S（探测器所接收的信号），则通过解线性方程组不难得到 K_g、K_c、K_z、K_t，这里 G、C、Z、T 被当作已知值或测量值。但实际应用中，以 C 为例，人们希望可以把 C 与叶面反射率 P、叶面积指数 LAI、天空光等联系起来。于是人们进一步研究 G、C、Z、T 的参数化问题。

Li-Strahler GOMS 模型有几个基本假设：①植物体（针叶林或稀疏森林）随机分布；②像元中树木密度服从泊松分布；③锥体、椭球体的高度和基底半径服从固定均值、方差和变异系数的对数正态分布；④锥体本身为半透明体，辐射透过时呈指数衰减等，"四分量"的权重系数可按几何光学原理和平均透射理论计算得出。它的特点在于：通过植被的结构和入射角、观察角，根据概率几何学可以解决树冠阴影随机分布时 K_g 的计算；并找出影响较稀疏植被 BRDF 的关键因素，即照明阴影、观察"阴影"和"重叠函数"；影响较密闭离散植被 BRDF 的关键因素，即树冠承照表面沿高度分布及其被观察到的概率，以及两者之间的关系。

几何光学模型由于抓住了地物散射与大气散射的主要差别，有简单明晰的优点，适用于处理不连续植被（如灌木林、稀疏森林、针叶林、果园）及粗糙地表等 RT 模型难以适用的地物。其不足之处在于迄今尚未考虑多次散射对构成"阴影区"地物反射强度的影响，也不考虑植被和土壤系统的非朗伯辐射特性，以及对群体结构假设的局限性等，使其计算精度受到影响。尤其是在低太阳高度角(小于30°)时结果偏低，误差较大，因而在植被趋于连续、阴影区与非阴影区反差较小时，不及加入几何光学修正的 RT 模型严密。

3.1.3.3 几何光学-辐射传输混合模型(GORT 混合模型) 如前所述，GO 模型和 RT 模型分别在不同尺度上具有各自的优势，但又有各自的不足。李小文等进一步提出了几何光学-辐射传输(GORT)混合模型，即利用 GO 模型在解释阴影投影面积和地物表面空间相关性上的基本优势，同时引入 RT 模型在解释均匀介质中多次散射上的优势，分两个层次来建立承照面与阴影区反射强度的 RT 模型。在 GORT 模型中，群体仍像 GO 模型那样被处理成具有一定几何形状(特定水平、垂直半径和中心高度)和空间分布特征(在一定范围呈椭圆形的随机分布)的植株的集合，植株的每一组分又类似于 RT 模型，被认为是光学性质已知的吸收和散射体，同时还考虑群体的多次散射作用。联系两者的关键是间隙率模型。间隙率模型可以简述如下：

$$P_{gap} = P_0 + \sum_{i=1}^{\infty} P(i) e^{-\tau S_i} \qquad (3-8)$$

式中：$P(i)$是从给定方向光线穿越 i 个树冠的概率，是由树冠的宏观大小和分布确定的统计量；S_i 是光线穿越树冠的平均路径；τ 是由树冠内部构造(如树叶大小、密度)等决定的衰减常数。GORT 混合模型是通用模型，它既适用于稀疏群体，也适用于密闭群体。将它用于不同太阳高度时对森林反照率和 BRDF 的计算，获得了较好的结果。

3.1.3.4 计算机模拟模型 上述三种模型在处理植被结构时大都不考虑植被各组分的尺寸大小、各组分间距离以及它们非随机的空间分布特性。对于自然植被来说，这显然是不真实的。如传统的 RT 方法植被已被微体积元切割混合成一团"均匀介质"，这种切割的不合理性在计算机模拟中非常直观。计算机模拟模型可以比上述模型更灵活、更详细、更真实地处理上述非均匀群体问题(图3-6)。于是计算机模拟模型较早开始了从纯蒙特卡洛法向"结构真实模型"的发展。

图3-6 计算机模拟的植被真实结构

蒙特卡洛(Monte Carlo)法是在为所研究的物理过程构造一些概率模型的基础上进行随机模拟和统计试验，通过估算这些模型的近似解的数值方法。"结构真实模型"可看成由两大部分组成，一是逼真植被结构的产生，二是模拟光与植被的相互作用。模型基于计算机图形学产生植被的真实结构，并利用光子追踪法或辐射通量法来计算植被的反射。计算机模拟模型，除了逼真模拟植被结构外，一定程度上还可作为验证其他模型的工具。

以上介绍了几类植被 BRDF 模型。研究 BRDF 前向模型的目的在于，能通过"精确"的 BRDF 来估算地表参数(如反照率 α、反射率 ρ 等)和地表几何特征(如植被结构参数 LAI、LAD 等)，也就是模型的反演问题。

3.1.4　遥感地表参数反演

遥感应用的本质是通过遥感原始观测数据来"反演"地表有价值的信息。它涉及一系列地表时空多变要素(如地表温度、植物叶面积指数、植被覆盖度、叶绿素含量、生物量、地表反照率、地表土壤水分含量等)的反演。这里我们以地表温度反演与植物结构参数反演为例加以说明。

3.1.4.1　地表温度的反演　地表温度(land surface temperature，LST)是地表-大气耦合系统辐射平衡和地表物理过程的重要参数，其时空变化信息在气象预测、气候变化、水循环、地质勘探、农林监测和城市热环境等领域具有重要的科学意义和应用价值。遥感尤其是热红外遥感是获取区域和全球尺度地表温度的主要手段，当前已有众多热红外遥感平台(如 Terra 和 Aqua/MODIS、Terra/ASTER、Sentinel‒3/SLSTR、Landsat8/TIRS、风云卫星等)的对地观测数据被用来生产业务化的全球、区域尺度地表温度或发射率产品，其产品被应用到农林、气象、生态、资源等诸多领域。

从 20 世纪 70 年代以来，研究者利用卫星遥感数据开展地表温度反演的研究，并取得了众多瞩目的成果。专家学者相继提出了多种地表温度反演算法，主要分为热红外反演算法和被动微波反演算法。热红外反演的温度为地物表面的温度，现有的算法可概括为两类：①基于已知发射率的反演方法。该类方法需要发射率作为先验知识，如单通道算法、多通道算法、多角度算法等。②发射率未知的反演方法。该类方法不需要发射率作为先验知识，如逐步反演法(首先确定地表发射率，而后反演地表温度)、同步地表温度与发射率反演方法，如双温算法、基于物理日/夜算法、灰体发射率法、温度与发射率分离算法、迭代光谱平滑的温度/发射率分离方法、线性发射率约束的温度/发射率分离方法等；以及同步反演地表温度、发射率和大气参数的方法，如人工神经网络方法、逐步物理反演方法等。目前，多通道算法中的劈窗算法和同步反演地表温度与发射率方法中的温度与发射率分离算法是生产全球尺度地表温度产品的主流算法。热红外反演的温度精度高，可达 1 K 以内；空间分辨率高，能获取 100 m 级地面温度；但多云雾条件下缺少数据。被动微波反演的温度为一定深度的表层温度，现有的算法模型有统计模型、物理模型和神经网络模型。被动微波反演的温度相对热红外反演温度精度低、空间分辨率低，但微波具有穿透性，可以反演出云下温度。这些算法主要基于地势平缓、类型均一的地区开展，得到了广泛的应用，并取得了较好的效果。

(1)地表温度反演实例 1：基于热红外波段的地表温度遥感反演。有研究者针对 Landsat 8 TIRS 数据提出了一个物理单通道地表温度反演算法。该算法首先利用 ASTER 全球地表发射率产品(ASTER GED)结合 Landsat 8 地表反射率产品计算 Landsat 8 影像的地表发射率，然后利用快速辐射传输模型 RTTOV 结合 MERRA 大气廓线数据对热红外影像进行大气校正，最后利用物理单通道地表温度反演算法得到地表温度。利用黑河流域 HiWATER

试验 2013—2015 年 15 个站点的实测地表温度数据对该文方法和普适性单通道算法(JMS 算法)进行了验证,同时对验证站点的空间异质性进行了分析(图 3-7 和图 3-8)。结果表明,该文方法和普适性单通道算法估算的地表温度整体精度均较高,能够获取高精度、高空间分辨率的地表温度数据,可以服务于城市热岛效应、地表蒸散发估算等相关研究。

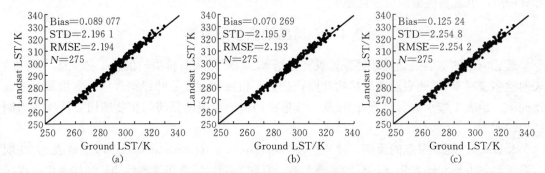

图 3-7　温度反演结果与地表实测温度在不同像元尺度上的对比验证
(a)(1×1 像元)　(b)(3×3 像元)　(c)(5×5 像元)

彩图

图 3-8　研究者反演算法结果与 JMS 算法结果之间的对比验证
(a)案例研究中算法反演结果　(b)JMS 算法反演结果　(c)两种算法的温度差值比较

(2)地表温度反演实例 2:基于微波数据的地表温度遥感反演。有研究者应用 AMSR-E 微波亮度温度数据分别选取了基于发射率估计的单通道反演法和多通道线性拟合法反演了东北地区地表温度(图 3-9)。在原有方法的基础上提出算法改进:对单通道反演法按照植被生长周期在生长季与非生长季分别建立发射率估计方程,探究各微波通道在每种地表覆被类型的反演能力并组合反演精度最高的通道,将微波极化差异指数作为表征发射率参数加入多通道拟合方程。结果显示,获取的地表温度剔除水体和冰雪无效像元后可用性达到 100%,改进后的单通道反演法均方根误差由 3.58~4.6 降低至 2.0~3.1,在 75% 的区域的误差小于 2 K;多通道拟合法的最终均方根误差为 2.6~3.5,同样有较高精度且只使用微波亮温数据就能获取地表温度。

3.1.4.2　植被结构参数反演　从遥感机理研究和植被结构考虑,可将植被分为连续植被和不连续植被两类。前者通常假设植被组分是水平均匀的,可用 LAI 来表征;后者最明显的特点是植被间有空隙,部分阳光通过植株间隙直射到地面,且植株有明显的承照面和阴影。连续与不连续植被间并无严格的界限,但在研究方法上是不同的。

植被结构参数,包括了各种描述植物形状、大小、几何特征的参数,其中用得最多的是叶面积指数(LAI)和叶倾角分布(LAD)等。

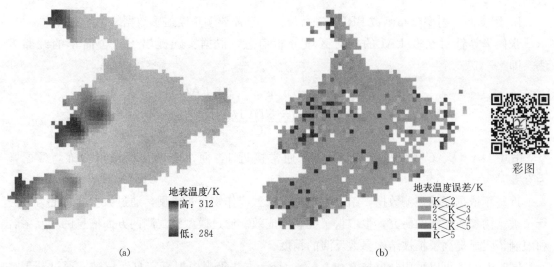

彩图

图 3-9　基于微波数据的东北地区地表温度遥感反演结果

(a)地表温度反演结果　(b)反演误差分布

A. 叶面积指数是指单位面积地表上方植物叶(单面)面积总和,为一无量纲值。若植物的茎、枝、花、果等组分的总面积也包括在内,则为全植物面积指数(TPAI),即植被组分的面积(单面)与植物所荫蔽地表面积之比。

B. 叶面积体密度(FAVD)是指冠层中单位体积内叶面积的总和,单位为 m^{-1}。

C. 叶倾角分布(LAD),可用一个密度分布函数 $f(\theta_L, \varphi_L)$ 表征,其中 θ_L、φ_L 分别为叶的倾角和方位角。LAD 可分为 6 种类型:喜平型、喜直型、喜斜型、极端型、均匀型、球分布型。

辐射与植被冠层的相互作用具有明显的方向性,其方向信息既包含了植被本身的光谱特征又包含了植被结构特征。则植被的结构参数直接影响到植被的二向反射特征,如 LAD 对植被反射的影响可简单概括为它确定了沿入照方向和观测方向叶片的不同投影面积;当叶片镜面反射较强时,也确定了整个植被镜面反射分量的强度、方向和宽度。而 LAI 的大小更是直接影响到入射光的吸收、反射、散射等特征。显然要想提高植被二向反射研究的精度(包括前向模型和反演模型),就必须进行植物结构的参数化研究。

对于植被结构参数,一种是通过直接或间接的测量方法获得,如便携式叶面积指数测定仪(LICOR LAI—2000),可自动测量、自动记录测量结果;另一种是通过模型反演,如对均匀植被冠层,基于平均冠层透射理论,从冠层内的透过率来反演 LAI、LAD,或通过测冠层中空隙率来推算 LAI。王锦地等根据计算机断层扫描成像原理,采用地面成像方法获取树冠的多角度观测数据,应用图像重建算法重构树冠几何形状,再对冠层内叶面积密度进行估值,并进而推算整个树冠的叶面积体密度(FAVD)的分布和 LAI。

通过测量计算,可以建立起不同农作物类型、不同生长期、冠层叶倾角分布函数 LAD 等植物结构参数的先验知识库。而利用卫星遥感数据进行区域尺度的 LAI 研究,可采用两种途径:

A. 用 NDVI 及平均叶角等参数进行计算,这一方法虽简单,但需平均叶角或叶角分布数据。

B. 用二向反射率分布函数 BRDF 进行反演，这需要多角度遥感数据。

张仁华等针对获取 LAI 的相对区域分布信息，根据实践提出了一个简单的经验方法。即

$$NDVI = A[1 - B \times \exp(-C \times LAI)]$$

$$LAI = \frac{\ln[(1 - NDVI/A)/b]}{C} \quad\quad (3-9)$$

式中：A、B、C 为实验常数，A、B 通常接近 1，而小麦叶角为球形分布，C 通常为 0.5。

近些年依据遥感观测数据，结合生态过程模型或作物生长模型，通过数据同化的方法进行植被结构参数反演的研究，也取得了显著的成效。通过模型和观测两方面信息的相互融合和限制，明显提高了植被结构参数反演的精度。

同时人们还可以采用分形技术和 L - systems 方法等来模拟真实自然植被，通过若干关键参数对植被结构进行参数化，并建立植被真实结构知识库，为遥感模型反演提供先验知识。

（1）植被结构参数反演实例 1：基于激光雷达观测数据的植被叶面积指数反演。激光雷达（light detection and ranging，LiDAR）数据能够同时提供高精度的植被冠层水平和垂直结构信息，且能够获取大面积的地表信息。有研究者以机载 LiDAR 离散点云数据为数据源，基于植被冠层孔隙率与叶面积指数的关系，提出一种反演大田玉米叶面积指数的方法。对反演 LAI 和实测 LAI 进行对比分析。LAI 反演结果接近真实情况（图 3 - 10）。

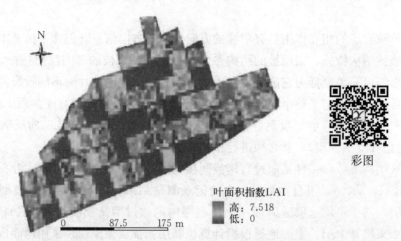

彩图

叶面积指数LAI
高：7.518
低：0

0   87.5   175 m

图 3 - 10　基于机载激光雷达的玉米叶面积指数反演结果

（2）植被结构参数反演实例 2：区域植被覆盖度的反演。研究者结合 Landsat 8、Sentinel - 2 卫星影像、无人机影像以及地面实际样点观测数据，对毛乌苏沙地东部区域在多个尺度上（区域、样地、样点）对区域的植被覆盖度进行了反演（或观测）（图 3 - 11），并在多平台结果数据之间进行了相互的验证，研究表明：利用卫星影像反演区域植被覆盖度具有良好的精度和可行性。

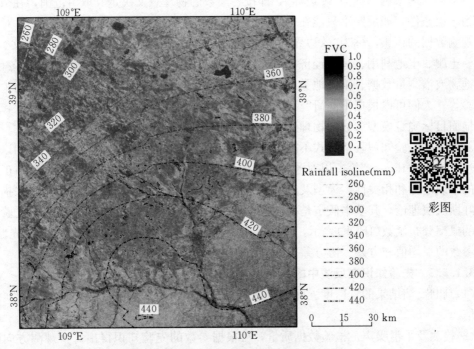

图 3 - 11 毛乌苏沙地东部区域植被覆盖度遥感反演结果

3.1.5 先验知识在遥感定量反演中的应用

遥感成像过程受到多方面随机变化因素的影响，包括成像中的随机因素以及成像对象的复杂性、不确定性等，因此遥感数据在很大程度上是一种随机变量。它是地学规律复杂性、不确定性、相关性的综合反映。

目前对遥感数据的处理与应用多是基于数理统计理论，建立一些参数化或非参数化的统计分析模型。如贝叶斯(Bayes)最大似然法分类模型，其前提条件是假设各类别在特征空间上的密度分布服从高斯密度分布(GDD)，即参数化概率密度分布单峰形式，只有一个极大值。但实际的复杂概率密度分布可能包含多峰形式，如水体可能因深浅、浑浊程度、表面波浪状况等因素的差异其概率密度分布呈多峰状；另外，不同类别的地物在特征空间中的分布也可能存在重叠或相互交错等。当然也可以避开高斯密度分布的假设，在非参数统计分析模型中，根据样本模式来估计密度分布函数或直接求算决策函数，如最邻近法等。但这往往需要从大量的样本数据中估计概率分布，易受到干扰噪声影响，且计算量大，难以获得最优解。

面对复杂的地面系统，以及地球表面时空多变要素的相互关联性，要描述其特征和分布规律仅用简单的数理统计方法或一般的参数模型是难以表达的，必须有先验知识的介入。

在地球物理与大气模型反演中，先验知识的介入已有了较成熟的经验。如在大气温度和水汽垂直廓线的反演中，充分利用了长期积累的先验知识，因而可以从气象卫星云图和气象台站的有限观测值中推算(反演)大气温度、水汽含量等变化大且不确定性强的参数。地表遥感反演中先验知识的介入，尚有一系列的问题有待研究。

3.1.5.1 先验知识的含义与表达 在遥感模型反演中，先验知识可分为两类：一是对模型参数的物理限制，称为"硬边界"，即按各参数的物理意义决定其取值范围，在数学中可表示为约束条件，如反照率只能在0～1之间取值、叶片大小只能是正值等；二是对研究对象的观测数据的积累，称为"软边界"的先验知识，其不确定性较大，如气象、水文、DEM、植被、土壤、土地利用、社会经济等非遥感信息，以及先期的遥感知识积累，如各种室内、野外地物波谱测量数据、不同地类的BRDF测量值、NDVI等，还有对研究对象的了解及专家经验等。人们可以根据不同研究对象及地面实况等选择不同类型模型和不同参数，并根据具体地面目标确定模型参数的物理边界(取值范围)。

对不同的先验知识表达方式不同，有的可以直接用数学符号形式表达；有的则以逻辑形式表达，如"if…then…"等，以对遥感数据的统计处理结果进行知识层的确认和纠正；至于参数的不确定性和相关性、模型及测量数据的误差可用概率分布(又称先验分布)来描述。即按贝叶斯反演理论，其基本假定是把参数看作一个有一定概率分布的随机变量，先验知识由参数的概率分布函数(JPDF)表示，若用多维高斯分布来近似，则先验分布函数(先验知识)可用参数的平均值和方差、协方差矩阵等统计特征来描述。

3.1.5.2　先验知识在反演中的作用

(1)判断反演结果的置信度。即反演结果与先验知识库的参数比较，以衡量反演结果是否可信。

(2)检测及平滑噪声。检验数据质量，可根据参数的先验知识得出每个观测方向的数据的先验最大概率估计(先验估计值)，以及实际数据与先验估计值的马氏距离：

$$D=|r-r_0|/\sigma \qquad\qquad (3-10)$$

式中：r为实际数值；r_0为先验估计值；σ为先验分布的标准差。

D越大，说明先验分布中出现该数据值的概率越小，则数据噪声较大，具有较小的置信度。噪声的参数若删除，数据量减少，也影响反演结果。可用先验知识来平滑噪声，恢复数据，即求出特定采样条件的先验参考数据，研究它与观测值之间的关系；再把判断为误差大的数据与相同采样条件的先验参考数据作平均，则可达到平滑噪声的目的，这也可理解为在原数据集中添加先验参考数据。

(3)采样数据不足情况下获得合理结果。用添加模拟数据的方法来引入先验知识，既可利用线性回归的成熟算法来实现贝叶斯最大似然解估计，也可通过计算机图形法模拟真实自然植被，作为先验知识引入模型反演中，等等。

3.2　混合像元分解

3.2.1　混合像元的概念

遥感器所获取的地面反射或发射光谱信号是以像元为单位记录的，它是像元所对应的地表物质光谱信号的综合。图像中每个像元所对应的地表，往往包含不同的覆盖类型，它们有着不同的光谱响应特征。而每个像元则仅用一个信号记录这些"异质"成分。若该像元仅包含一种类型，则为纯像元(pure pixel)，它所记录的正是该类型的光谱响应特征或光谱信号；若该像元包含不止一种地物覆盖类型，则称为混合像元(mixed pixel)，它记录的是所对应的不同地物覆盖类型光谱响应特征的综合。如：野外测得的植物光谱多为植物及其下垫面土壤的混合光谱(往往还包含阴影)，即使裸露的地表(无植被或少植被覆盖)也是不同类型土壤、矿物质等的混合光谱。

从理论上讲，混合光谱的形成主要有以下原因：①单一成分物质的光谱、几何结构，及在像元中的分布；②大气传输过程中的混合效应；③遥感仪器本身的混合效应。其中：②③为非线性效应，②中大气的影响可以通过大气纠正加以部分克服，③中仪器的影响可以通过仪器的校准、定标加以部分克服，这里不予讨论；①则是我们将要讨论的内容。

混合像元的存在，是传统的像元级遥感分类和面积量测精度难以达到实用要求的主要原因。为了提高遥感应用的精度，就必须解决混合像元的分解问题，使遥感应用由像元级达到亚像元级，进入像元内部，将混合像元分解为不同的基本组分单元，也称为端元（end member），并求得这些端元所占的比例。这就是所谓的"混合像元分解"过程。

分解像元的途径是通过建立光谱的混合模拟模型。模型的建立方法是：像元的反射率可以表示为端元的光谱特征和它们的面积百分比（丰度）的函数；在某些情况下，表示为端元的光谱特征和其他的地面参数的函数。近年来国内外学者们探索遥感光谱成像机理，模拟光谱的混合过程，研究和发展了多种混合光谱分解方法，提出不同的光谱混合模型。归结为以下五种类型：线性（linear）模型、概率（probabilistic）模型、几何光学（geometric-optical）模型、随机几何（stochastic geometric）模型和模糊分析（fuzzy）模型。线性模型假定像元的反射率为它的端元组分的反射率的线性组成。非线性和线性混合是基于同一个概念，即线性混合是非线性混合在多次反射被忽略的情况下的特例。现在人们也在考虑应用神经网络技术及模糊系统理论进行混合像元分解等。

上述所有的模型都把像元的反射率表示为端元的光谱特征和它们的面积百分比（丰度）的函数。然而，由于自然地面的随机属性以及影像处理的复杂性，像元的反射率还取决于除端元的光谱特征和丰度以外的因素。因此，每种模型的差别在于：在考虑混合像元的反射率和端元的光谱特征和丰度之间的响应关系的同时，怎样考虑和包含其他地面特性和影像特征的影响。在线性模型中地面差异性被表示为随机残差；而几何光学模型和随机几何模型是基于地面几何形状来考虑地面特性的。在概率模型和模糊模型中，地面差异性是基于概率考虑的，例如通过使用散点图和最大似然法之类的统计方法。就所有的模型而言，混合像元的反射率和端元的光谱特征都是必需的参数。此外，对于几何光学模型和随机几何模型，还需要地物的形状参数、地物的高度分布、地物的空间分布、地面坡度、太阳入射方向以及观测方向等参数。每种模型反演得出的结果主要是每个像元中各个端元组分的丰度。然而，对于几何光学模型和随机几何模型，还可以求出其他的一些地面特性，比如平均高度、阴影大小以及树的密度等。

3.2.2　光谱混合模型

3.2.2.1　线性模型（linear model）　在模型中，将像元在某一波段的光谱反射率表示为占一定比例的各个端元反射率的线性组合。它基于以下假设：在瞬时视场下，各组分光谱线性混合，其比例由相关组分光谱的丰度决定。因此，第 i 波段像元反射率 γ_i 可以表示为

$$\gamma_i = \sum_{j=1}^{m} p_{ij} f_j + \varepsilon_i \tag{3-11}$$

式中：$i=1, 2, \cdots, n$，$j=1, 2, \cdots, m$，n 表示波段数，m 表示选定的端元数；γ_i 是

混合像元的反射率；p_{ij} 表示第 i 个波段第 j 端元的反射率；f_j 是第 j 个端元的丰度；ε_i 是第 i 段的误差。

由式(3-11)可表示为矩阵形式：

$$\gamma = Pf + \varepsilon \tag{3-12}$$

式(3-11)或式(3-12)可以通过一定的方法求得单个像元内各个端元的丰度 f_j。既然一个像元内端元丰度总量为 1，因此，线性限制 $\sum\limits_{j=1}^{m} f_j = 1$，可以当作求解系统的一部分；另外，一个重要的条件就是丰度不能为负数，即 $f_j \geqslant 0$。总的说来，为便于求解，未知端元数目须小于或等于矩阵行数，这意味着端元数应当小于或等于波段数 n。

理论上线性混合模型基于如下假设：到达遥感传感器的光子与唯一地物(即一个光谱端元)发生作用。这种假设一般发生在端元地物面积比较大的理想状况下。反之，地物分布范围较小时，光子不止通过一个端元进行传输和散射，从而产生非线性混合。一些学者通过将反射光谱转换成单一散射反照率(SSA)对系统进行线性化，从而解决非线性混合模型问题。这是因为，研究发现混合物的均值 SSA 是端元单一 SSA 及其相关几何横截面乘积的线性组合，其关系式从数学上可以表示为

$$w(\lambda) = \sum\limits_{j=1}^{m} w_j(\lambda) F_j \tag{3-13}$$

式中：w 为均值 SSA；λ 为光谱波段；m 为端元数目；F_j 为 j 端元相关几何横截面，是地物群、密度和端元地物粒径大小的函数，其表述形式如下：

$$F_j = \frac{(M_j / e_j d_j)}{\sum\limits_{j=1}^{m} (M_j / e_j d_j)} \tag{3-14}$$

式中：M_j 为小地物群；e_j 为密度；d_j 为端元地物粒径大小。

对于二向反射问题，用如式(3-15)将二向反射转化为 SSA：

$$R(i, e) = \frac{wH(\mu) H(\mu_0)}{4(\mu + \mu_0)} \tag{3-15}$$

式中：$R(i, e)$ 为二向反射率；w 均值 SSA；i 为入射角；e 为视角；$\mu = \cos i$；$\mu_0 = \sin i$；$H(\mu)$ 表征小地物间多向散射的函数，可以表示为

$$H(\mu) = \frac{1 + 2\mu}{1 + 2\mu \sqrt{1 - w}} \tag{3-16}$$

尽管非线性混合概念建立在对矿物研究的基础上，但是通过研究发现，非线性混合现象在植被覆盖区同样存在。实际上，线性与非线性模型表达了同一个概念，线性混合模型是非线性混合模型的一个特例(简单的非线性模型)，它没有考虑多反射情况。因此，一旦反射率转换成 SSA，线性模型对线性和非线性都是适应的。

3.2.2.2 几何光学模型(geometric‐optical model) 该模型适用于冠状植被地区，它把地面看成由树及其投射的阴影组成。在模型中，将像元表示为树冠(即太阳照射下的树)C、阴影(包括树阴影下的树，即被其他树阴影投射到的树)T、背景地面(太阳直射的地面)G 和树阴影下的地面 Z 这样 4 个端元；而它们在像元中所占的面积是一个与树冠、树高、树密度、太阳入射角、观测角有关的函数。模型可表达为

$$R = (A_C R_C + A_T R_T + A_G R_G + A_Z R_Z)/A \tag{3-17}$$

式中：R 为混合像元的反射率；A 为混合像元面积；R_C、R_T、R_G、R_Z 分别为 4 个端元的反射率；A_C、A_T、A_G、A_Z 分别代表不同类型的 4 个端元在像元中所占的面积。

实际应用中，往往要对这些几何特征进行适当简化，如树冠由占主要地位的树种的形状、大小来替代，树冠假设为具有相同的规则几何形状，观测角有时设为星下点的观测角，树木的分布假设遵循泊松（Poisson）分布，即在像元中或像元间随机分布，树高已知等。几何光学模型是基于分析景观的几何特征。它需要有树的形状、大小、分布、太阳入射角、观测角等参数。

3.2.2.3　随机几何模型（stochastic geometric model）　随机几何模型与几何光学模型相似，是几何模型的特例。它也把像元分成树冠、阴影（树荫下的树和地面）、背景地面 4 个端元。模型可表达为

$$R(\lambda,x) = \sum_i f_i(x)R_i(\lambda,x) \tag{3-18}$$

式中：λ 为波长，x 为像元中心点坐标；$R_i(\lambda, x)$ 指中心点为 x 的像元中覆盖类型 i 的平均反射率；$f_i(x)$ 指中心点 x 的像元中覆盖类型 i 所占的比例。

与几何光学模型所不同的是，它把景观的几何参数作为随机变量。此处的 i 表示为：$i=1$ 为太阳照射下的绿色植被；$i=2$ 为阴影下的绿色植被；$i=3$ 为太阳照射下的土壤背景；$i=4$ 为阴影下的土壤背景，同时要满足 $\sum_i f_i(x) = 1$。

以上的线性模型与几何模型都是基于相同的假设，即"某一像元的反射率是其各个端元反射率的线性组合"。只不过线性模型处理的是二维实体，而几何模型处理的是三维几何特征。也正因为几何模型需引入当地景观几何参数，所以它也就复杂得多。

3.2.2.4　概率模型（probabilistic model）　模型以概率统计方法为基础，如最大似然法等，基于统计特征分析计算方差、协方差矩阵等统计值。该模型只有在两种地物混合条件下使用，利用线性判别分析和端元光谱产生一个判别值，根据判别值的范围将像元分为不同的类别。

假设构成混合像元的端元类型分别为 x、y，那么可以用式（3-19）来表示其中的一个端元在混合像元中所占的面积比例：

$$P_y = 0.5 + 0.5\frac{d(m, x) - d(m, y)}{d(x, y)} \tag{3-19}$$

式中：P_y 表示端元 y 在混合像元中所占的面积比例；$d(m, x)$、$d(m, y)$、$d(x, y)$ 分别表示混合像元 m 及端元 x、y 平均齐次分量间的马氏距离；$d(m,x) = (m-x)^T(\sum x)^{-1}(m-x)$，其中 $\sum x$ 为 x 类在各波段的协方差矩阵。

当计算出来的值小于 0 时，P_y 设为 0；当计算出来的值大于 1 时，P_y 设为 1。这样，根据判断，就可以把混合像元归类为端元 x，或者 y。

如果对线性判别分析方法进行适当改进，这个模型可以用在多于两种地物混合的情况下。

3.2.2.5　模糊模型　模型以模糊集理论为基础，也是基于统计特征分析，只是每个像元不单分为某一类别（硬分类），而是分到几个类型中。每个像元与几个类型相关联，与每一类的相关程度由 0～1 间的值来表示。这种分类称为"光谱空间的模糊分类"。对于混合像元，采用模糊分类方法（fuzzy - partition）比刚性分类方法（hard - partition）分类精度高。

模糊模型的基本原理是将各种地物类别看成模糊集合，像元为模糊集合的元素，每一像元均与一组隶属度值相对应，隶属度也就代表了像元中所含此种地物类别的面积百分比。先选择样本像元，根据样本像元计算各种地物类别的模糊均值矢量和模糊协方差矩阵。每种地物的模糊均值矢量 $\boldsymbol{\mu}_c^*$ 为

$$\boldsymbol{\mu}_c^* = \frac{\sum_{i=1}^{m} \left[f_c(\boldsymbol{X}_i) \cdot \boldsymbol{X}_i \right]}{\sum_{i=1}^{m} f_c(\boldsymbol{X}_i)} \tag{3-20}$$

模糊协方差矩阵 $\boldsymbol{\Sigma}_c^*$ 为

$$\boldsymbol{\Sigma}_c^* = \frac{\sum_{i}^{m} \left[f_c(\boldsymbol{X}_i) \cdot (\boldsymbol{X}_i - \boldsymbol{\mu}_c^*) \cdot (\boldsymbol{X}_i - \boldsymbol{\mu}_c^*)^T \right]}{\sum_{i}^{m} f_c(\boldsymbol{X}_i)} \tag{3-21}$$

上两式中：m 为样本像元总数；$f_c(\boldsymbol{X}_i)$ 为 i 个样本属于 c 类地物的隶属度；c 为地物类别；X_i 为样本像元值矢量($1 \leqslant i \leqslant m$)。

$\boldsymbol{\mu}_c^*$ 和 $\boldsymbol{\Sigma}_c^*$ 确定后，对每一像元进行模糊监督分类，求算每种地物在其类中所占面积百分比。用 $\boldsymbol{\mu}_c^*$ 和 $\boldsymbol{\Sigma}_c^*$ 代替最大似然分类中的均值矢量和协方差矩阵，求算属于 c 类别的隶属度函数：

$$f_c(\boldsymbol{X}) = \frac{P_i^*(\boldsymbol{X})}{\sum_{i=1}^{n} P_i^*(\boldsymbol{X})} \tag{3-22}$$

其中：

$$P_i^*(\boldsymbol{X}) = \frac{1}{(2\pi)^{\frac{N}{2}} \left| \sum_{i}^{*} \right|^{\frac{1}{2}}} \cdot \exp\left[-\frac{1}{2} (\boldsymbol{X}_i - \boldsymbol{\mu}_c^*)^T \sum_{I}^{*-1} (\boldsymbol{X}_i - \boldsymbol{\mu}_c^*) \right] \tag{3-23}$$

式中：N 是像元光谱值矢量的维数；n 是预先设定的地物类别数，$1 \leqslant i \leqslant n$。

3.2.2.6　模型的适用性　这些模型的共同点在于都对已知反射光谱值的混合像元进行两个主要方面的描述。一是端元的光谱值，此为模型的已知量，可以通过图像或光谱数据库采集或实地测量、查资料等。它可以说是模型最重要的参数，它的精度很大程度上决定了模型的准确性。二是端元在像元中占的比例，即估计亚像元的比例，此为模型反解的未知数，即模型的求解。

至于端元类型的数目(n)，几何模型已经确定，即树冠、阴影下的树、阴影下的地面、地面 4 种类型($n=4$)；其他模型的 n，可根据人们对环境特征的先验知识或根据可分性原则，从图像数据集的分析中获得。

至于波段数(m)的选择，每个模型至少要 2 个独立性强、相关性小的波段(即 $m \geqslant 2$)，且要使不同类别的地物光谱差异大。对于线性模型要求，$n \leqslant m+1$，以便于利用最小二乘法求解；对于概率模型，若 $n > 2$，则 m 也应相应增加，否则仅用少量的波段数 m 去分解多个类型 n 是不合理的(尽管理论上行得通)；对于几何模型，要求 $m \geqslant 2$，但往往仅用可见光红波段与近红外波段 2 个；对于模糊分类模型，端元数 n 不受光谱波段数 m 的限制，但若 $n \gg$

m，正确率也许会受到影响。

不同的模型有不同的优点和缺点，下面是几个常见模型的优缺点及其适用性。

(1)线性模型。线性分解模型是建立在像元内相同地物都有相同的光谱特征以及光谱线性可加性基础上的，优点是构建模型简单，其物理含义明确，理论上有较好的科学性，对于解决像元内的混合现象有一定的效果。但不足的是，当典型地物选取不精确时，会带来较大的误差。对端元(典型像元)的错误选择或大气条件的影响会造成端元的比例出现负值或全部数字为大于 1 的正值。更有甚者，当监测时间和对象改变时，由于出现大气过度散射造成错误而发生变化。

线性模型比较简单，但是在实际应用中存在着一些限制。首先，它认为某一像元的光谱反射率仅为各组成成分光谱反射率的简单相加。而事实证明，在大多数情况下，各种地物的光谱反射率是通过非线性形式加以组合的。其次，该模型中最关键的一步是获取各种地物的参照光谱值，即纯像元下某种地物光谱值。但在实际应用中各类地物的典型光谱值很难获得，且计算误差较大，应用困难。这是由于大多数遥感影像的像元均为混合像元，在分辨率较低的影像上直接获取端元的光谱不大可能。如果利用野外或实验室光谱进行像元分解，则无法很好地处理辐射纠正问题，不仅处理的实效性难以保障，而且增加了处理难度，如实验室光谱与多光谱波段的对应问题。所以在某些情况下用线性模式获得的分类结果并不理想。当区域内地物类型，特别是主要地物类型超过所用遥感数据的波段时，将导致结果误差偏大。另外，如像元内因地形等因素造成的"同物异谱，同谱异物"现象存在，则应用效果更差。

(2)非线性分解模型。为了克服线性混合模型的不足，许多学者利用非线性光谱模型对野外光谱进行描述。非线性和线性混合是基于同一个概念，即线性混合是非线性混合在多次反射被忽略的情况下的特例。非线性光谱模型最常用的是把灰度表示为二次多项式与残差之和，表达式如下：

$$DN_b = f(F_i, \ DN_{i,b}) + \varepsilon_b \qquad (3-24)$$

$$\sum_{i=1}^{n} F_i = 1 \qquad (3-25)$$

式中：f 是非线性函数，一般可设为二次多项式；F_i 表示第 i 种典型地物在混合像元中所占面积的比例；b 为波段数。

利用非线性模型计算出的结果均要比用线性模型计算出的结果要好，然而由于残存误差的影响，这些结果仍然不理想，并且计算较复杂。

(3)模糊模型。该模型利用模糊聚类方法确定任一像元属于某种地物的隶属度，从而推算该像元内某类地物所占比例。此方法先要确定像元对各种类别的隶属度，即样本像元中各类别的面积百分比。一般通过地面调查、航片、高分辨率卫星影像等获得，但无论哪种方法，求出的样本隶属度必定会存在误差。因此，求出的样本模糊均值矢量和模糊协方差矩阵必然也存在误差。为克服这些初始误差，提出了模糊监督分类——迭代法，通过增加迭代过程反复求算模糊监督分类中的模糊均值矢量和模糊协方差矩阵，使求算出的像元隶属度从靠近真值的相对准确最终接近于误差范围允许之内的真值。实际应用表明迭代过程效果明显，精度较高，收敛快。

在卫星传感器空间分辨率保持不变的情况下，单纯利用包含有限信息的多光谱影像，混合像元分解必然有一定的局限性。因此许多学者探讨在多光谱分类过程中加入一些辅助数据，以提高分类精度。地形是应用较多的一种辅助数据，如针对南方丘陵地区的地形条件，分析引起遥感影像同谱异类、同类异谱的原因，选取地面坡度作为辅助因子，在地理信息系统的支持下，将数字地形信息作为逻辑通道与光谱值结合进行混合象元分解。

模糊监督分类及其改进型方法理论与实际相结合，可操作性好，计算简单，分类效果较理想。尤其是迭代模糊监督分类法增加了迭代过程，对样本区地物类别所占面积百分比求算精度要求比较宽松，因此简单实用、可靠。对地形复杂地区，利用地理信息系统强大的功能支持，加入辅助数据，也取得较高精度，但对辅助因子的选择根据环境条件需进一步研究，算法也需进一步改进。此外，它存在着假设数据必须符合正态分布的限制。

表 3-1 列出了不同混合像元分解模型在不同应用领域的"可行性"对照表，从表中可以看出，各类混合像元模型互不相同、各有特点和一定的应用范围。其中线性光谱混合模型能更有效地处理大多数问题。

表 3-1　不同混合像元分解模型的可行性

应用领域	模型的类型				
	线性	光学几何	随机几何	概率	模糊
浓密森林的植被与裸地	☑	×	×	√	√
稀疏森林的植被与裸地	√	☑	√	√	√
不同植被群落	☑	×	×	√	√
平均树高、树密度、树尺寸	√	√	×	×	×
不同作物	☑	×	×	√	√
不同土壤或岩石	☑	×	×	√	√
不同矿物	☑	×	×	√	√
混合土地覆盖类型	☑	×	√	√	√

注：表中 ☑ 表示最有效，√ 表示可行，× 表示不可行。

3.2.3　线性光谱混合模型

3.2.3.1　线性光谱分解模型　线性光谱混合模型（LSMM）是混合像元分解的常用方法。它被定义为：像元在某一光谱波段的反射率（亮度值）是由构成像元的端元的反射率（光谱亮度值）以其所占像元面积比例为权重系数的线性组合。可用以下公式表达：

$$R_{i\lambda} = \sum_{K=1}^{n} f_{ki} C_{k\lambda} + \varepsilon_{i\lambda}$$

$$\sum_{k=1}^{n} f_{ki} = 1, \quad k = 1, 2, 3, \cdots, n$$

(3-26)

式中：$R_{i\lambda}$ 为第 λ 波段第 i 像元的光谱反射率（已知）；f_{ki} 为对应于 i 像元的第 k 个基本组分端元所占的分量值（待求）；$C_{k\lambda}$ 为第 k 个基本组分端元在第 λ 波段的光谱反射率；$\varepsilon_{i\lambda}$ 为残余误差值（即光谱的非模型化部分）；n 为端元的数目，m 为可用波段数，波段数要大于 n（n

≤$m+1$），以便利用最小二乘法求解。

评价模型用残差 $\varepsilon_{i\lambda}$ 或均方根误差 RMS 表示：

$$RMS = \left[\sum_{k=1}^{n}(\varepsilon_{i\lambda})^2\Big/n\right]^{1/2} \tag{3-27}$$

LSMM 模型从混合像元 $R_{i\lambda}$ 中分离和提取出各端元的平均光谱响应 C_{ki}，通过求解线性方程来反解端元在像元中所占的面积比例 f_{ki}，从而将所有像元分解成这些端元的分量。模型计算的结果表现为各端元的分量值(图像)和以均方根误差表示的残余误差图像。

3.2.3.2　模型分解的关键问题　混合像元的分解总是针对特定的区域、特定的应用目标以及特定的遥感图像进行的。应用线性光谱混合模型对数据分析时，选择哪些类型的端元、多少数量的端元、取什么样的端元光谱值是决定混合像元分解成败的关键。通常以均方根误差 RMS 和残余误差尽可能小，以及像元分解后的分量 f，应满足 $0 \leqslant f \leqslant 1$ 的标准，来衡量和评价端元选择的好坏。

(1)端元类型和数量的确定。端元类型的确定应当具有代表性，是影像所对应区域大多数像元的一个有效组成成分。端元数量的确定，应当符合影像所对应区域的大多数像元的实际。数量少会把非典型的端元分入分量中，产生分量误差，增加 RMS；数量多又会使模型对设备噪声、大气污染物及光谱本身的可变性敏感，导致分量误差。

在实际操作中，端元的类型和数量的确定往往是一起考虑、同步进行的。根据区域特点、结合实地调查和先验知识，通过图像分析，初步候选区域内具普遍意义的 2~4 个典型地面覆盖类型。如意大利南部丘陵、山区，以土壤侵蚀为主的土地退化研究中，选择了绿色植被、非绿色硬木植被(灌丛等)、裸土 3 种端元；而我国内蒙古半干旱地区，以土地沙化、土地盐碱化为主的土地退化研究中，根据 RMS 最小、$0 \leqslant f \leqslant 1$ 的原则，在初选 2~3 类端元的基础上，进行了二次分解，最终选择了沙地、农地、盐碱裸地、林草地 4 类端元。

图 3-12 显示了研究区 TM 图像 LSMM 分解后的结果。图中分别为 4 类端元混合模型的分量图，包括沙地、农地、盐碱裸地、林草地。其中，农地与林草地分量图主要反映了区域内不同环境条件下的植被分布，而沙地与盐碱裸地分量图更多地反映该区的土地退化状况。此外，分别对 2、3、4 类端元混合模型分解后的 3 个残余误差 RMS 图进行比较，结果表明：研究区随着端元数量的增加(2→4)，误差图像信息愈来愈少，误差愈来愈小。四元分解后的误差图像，已基本不含有用信息，主要表现为由大气状况和遥感传感器等造成的噪声误差。

事实上，各混合像元的端元是变化的，虽然在一般模型中未能体现这种变化，但是在类型和数量的选择时，要考虑到这种变化因素。Robens 考虑到由于像元内的许多物质间光谱对比度是可变的，因而选择的端元数目也不一样。如茂密林地，可描述为绿叶与阴影的混合(2 类端元)；而灌丛地可能需要 4 类端元，则可以先从图像得出 2 类端元混合模型，再用这个模型构成 3 类端元模型。

(2)选择端元的代表值。如何选择合适的端元的代表值，这是决定最终分析精度的关键。混合像元内端元的光谱值确定一般有两条途径：①实地测量或直接从光谱数据库获得。②从图像分析中获得，如用监督分类的训练区样点的均值作为各波段的取值；或用主成分分析(PCA)方法，并绘制主要分量的散点图，再通过不同覆盖类型端元在主成分特征空间中的

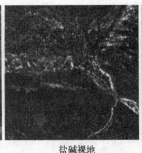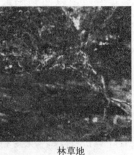

| 沙地 | 盐碱裸地 | 农地 | 林草地 |

图 3-12　内蒙古地区 TM 图像 LSMM 分量图

分布圈定出样本区域，以样点的均值作为各波段的取值等。

图 3-13 显示研究区 TM 图像第一、第二主成分分量构成的二维散点图。图 3-13 中散点的分布，反映出不同的地面覆盖类型。它不仅可以帮助我们选择端元的类型和数量，而且可以通过不同端元在特征空间中的分布，结合图像和区内土地利用图等专题图件圈定出特定样本区，并对每个端元选择一定数量的像元作为取样点，计算样点的均值，作为端元在各波段的取值。

（3）最佳波段的选择。应是独立性强、相关性小、地类可分性大即不同地类光谱差异大的波段，以保证丰富的信息、一定的精度，以及避免数据冗余，减少计算量。

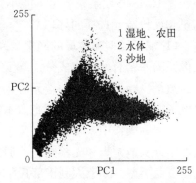

图 3-13　PC1 和 PC2 散度图

（4）模型求解。这实际上是一个遥感数据的模型反演问题。求算端元在像元中的比例。混合像元被分解为不同分量的亚像元，则需要对之进行识别、分类。这需要结合先验知识（实地检验样本或专题地图等），用简单的阈值法或概率统计方法——最大似然估计，即在特征空间中找出各个端元中心的相对位置，给出其百分含量的一个最大似然估计。此分类依据已不是原有的亮度值，而是混合像元分解后的端元分量值。

3.2.3.3　限制性线性混合模型　理论与实验结果都证实了限制性分解较非限制性方法精度高。限制性分解通常又分为像元组分比例总和为 1 及像元组分比例非负两个半限制分解，式（3-26）完全满足称全限制性分解。在式（3-26）上加上像元组分总和为 1 的条件时，f_0 的估计值可由下式确定：

$$f_{\text{CLS}} = \min \| \gamma - P f_0 \|^2 = \left[I - \frac{(P^T P^{-1}) l_m l_m^T}{l_m^T (P^T P)^{-1} l_m} \right] (P^T P)^{-1} P^T \gamma + \frac{(P^T P)^{-1} l_m}{l_m^T (P_T P)_{-1} l_m}$$

$$(3-28)$$

式中 l_m 是一个分量都是常数 l 的 m 维列矢量。但由式（3-28）估计的 f_{CLS} 值并不满足非负的条件，一个比较简单的办法是把 f_{CLS} 中的负值去掉，再把其余的值按比例拉伸到总和为 1。但一般来说，这样的估计结果不可能是 f_0 的全局最优估计。

在式（3-28）上加上像元组分非负的条件时，对 f_0 进行最优估计就比较困难，主要是拉格朗日乘数方法的失效。这时对 f_0 的估计称不等式约束的最小二乘，通常很难找到解析的方法，只好采用数值方法。下面给出全限制性线性混合模型的迭代算法。

记 $\boldsymbol{M}=\begin{bmatrix} P \\ 1^t \end{bmatrix}$，$1^T=(1,\ 1,\ \cdots,\ 1)$，$\boldsymbol{r}=\begin{bmatrix} \rho \\ 1 \end{bmatrix}$，则线性混合模型组分估计值为：

$\boldsymbol{f}_{LS}=(\boldsymbol{M}^T\boldsymbol{M})^{-1}\boldsymbol{M}^T\boldsymbol{r}$，引进一个 m 维矢量 $\boldsymbol{\alpha}=[\alpha_1,\ \alpha_2,\ \cdots,\ \alpha_m]$，$\alpha_i>0$，构造拉格朗日乘数法方程：

$$J=\frac{1}{2}(\boldsymbol{r}-\boldsymbol{M}\boldsymbol{f})^T(\boldsymbol{r}-\boldsymbol{M}\boldsymbol{f})+\lambda(\boldsymbol{f}-\boldsymbol{\alpha}) \tag{3-29}$$

在 $f=\alpha$ 的条件下有：

$$\frac{\partial J}{\partial f}\Big|_{CLS}=0\Rightarrow(\boldsymbol{M}^T\boldsymbol{M})\boldsymbol{f}_{CLS}-\boldsymbol{M}^T\boldsymbol{r}+\lambda=0 \tag{3-30}$$

由此导出两个迭代方程：

$$\boldsymbol{f}_{CLS}=\boldsymbol{f}_{LS}-(\boldsymbol{M}^T\boldsymbol{M})^{-1}\lambda \tag{3-31}$$

$$\lambda=\boldsymbol{M}^T(\boldsymbol{r}-\boldsymbol{M}\boldsymbol{f}_{CLS}) \tag{3-32}$$

由式(3-31)、式(3-32)可以得出 $\boldsymbol{f}_{CLS}$ 与 $\lambda=(\lambda_1,\ \lambda_2,\ \cdots,\ \lambda_m)$ 的值。

引进一个记号 P，用来记录矢量中分量的下标，即在 $\boldsymbol{\alpha}_{1s}=[\alpha_1,\ \alpha_2,\ \cdots,\ \alpha_k]^T$ 的各分量中，并且仅当 $\alpha_j<0$ 时($j=1,\ 2,\ \cdots,\ k$)，$j\in\boldsymbol{P}$。因只有 k 个端元，故全集为$\{1,\ 2,\ \cdots,\ k\}$，记 R 为 P 的补集。当找到最优的 $\boldsymbol{\alpha}_{CLS}$ 时，λ 的值必须满足 KT 条件，即

$\lambda_j<0$， 当 $j\in\boldsymbol{P}$

$\lambda_j=0$， 当 $j\in\boldsymbol{R}$

迭代解法步骤如下：

A. 初始化，设 $\boldsymbol{P}=(1,\ 2,\ \cdots,\ k)$，$R=\phi$，$t=0$。

B. 计算 $\boldsymbol{\alpha}_{1s}=(M^TM)^{-1}M^T\rho$，并令 $\boldsymbol{\alpha}_{CLS}=\boldsymbol{\alpha}_{1s}$。

C. 如果 $\boldsymbol{\alpha}_{CLS}$ 各分量的值都为非负，则结束循环，否则令 $t=t+1$。

D. 扫描集合 $\boldsymbol{P}^{(t-1)}$，对 $\forall i$，如果有 $i\in\boldsymbol{P}^{(t-1)}$，且 $\boldsymbol{\alpha}_{CLS}$ 的第 i 个分量值为负。则从集合 $\boldsymbol{P}^{(t-1)}$ 中删除 i，下标 i 移到 $\boldsymbol{R}^{(t-1)}$，得到新集合 $\boldsymbol{P}^{(T)}$ 与 $\boldsymbol{R}^{(t)}$，并建立另一个新集合 $\boldsymbol{S}^{(t)}=\boldsymbol{P}^{(t)}$。

E. 扫描 $\boldsymbol{S}^{(t)}$，从 $\boldsymbol{\alpha}_{1s}$ 中抽取所有下标与 $\boldsymbol{S}^{(t)}$ 元素相等的分量值 $\boldsymbol{\alpha}_{R(t)}$。并在 $(M^TM)^{-1}$ 中删除所有与 $\boldsymbol{P}^{(t)}$ 元素值对应的行和列，形成 $\boldsymbol{w}_\alpha^{(t)}$ 矩阵。

F. 计算 $\boldsymbol{\lambda}^{(t)}=\boldsymbol{w}_\alpha^{(t)}\boldsymbol{\alpha}_{R(t)}$，如果 $\boldsymbol{\lambda}^{(t)}$ 分量值都为负，转到步骤 J。

G. 计算 $\boldsymbol{\lambda}_{\max}^{(t)}=\arg\{\max_j\lambda_j^{(t)}\}$，设 $\boldsymbol{\lambda}_{\max}^{(t)}$ 在 $\boldsymbol{\lambda}^{(t)}$ 中的下标为 i_1，从 $\boldsymbol{R}^{(t)}$ 中删除，移到集合 $\boldsymbol{P}^{(t)}$。

H. $(M^TM)^{-1}$ 中，删除所有与 $\boldsymbol{P}^{(t)}$ 元素值对应的列，形成另一个矩阵 $\boldsymbol{\psi}_\lambda^{(t)}$，计算

$$\boldsymbol{\alpha}_S^{(t)}=\boldsymbol{\alpha}_{1s}-\boldsymbol{\psi}_\lambda^{(t)}\boldsymbol{\lambda}^{(t)}$$

I. 扫描 $\boldsymbol{\alpha}_S^{(t)}$ 中各分量，把负值对应的下标从 $\boldsymbol{P}^{(t)}$ 中删除，移到 $\boldsymbol{R}^{(t)}$，转步骤 E。

J. 在 $(M^TM)^{-1}$ 中，删除所有与 $\boldsymbol{P}^{(t)}$ 元素值对应的列，形成另一个矩阵 $\boldsymbol{\psi}_\lambda^{(t)}$。

K. 计算 $\boldsymbol{\alpha}_{CLS}=\boldsymbol{\alpha}_{1s}-\boldsymbol{\psi}_\lambda^{(t)}\boldsymbol{\lambda}^{(1)}$，转步骤 C。

采用上面的办法计算，由于满足 KT 条件，从而保证了 $\boldsymbol{\alpha}_{CLS}$ 为全局最优估计。

3.2.4　混合像元光谱分解实例

3.2.4.1　混合像元分解实例 1　有研究者利用 landsat8 多光谱数据在毛乌素沙地采用

混合像元分解的办法对研究区内生物结皮的空间分布和盖度信息进行了提取。研究结果如图 3-14 所示。

研究过程中，首先研究区内将建筑用地、林地、农用地、水体等不含生物结皮的地类进行剔除，剩余区域像元内部为苔藓结皮、藻结皮以及裸沙等组分混合的混合像元。将其进行混合像元分解，得到各个组分的空间分布盖度信息。

彩图

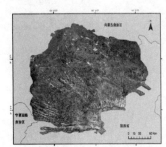 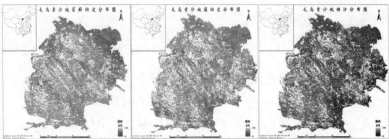

图 3-14　基于多光谱数据利用混合像元分解方法对毛乌素沙地生物结皮识别提取研究实例

3.2.4.2　混合像元分解实例 2　研究者利用 AVIRIS 高光谱数据对研究区内岩石矿物的丰度信息进行了识别和提取。

图 3-15 为 400×350 的 AVIRIS 图像立方体数据。波长范围是 1.99～2.48 μm，共有 172～221 波段间的 50 个波段数据。影像中的端元数目可以从影像 MNF 变化后的特征值分布转折点的情况大致确定。在 ENVI 平台下对原始数据进行了 MNF 处理，得到了其特征值，从图 3-16 可知该区域大致有 8～10 个独立成分，故设定最大迭代次数为 10。采用非监督的投影迭代分解的方法逐步选取出端元。

 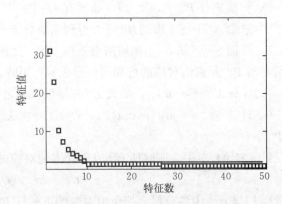

图 3-15　AVIRIS 图像立方体图　　　　图 3-16　MNF 变化后的特征值

图 3-17 表示的是分解误差随选择端元数目增加而不断减小的规律，从中可以看出只有前五个端元时误差减小得非常快，用这五种端元光谱分解后误差就已经很小了，此时误差为 RMS=4.5。此后误差随端元数目增加而减小的过程则逐渐趋于平缓，但总体还是慢慢在减小，这说明该图像主要由五种独立地物构成，用该方法逐步提取出的端元光谱对图像的构成贡献有从大到小的特点。

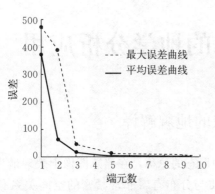

图 3-17　误差随端元增加而减少的曲线

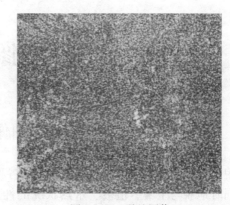

图 3-18　误差图像

　　提取出所有端元后，采用限制性混合像元分解的方法计算分量图。图 3-18 是分解后的误差图像，从分解效果来看，误差图像除了中间还有一小亮斑，似乎还有些信息没有提取出来外，其他基本上为噪声图像。图 3-19 是按照端元提取的顺序排列的端元分布情况，经过与地面数据比较，确认出各端元。

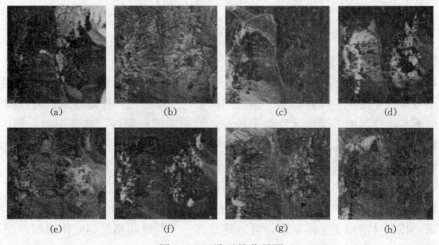

图 3-19　端元的分量图

(a)山体、阴影　(b)黄钾铁矾　(c)针铁矿　(d)明矾　(e)白云母　(f)玉髓　(g)高岭石　(h)方解石

思　考　题

1. 什么是定量遥感？思考进行定量遥感的必要性。
2. 什么是模型？模型有哪些类型？
3. 什么是反演？遥感反演的难点在什么地方？
4. 定量遥感面临的基本问题有哪些？
5. 什么是前向模型？前向模型有哪些类型？它们之间有怎样的联系和区别？
6. 什么是混合像元？混合像元分解中关键的问题和主要的方法有哪些？

第4章 遥感图像的地学分析应用

4.1 遥感图像的地貌解译

地貌是指地质营力塑造而成的地球表面各种形态的总称，在遥感图像上表现最为明显和直观；同时地貌与土壤、植被、水热状况的性质与分布有着非常紧密的空间关系和内在联系，是其他地物存在的场所和物质基础。因此，地貌的遥感图像解译是一切专业解译的基础，地貌本身成为其他专业解译的间接解译标志。遥感图像的地貌解译主要是确定各种地貌成因类型、物质组成，划定分布的界限，填绘编制地貌类型图。也可根据不同要求进行专门的地貌问题的分析研究。

由于地貌在遥感图像的表现最直观、具体，所以进行解译不需要特殊的方法，只需借助普通解译仪器，按照遥感图像解译的一般原则和程序进行即可。

4.1.1 遥感图像地貌解译标志

在遥感图像上进行地貌解译，必须掌握下列解译标志。

4.1.1.1 色调 色调是由不同地貌的光谱反射特征所决定的，它包括了岩性、植被、水文和土壤等特性，是一个综合标志。黑白图像上，一般在基岩裸露地区，岩石颜色浅、地势较高而地下水位很深的干燥地区反射率较高，因而图像色调浅，如花岗岩丘陵、沙丘等；反之则色调深，如石灰岩山地、玄武岩山地。沼泽地色调也较深，水体则表现不一，深而清的水体色调较深，浅而浊的水体则色调较浅。地面的起伏状况和大的地貌类型色调是主要的解译标志，不同地貌类型色调差异明显，容易识别。

4.1.1.2 形状、大小 形状是地貌解译的最重要标志之一，一切地貌形态均可在形状上表现出来，特别是借助于立体观察，可以建立起一个与地面相似的立体模型，便于分析解译。如河流、湖泊、扇形地等根据形状很容易解译出来。

大小是地貌解译的另一重要标志，很多形状、色调相似的地物，通过大小比较才能判断出来。如池塘与水库，冲出锥与洪积扇，小丘与山区的区分便是如此。

4.1.1.3 水系特征 水系是地貌解译最重要的间接解译标志之一，它可以提供大量地貌、岩性和构造的信息，因为岩石、构造的不同，可影响到地表的径流量和径流方式。所以人们说，在遥感图像上进行水系解译是揭示地貌及其形成条件的一把钥匙。水系的分析，无论是在山区还是平原地区都有重大意义。有时地面显示不出来的一些微起伏，单从水系的变迁分析中就可觉察出来。水系分析必须考虑图像比例尺，比例尺太大显示出的范围就小，看不出规律性的东西和轮廓概貌；比例尺太小，显示出的范围太大，细节特征分辨不清。水系的分析，最好是遥感图像配合地形图一起进行，主要是分析水系格式、水系密度、水系均匀性和方向性、水系的异常点和异常段，以及沟谷的形态等。图4-1是水系空间结构示意图。

树枝状水系：发生在岩性均一，土层分布均一，沉积岩层水平，或被削平的抗蚀性均匀

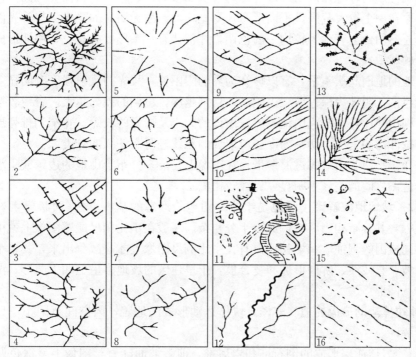

图 4－1　水系空间结构示意图

1、4. 树枝状水系　2. 钳状沟头树枝状水系　3、8、9. 格状水系　5. 放射状水系　6. 环状水系
7. 向心状水系　10、12、16. 平行状水系　11. 游荡型水系　13. 羽毛状水系　14、15. 星状水系

的结晶岩，目前或于水系发生时具有平缓坡度的地区。

钳状沟头树枝状水系：发生在花岗岩或基性侵入岩上，上游表现为钳状沟头，它显示水系发生在块状岩石因风化剥蚀形成的圆丘状花岗岩体上。

格状水系：发生在节理裂隙或断块构造比较发育的地区、裂隙发育的砂岩区、大面积的结晶岩体、水平或微倾斜的沉积岩区。

平行状水系：多发生在黏土、页岩或玄武岩的倾斜地表，单面山的一侧或海滨平原上。

羽毛状水系：多发生在红色黄土出露地区，土层中粉砂含量高的黄土塬上。

放射状水系：多发生在火山锥和上升穹窿构造地区。

向心状水系：多发生在盆地和局部沉陷地区，水系向中心汇集。

环状水系：呈环状绕花岗岩体或沉积岩穹窿构造发育。

扇形水系：发育在三角洲、洪积扇上的水系，多撒开呈扇状。

星状水系：发育在岩溶地区，是岩溶漏斗、凹地与地表流水结合而成的图形。

4.1.2　遥感图像的地貌类型解译

自然界中不同等级的地貌类型，只要我们具备相关的专业知识，借助一定的仪器设备从遥感图像上解译它们是很直观的，识别区分它们相对容易。

4.1.2.1　地貌形态解译　地貌解译是从地貌形态开始。首先区分出平原、丘陵、山地等大的类型，然后分析它们的特点。地貌在中低分辨率遥感图像上表现为深浅不同的色调以及由不同色调构成的各种几何图形。解译时可从图形的点、线、面、体等方面分析其特点。

由于平原在一个较大范围呈平面形态，受光均匀，故无明显的受光面与背光面之分，在中低分辨率遥感图像上表现为较均一的色调，并常伴有水系形成的花纹，耕地形成的色斑以及不同色调的城镇。

由于山地的地面起伏不平，有以岭脊为界的阴阳坡，故光的反射强度有明显差异，图像上阳坡为浅色调，阴坡为深色调。山越高，切割越深，色调的差异越大。脊线较宽平、色调差异小的，则山势比较平缓。山地一般按山体的大小及岭脊的长短、宽窄和排列形式进行一级分类，并按冲沟的密度、切割深度和所形成的花纹进行次一级的分类。

丘陵是介于平原和山地的过渡地带，在图像上丘陵多分布于山地的边缘或呈小面积独立成片存在，色调之间的差异不明显，界线较模糊。

4.1.2.2　坡地地貌解译　坡地是组成一切地貌形态的基本单位（面状要素），如山坡、谷坡、岸坡等，其分布相当广泛，成因十分复杂。一般在小比例尺遥感图像上就可确认其主要成因，不同成因的剥蚀坡和堆积坡只有在中比例尺图像上才能区分出来，其单个形态有凸形坡、凹形坡、直线坡、阶梯形坡和复合坡，干旱地区的坡地多呈上凹下凸形，湿润区的坡地多呈上凸下凹形。

(1)坡地块体运动形成的地貌解译。块体运动形成的地貌，因空间范围小，只能在航摄图像上进行解译。

A. 岩石、岩屑崩塌形成的倒石堆和岩屑堆。前者坡面陡直，图像上呈深色调，后者坡面下凹，图像上呈浅色调，它们由于坡面不稳，上面没有植物生长，图像上甚至呈现白色亮点。

B. 滑坡。在图像上滑坡的标志是平面形态呈环状或椭圆形，上部为半圆形围椅状陡坎，下部为舌状滑坡体，其表面多裂隙，前缘有时有向上翘起的斜坡。如果滑坡是新近形成的，其上的树木形成歪斜的"醉汉林"，滑坡前缘有点状泉水出露，在航片上呈黑色。

(2)坡地流水侵蚀与堆积地貌解释。坡地上线状流水侵蚀成的侵蚀沟、面状冲刷形成的侵蚀坡，在大中比例尺遥感图像上表现得比较清晰。

在较大比例尺的遥感图像上，可以清楚地看到不同规模、不同类型侵蚀沟网组合及其展布规律，还可看到侵蚀沟网发生发展及其形成条件，如果用不同时期的图像进行对比分析，还可计算出侵蚀沟网的伸展速度。侵蚀沟一般呈线状图像，沟中若有较多的砂砾堆积，色调较浅；沟旁若有林木植物生长，在可见光波段图像上呈深色调，在近红外波段图像上呈浅色调，在标准假彩色合成图像上呈红色。在大比例尺图像上还可直接识别沟头的类型，以及沟头上部面蚀的形迹。它对于了解区域水土流失是很有效的，自然界中以温带森林草原地带的水土流失最为严重，侵蚀沟系统也最为发育。

坡地上面状流水对斜坡进行洗刷剥蚀作用，总的趋势是将坡地坡度变缓，使分水岭降低夷平，在坡麓堆积。坡地流水堆积地貌主要有坡积裙和洪积堆。坡积裙呈连续或断续分布，形如裙裾，在其顶部与基岩相接处常有明显波折，在大比例尺图像上可清晰地看到它们之间的界线。洪积堆位于坡麓侵蚀沟沟口，平面呈半圆锥体，坡陡，由于表面植被不发育，由较粗物质组成，在图像上多呈暗色调。

4.1.2.3　河流地貌解译　河流是一种最普遍的地貌营力，只要地面有坡度和大气降水就有河流。河流在一些地段对地面主要起着侵蚀作用，造成各种流水侵蚀地形；在另一些地段，又把侵蚀搬运的岩屑堆积下来，造成各种堆积地形。在山区，河流以侵蚀为主，但也有暂时的局部的堆积作用，无论是在山区还是平原，同一地点流水侵蚀作用与堆积作用都可能随时间而交替进行。

河流侵蚀、堆积的方式与强度，除受地形因子控制外，还受降水、地面岩性、地质构造、植被与土壤等因素的共同影响，所以河流地貌虽然有普遍的形成规律，也有地区的差异。各类河流地貌的特点，在遥感图像上的表现通常是醒目直观的。

(1)山区河流地貌解译。在整体抬升的山区，深切曲流型河流地貌发育，遥感图像上常见如下组合图形：整体形狭窄河谷、单一完善深切的河曲、残留的环形干河谷、离堆山、沿河展布的不对称阶地等。在岩性软硬层相间的向斜、背斜交替构造山区，穿越形成的河流地貌，遥感图像上常见如下组合图形：河谷狭宽、河床陡缓和河流直道弯道交替出现，阶地呈不对称沿河断续展布，河谷中偶有假阶地和心滩分布。

山区河流的阶地是各种各样的，在图像上的特点也不同，在小比例尺图像上识别较难，大比例尺图像上识别容易。

阶地面：向河床平缓倾斜，色调较浅，由于冲积物的成分不同，常形成不同的花纹图案。阶地面上常有居民点、耕地及道路。

阶地陡坎：背阴时为暗色，向阳时为浅色，呈窄条带状延伸。

侵蚀阶地：由于阶面和阶坎全由基岩组成，色调较松散冲积物组成的阶地要暗。

基座阶地：由于阶面和阶坎的物质组成不同，所以色调表现不同，阶面色调较浅，而阶坎则色调较暗，两者之间有明显界限。

堆积阶地：由于阶面和阶坎全由松散冲积物组成，故图像色调较浅且均一。

新阶地位于近河床两侧，比较平整，色调较深；老阶地位于谷坡之上，阶面有小的沟谷切割，色调较浅。

山地河流常有断头河、风口等地形，在大比例尺遥感图像上很容易解译。

(2)山麓区河流地貌解译。干旱区山麓带洪积扇、洪积锥广泛发育，遥感图像上甚为醒目。洪积锥坡度较大，与较短而陡急的山地河流联系；洪积扇坡度较缓，规模较大与长大河流联系。两者之上都有放射状撒开的扇状水系。

洪积锥由于组成物质粗大，在图像上色调较暗。洪积扇顶端由于物质粗大，色调较暗；中间物质多沙，且水分下渗，色调明亮；边缘部分物质黏细，地下水接近地表，色调又转暗。有时许多洪积扇在山前连成一片，成为山前倾斜洪积平原，但仍可看到一个洪积扇与另一个洪积扇之间有交接洼地，这些洼地在遥感图像上呈现为深色调。

我国西北地区山麓带，砾石滩的砾石表面有时有沙漠漆皮，因而色调较暗。山麓地带新构造活动在干旱区表现特别明显，常可见到横截洪积扇的断层，特别是山前洪积扇的顶端往往显示成直线排列，它们在遥感图像上有明显的图像特征，它反映了山前断裂的方向。有时，由于山麓地带近期上升而造成洪积扇被切割成台地，或引起新洪积扇呈叠瓦状或串珠状排列。此外还有不均衡升降引起的洪积扇旁向偏斜等现象。

(3)平原区河流地貌解译。在构造下沉区，河流以堆积作用为主，形成冲积平原。平原区河流多表现为曲流形式，有时由于受构造作用的影响，某些河段呈直线和折线形式。

单一完善的蛇形弯曲河道称为自由曲流。由于河流的横向环流作用，侵蚀集中在凹岸，堆积集中在凸岸，每经过一次洪水，便在凸岸形成一条突起的沙坝，下次洪峰来时，又在凸岸形成一条沙坝。这样凸岸随着沙坝的推移而前进，并形成由一条条沙坝组成的迂回扇，它在遥感图像上表现为一条条明暗相间的弧形条带，沙坝收敛的一方指向河流下游，撒开的一方指向河流上游。

随着河流弯曲不断加大，通过裁弯取直，某些弯曲河段就被封闭形成牛轭湖，它在图像上表现明显，即使湖水干涸，其曲流痕迹也被湿地草丛特有的深色调表现出来。有时图像上反映出一排排牛轭湖有规律地分布在现代河床的一侧，它们不仅反映古河床的位置及形态，而且显示了河流移动规律及演变历史。泥沙含量多的平原区河流，当发生特大洪水时，河水越槽外溢，在河床两侧随越槽水流变薄而把泥沙迅速堆积下来形成一条高出平原地面的堤坝（称自然堤）。它的形迹在古代及现代河床两侧可寻，遥感图像上呈现浅色调的线状弯曲的正地形。洪水越槽泛滥后形成泛滥平原，低地上常积水形成沼泽，有时特大洪水冲决自然堤，堆成扇状地称为决口扇，遥感图像上色调多浅色。

平原区河流地貌因形成条件不同而有各种类型，其图型组合也不同。

A. 曲流型河流地貌。该地貌在河流携带泥沙不多、流量变化不大、洪水漫槽机会少、平原比降小、构造下沉的条件下形成，在遥感图像上表现的图型组合有自由曲流、曲流环、牛轭湖、曲流痕、堤外泛滥平原和迂回扇等，如长江荆江段。

B. 游荡型河流地貌。该地貌在河流泥沙含量大，流量变化幅度大，河床非常宽浅的条件下形成。遥感图像上显示的重要图型组合有：河水流路不定，水流交织成瓣状，河床内支岔繁杂，河槽与自然堤高出两旁地面，形成地上河，古河道、决口扇比较发育。如黄河下游段。

C. 弯曲型河流地貌。该地貌是介于上述二者之间的条件下形成的河流，在遥感图像上显示的图型组合有：河流直道和弯道交替出现，河道有分岔但不繁杂，岔道深刷、淤死，或侧方移动不定，岔道间江心洲的轮廓和位置也不固定，其消长遗迹在大比例尺图像上清晰可辨。如长江南京以下段、黄河银川平原段。

（4）山间盆地区河流地貌解译。被山地包围的山间盆地，其边缘地带是洪积扇联合组成的洪积倾斜平原，中心部分或者有大河流过形成冲积平原，或者由于气候极为干旱而不存在经常性河流，而有规模极大的山麓。山间盆地中可以有长大的河流，它的尾闾常常是一个湖泊。

（5）河流作用过程的解译。遥感图像上解译河流侵蚀、堆积过程和泥沙运动是很有效的。在可见光图像上，浑浊而流动的水呈较浅的色调，而质清的水和主流线的水流呈较深的色调。河流两岸的泛滥区，淤泥质的色调偏暗，砂砾质的色调偏浅。用多时相遥感图像进行对比分析，还可研究河流上游侵蚀和下游堆积，凹岸侵蚀和凸岸堆积的变化，以及河床中心滩或江心洲移动的形迹。

4.1.2.4　冰川与冻土地貌解译

（1）冰川地貌解译。利用不同比例尺的遥感图像从事现代冰川的研究，特别是从事人迹罕至的高山冰川和冰川类型的研究，具有较好的效果。现代冰川在图像上呈现雪白明亮的色调，表面光滑易于辨认，其分布范围易于勾绘，覆盖面积和储量易于计算，结合地形图对雪线高度也易于确定。用不同时期遥感图像进行对比，还可查明冰舌的进退、雪线高度的变化、冰川积累和消融。正在发展的和退化的冰川图像特征是不同的，前者具有均匀的浅白色调，后者具有较深的色调和斑点状花纹特征。利用遥感图像可以确定不同高度、不同气候带的冰川类型，如冰斗冰川、山谷冰川等。

大比例尺遥感图像上可以确定冰川地貌的形态，如冰川槽谷、悬谷、角峰、刃脊、冰斗、冰舌、冰裂隙、冰碛物等。冰面湖和冰川湖等都有明显的形态特征，它们不仅定向展布，且在图像上呈现深黑色调，与浅白色冰川形成鲜明的对照。另外，图像上还可识别出巨大的古冰蚀地形和古冰碛地形(条带弧环)，前者色调较浅，后者色调偏暗，总的图形呈花纹状图案。

(2)冻土地貌解译。冻土地貌具有独特的外貌，在大比例尺遥感图像上很容易辨认。多边形土是冰缘冻土区常见的典型地貌现象，巨细不一，呈蜂窝状图案；冻融泥流呈淡白色或深暗的飘带状；石海呈不均匀浅色调的斑点状图案；流路宽窄不定的串珠状河流也是冻土区常见的现象。微微高出地表的冻丘，多成群出现，只有在大比例尺遥感图像上才能分辨出来；在冻丘群出现的地方，往往地下水发育，常见地下冒出泥浆的现象，在大比例尺遥感图像上表现为色调紊乱的图案，且图像结构粗糙。

4.1.2.5 风成地貌解译 独特的风成地貌和景观以其均一和谐的灰色调、光滑的地表图像和特有的起伏形态表现于遥感图像上，因此遥感图像就成为研究各类沙漠的有效工具。

(1)风蚀地貌。风蚀地貌主要发育在干旱半干旱地区，风蚀作用的主要对象是干旱半干旱地区缺乏植被保护的地表，尤其是干燥而松散的沉积物表面。

风蚀地形一般都很小，只有在大比例尺图像上才能辨认。在松散岩层上最显著的风蚀地形是风蚀洼地和雅丹地形，它们的展布方向都与盛形风向平行，前者为规模大小不一的浅圆洼地，后者为无数条深度浅而延伸长的凹槽。在沙漠的某些地区，常有盐类硬壳，由于表面光滑，色调灰白，在图像上易于辨认。在坚硬岩层上，风蚀作用造成局部凹槽外，更多的是刻画，加大扩大那些已有的节理、裂隙、断层等软弱部分，使得构造形迹特别突出。某些破碎带被风蚀后，填充了沙子，在图像上表现为明亮的线条。

(2)风积地貌。风积作用多发生在有地形阻挡和风力衰减的地区，形成的地貌主要是各种沙丘。如果风积形成的沙丘是活动的，则由新鲜沙子组成，具有很高的反射强度，图像上色调很浅，峰脊线尖锐清晰，平面形态比较规则；如果是固定沙丘则生长植物，有成土过程，图像上色调较暗，峰顶浑圆，平面形态比较紊乱。在一般情况下，多数风积沙丘在图像上都呈浅亮色调，只有阴影部分为深色调，沙丘间的洼地，含水多的部分色调多灰或深暗，而泉水无论大小均呈现明显的黑色斑点。

在小比例尺遥感图像上，根据沙丘组合的宏观展布特征，可以确定沙丘的类型，如各种类型沙丘、沙链、沙垄及其组合等。它们的表面起伏呈各种各样的波状，根据波形的展布，也可确定当地的优势风向。不同时相的图像对比，还可解译沙丘的动态变化。此外在小比例尺图像上根据大量出现的风成侵蚀地貌综合图形异常，还可以揭示下伏基岩的构造图像。

4.1.2.6 岩溶地貌解译 岩溶地貌是裂隙发育的可溶性岩类在含 CO_2 水的长期作用下形成的，它在遥感图像上的表现非常醒目，只要在图像上进行立体观察，就会取得正确的认识。

在遥感图像上最显著的岩溶地貌是溶沟，呈线状或菱形网格状图案，受灰岩岩性和地形控制形成的溶沟呈脑纹状图案，自然界溶沟规模大小不一，小溶沟只有在大比例尺图像上才能显示出来，大溶沟在小比例尺图像上才易于辨认。

峰林地貌在大比例尺立体像对上可解译出不同形态，常见的有锥状和筒状两种。前者在倾斜岩层区发育，后者在水平岩层区发育。在小比例尺图像上，它们呈深色调密集的斑点状图案，也有的呈橘皮状或花生壳状花纹图案。

溶蚀漏斗是灰岩地层上溶蚀成的圆形或椭圆形洼地，图像上呈深色调，底部若有松散沉积填充，则呈灰白色。溶蚀洼地是一种比漏斗规模大、形状又规则的封闭洼地，多数是许多漏斗逐渐扩大归并而成的，有的也受构造控制。溶蚀洼地的图像表现不如漏斗直观明显，底部经常堆积有松散沉积物，色调较浅。波立谷是一种比溶蚀洼地规模更大的与地质构造关系更密切的负地形，盆地边缘常表现出线性特征，且发育有漏斗、落水洞和峰丛，盆地中间有大河、峰林和松散沉积发育，前者色调多暗，后者色调较浅。沿灰岩与其他岩石接触面发育的波立谷呈长条形，谷形不对称，灰岩壁陡，非灰岩壁缓；沿断裂带发育的波立谷，谷底较平坦亦呈长条形，沿向斜轴发育的波立谷多棱形或椭圆形。

在灰岩区的遥感图像上还可看到一段段不连续的河谷，这种呈线状断续出现的河谷，就是盲谷。根据盲谷、干谷、成串漏斗等在图像上呈线性展布的特征分析，是确定地下暗河的一种有效手段。

在遥感图像上岩溶地貌的综合图形表现是一种与众不同的极易识别的图案，小比例尺图像上呈现斑块状、菱格状图案；大比例尺图像上呈现丘、坑、沟交织的图案。

4.1.3　滑坡、泥石流的遥感调查

滑坡、泥石流主要发生在地形条件复杂、交通不便的山区，大多具突发性，历时短暂，来势凶猛，有强大的破坏力，灾后的实地调查难度很大。遥感技术的发展则为灾情调查提供了方便。

4.1.3.1　滑坡、泥石流调查的主要方法

（1）直接解译法。滑坡是指斜坡上大量土体、岩体或其他碎屑堆积物沿一个或数个滑动面整体下滑的现象，是多种因素孕育最终由重力作用造成的地质灾害。泥石流是沟谷中的松散固体堆积物质在一定条件下和水形成混合体沿沟谷或坡面流动的现象，是以流水和重力作用为主的地质灾害。滑坡、泥石流一旦发生便可形成一系列特殊的地貌特征，遥感图像以其形态、色调、纹理结构等图像特征，宏观、真实地显示了这些地貌特征。解译人员可以运用多种图像处理方法，增强和提取这些图像信息，利用相关的专业知识和实践经验直接识别灾害体的特征。

（2）动态对比法。滑坡、泥石流虽然都有突发性，但它们的发生均与物质状况、动力环境和触发诱因等多方面条件有关，大多有一个难以为人们感官觉察的缓慢发展过程。运用不同时相遥感资料的对比解译能够识别这种变化的信息，从中发现滑坡、泥石流灾害的现状和活动规律。例如，长江三峡秭归县的新滩镇原位于江北岸一个曾多次活动的古滑坡体上，1985年6月12日滑坡发生，新滩镇被全部摧毁。由于该地段地势险峻，交通不便，实地调查困难，运用彩红外航空遥感等方法，通过对1984年和1985年两期遥感图像的对比解译，结合少量地面调查，确定了滑坡发生前的遥感图像征兆，成功地做出临滑预报。并很快查清了灾情，对滑坡体内部结构、滑坡岩性分区做了详细划分，测量了不同地段位移矢量数据，预测了运动方向和发展趋势，为滑坡形成机制的研究和确定整治措施提供了重要依据。

实践表明，一些过去发生的、当时没有引起足够重视或未及时进行调查的滑坡和泥石

流，由于山体、沟谷长期遭受风化剥蚀、植被覆盖和人类活动的影响，已经改变了原来的面貌而不易辨认；或者再次发生滑坡、泥石流，新的灾害体将旧灾害体全部或部分摧毁和掩埋。这种情况下，在新的遥感图像上将难以找到灾害体当初鲜明的地貌特征。只有充分利用以往各个时期的遥感图像，才能了解调查区地质灾害的历史和演变过程。北京市地质研究所利用 20 世纪 50 年代以来摄制的多期高分辨率遥感图像，结合实地调查资料，对北京山区近 50 年中发生的较大规模的灾害性泥石流进行了系统分析，解译出泥石流沟 584 条(其中包括几乎无人知晓的 1959 年形成的近 50 条泥石流沟)，确定这期间共发生过 10 期灾害性泥石流，基本查清了泥石流发生的时空分布规律、活动频率、重现特点、强度和危害状况。

(3)遥感信息综合分析法。滑坡、泥石流等地质灾害是多种地球外营力和人类活动共同作用的结果。这些作用的过程和后果大多能在不同片种、不同波段、不同分辨率水平的遥感图像上以直接或间接的图像标志真实地反映出来。因此，对滑坡、泥石流等灾害的遥感调查实质上就是对这些图像标志的识别和综合分析过程。

(4)遥感图像的合理选用。由于滑坡和泥石流的覆盖范围较小，而且主要依靠灾害体在遥感图像上反映的形态特征来识别，因此需要遥感图像有较高的空间分辨率，并在可见光和近红外波段有较高的光谱分辨率。目前，地质灾害的遥感调查通常采用航天遥感与航空遥感相结合的方法。航天遥感图像主要用于地质灾害的区域性宏观快速解译，了解地质灾害与区域地质背景等因素的关系，分析灾害展布的空间特征，探讨灾害发生的总体趋势。航空遥感影像则用于分析具体灾害体的形态、规模和运动方式等微观特征，有时还要进行灾害体某些要素的量算。因此，根据任务要求，合理选择遥感图像和工作方法是实现调查目标的重要环节。

4.1.3.2　滑坡、泥石流的遥感解译内容

(1)定性识别滑坡、泥石流。依据滑坡、泥石流发生的最基本的地质、地貌环境和触发条件等原理，从灾害体特殊的总体形态、色调特征识别着手，定性地确定滑坡、泥石流的存在。

(2)微地貌结构解译。滑坡、泥石流灾害体有一系列微地貌特征，例如滑坡灾害的滑坡体、滑坡壁、滑坡洼地、滑坡阶地、滑坡鼓丘以及伴随滑坡产生的各种裂隙等；泥石流灾害的侵蚀物源区、流通区、扇状或锥状堆积区等。进行微地貌解译的目的是为进一步确定灾害的类型、规模、范围、性质、活动特点提供依据。由于微地貌的尺寸大多较小，解译需要采用具有较高空间分辨率的遥感图像。目视解译时应充分采用像对的立体观察方法。

(3)滑坡、泥石流要素量算。滑坡、泥石流灾害遥感调查时常常需要对某些要素，如滑坡体的滑动距离、体积，泥石流堆积体的面积和体积等进行量测，以了解灾害的规模、灾情和活动特点。精确的定量计算需要在经过几何校正的图像上借助立体量测工具进行，或采用计算机数字测图方法。

学者王治华在对国内外 30 多个大型滑坡实测剖面的分析后提出一种利用遥感图像量算滑坡体体积的简易方法。依据滑坡体表面和滑动面的特征，忽略局部细节，可将滑坡体表面分为 A、B 两类，将滑动面分为 C、D 两类。其中：

A 型：滑坡体表面总体上呈缓坡。

B 型：滑坡体表面的中后部较缓，前部较陡。

C 型：滑动面后陡前缓。

D 型：滑动面呈斜坡形。

A、B 类滑坡体表面和 C、D 类滑动面可组合成四种类型的滑坡体，它们基本上概括了自然界主要的滑坡体类型。其中：

BC 型：滑坡体呈似平行四面体。

AC 型：滑坡体呈顶边在下的三面体。

BD 型：滑坡体呈顶边在上的三面体。

多级型：滑坡体由多个 BD、AC、BC 型滑坡体混合组成。

进行滑坡体体积量算时，首先利用遥感图像和地形图计算出滑坡体的表面积及其在后缘（或前缘）上的投影面积；然后绘出滑坡体的纵剖面图，确定滑坡体所属类型，按三角函数原理算出滑坡体的平均厚度；滑坡体在后缘（或前缘）上的投影面积与平均厚度的乘积就是滑坡体的体积。

（4）灾害特点分析与形成机理探讨。由于所处地貌、地质环境的不同，滑坡、泥石流灾害的特点常常会因地而异。这就需要在对灾害体做细致的定性、定量遥感解译的基础上，对该地区相关的地学资料包括灾害发生的历史资料做系统的分析研究，结合必要的实地调查，在地质理论的指导下了解灾害体的具体特点和环境条件，进而探讨灾害孕育、发展和触发的机理，进行灾害趋势的预测预警。

（5）灾情调查和损失评估。遥感方法是滑坡、泥石流等地质灾害发生后灾情调查和损失评估最快速而有效的方法。选择好灾害发生前后，具有足够空间分辨率的遥感图像是进行灾情评估的基础。参与对比的不同时相图像的时间间隔越短越好。在轨运行的卫星越来越多，空间分辨率不断提高，为灾情的遥感评估提供了方便条件。

4.1.3.3 滑坡、泥石流灾害的遥感调查实例　2000 年 4 月 9 日，西藏雅鲁藏布江支流易贡河通麦以西河段的北岸突发大规模滑坡。下滑的高约 100 m 的岩土堆积体堵塞了易贡湖的出口。当时正值春末夏初，天气逐渐变暖，湖周的雪融水不断注入湖中，湖水以较快的速度持续上涨，大有冲决滑坡堆积坝体，形成洪涝灾害危及下游的态势。在这种紧急情况下，国土资源航空物探遥感中心通过卫星遥感监测，为抢险救灾决策依据。

（1）易贡滑坡的遥感监测结果。滑坡发生前的 TM 图像显示，位于深切河谷的易贡湖盆地总面积约 26 km²。湖盆周围有多处冰川、古滑坡和泥石流堆积扇分布。

4 月 13 日，即滑坡发生后第 4 天的 CBERS-1 图像显示，在湖盆北侧的泥石流沟上出现了浅色调的呈流体形态的滑坡体，出露面积约 12.9 km²，其前端明显堵塞了易贡湖的出口。由于湖水只进不出，水位不断抬升，4 天内湖盆的集水面积增至约 20 km²。5 月 4 日的 SPOT 图像显示易贡滑坡体的边界清晰，与 4 月 13 日的 CBERS-1 图像相比，整体变化不大。易贡盆地已完全为湖水充满，集水面积猛增至 33 km²。5 月 9 日，即滑坡发生后第 30 天的 CBERS-1 图像显示，滑坡体形状基本未变，但北端有滑坡仍在活动的迹象。易贡湖水面已达 37.3 km²。滑坡坝体下方的易贡河水呈浅色调，表明坝体已有冲蚀渗水现象。根据这种情况，预测滑坡坝体有溃决并危及下游的可能。5 月 20 日的 ETM 图像显示，易贡湖水继续急剧上涨，湖面已没至坝体顶部，湖水面积达到 43.6 km²，坝体已岌岌可危。尽管易贡滑坡抢险救灾指挥部组织武警官兵在坝体上开挖泄洪渠，但滑坡坝体仍于 6 月 10 日全面溃决。6 月 16 日的 SPOT 图像显示，大致相当于原易贡河河床位置的坝体被冲开。迅速下降的湖水面积骤降至约 20.3 km²。易贡河下游及雅鲁藏布江大拐弯段有明显的高含泥沙的洪水泛滥现象。9 月 20 日的 IKONOS 图像显示，滑坡坝体溃决 3 个多月后易贡河及雅鲁藏布江大拐弯段两岸的洪水已退至原河道，流水基本恢复正常。

（2）滑坡成因遥感分析和灾情评估。易贡大滑坡是青藏高原地貌演变过程中一次重力侵蚀活动，其性质为高速滑坡碎屑流，由扎木龙沟沟头雪崩触发大规模崩滑，并引发了部分危岩区的滑坡和崩塌。滑坡体形成约 3 km 宽的坝体，堵塞了易贡湖的出口。从滑坡发生到滑坡坝体溃决的两个月期间，易贡湖水面约上升了 100 m，集水面积扩大了约 43 km²，推算洪水总量约达 35.2 亿 m³。

这次滑坡造成的灾害是巨大的。通过遥感图像解译，并结合地形图的量算，滑坡体毁坏了原堆积扇上约 4 km² 内的一切地物。易贡湖水上涨淹没了 2 300 m 高程以下约 32.4 km² 范围的全部农田、村庄和道路。滑坡坝体溃决后猛烈的洪水毫不留情地冲毁了易贡湖下游所经之处所有的大桥、林木和道路，影响距离长达 130 km，并触发了数十处斜坡表层（或浅层）滑坡与坡面泥石流。由于当地特殊的地貌和生态特征，溃坝一个多月后，易贡河和雅鲁藏布江的河道才接近恢复正常。

4.2　遥感图像的地质解译

地质工作，特别是中小比例尺的区域地质调查工作，通常要同时对几千平方千米甚至几十万平方千米范围的区域地质特征进行全面的野外调查和研究，追溯地质历史和各种地质动力过程，解决物质构成、构造等一系列基础地质问题，探讨成矿的条件和规律，为矿产资源勘查、开发提供依据。常规地质工作需要耗费巨大的人力、物力和财力。实践证明，遥感技术可以在短时间内提供大区域的宏观数据，在一定程度上减少野外地质调查工作量，减轻地质工作者的劳动强度，加快地质调查的速度。

地质现象受环境因素，如植被、地貌、气象、人文等因素的影响。地质工作需要在对这些纷繁的环境因素进行综合分析的基础上，透过表象提取实质性的信息，达到认识地质现象本质的目的。遥感方法获取的地面信息恰恰就是按各种空间分辨率所确定的一定范围的地物综合信息，是对物探、化探、钻探等勘探手段的一种有效的补充。它以直观清晰的图像显示现代地表景观，反映大量地表和浅地表的地质信息，在一定程度上弥补了上述地质勘查技术的不足，为解决地质问题的多解性增添了一种新的科学依据。由于遥感地质研究对象的复杂多变性，以及目前对地质现象的遥感成像机理的认识及探测手段尚未彻底解决，因而地质遥感信息的提取过程实际上是遥感与地质、地形、地球物理（重力、磁力资料）、地球化学（化探、航空放射性-伽马能谱）等多种非遥感信息的地学综合处理过程。尤其是遥感地质找矿更需要物探、化探等相关信息的支持。地质工作不仅要研究地表的地质现象，还要研究那些被第四纪松散沉积物、水体所掩盖而未直接出露地表，或隐伏在基岩之下，甚至在地壳深部的地质体和构造现象，如在矿产勘查中寻找隐伏矿体，在区域地质稳定性评价中研究隐伏断裂构造等。这些问题通常都是常规地质工作面临的难题。按电磁波谱辐射理论，遥感数据反映的虽然只是地表与浅地表各种地物的信息，但这些信息中有一部分是那些受地下隐伏地质体、隐伏构造控制和影响的地物的异常信息。遥感方法可以为发现和识别那些隐伏的地质特征提供有用的手段。

遥感图像的地质解译就是通过遥感图像的解译确定一个地区的岩石性质和地质构造，分析构造运动的状况，为地质制图、矿产资源的探查、工程地质和水文地质调查等服务。其中岩性和地质构造的识别是解译的基础，其他地质解译都是在这两者的基础上进行的。

4.2.1 遥感图像岩性识别

4.2.1.1 岩石识别的理论基础 在遥感图像上识别岩石的主要依据是岩石的波谱特性差异，所以识别岩石的类型必须首先了解不同岩石的反射光谱差别，以及所引起的图像色调的差异。同时，由于岩石的形成，在内外营力的共同作用下，组合成不同形状，这也是识别岩石类型的重要标志。此外，不同岩性上往往形成不同的植被、水系，这也可作为间接的解译标志。

（1）岩石的反射波谱特性与本身的矿物成分和颜色密切相关。由石英等浅色矿物为主组成的岩石具有较高的光谱反射率，在可见光遥感图像上表现为浅色调。铁镁质等深色矿物组成的岩石，总体反射率较低，在图像上表现为深色调。其中酸性岩类的花岗岩，由于主要含石英、钾长石等浅色矿物，总体反射率较高。属于基性岩类的玄武岩和橄榄玄武岩由于含有大量的铁镁质暗色矿物，在岩浆岩中反射率最低。总之，岩浆岩中，随着 SiO_2 的含量的减少和暗色矿物含量的增高，岩石的颜色由浅变深，光谱反射率也随之降低。

（2）岩石光谱反射率受组成岩石的矿物颗粒大小和表面糙度的影响。矿物颗粒较细，表面比较平滑的岩石，具有较高的反射率；反之，光谱反射率较低。

（3）岩石的波谱特性受表面风化程度的影响。主要决定于风化物的成分、颗粒大小等因素。风化物颗粒细时，使覆盖的岩石表面较平滑，若风化物颜色较浅（如 SiO_2、$CaCO_3$、$MgCO_3$ 等），则反射率较高；如果风化物颗粒粗，使表面粗糙，则会降低反射率。

（4）岩石表面湿度对反射率也有影响。一般来说，岩石表面较湿时，颜色变深，反射率降低。如紫红砂岩，干燥情况下反射率总体高于潮湿时。在通常情况下，完整的岩石表面比破碎的岩石表面反射率要高些。

在野外，岩石的自然露头往往有土壤和植被覆盖，这些覆盖物对光谱的影响取决于覆盖程度和特点。如果岩石全部被植物覆盖，遥感图像上显示的为植被的信息。如果部分覆盖，则遥感图像上显示出综合光谱特征。了解这一综合特征，对于岩性的解译很有用。

岩石是构成地球的物质基础，决定着地理环境的总体特征。出露在地球表层的岩石可分为松散沉积物和坚硬岩石(基岩)两大类，下面就其解译识别分别论述。

4.2.1.2 基岩岩性的识别 基岩是地球表层各种坚硬岩石的总称，其成因类型和岩性是多种多样的，在遥感图像上识别它们必须依据其色调、形状和综合图案进行间接解译。

在小比例尺遥感图像上，区分三大类岩石，识别分布广的岩性，是比较容易的，各岩类间和各岩性间对比度大的也易于区别。那些对比度小、分布范围小、无显著图像特征的则难于区别。岩浆岩和正变质岩没有层理，主要呈团块状，色调均一，裂隙发育，水系多为树枝状、放射状和直角状的。沉积岩和副变质岩主要呈层状和带状景观，前者层带图像连续、清晰，后者层带图像不连续、模糊。

如果要对基岩做细致的解译，就必须在较大比例尺的遥感图像上进行综合地貌景观分析，也就是地表景观与地下地质的相关分析。

（1）沉积岩的图像特征和识别。沉积岩本身没有特殊的反射光谱特征，因此单凭光谱特征及其表现，在遥感图像上是较难将它与岩浆岩、变质岩区分开来的，还必须结合其空间特征及出露条件，如所形成的地貌、水系特点等将其与其他岩石区分开来。

沉积岩最大的特点是具成层性。胶结良好的沉积岩，出露充分时，可在较大范围呈条带状延伸。在高分辨率的遥感图像上可以显示出岩层的走向和倾向。坚硬的沉积岩，常形成与岩层走向一致的山脊，而松软的沉积岩则形成条带状谷地。沉积岩由于抗蚀程度的差异和产状的不同，常形成不同的地貌特点。

A. 坚硬沉积岩。坚硬的沉积岩如石英砂岩等常形成正地形，较松软的泥岩和页岩常形成负地形。水平的坚硬沉积岩常成方山地形（但必须注意与玄武岩方山的区别）、台地地形或长垣状地形。倾斜的、软硬相间的沉积岩，常形成沿走向排列的单面山或猪背山，并与谷地相间排列。

B. 可溶性沉积岩。石灰岩等可溶性岩石在不同气候带下形成不同的地貌特征。在高温多雨的气候带内，岩石被溶蚀的速度快，形成各种典型的喀斯特地貌，如峰林、溶蚀洼地等，在高分辨率的遥感图像上可以观察到峰林及溶蚀洼地内的石芽、石林、落水洞、盲谷，以及地下河的潜入点和出露点等中小型的喀斯特地貌。在半干燥区和干燥区，化学溶解作用较弱，因而石灰岩成为较强的抗物理风化的岩石，地表缺乏典型的喀斯特地貌，在遥感图像上较难把石灰岩与其他岩石区别开来。但石灰岩地区地下喀斯特现象有不同程度的发育，形成地面水系比较稀少，山地成棱角清晰的岭脊，在有地质图的情况下，可以通过反射光谱曲线，以及空间特征、水系等特点与其他岩石区分开来。

C. 碎屑岩。碎屑岩在遥感图像上一般呈较典型的条带状空间特征，边界比较清晰，形成的山岭、谷地也较清晰。砂岩层面平整，厚度稳定，以条纹或条带夹条纹特征为主，一般形成和缓的垅岗地形，较坚硬的砂岩形成块状山，且水系较稀。黏土岩和粉砂质页岩，水系比较发育，一般不形成山岭，总体反射率较低，在遥感图像上色调较深。砾石反射率较低，在图像上多呈团块状、斑状等不均匀色调，层理不明显，经风化剥蚀的砾岩，表面粗糙。疏松的陆相碎屑岩，由于形成的地质年龄较短，大都直接与形成的地貌有关，其地貌形态特征成为主要的解译标志。

沉积岩的解译应着重标志性岩层的建立，这种标志性岩层应在一定范围广泛出露且图像特征明显，界线清楚，易于识别。利用标志性岩层与其他地层的关系，可以间接地判断那些不易直接判别的岩层。

(2)岩浆岩的图像特征及其识别。岩浆岩与沉积岩在遥感图像上反映出形状结构上的差别明显。前者多呈团块状和短的脉状。岩浆岩的解译，首先要注意区分酸性岩浆岩、基性岩浆岩和中性岩浆岩。

A. 酸性岩浆岩。酸性岩浆岩以花岗岩为代表。花岗岩在图像上的色调较浅，易与围岩区别开，平面形态常呈圆形、椭圆形和多边形，所形成的地形主要有两类，一类是悬崖峭壁山地，一类是馒头状山体和浑圆状丘陵。前者水系受地质构造控制，后者水系多呈树枝状，沟谷源头常见钳状沟头。

B. 基性岩浆岩。基性岩浆岩的色调最深，大多侵入岩体，容易风化剥蚀成负地形。喷出的基性玄武岩则比较坚硬，经切割侵蚀形成方山和台地。雷州半岛、海南岛等地有大片玄武岩覆盖，台地上水系不发育，遥感图像上，在大片暗色色调背景上呈花斑状色块，周围边界清晰。

C. 中性岩浆岩。中性岩浆岩的色调介于两者之间，大片喷出岩如安山岩类在我国东部地区构成山脉的主体。岩体常被区域性裂隙分割成棱角清楚的山岭和"性"形河谷，水系密度中等。中性的侵入岩体常成环状负地形。

新近喷发形成的火山岩比较容易识别，无论是火山碎屑岩或火山熔岩，都与新近火山活动相联系，火山熔岩从火山口流出后，沿着低洼的谷地流动，在高分辨率遥感图像上还可以看到熔岩流"绳状"或"蠕虫状"表面，在低分辨率图像上一般显示暗色调。并且火山口地形也可作为识别标志。火山碎屑岩与相应的沉积岩类似，分布在火山锥附近，火山锥在图像上容易被识别出来。

此外，对于岩脉与岩墙等特殊形态的岩浆岩，对其解译要有较大比例尺的遥感图像，一般呈线状、条带状，并成组出现。正地形由石英岩脉、伟晶岩脉、长石岩墙等组成，图像上表现为似土墙或刀口状，呈浅色调。负地形由煌斑岩、绿辉岩墙等组成，形成线状沟谷或槽地，色调较深。

(3)变质岩的识别。变质岩包括由岩浆岩变质而来的正变质岩和由沉积岩变质而来的负变质岩两大类，都保持了原始岩类的基本性质与形态特征。因而遥感图像也分别与原始母岩的特征相似。只是由于经受过变质，使得图像特征更为复杂，识别更加困难。

A. 石英岩及大理岩类。色调比较浅，呈浅色至白色，岩石强度大，抗蚀力强，形成正地形；层理不清，但节理发育。其中，石英岩由砂岩变质而成，经过变质作用后，SiO_2 矿物更为集中，色调变浅，强度增大，多形成轮廓清晰的岭脊和悬崖陡壁；大理岩与石灰岩相似，地形较陡，常具有岩溶现象，为光秃圆滑山脊，有较深的冲沟发育，植被少。

B. 千枚岩及板岩类。千枚岩和板岩的图像特征与细砂岩、页岩相似，易于风化，多成低丘、岗地或负地形；地面水系发育，沿片理和板理方向发育着稠密的侵蚀网，常形成棱角明显的梳状地形，平行状或格子状水系。千枚岩色调较浅，板岩一般色调较暗，地面坡积物多，图像上显示出不规则形状的斑点。

C. 片岩及片麻岩类。图像特征与酸性岩浆岩相似，层理模糊，呈扭曲密集的波纹状，片理、片麻理为主要影纹，但特征不显著，仅在物质成分差别明显时才显示出条带，条带呈不连续的、近似平行的波状影纹。片岩地区常分布有格子状水系，梳状地形，往往形成紧密平行的脊岭及线状低洼带。片麻岩形成的山脊，为粗而浑圆的正地形。

变质岩的地质时代比较古老，经历了强烈的地壳运动，区域裂隙发育，岩块被分割成棱角明显的块状，地面比较破碎或呈鳞片状。沿着这些区域的裂隙发育的水系，交汇、弯处也不大自然，呈之字形，这一点可作为与岩浆岩区别的标志之一。

4.2.1.3　松散沉积物的识别

(1)松散沉积物的识别依据。构成地貌的松散沉积物，成因复杂，岩性多样，在遥感图像上解译识别的依据也不同。

A. 成因类型解译标志。

a. 松散沉积物本身构成的地貌形态及其组合。不同地貌形态是由不同成因的物质组成的，如组成坡积裙的堆积物是坡积物，组成洪积扇的是洪积物，组成河漫滩、河流阶地的是冲积物，组成沙丘的是风积物，组成冰碛垄的是冰碛物等。

b. 松散沉积所处的地貌部位。主要是根据相关沉积来分析它的成因类型。如位于山麓带的沉积物多为坡积物，位于山地侵蚀沟口的是洪积物，位于山脚的倒石堆为重力堆积物等。

c. 松散沉积的图像特征。主要由组成物质的反射波谱特征决定，如坡积物为浅色，冲积物为条带状的不同的浅至灰色调，洪积物的色调具有分带现象。这些沉积物如受植被和湿度不同的干扰，其图像就要复杂得多。

B. 岩性类型解译标志。

a. 均匀色调。表示沉积物性质一致，地形较平坦，沉积物厚度较大，如冲积物等。白色或亮色调表示是粗糙的、新近堆积的沉积物，或是排水良好的、干燥的沉积物，如砂、砾、壤土等。浅灰色调以粗粒沉积为主，掺有细粒成分，或是相对干燥的土壤，或含有机物质的干土壤等。暗灰色调，以细粒沉积为主，或是排水不良，含水较多，潜水接近地表，或有机物含量高的草地、耕地、沼泽等。

b. 不均匀色调。表示沉积物颗粒变化大，沉积物表面不平坦，起伏较大，微地貌复杂，如冰碛物、洪积物和残积物等。条带状色调表示粗粒为主的沉积物与细粒为主的沉积物呈带状相间分布，或是地表温度和植被呈条带状分布，或是微地貌呈条带状的特征，如洪积物风积物等。斑状色调表示粗粒与细粒沉积物呈不连续斑状分布，或是沉积物表面微地貌显著，如冰碛物。紊乱色调反映沉积物颗粒大小分布无一定规律，或是微地貌非常复杂。

c. 色调边缘清晰度。清晰的表示两种物质间是突然接触，模糊的表示两种物质间是渐变的。

（2）主要松散沉积物的识别。

A. 残积物。残积物大都分布在平缓的分水岭上，其成分与母岩有密切的关系。花岗岩上形成的残积物中，长石常被分解成黏土矿物，而石英破碎成沙残留在原地，且与花岗岩具有相近的色调特征。石灰岩的残积物，因 Ca^{2+} 易被溶解流失，残留的铁质矿物成为残积物的主要成分，故与母岩石灰岩形成不同的色调，在高分辨率遥感图像上呈现出石灰岩与红黏土构成的花斑状特征。

B. 坡积物。坡积物主要分布在山坡上和坡麓地带，常呈半棱角状，分选性差，由片状暂时性水流和重力作用形成，在低分辨率的遥感图像上较难识别，而在高分辨率的图像上可以看到坡麓地带众多的坡积锥体连成的坡积裙。

C. 洪积物。洪积物形成于冲沟和暂时性小溪流的出口处，以沟口为顶点，常呈扇形或锥形。物质较细的形成坡度较缓的扇形，颗粒较粗的常呈锥形。在同一洪积扇内，靠山谷出口处堆积的物质较粗，向外物质逐渐变细。沟谷的地下水，在扇顶处渗入地下，至洪积扇的前缘地带潜水露出地面成为泉水或池塘、沼泽。

D. 冲积物。冲积物是常流河沉积的产物，在河流纵比降大的山区河谷内常以卵石等粗颗粒堆积为主。在平原河谷中，冲积物由砂、粉砂、黏土等形成。在现代河流的两侧，地面平坦，分布的冲积物多被开垦为农田或成为建设用地。

E. 湖泊堆积物。湖泊堆积物是由现代湖泊或古湖泊堆积而成的，现代湖泊堆积物分布在湖泊水体的周围。湿润地区湖泊堆积物细小而富含有机质，因而反射率低，色调较深，常有芦苇等水生植物生长。干燥地区的湖泊周围常形成盐碱地，反射率高，图像上色调浅。湿润区的一些古湖泊地区，常有成片的"河湖不分"的水系，由于地下水埋藏不深，地面湿度大，图像色调深，可指示古湖泊的范围。

F. 冰碛物。冰碛物是由冰川作用和冰水作用形成的堆积物，分布于现代冰川活动和古冰川活动区及其周围地区。现代冰川堆积物的识别比较容易，这是由于冰川堆积物大小混杂，无分选性，图像色调较深，与冰川有很大的反差，在遥感图像上可以清楚地看到它的边界，特别是高分辨率遥感图像上，能反映出冰碛物堆积的形状、低反射率、表面粗糙等特征。按照冰碛物在冰川谷地内分布的位置，可确定它们是侧碛、中碛或尾碛。古冰川堆积物常呈不规则的垄岗状，垄岗间有排水不良的沼泽地，可作为间接的解译标志。

G. 风积物。可分为风成沙地和风成黄土。风成沙地主要堆积为沙丘、沙垄等，遥感图像上明显的特征是：大都为无植被或少植被覆盖区，反射率很高，具有特殊的沙丘、沙垄等形态。风成黄土堆积受原始下垫面地形的影响，其图像特征表现为高反射率，浅色调，多被利用于旱作耕地。由于黄土物质易侵蚀，地面沟谷密度大，多呈不对称羽状水系，在中低分辨率的卫星遥感图像上，构成"花生壳"状纹理；在高分辨率的遥感图像上，可识别出黄土沟谷的深度，推断出黄土堆积物的大概厚度。

4.2.1.4 遥感图像岩石单元解译方法 各类岩石的矿物成分、赋存环境以及抗风化强度决定了它的电磁波谱特征。图像岩石单元法就是以不同地质体反射光谱特征差异所形成的形态、结构、纹理、色调等图像差异作为划分不同岩石类型或岩石组合的依据，并将其作为填图的单位。在实际应用中一般采用图像岩石单元二级划分和建立"标准"单元的方法。

A. 一级图像岩石单元是解译过程中确定的最大级别的图像单元。它在空间上突出三大岩类的分布特征：在时序上对沉积地层往往有群(系)级单位的划分意义，对侵入岩有侵入杂岩集群或超单元序列的划分意义，对变质岩则可起到整体区分的作用；在综合特征方面可准确显示中生代火山-沉积盆地的范围、形态和展布规律。

B. 二级图像岩石单元是填图单位的基本实体。大多数单元对沉积地层起到组、段级划分的意义，对侵入岩起到划分独立岩体的作用，对深成变质岩起到划分片麻岩单位的作用；有时候可直接代表单一的岩石类型。

C. 标准图像岩石单元是指在区域上分布稳定、具有明显的图像标志特征、对地层层序的建立和恢复能起指示作用的二级图像岩石单元。由于在图像单元内岩石组合的变化符合组、段级地层单元建立和划分的原则，通常具有作为标准组、段级填图单位的意义。

4.2.2 遥感图像地质构造识别

遥感对地质构造的识别有特殊的意义。大型区域性地质构造在地面调查中测点不可能过密，因而不能窥其全貌。而遥感图像从空间获取信息，有利于从客观上把握区域构造总体特征。当岩石出露条件好时，还可从高分辨遥感图像上量测产状要素，特别是人迹罕至的地区，显得格外重要。从遥感图像上识别地质构造，主要有三方面的内容：识别构造类型，有条件时测量其产状要素，判断构造运动的性质。

4.2.2.1 水平岩层的识别 在低分辨率的遥感图像上不容易发现水平岩层的产状，这是由于水平岩遭受侵蚀后，往往由较硬的岩层形成保护层，且形成陡坡，保护了下部较软的岩层。在高分辨率遥感图像上可发现水平岩层经切割形成的地貌，并可见硬岩的陡坡与软岩形成的缓坡呈同心圆状分布，硬岩的陡坡具有较深的阴影，而软岩的色调较浅。

4.2.2.2 倾斜岩层的识别 倾斜岩层在图像上形成彼此平行、疏密相间、色调深浅不一的条带，这些条带随着倾斜岩层走向延伸，条带可呈宽而疏的缓产状，或窄而密的陡产状。坚硬的倾斜岩层，产状缓时形成大面积的单面山，产状陡时形成成排的猪背岭，直立的岩层则呈现栅状纹形。

在低分辨率遥感图像上，可以根据顺向坡(与岩层倾斜方向一致的坡面)有较长坡面、逆向坡坡长较短的特性确定岩层的倾向。倾斜岩层经过沟谷的切割，在高分辨率遥感图像上常出现岩层三角面(包括弧形面、梯形面)，这时，根据岩层出露的形态及其与地形的关系可确定岩层的产状。岩层的倾向和倾角可用两种方法确定：

A. 在高分辨率遥感图像为立体像对时，在立体镜下，可通过立体量测确定同一岩层3点的不同高度，确定岩层倾向，并算出倾角。

B. 同一岩层构成的三角面(或弧形图)顶角的指向位于山脊，若顶角的尖端指向下游，岩层向上游倾斜；若顶角的尖端指向上游，岩层向下游倾斜。

4.2.2.3　褶皱的识别　褶皱是沉积岩层经地壳构造运动引起的岩层弯曲。岩层由于组成的物质成分不同、形成年代不同、抗风化能力不同，而具有不同的质地和颜色，形成不同的色调和花纹。在遥感图像上，褶皱的发现及其类型的确定是建立在对岩性和岩层产状要素识别的基础上的。在进行图像分析时应注意不同分辨率遥感图像的综合应用，即先在分辨率较低的图像上进行总体识别，确定褶皱的存在，特别是一些规模较大的褶皱的确定；然后对其关键部位采用高分辨率图像进行详细的识别，确定褶皱的类型。

褶皱构造由一系列的岩层构成，这些岩层的软硬程度有差别，硬岩成正地形，软岩成谷地，因此在遥感图像上会形成由不同色调条带形成的闭合图形。为发现褶皱构造，首先就要确定这些不同色调的平行色带，选择其中在图像上显示最稳定、延续性最好者作为标志层。标志层的色带呈圈闭的圆形、椭圆形、橄榄形、长条形或马蹄形等，是确定褶皱的重要标志。在中低分辨率图像上能反映出大的褶皱，而在高分辨率遥感图像上，不仅能发现较小规模的褶皱，而且还可以确定其岩体层的分布层序是否对称重复、具体产状要素，这是确定褶皱存在的重要证据，特别是在高分辨率遥感图像上观察标志层在转折端的形态，有助于识别褶皱的存在及褶皱的类型。

在高分辨率遥感图像上不能直接确定地层的新老，但可以观察到岩层的倾向。当逆向坡(陡坡)向外、顺向坡(缓坡)向内(向轴线倾斜)时是向斜构造，逆向坡(陡坡)朝内(面向褶皱轴)、顺向坡(缓坡)朝外时(远离褶皱轴)是背斜构造。当岩层的走向不是很连续时，逆向坡往往形成地形三角面，这在遥感图像上是比较直观的。

在中低分辨率遥感图像上区分向斜、背斜一般比较困难。但一般向斜的图像特征是：核部色调较浅，形态多呈叶瓣状，有向心状水系，转折端处内带转折较缓，外带转折较尖锐，由核部向外岩层逐带加宽。背斜的一般图像特征是：核部色调较深，形态多呈椭圆形或长条形，且有放射状或梳状水系，在转折端处内带转折较尖锐，外带转折较缓，各带的宽度由内向外逐渐变窄。

在水系形态上，由褶皱形成的褶皱山，水系多呈放射状和梳状。若褶皱成谷，则水系一般为向心状。在岩层产状上，不论是山还是谷，岩层产状都是有规律的，以褶皱轴为中心呈对称分布。

4.2.2.4　断层的识别　断层是一种线形构造，在没有疏松沉积物覆盖的情况，在遥感图像上都有明显的特征，表现为线状形态。它基本上有两种表现形式：①线性的色调异常，即线性的色调与两侧的岩层色调都明显不同；②两种不同色调的分界面呈线状延伸。当然，具备这两个图像特征的地物不一定都是断层，如山脊、较小的河流、道路、渠道、堤坝、岩层的走向、岩层的界面等。因此，除了这两个基本图像特征之外，还必须对断层两侧的岩性、水系和整体地质构造进行研究，才能确定是否是断层。特别是在高分辨率的遥感图像上，可以通过对地层的鉴别确定断层，如地层的缺失和重复，走向不连续使两套岩层走向错断、斜交等，这对于判断与岩层走向一致或角度相近的断层是重要的标志。在具体确定是否存在断层时，必须把图像的基本特征与岩性及整个构造结合起来考虑。另外，以下图像特征也是判断断层存在的重要标志：

A. 地质构造标志。岩浆活动、火山活动、地震活动中心呈线状分布。

B. 地貌标志。一连串负地形呈线状排列，不同岩性构成的地形三角面呈线状排列，海岸、湖岸呈近似于直线状或不自然的角度转折，湖泊、泉水呈线状分布，河谷、山脊呈直线状延伸或被切断，冲积-洪积扇群的顶端处于同一直线（或弧线）上，盆地边缘呈直线、折线和转折。

C. 水系标志。河谷异常平直或锐角急转弯，河道突然变宽或变窄，支流汇入主流时呈逆向相交（锐角指向主流的上游），水系变形点（散开点、收敛点、拐点等）处于同一直线上，地下水溢出点处于同一直线上。

上述各种现象，在具体分析运用时，应注意综合并注意断层的存在还会影响到其他自然因素的变异，如土壤、水文、植被等的变化。

在遥感图像上，还可对断层的力学性质进行分析。压性断层，最常见的图像特征是呈波状的线形展布，规模较大，有较宽的挤压破碎带，断层线常成为色调分界面，并且伴随出现与之平行的一系列断裂，形成构造透镜体。压扭性、张扭性断裂，两者平面形态相似，常呈微弱的舒缓波状的线形图像，两侧伴有人字形分支断裂，区分这两种断裂，需进行区域地质构造较全面分析和一定的地面工作。扭性断裂，表现为比较平直、光滑的线形图像，延伸较远，两侧岩层错位，伴有牵引现象。张性断裂，一般延伸不远，宽窄变化较大，平面上常呈锯齿状或之字形的河谷。

4.2.2.5 活动断裂的确定 在断裂性质的研究中，尤其应注意活动断裂的确定，因为它与人们的生活、建设最为密切。活动断裂除了具备上述断裂构造的图像特征以外，还具备以下几方面特征：

A. 山形、沟谷的明显错位和变形。

B. 山形走向突然中断。

C. 山前现代或近代洪积扇错开。

D. 震中呈线形排列，活动频繁。

必须指出的是，活动断裂往往具有继承性，它是在老断裂的基础上发展起来的，但同时又有新生的断裂。应注意线性图像的清晰程度及相互的切割关系。在遥感图像上确定两条（两组或两组以上）断裂的新老关系时，老断裂总是被新断裂切断。

4.2.3 区域构造运动的遥感宏观分析

通过对遥感图像的解译，不仅能对岩性和地质构造做出判断，而且还能对一个地区的近代和现代地壳运动特征与区域构造差异进行分析，特别是新构造运动主要表现为升降运动，会引起老断裂的复活和新断裂的产生，同时它也能在地貌、水系等特征上表现出来。

4.2.3.1 新构造运动的图像特征

（1）根据地貌特征分析。上升运动，表现为地壳的抬升或掀升，前者为比较均匀的上升，后者为空间上的不均匀上升。在地貌上表现出山地的抬升及河流的切割，也就是说山地切割的深度与现代地壳上升的幅度成正比。在遥感图像上河流的切割深度是可以识别的，从而可以求出地壳相对上升的幅度。地壳的下沉区在地貌上表现为负地形，如许多盆地，相对于周围山地来说都是下沉区。两者接触地带往往有断裂的存在。此外，从山地河谷出口处、冲积-洪积扇的分布也能反映升降运动的状况。山地上升时，冲积-洪积扇的堆积旺盛，颗粒较粗，表面坡度大，而且扇体本身也遭后期切割，在前端形成新的冲积-洪积扇。

此外，根据洪积扇镶嵌套叠，可以分析出地壳上升运动的节奏性；根据洪积扇的规模可以确定各次上升运动的强度；根据洪积扇的偏转、扭曲等变形可反映地壳掀斜、升降的特征。

(2)根据水系特征分析。在水系上，上升区表现为放射状水系；下降区则表现为汇聚状水系。不对称水系的存在反映了流域内的不对称升降运动。从有些图像的椭圆形的隆起上，可以观察到水系绕行的特点。

4.2.3.2　地质构造形迹的图像特征　地质构造形迹常表现为线性与环形特征。线性形迹主要指断裂构造，它控制着岩浆活动及矿液的运移、储存，对成矿、导矿、储矿起着重要作用。环形构造多是地球内部热源活动形迹在地壳中的总体表现，它与热液成矿密切相关。线性环形构造及构造交叉部位是成矿、找矿的重要条件。在遥感图像上，多以色调、图形特征、水系展布、地貌形态及组合等显示。前者为平直或微弯形的线形条带形迹，后者为圆形、半圆形、椭圆形等环状条带形迹。通过遥感图像处理，如边缘增强、灰度拉伸、方向滤波、比值分析等可以突出有关信息。它们常具有以下识别标志。

(1)色调与形态。色调与形态包括色调线、色调带、色调界面等线、环形图像特征，是鉴别线性环形构造的首要标志。

褶皱带中地层岩性的差异，可清楚地反映出褶皱构造展布的方向。断裂构造两侧地质体、地貌体或地质现象的差异，形成不同的图像色调与形态。由于断裂带本身组成物质与含水性等方面与周围地层的明显差异，使断裂线的形迹在遥感图像上更加突出，易于辨识。图像上的环形形迹的出现，常常是由地层圈闭反映的背斜、向斜构造或大面积基底隆起、侵入岩体、火山、盐丘等地质现象所引起的。倘若对遥感图像进行处理，如线性对比度拉伸、边缘增强，特别是进行方向滤波处理，对突出图像上的线性形迹效果明显；而比值分析往往对环形形迹，尤其是因侵入岩体所引起的环形形迹增强效果更佳。当然图像上的线性形迹并非与断层完全吻合，环形形迹也并非与上述的环形地质现象完全一致。

(2)线性特征的错断。线性特征的错断是证明断裂构造存在的直接标志，反映了地层、岩体在断裂构造作用下所引起的相对移动，在错动的两侧可以发现地层的牵引变形及扭动现象或破碎带的出现。

(3)特殊的地质体图像组合。指在一定的内外地质作用下，形成的一系列地质体或现象以一定的规律组合在一起，组成特殊的图像结构。如断层崖、断层三角面、侵蚀构造山地、构造盆地、不对称谷地、构造阶地、叠置的扇形体，山脊、盆地、湖泊等地貌形态的扭曲变形，以及截山切岭、脊移谷错等。在断裂构造附近会出现特有的地质地貌图像组合。

(4)水系格局及其演变。水系类型、水系密度、切割深度、平面形态及流动方向等均受到岩性、构造等地质因素的密切控制，特别是平面形态和摆动方向，更直接地、灵敏地反映了地壳运动的特点。如河流平面形态变化为 S、反 L、反 Z 形，指示断层为左旋平移性质

（反扭）；河流平面形态变化为反 S、L、Z 形，指示断层为右旋平移性质（顺扭）；放射状、环状水系的图像形迹，指示穹窿构造或岩体侵入的可能；格状水系则暗示隐伏的两组直交断层存在的可能。上升区表现为放射状水系，下降区则为汇聚状水系，不对称水系的存在反映了流域内的不对称升降运动。

（5）活动特征点的线状展布。如侵入岩体、火山口、河道特征点（汇流点、分流点、拐点、河道展宽、变窄点、曲流段和直线段的起止点等）、泉水出露点、地下潜水溢出带、冲洪积扇顶点、湖岸线、海岸线、岛屿等呈线状展布以及山系、平原、盆地等地貌单元的线性边界、湖泊的串珠状分布等，均指示了线性构造形迹穿过。

4.2.3.3　区域构造的遥感宏观分析

（1）地质构造形迹空间分布识别。遥感图像上，通过色调、形态、纹理结构等较直观准确地显示出地质构造的位置、走向及相互切割关系（包括新老关系、主干、伴生、派生构造间关系）等。它不仅可以定性、定位，而且可以启示追索一些大型断裂带的走向延伸和了解其空间展布规律。在此基础上，进一步分析线性、环形图像的组合特点，有助于研究与推断区域构造形成机理、力学性质、体系归属等特征。如一定的几何图形反映构造生成时的力学性质，以断裂构造为例，平直线往往代表扭性断裂，并常伴有牵引；舒缓波状曲线往往反映压性断裂；锯齿状曲线往往反映张性断裂；而雁列式、人字形交叉，又反映压扭性断裂特征。但是，因受后期的改造活动，一定的几何图形又不一定能确切地反映活动断裂的力学性质，还必须结合其所处的地质环境、分析区域应力场、局部应力场、断裂两盘的错动关系及其他的标志，方能得出正确的结论。

（2）隐状褶皱与断裂构造识别。隐伏构造都被新生代松散堆积层所覆盖。通过地表岩性、构造地貌、第四纪层含水程度、水系特征、植物生态以及地球物理、地球化学等信息的传递，在遥感图像上显示出它们隐约的形迹，以至于有可能识别各种隐伏构造。

如在遥感图像图上，可以隐约看出两条纵贯华北、近乎平行的 NW 向线性形迹，它控制着沿线的构造地貌、水系的发育。西边一条为大同—藁城—聊城—济宁—徐州—南京—溧水断裂带，其北段在平型关附近将太行山、五台山错开，代县盆地也被扭曲变形。此 NW 向断裂与 NE 向太行山前大断裂交切并呈地垒状隆起，构成浑河与壶流河、沙河与唐河的分水岭。断裂进入华北平原后被深厚的第四纪覆盖层所掩盖，但在较单调而均匀的浅色调背景下，仍可见到断续 NW 向蓝灰色线性图像痕迹。滹沱河穿过这条线性形迹上的藁城后，流向由 SE 突转为 NE 方向；滏阳河上游的诸条河流原由南向北流，穿过这条线性形迹上的宁晋一带流向突转向 NE 方向；鲁运河基本沿这条线性形迹开挖；黄河过线性形迹后，堤距明显缩小，水面变窄，构成河型上的突变点。线性形迹过黄河往东南方向便构成鲁中、鲁东低山丘陵与华北平原两个地貌单元的 NW 向平直界线；东平湖—微山湖—南四湖沿这条断裂线呈串珠状线性展布，湖泊的长轴方向与断裂线走向一致。断裂进入苏皖一带，图像形迹不大明显，仅隐约出现 NW 向的线性痕迹。此线以西主要为 NE 向丘陵地，构成淮河与长江的分水岭，以东为苏北河湖平原（包括洪泽湖、高邮湖和里下河地区等）。长江通过线性形迹上的南京后，流向从 SSW 突转为 EW 方向；秦淮河基本沿线性形迹发育，线性形迹直到溧水一带。这条 NW 向断裂控制着苏皖一带的新第三纪和第四纪玄武岩喷发、苏北平原的西部边界以及地震的发育，是个较新的活动断裂构造。

东边一条经通州—天津，过鲁中山地延至苏北的盐城、南通一带。在遥感图像上，它有几处较为明显，尤其是通州—天津的隐伏段，由于断裂带内浅层地下水丰富，造成图像上宽约 5 km 的暗色平直条带。北运河、北京排污河沿此条带开挖，永定河的古漯水故道也沿此条带流过。

成都平原上以灌县为顶点的冲积扇平原，由西北向东南方向发育。在遥感图像上，可以发现横切扇体有两条几乎平行的 NE 向线性形迹。尽管地表松散沉积物的物质组成并无明显差异，但由于断裂带内外含水程度存在明显差异，影响到土壤的发育程度、土壤湿度等，致使地面植被的长势等均有差异。这就是说，地下一定深度的地质信息，通过水、土、植被这些地表信息传递，而在遥感图像上以不同的色调显示出来。

（3）地质构造形迹的特征分析。在增强提取线环形构造以及绘制解译构造图的基础上进行地质构造形迹的空间分布特征分析，包括识别、量测、分析。"识别"主要确定线性体、环形体的形态、等级、方向、密度、强度等；"量测"主要通过数理统计、分类处理获得构造要素的优选方位，通常用方位图表法，如总长度/总数量、方位-频率玫瑰图、密度方位图等，来确定岩石应变的性质、大小和主应变方位等；"分析"主要确定地质构造形迹间的主从关系、新老关系、活动与否、构造组合，建立该地区的构造应力场，寻找构造规律，推测演化发展过程。

4.2.4　遥感地质找矿

4.2.4.1　遥感地质找矿原理　遥感地质找矿不同于遥感进行农、林、土地资源调查。农、林、土地资源在地表出露，在图像上有相对稳定的亮度值分布特征，可用概率密度函数来描述它们，并通过一定的处理直接进行自动分类来加以分析和识别。而遥感地质找矿关键是在成矿理论指导下，根据遥感图像特征识别与成矿控矿有关的多个地质信息，如地层岩系、线环形构造、构造交叉部位、蚀变带（岩）以及有关的地貌、土地、植被等相关信息，结合成矿环境分析，可预测成矿远景，指出找矿方向，划分找矿地段，预测矿产资源总量等。这些信息往往是十分复杂多变的，难以用确定的亮度值或概率密度函数来描述它们。这给遥感地质找矿增加了相当的难度，需要对图像进行多种变换处理如比值分析、比值合成、K-L 变换、K-T 变换、IHS 彩色空间变换、特征空间变换、滤波分析等，以增强或提取地质专题特征信息。

在找矿标志方面，如含矿围岩蚀变、硫化矿床氧化带、含矿层显著地貌、植物标志等，在遥感图像上色调反映异常，通过色调异常的找矿标志解译，可以寻找矿床。如在美国亚利桑那州，应用经图像处理的彩色合成图，发现铜矿地区图像显橘黄色，不含矿地段显绿色，玄武岩地区为黑色，根据色彩差异圈定铜矿化区，结合物化勘探异常与地面检查，在森林覆盖区找到隐伏的铜矿。从成矿地质条件分析，提取与成矿、控矿有关的地质信息，可供找矿分析研究应用。

产于变质岩和火成岩的铁矿，应根据区域地质条件，结合地球物理探矿的磁测资料，有针对性地进行图像处理，提取相关的铁矿信息，并以不同的色彩显示在图像上，再进行观察研究，结合地表调查，确定普查区。铁矿信息的提取，主要取决于含矿层与围岩间的光谱特征差异性，即两者之间各波段光谱曲线斜率的差异，若磁铁矿石英岩或赤铁矿石英岩与围岩之间，其光谱曲线均存在斜率的差异，进行比值增强就能提取出有关铁矿的信息。寻找原生锡矿或砂锡矿常用的图像处理方法是：反差扩展增强，以突出图像中含锡矿卡岩和云英岩化的花岗岩侵入体，扩大其与围岩的反差比；卷积滤波，增强高频信息压制低频信息，以增强控制岩体展布的线性构造。

4.2.4.2　遥感矿田构造预测方法　内生金属矿床的形成受岩体、围岩和构造的控制，它们在一定程度上就是与同一范围、同一时期的岩浆活动及矿化作用有时空联系的地质块体。不同级别、序列、强度的线性、环形构造及其组合形式分别控制着成矿带、矿田、矿床的形成规模，也充分体现了金属矿产的分布规律与地质构造间的内在联系。通过对不同比例尺的航天、航空遥感资料的处理和解译，并结合其他地学资料的分析，可以深入了解这种内在联系，有效地实现对金属矿床的预测。

20世纪70年代，在新疆遥感试验中对某些已知矿田遥感色、线、环图像异常特征进行分析，总结成矿规律时发现托里宝贝金矿区中心有一个环性岩体，外围是菱形构造蚀变带，组成了醒目的"菱环构造"（图4-2）。后来相继发现安徽铜官山与狮子山矿田、湖南香花岭矿田、贵州梵净山多金属矿田与万山汞矿田、云南红河断裂南侧金矿带、福建紫金山金铜矿田都具有典型的菱环构造特点。实质上菱块构造代表了成矿前的围岩（盖层）构造，菱形的四边是两组密集发育、形成网络的断裂带，构成了极为有利的成矿空间；而环形构造代表了成矿时的侵入岩体状态、大、小环套合、叠加的现象和矿化蚀变分带的反映，表明环形构造图与提供成矿物质来源的母岩体关系密切。因此遥感菱环构造矿田模式对内生金属矿产的预测有重要的指导意义。

20世纪90年代Landsat遥感图像的解译发现，海南省西部有一个大型菱环矿田构造，面积达1000 km² 多，比著名的福建紫金山矿田、湖南香花岭矿田面积大两倍多（图4-3）。在这个菱环构造上遥感分析圈定了12个找矿靶区。其中1号靶区有已知的石碌铁矿，2号靶区有已知的二甲金矿，其余均为新预测靶区。这些靶区都处在构造的有利部位，岩浆活动和矿化蚀变都很强烈，特别是深色调的金矿蚀变图像具有明显的一致性和与2号靶区的可对比性，因此找金的希望很大。近年，通过进一步的实地勘查，已在预测的靶区发现了大型的金矿。

图4-2　新疆托里宝贝金矿菱环构造

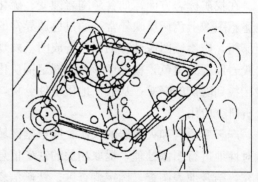

图4-3　海南石碌菱形构造解译

其实，矿田控矿构造模式远不止菱环构造一种，深入研究发现，遥感图像通过色调和形态显示出的矿田构造模式是多种多样的。表 4-1 列举了最常见的 10 种矿田构造模式。

表 4-1　内生金属矿田遥感构造模式特征

编号	形式	色线环图形	色线环组合标志	地质背景	矿田实例
一	菱环式		两组斜交断裂构成菱块构造，中心为环形构造，色、形边界清楚	上升菱形断块构造，中心有岩体侵入，围岩蚀变强烈	湖南香花岭矿田
二	方格式		东西、南北两组近于直交断裂构成格状构造，中心为环形构造，颜色异常明显	上升格状断块，中心有岩体侵入，并有强烈蚀变	云南个旧锡矿田
三	三角式		三组断裂相交，并上升为三角形	三组断裂相交，中心有岩体侵入，并有强烈蚀变	新疆阿舍勒矿田
四	中心式		两组断裂交叉处有梅花状环形构造	北东、北西向断裂交叉处有岩体侵入，蚀变强烈，黄铁矿化发育	山东牛山顶矿田
五	串珠式		北东向带状断裂、串珠状环形构造	北东向破碎带上有岩体侵入，呈串珠状分布，蚀变强烈	安徽寺门口矿田
六	环式		大环浅色、小环深色，构成大环套小环图形	不同蚀变岩石引起的圆形山包，深部有隐伏岩体	辽宁三合圩矿田
七	条带式		色调较深、平行分布的条带山脊	含金石英脉平行分布	山东邓各庄矿田
八	挠曲式		变质岩带扭曲，明显错位，被北西向线性断裂切断	变质岩带挤压，破碎强烈，蚀变明显	山东潘家庄异常区
九	环放式		水系和山脊呈环形或放射状	环形和放射状断裂，黄铁矿化强烈，有老采金坑	山东牛山顶矿田
十	帚状式		帚状线性影像	扭曲断裂组成帚状构造	甘肃庆阳金矿田

4. 2. 4. 3　多源数据综合分析方法　地质体的属性及其内在特点会以各种方式和不同的尺度表露出来，现代科学的发展已经使人们能够用各种手段去感测它们。显然遥感只是利用地质体的电磁辐射特性去识别和区分它们的一种方法，有它的优势，也有它的局限。例如，

目前最常用的多光谱遥感技术在地质矿产勘查应用中的明显不足是，在植被覆盖区区分岩性的效果差，难以直接识别矿化蚀变带。实践证明，随着地质找矿工作难度的增加，只有将遥感资料与地质、地球物理、地球化学等多源地学信息紧密结合起来，综合应用，才能真正认识地质体的本质及其相互间的联系，获得满意的找矿应用效果。

图4-4是一个遥感数据与能谱数据结合应用于矿产预测的实例。主要的天然放射性元素在各类岩石中的分布具有一定规律：岩浆岩的放射性元素含量高于沉积岩；岩浆岩随着岩石酸度的增加，放射性元素含量增加；成分相同的岩石，生成年代越晚，放射性元素含量越高；热液等矿化蚀变会使K含量增加。根据这些规律，航空γ能谱数据有很好的区分岩性、识别铀矿化及其蚀变现象的效果。将γ能谱测量的铀、钍、钾量及总量合成彩色图像（铀图），在此图上也可以看到一些主要由色调差异构成的线性或环形图像，它们反映了地质体放射性强度的大小。对铀图进行各种图像增强处理，提取这些线性或环形图像信息，就得到了一幅铀的γ能谱解译图。将它与遥感构造解译图叠合，发现两者有很好的相关性，凡两图吻合较好的线性和环性体大多为与铀成矿有关的断裂和环形构造。利用这种方法在辽宁连山关地区预测了4片铀矿远景区，野外验证在其中的3片地区确认了4条有一定规模的成矿断裂带，发现了多期次的成矿热液脉体和强烈的近矿围岩蚀变，见到了次生和原生的铀矿物及较好的铀矿化带。

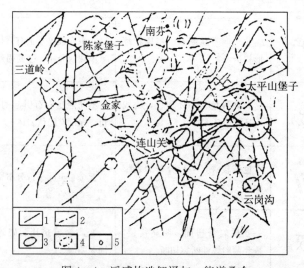

图4-4　遥感构造解译与γ能谱叠合
1. 遥感解译线性体　2. 遥感与能谱叠合的线性体　3. 遥感解译环性体
4. 遥感与能谱叠合的环形体　5. 主要村镇

4.3　遥感图像的土地资源解译

土地是一个综合的自然地理概念。它是地表某一地段各种自然要素（地质、地貌、气候、水文、植被、土壤等）相互作用及人类活动影响在内的自然综合体。它处于地圈-生物圈与大气圈相互作用的界面，是各种自然过程（物理、化学、生物、地学过程）及人类活动最活跃的场所。土地是人类生存的基础、最宝贵的自然资源和最基本的生产资料。合理利用土地，保护和珍惜土地资源是全人类共同的大事。一个国家或地区的土地资源数量多寡、质量优劣、合理利用程度，不仅是反映生产力水平和发展潜力的重要标志，也是制订生产计划、发展国民经济的主要依据。我国幅员辽阔、土地资源丰富，但我国人均土地占有面积不足世界平均数的 1/3，加之土地退化现象严重，更加剧了土地资源的紧缺，人地矛盾十分尖锐。

遥感反映的是地表及地下一定深度环境信息的综合特征，是地表景观的缩影。土地这一界面是遥感图像上反映的最直接信息，同时也是研究其他环境要素的基础。遥感技术在土地资源研究中的应用非常广泛，是研究土地及其变化最重要的手段之一。遥感对土地的宏观研究主要包括土地覆盖(land cover)、土地利用(land use)、土地资源评价(land resource assessment)以及土地利用/土地覆盖动态监测(land use/cover monitoring)等内容。

4.3.1　土地覆盖/利用遥感调查

土地覆盖/利用图是土地资源管理的基础数据，是决策部门合理规划土地资源的依据。20 世纪 70 年代以来，遥感技术在土地覆盖/利用调查与填图中得到了广泛应用。尤其是发展中国家，资金和资料短缺，应用遥感技术可以快速、低成本地清查土地资源现状。90 年代末以来发射的新一代高分辨率(1 m 或优于 1 m)商业地球成像卫星，为土地资源调查和动态监测提供了一套全新的数据源，它使土地覆盖/利用的填图精度有根本性提高；同时，解决了土地资源调查中的高质量数字地图供应问题。

4.3.1.1　土地覆盖/利用的遥感解译标志

(1)结构标志。在遥感图像上，不同的土地利用常构成一定的几何图形，地物之间在空间上具有一定的联系。如水田，大都有方格状或四边形的畦埂图形，位于平原地区的都集中连片，并有灌溉渠系与之配套。梯田多分布于山坡、谷地、阶地，依地势呈阶梯状，田埂图形随谷凹脊凸呈平行等高线延展在航空遥感影像上。菜地畦垄清晰可辨，形成分割较小、色调多样的细栅状图案。山区旱地一般以单向条垄状图形为主，旱地田块轮廓因平整程度的粗细而反映出整齐程度的不同，山区旱地常有侵蚀沟系相伴随。在黑白全色图像上，耕地的色调为：土壤湿润的呈暗色，干燥的呈亮色，经耕翻过的会呈现暗色条纹。作物发育盛期图像呈暗色绒毛状条垄，而黄熟季节又呈淡灰色绒毛状条垄。间作套种则呈深浅相间的图像。在彩色红外航空遥感影像上，作物封行的图像都呈鲜红色。

林地以粗粒状有立体效应的像对图形为特征。针叶林图像呈致密粒状，阔叶林树冠近似蓬松球状，密集时呈圆点。在全色图像上阔叶树色调比针叶树浅，在彩色红外图像上呈紫红、橙红色。经济林中的果园、茶园等具有行列整齐的粒状图像特征。

城镇为包含主干街道的居民点，并有主要道路与周围地区相连接，由不同大小矩形方块图形组成；立体像对构成有层次的三维图像。工厂区、商业区、学校区布局结构有差异。乡村居民地呈不规则的块状图形，有道路与附近居民地相互沟通。

公路呈弧形或较直的淡色曲线，曲率规则，路基有填方和挖方，以保持路面的一定坡度。土路呈弯曲细线，顺地形起伏而延伸。

湖泊、池塘大都位于洼地中心，在全色黑白图像上呈暗色，在彩红外航空遥感影像上呈深蓝色。水库上游有河流注入，下游有横列线状的堤坝拦住，通过溢洪道泄水。河流因受地质地貌条件的控制，主干河流系统往往形成正弦曲线，而支流水系形成方格状、树枝状、扇状、平行状等结构形态。

结构标志在高分辨率遥感图像分析判读中是十分基础的方法，在中低分辨率遥感图像分析中，结构标志对于宏观环境的识别也是重要的稳定特征，这些特征都有鲜明的可对比性。

（2）物候季相标志。在一块耕地中，因季节不同所种作物由出土、拔节、成熟直至收割，处于动态之中，图像所反映的灰阶或色调也因时间而异。这是因为每一耕地的图像颜色和结构是随着作物的物候发育期、品种、作物生态、杂草情况、表土颜色、灌溉情况等的不同而变异的。因此选择地面有显著变化，特别是叶面覆盖有显著差异季节的遥感图像进行分析，对于识别耕地情况和作物分布最为有利。例如在北京近郊的水浇地上，小麦在播种前后，遥感图像上只是反映了土壤裸露的色调。过了清明，小麦拔节以后，叶子逐渐发育，由绿转向蓝绿。及至孕穗、抽穗阶段，叶色浓绿，叶面覆盖地面达 80%，干物质的积累也已进入最高状态，全色黑白图像上显示出暗灰色，彩色红外图像可显示鲜红色。成熟以后，叶色渐由黄绿转黄，全色黑白图像显示出灰色条垄，彩色红外图像将显示橙红色条垄。6 月下旬小麦已届收获时节，收割后耕地只留残茬，显露出土壤的图像，全色图像呈淡灰，彩色红外图像显示蓝绿。但这时春播玉米正值孕穗、封行的时节，全色图像呈暗灰条垄。

4.3.1.2　土地覆盖/利用遥感调查方法　利用遥感技术进行土地覆盖/调查由于涉及土地的所有权、国家税收以及经济管理等，所以在调查的几何精度上要求较高，有一些特殊规定。具体的调查方法如下：

（1）准备工作。

A. 收集资料。根据调查区域的大小和要求，收集该区合适比例尺的遥感图像和地形图，此外要收集有关土地的自然属性资料，如土壤、地貌、地质、气象、农、林、牧等，及有关社会经济资料，如人口、各种用地的统计数据。

B. 确定土地覆盖/利用的分类与制图系统。土地覆盖/利用现状分类系统因各国的农业生产和自然条件不同，差异较大。我国土地利用现状分类系统中第一、第二两级已有全国统一分类，其中第一级主要考虑的是土地利用类型，第二级主要考虑土地利用条件和土地类型。更低级的分类目前尚无统一规定，一般认为以土地利用和改良的地貌条件划分较好。土地覆盖目前尚没有统一的分类系统，需根据调查研究的要求自己制定。

（2）外业工作。

A. 社会调查与土地权属界线的初步确定。这是土地覆盖/利用调查的特殊性之一，也是土地的经济与社会属性所决定的，一块土地属谁所有必须准确界定。如果出现有争议的地块，应按双方协议一致的办法进行调绘。若意见不一致，由上级主管部门做技术处理。

B. 外业调绘。按不同类型的解译标志进行利用类型调绘。具体的精度规定，最小图斑面积是：耕地、园地 $6.0~mm^2$，林地、草地 $15.0~mm^2$，居民地 $4.0~mm^2$；线状地物，包括河流、铁路、公路、林带，固定的沟渠、路等，当其宽度大于 $1.0~m$ 时，均予以调绘，并实地丈量宽度，其精度要求达到 $0.1~m$。

C. 地物补测。由于遥感图像成像时间较早，地面实际状况已有变化，必须进行地物的补测。补测地物点的精度规定：补测点对四周明显地物点位置的中误差，平地、丘陵不得超过 $0.8~mm$，山地不得超过 $1.2~mm$。

如果是中小比例尺的调查解译，外业调绘抽样进行。在抽样区进行详细的调绘补测工作，以取得各类土地覆盖/利用状况的系数，供面积量算时使用。

（3）内业工作。

A. 遥感图像的纠正与转绘。由于图像的像点位移，制图时必须首先进行图像纠正，然后转绘到成图所要求的地理底图上。纠正方法根据具体条件而定。

B. 清绘成图。将纠正转绘的成图草图进行着墨、清绘与整饰，形成正式清绘原图。

C. 面积量算。根据土地覆盖/利用调查技术规程规定，进行细致认真的面积量算，汇总得出调查区土地覆盖/利用现状面积统计数据。

D. 编写调查报告。在资料整理总结的基础上，编写土地覆盖/利用调查报告。报告内容包括调查的目的和任务、采用的方法和遥感图像、自然条件与土地资源特点、分类制图系统、土地覆盖/利用现状评价和结构分析，以及对当地土地资源利用、改良和开发的意见等。

4.3.2 土地资源遥感动态监测

土地覆盖/利用动态性较强，尤其是处于高速发展的地区，实施动态监测，获取实时土地资源现状资料，是进行有效土地资源规划与管理的基础。目前，土地资源变化监测中所涉及的主要技术问题——辐射校正和几何配准已达到实用化，从气象卫星、资源卫星到航空摄影调查，形成多尺度、多时间序列数据采集系统，动态监测变化将更有效地服务于土地资源规划和管理。

遥感技术用于土地资源动态变化监测通过下述两种技术途径实现：对不同时相图像解译分析结果进行对比；对不同时相数据进行数字图像处理，确定变化区域。

另外，对于小的土地覆盖变化，采用比较某一特征在不同年份时相变化曲线的方法，比常规的仅仅利用几个时相的观测更敏感。通过对时相变化曲线进行抽样得到 n 维的特征矢量，当像元的特征矢量偏离基准时，就可检测出土地覆盖的变化。在 n 维时相空间中，同一像元两个年份的特征值差异可用欧氏距离计算：

$$\Delta I = \Big[\sum_{i=1}^{n} (I_1 - I_2)_i^2 \Big]^{1/2} \tag{4-1}$$

式中：I_1 和 I_2 是年份 1 和 2 的像元特征值，i 为对应观测的周期（对合成图像，$n=12$）。

可采用植被指数、地表温度及空间结构等不同特征来监测土地覆盖变化。

（1）植被指数。多时相植被指数是小比例尺土地覆盖制图及土地覆盖变化分析中所使用的主要数据。植被指数与植物冠层特性（绿色生物量、叶面积指数）、植物长势（叶绿素含量）、植物的温度、生态等因素密切相关，可敏感反映土地覆盖变化。

（2）热红外数据。研究表明，热红外数据在土地利用/覆盖变化分析中潜力很大，如 AVHRR3 的数据用于监测森林的变化。

（3）空间结构。不同生态区空间结构季节变化的研究表明，NDVI、地表温度及反射率的空间结构有明显的季节变化过程，生态过渡区的空间结构也有明显的季节变化。因此，空间结构的时相变化可以为土地覆盖变化过程提供重要信息。

植被指数、地表温度及空间结构三个特征值的相关性小，信息冗余低，它们揭示的土地覆盖变化过程分别对应于不同的时间尺度。其中，热红外数据主要揭示土壤含水量的变化过程，所对应的时间尺度最小；NVDI 主要揭示植被生长的季节变化；空间结构则主要揭示较长时间尺度的景观生态变化过程。

4.3.3 土地资源的遥感标志及分析实例

4.3.3.1 荒地资源

(1)荒地的遥感标志。

A. 根据地物本身所具有的地理特性，在遥感图像上识别各类荒地。例如，在西北干旱地区洪积锥上发育的砾质荒漠土，在全色高分辨率遥感图像上，可以根据锥形图形、淡色调、图形粗糙以及因缺乏黑点状的植物图像的特性而将它们识别出来。处于洪积冲积扇扇缘草甸土或胡杨林土，从全色高分辨率遥感图像上，可以根据它们离山口较远、位于扇形地的前缘、地面的坡度平缓，因土壤水分较丰富而使图像显示出暗色的晕斑、黑色的粒状图像增多，有时沿着河道排列反映出植物生长繁茂的特点等加以识别，这种草甸土或胡杨林发育的地段，是具有一定利用价值的宜农荒地类型。

B. 根据植被光谱信息识别荒地。由于植被强烈吸收红光，植被茂密处，在黄红波段上必然反映暗色调，植被盖度愈高色调愈暗。在常规的假彩色合成图像上，繁茂植被反映出鲜红色。植被的茂密程度是土壤自然肥力高低的反映，也是推测荒地肥力的指标。近红外波段对土壤湿度的差异反应比较敏锐，土壤湿度愈高，因反射近红外光愈弱，图像色调就愈暗；结合地貌部位，还可以推测得出地下水位接近地表的程度。至于土壤的盐分，当含量高时，在各谱段的图像上都显示出亮色调，在假彩色合成图像上显示出白色。这种反映地面特征的光谱和色调信息，对于判断荒地的类型是很有帮助的。

C. 根据地物的几何图形识别荒地。各地物的几何图形及其相互结构，和它们的成因及人为作用影响有关。例如南疆地区的流动风沙土，因干燥，缺少植被和有机质，易随风移动，在遥感图像上均有浅色调的卷发状或波状图案。河流泛滥时，在两侧由粗沙沉积物所组成的自然堤上，常生长着胡杨林，林下发育了含盐不高的宜农荒地，它常与迂回扇的曲线形排列相一致。分布在洪积扇中下部及冲积平原上，水源条件好，引水排水方便，细土物质较多的各种绿洲耕作土壤，都有地埂和排灌系统构成的网格图形。

(2)宜农荒地遥感解译实例。如三江平原荒地图斑的解译标志为：在假彩色合成图像上，积水洼地及沼泽性河流呈黑色；重沼泽中的毛果苔草沼泽，因露出水面的叶片较少，呈暗紫红色；苔草、小叶樟轻沼泽为浅品红色；小叶樟沼泽化草甸为品红-橙红色的同心圆。

河西走廊荒地在陆地卫星 TM 假彩色合成图像上的标志是：灰钙土图像呈赭红色，灰漠土图像呈淡黄灰色，光板地呈白色发亮条斑，灰棕漠土图像呈黄灰与土白色，棕漠土图像呈土白色，盐土图像呈黑灰白至白色。

4.3.3.2 沙漠化土地

(1)遥感图像沙漠化程度的判读。

A. 潜在沙漠化危险的土地。潜在沙漠化危险地区系指目前还未发生沙漠化，或沙漠化刚刚开始，但具有沙漠化进一步发生发展的地区。潜在沙漠化地区具有大量疏松的沙质沉积物，地表植被的覆盖度超过 50％时，流沙沙斑面积很少(小于 10％)。因植被覆盖度较大，在陆地卫星假彩色合成图像和彩色红外航空遥感影像上，阔叶林、幼树、苗圃呈现品红色，针叶林呈现红褐色，群落中植物生长稀疏矮小或处于秋后落叶的物候期，图像上的颜色便成了黄褐色，无植被覆盖的土壤或裸岩通常呈现灰绿色，沙质土壤则呈现浅黄色；沙漠化的土地已呈斑点状零星分布且有小面积的发展，有白刺灌丛沙堆及低矮新月形沙丘的发育。如临近大沙漠能看到边缘沙丘前移压埋草场的现象，樵柴活动造成林地内植被破坏，使流沙出现在交通沿线及居民地附近，在一些放牧点和水源附近能看到过度放牧造成的裸露沙砾地和流沙。

B. 发展中的沙漠化土地。正在发展中的沙漠化地区系指在人为过度的经济活动下导致生态平衡破坏，地表出现风蚀、砾质化或片状流沙及灌丛沙堆的地区。这类地区植被覆盖度降低，建群种向耐旱植物发展，地表出现圆饼状零星小沙丘，沙丘高度一般不很大，在 1 m 以下。遥感图像基本色调偏暗，图像上出现微小的白点反映风蚀地貌。在正在发展中的沙漠化土地上可以看到地表已经有片状流沙及吹扬灌丛沙堆。片状沙地起伏甚微，色调浅淡。由于沙子的沉积，灌丛背风处存在着风影，风影在高分辨率遥感图像上十分清楚。

C. 强烈发展中的沙漠化土地。强烈发展中的沙漠化地区系指地表出现斑点状分布的流动沙丘或吹扬的草灌丛沙堆，而且已连接成若干片，地表粗化，出现沙粒层，沙层平均 30～50 cm 厚，沙丘密度增加且高度超过 1 m，同时还出现风蚀沟。强烈发展的沙漠化地区，黑白遥感图像上呈现灰到浅灰色；彩红外航空遥感影像上的基本色调是浅绿至黄色。该区以半固定沙丘为主，从线状结构图案可以区分出平行状沙垄、树枝状沙垄和蜂窝状沙垄。从中低分辨率遥感图像上可以看到以片状流动沙丘和密集沙丘相互交错组成若干条带状沙漠化土地的特色。

D. 严重的沙漠化土地。严重的沙漠化地区系指地表广泛分布密集的流动沙丘或吹扬的灌丛沙堆，其面积可占该地区的 50%以上，植被覆盖度已小于 15%。遥感图像上的基本色调是淡白色，图案特征为流沙密布的云絮状。沙丘类型多为新月形或新月形沙丘链等，从遥感图像上可以准确地判读出沙丘类型，确定主导风向，量算长宽比例，统计丘间地所占百分比，确定植被的分布和沙丘的发育阶段。

（2）遥感在沙漠化动态监测中的应用。沙漠化土地一旦形成，如继续过度利用资源，或有更强大的风力作用，都能造成沙漠化范围扩大。因此进行沙漠化的监测，预测其发展趋势，是沙漠化防治的一个重要方面。利用不同时期的遥感图像，通过计算机辅助制图进行对比分析，是研究沙漠化的动态变化的重要方法之一。将遥感图像按流沙的固定程度进行分类解译，然后按指定的代码将某一地区两个不同时期的遥感图像判读结果进行数字化，分别存储。进行对比分析，输出专题图，即可了解沙漠化的动态变化。

4.3.3.3　沼泽　沼泽是一种特殊的自然综合体，是地表经常过度湿润或具有停滞的、微弱流动的水分，其上生长着沼泽植物、土层严重潜育化或有泥炭形成积累的地段。沼泽地物的理化性质不同以及获取信息的时间、地点、条件不同，其反射或辐射电磁波的能量也有所差异。在图像解译过程中，不仅应掌握沼泽地物光谱特性，建立直接标志，还要结合地学、生物学规律，建立有关间接标志，如表 4-2 所示。通过综合分析地貌条件、水分状况、植物的物候期和人为活动等因素，达到识别各类沼泽的目的。

表 4-2　三江平原各类沼泽的判读标志

沼泽地物类型		Landsat 遥感图像特征			
		时相	纹理结构	灰度（MSS7）	色调 MSS 457
重沼泽	毛果苔草	7—8 月	条带状、不规则状	深灰杂以小黑点	暗紫红色杂黑斑
	芦苇	8—9 月	不规则片状、条带	白或灰白色	鲜红色、红色
	漂筏苔草	7—8 月	条带状、团状	深灰杂以黑色背景	紫红色

（续）

沼泽地物类型		Landsat 遥感图像特征			
		时相	纹理结构	灰度（MSS7）	色调 MSS 457
轻沼泽	苔草小叶樟	7—8 月	不规则条带、片状	白-淡灰色	品红-橙红
	乌拉-灰脉苔草	7—8 月	呈同心圆状	白-淡灰色（黑点）	暗品红色
	小叶樟-芦苇	7—8 月	呈同心圆状	白-淡灰色	红-淡红-暗品红
水体	江河	8—9 月	弯曲线装、辫状	灰黑色	青色
	湖泊	8—9 月	不规则圆形	黑色	青黑色
	水库	8—9 月	下端平直倒三角	黑色、深灰色	青色-黑色
	渠道	8—9 月	直线、折线形	黑色	青黑色

4.3.3.4　盐渍土

（1）盐渍土的遥感标志。我国盐渍土主要分布在东北松辽平原、华北平原、江苏与山东沿海地区，以及新疆、甘肃、青海、内蒙古、宁夏等地。利用遥感方法查明盐渍土的分布和特性，有利于加速盐渍土壤的改良和利用。

A. 光谱标志。在旱季泛盐季节，盐渍土表层结盐壳或盐皮，地表光滑，坚实而发白，不论是可见光还是近红外谱段，盐渍土在遥感图像上的图像色调都比其他土壤要淡。盐分含量越高，光谱反射能力也越强。所以在遥感图像上，可以根据图像白色色调的多寡来区分出不同程度的盐渍化土壤。但是，在一些排水不畅或土壤质地黏重的地段，会发生苏打或镁盐的积累，某些碱化土壤能发生有机质的胶溶作用，常把土体表面染成黑褐色，俗称马尿碱或黑碱，光谱反射能力很低，在遥感图像上会显示出较暗的图像，需要特别注意。

B. 地貌标志。内陆平原土壤现代积盐过程，主要受地下水位的影响。如黄淮海平原上的黄河背河洼地、平洼地，华北平原的积水洼地边缘就属极易积盐的地貌部位。

C. 作物标志。土壤含盐量增加，造成根系水分吸收率和茎内水分含量降低。由此引起叶片温度升高，并抑制作物的生长，造成近红外反射率的降低。在黑白红外图像上图像色调较暗，在彩色红外图像上，则以不同程度的暗红色调反映出受害程度。也可利用多谱段航空摄影探测作物的生长状况作为盐渍化程度的指标，已用波长 $0.67\,\mu m - F$（F 代表全片感光）、$0.75\,\mu m - F$ 和 $0.77\,\mu m - F$ 的色调反差为最明显。在检测土壤时，以用 $0.53\sim0.63\,\mu m$、$0.49\sim0.58\,\mu m$、$0.58\sim0.66\,\mu m$ 以及 $0.63\sim0.70\,\mu m$ 等谱段较好。也可把作物的缺苗情况作为划分轻、中、重类盐渍土的指标。如小麦缺苗 $10\%\sim30\%$ 为轻度盐渍化，$30\%\sim50\%$ 为中度盐渍化，$>50\%$ 为重度盐渍化，光板地为盐土。

D. 景观标志。在荒漠地区，土壤与植物、地貌、地下水的关系特别密切。因此，可以运用各种景观要素之间的相互联系做间接标志来判读土壤。在新疆荒漠平原地区，盐土分布广泛，多位于洪积冲积扇扇缘、干三角洲中下部、大河三角洲边缘、现代冲积平原上的河滩地、河阶地以及湖滨平原上，地表覆盖白色盐结皮或盐结壳，遥感图像上呈淡色调。草甸盐土虽有盐结皮，因植被稠密，图像浅灰。典型盐土通常有 $3\sim5$ cm 的盐结壳，含盐量 50% 以上，$0\sim30$ cm 土层含盐 $5\%\sim15\%$，只有耐盐的盐穗木、盐爪爪、红柳等才能生长，因而图像呈白色并带有斑点状盐生灌丛。沼泽盐土分布于洼地中，有圆形或椭圆形外廓，图像呈灰或灰暗色，因表层有含盐很高的泥炭。矿质盐多分布在湖滨平原，表层为坚硬的厚 15 cm

以上的盐壳，起伏不平，0～30 cm 含盐 20％以上，无植被，是一片白色调的盐漠。因灌溉不当或灌排工程不配套引起地下水位升高所形成的次生盐土都分布于灌区低地或灌区边缘，图像中隐约可见过去耕作所遗留下的格状田块。

（2）遥感监测盐渍土实例。

例一：河南封丘天然文岩渠流域，在 3 月份的彩色红外航空遥感影像上，盐渍土呈白色，其分布与微地貌有密切联系：古河道两侧盐碱白斑呈平行长条状；心滩微高地盐碱白斑呈纺锤状；封闭洼地四周盐碱白斑呈环状；二坡地与洼地边缘，盐渍化均较严重；决口扇扇缘上的盐碱白斑呈放射状；黄河滩地出现零星盐斑；渠道两侧出现两条白带。

例二：吉林乾安县应用 1∶8 万航空遥感影像调查草原盐渍土，解译标志见表4 - 3。

表 4 - 3　吉林乾安县草原盐渍土航空遥感影像判读标志

微地貌	植被	土壤	航空遥感影像图形
漫岗顶部	稀疏虎尾草	白盖碱土	白色蜂窝状条带图形
草原平缓坡	干枯羊草群落	浅位暗碱土	灰白相间的花斑状及灰色网状图斑围绕着白色图斑
低洼地	萎陵菜或野谷草、碱茅	轻度盐渍化草甸土 中度盐渍化草甸土 重度盐渍化草甸土	灰白或黑白相间网纹状或蜂窝状图形 暗灰或灰白相间网纹呈暗灰色圈 淡灰白相间的不规则图斑
湖泡洼地边缘	低湿碱蓬群落	苏打盐土	暗灰与白色相间的绒毡及颗粒状图形

思　考　题

1. 思考如何利用遥感影像进行地貌类型的解译。
2. 遥感影像岩性解译的理论基础是什么？如何进行岩性识别？
3. 遥感影像地质构造识别的主要内容是什么？有哪些类型，如何识别？
4. 如何利用遥感影像进行滑坡、泥石流等地质灾害的识别和监测？
5. 利用遥感影像进行地质找矿的基本原理是什么？具体方法有哪些？
6. 遥感技术应用于地质相关研究，有哪些方面的优势和不足？

第5章　植物遥感

　　植被在地球表层占有很大的比例，陆地表面的植被常是遥感观测和记录的第一表层，是遥感图像反映的最直接的信息，也是人们研究的主要对象。作为地理环境重要组成部分的植被，与一定的气候、地貌、土壤条件相适应，受多种因素控制，对地理环境的依赖性最大，对其他因素的变化反映也最敏感。因此，人们往往可以通过遥感图像所获得的植被信息的差异来分析那些图像上并非直接记录的隐含在植被冠层以下的其他信息，如水土资源、蚀变带与矿藏、地质构造、自然历史环境演变遗留的痕迹等。此外，陆地植被又是那些危及人类生存的生物地球化学循环中的关键因子。如全球碳循环中，陆地植被，尤其是热带或北纬地区的陆地植被是很关键的。植被通过光合作用吸收 CO_2，将碳短期储积在叶内或较长期储积在根部，对大气中 CO_2 含量和日益严重的"温室效应"均是至关重要的。通过遥感提供的植被宏观变化及影响这些变化的生态环境因子间的相互作用和整体效应，可以对人类生存有特殊意义的生态区如热带雨林、半干旱区农牧交错地带等进行变化监测和专题研究。

　　植物内部所含的色素、水分以及它的结构等控制着植物特殊的光谱响应。同时，植被在生长发育的不同阶段(发芽—生长—衰老)，从其内部成分结构到外部形态特征均会发生一系列周期性的变化。这种变化是以季节为循环周期的，故称之为植物季相节律。植物季相节律从植物细胞的微观结构到植物群体的宏观结构上均会有反映，致使植物单体或群体的物理光学特征也发生周期性变化，因此有可能通过多光谱遥感信息获得植物及其变化的信息，直接监测植被长势、病虫害以及进行森林、草场制图、生物量估算等多方面研究。

　　植物遥感早期的研究主要集中在植物及土地覆盖类型的识别、分类与专题制图等。随后，则致力于植物专题信息的提取与表达方式，提出了多种植被指数，并利用植被指数进行植被宏观监测以及生物量估算，包括作物估产、森林蓄积量估算、草场蓄草量估算等。随着定量遥感的逐步深入，植物遥感研究向更加实用化、定量化方向发展，提出了几十种植被指数模型，研究植被指数与生物物理参数和生物化学参数(叶面积指数、植被覆盖度、生物量、叶绿素含量、蛋白质等)、植被指数与地表生态环境参数(气温、降水、蒸发量、土壤水分等)的关系，以提高植物遥感的精度，并深入探讨植被在地表物质能量交换中的作用。

5.1　植物遥感原理

5.1.1　叶片和植被结构

　　植物遥感依赖于对植物叶片和植被冠层光谱特性的认识，因而需要首先了解植物叶片和植被的结构。

　　5.1.1.1　叶片结构　图 5-1 显示叶片的内部结构。叶片的最上层为上表皮，由较密集的细胞组成，并被半透明的薄膜(阻止水分丢失)覆盖；最下层为下表皮，含气孔可与外界进行气体、水分交换，这是植物光合作用和植物生长的根本保证；上下表皮之间为栅栏组织和海绵组织，其中栅栏组织由长透镜状细胞平行排列而成，它又称为叶绿体，由叶绿素和其他色素组成；海绵叶肉组织由相互分离的不规则状细胞组成，叶肉细胞的较大表面积保证光合作用中 O_2 与 CO_2 的充分交换。

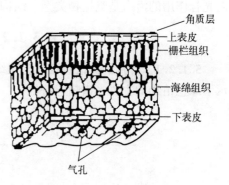

角质层
上表皮
栅栏组织
海绵组织
下表皮
气孔

图 5-1　叶片的内部结构

5.1.1.2　植被结构　植株由叶、叶柄、茎、枝、花等不同组分组成。从植物遥感、植物与光(辐射)的相互作用出发，植被结构主要指植物叶子的形状[用叶倾角分布(LAD)表示]、大小[用叶面积指数(LAI)表示]，植被冠层的形状、大小以及几何与外部结构，包括成层现象(涉及多次散射)、覆盖度(涉及空隙率、阴影)等。植被结构是随着植物的种类、生长阶段、分布方式的变化而变化的。在定量遥感中它大致可分为水平均匀植被(连续植被)和离散植被(不连续植被)两种。两者之间并无严格界线。草地、幼林、生长茂盛的农作物等多属于前者，而稀疏林地、果园、灌丛等多属于后者。植被结构可通过一组特征参数来描述和表达，如叶面积指数 LAI(定义为单位地表面积上方植物单叶面积的总和)、叶面积体密度 FAVD(定义为某一高度上单位体积内叶面积的总和)、空隙率(或间隙率)、叶倾角分布 LAD(分为均匀型、球面型、倾斜型等)。

5.1.1.3　植物的光合作用　植物的光合作用是指植物叶片的叶绿素吸收光能和转换光能的过程。它所利用的仅是太阳光的可见光部分(0.4~0.76 μm)进行光合作用，称为光合有效辐射(PAR)，占太阳辐射的 47%~50%，其强度随着时间、地点、大气条件等变化。植物叶片所吸收的光合有效辐射的大小及变化取决于太阳辐射的强度和植物叶片的光合面积。而光合面积不仅与叶面积指数有关，还与叶倾角、叶间排列方式、太阳高度角等有关。光合面积与叶绿素浓度结合可以反映作物群体参与光合作用的叶绿素数量。而水、热、气、肥等环境因素直接影响 PAR 向干物质转换的效率。如叶片缺水、气孔减小，直接影响作为光合作用原料的 CO_2 的吸收。Monteith 提出了干物质生产效率模型，从理论上描述了作物干物质生产过程。该模型表示为

$$W = \int \varepsilon \cdot i \cdot Q \cdot \mathrm{d}t \tag{5-1}$$

式中：ε 为截获光合有效辐射转换为干物质的效率；i 为太阳光合有效辐射截获率；Q 为太阳光合有效辐射；t 为光合时间；W 为作物光合作用生产的所有干物质数量。

射入叶片的可见光部分中的蓝光、红光及少部分绿光可被叶绿素所吸收，用于光合作用。叶子通过其下表皮层的气孔吸入二氧化碳，并扩散到叶腔内；在光能的作用下，叶内的二氧化碳与水汽结合，经光合作用过程生成碳水化合物($C_6H_{12}O_6$)和呼出氧气(O_2)。可简单表示为

$$6CO_2 + 6H_2O \xrightarrow[\text{叶绿素}]{\text{光}} C_6H_{12}O_6 + 6O_2 \uparrow \tag{5-2}$$

植物在光合作用过程中将转换和消耗光能。此外，射入植被的光能除了被叶子吸收外，还有部分的反射和透射(部分透射能可达地表)。部分阳光投射到植物体的非光合器官上，因

而光合作用的潜力是受植物类型、结构、生态环境等多方面因素的影响。

5.1.2 植物的光谱特征

5.1.2.1 叶片的光谱特征 健康绿色植物的波谱特征主要取决于它的叶子。图 5-2 显示了绿色植物的主要光谱响应特性。

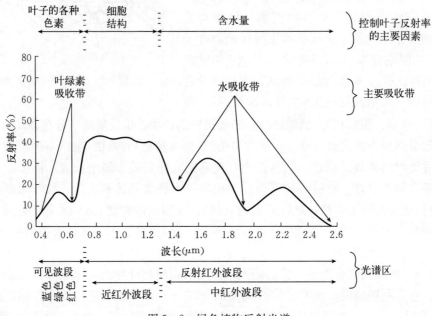

图 5-2 绿色植物反射光谱

在可见光谱段内，植物的光谱特性主要受叶的各种色素的支配，其中叶绿素起着最重要的作用。由于色素的强烈吸收，叶的反射和透射很低。在以 0.45 μm 谱段为中心的蓝波段及以 0.67 μm 蓝波为中心的红波段叶绿素强烈吸收辐射能（＞90%）而呈吸收谷。在这两个吸收谷之间（0.54 μm 附近）吸收较少，形成绿色反射峰（10%～20%）而呈现绿色植物。假若植物受到某种形式的抑制，阻止它正常生长发育，导致叶绿素含量降低，叶绿素在蓝、红波段的吸收减少反射增强，特别是红反射率升高，以至于植物转为黄色（绿色＋红色＝黄色）。当植物衰老时，由于叶绿素逐渐消失，叶黄素、叶红素在叶子的光谱响应中起主导作用，因而秋天树叶变黄或枫叶变红（图 5-3）。

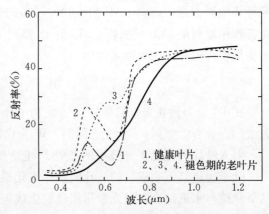

图 5-3 不同生长状况的山毛榉叶反射光谱

在近红外谱段内，植物的光谱特征取决于叶片内部的细胞结构。叶的反射及透射能相近（各占入射能的 45%～50%），而吸收能量很低（＜5%）。在 0.74 μm 附近，反射率急剧增加。在近红外 0.74～1.34 μm 射谱段内形成高反射。这是由于叶子的细胞壁和细胞空隙间折射率不同，导致多重反射引起的。由于植物类别间叶子内部结构变化大，故植物在近红外的反射差异比在可见光区域大得多，这样我们就可以通过近红外谱段内反射率的测量来区分不同的植物类别（图5-4）。

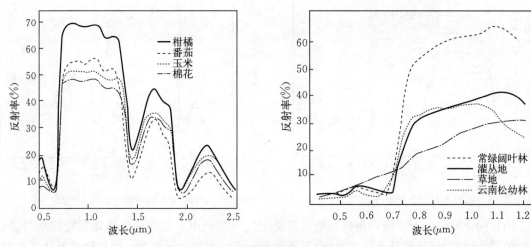

图 5-4 不同植物光谱曲线比较

在短波红外谱段（1.3 μm 以外），植物的入射能基本上均吸收或反射，透射极少。植物的光谱特性受叶子总含水量的控制，叶子的反射率与叶内总含水量约呈负相关，即反射总量是叶内水分含量及叶片厚度的函数。由于叶子细胞间及内部的水分含量，绿色植物的光谱反射率受到以 1.4 μm、1.9 μm、2.7 μm 为中心的水吸收带的控制，而呈跌落状态的衰减曲线。其中 1.4 μm 和 1 μm 处的两个吸收带是影响叶子短波红外波段光谱响应的主要谱带。1.1 μm 和 0.96 μm 处的水吸收带，虽然强度很小，但在多层叶片下，对反射率仍有显著影响。位于三个吸收带之间的 1.6 μm 和 2.2 μm 处有两个反射峰。

图 5-5 显示水分含量对玉米叶子反射率的影响（图中曲线均为多次测量的平均结果）。可见，只要叶内含水量不低于 54%，随含水量降低，反射率普遍增高，但曲线形态差别不大。但是当水分含量降到 40% 左右，玉米近于干枯、叶绿素大量消失，水的各吸收带反射率大增，导致吸收带间的反射率普遍增加，整个反射光谱区域反射率都有显著提高。

从以上分析可知，所有的健康绿色植物均具有基本的光谱特性，其光谱响应曲线虽有一定的变化范围，而呈一定宽度的光谱带，但总的"峰-谷"形态变化是基本相似的。这是因为影响其波谱特性的主导控制因素一致。但是，不同的植物类别，其叶子的色素含量、细胞结构、含水量均有不同，因而光谱响应曲线总存在着一定的差异（图5-6）。即使同一植物，随叶的新老、稀密、季节不同、土壤水分及组分含量差异，或受大气污染、病虫害影响等，均会导致整个谱段或个别谱段内反射率变化，而且往往近红外波段比可见光波段能更清楚地观测到这些变化。这种变化和差异，是人们鉴别和监测植物的依据。

植物的发射特征主要表现在热红外和微波谱段。植物在热红外谱段的发射特征遵循普朗克（Planck）定律，与植物温度直接相关。植物非黑体而是灰体，因而研究它的热辐射特征必须考虑植物的发射率。植物的发射率是随植物类别、水分含量等的变化而变化。健康绿色植物的发射率一般为 0.96～0.99，常取 0.97～0.98；干植物的发射率变幅较大，一般为 0.88～0.94。

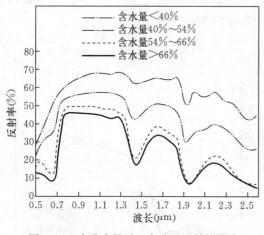

图 5-5　水分含量对玉米叶子反射的影响

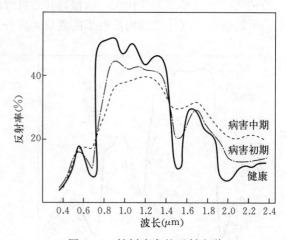

图 5-6　榕树病害的反射光谱

植物的微波辐射特征能量虽然较低，但受大气干扰较小，也可用黑体辐射定律来描述。植物的微波辐射能量（即微波亮度温度）与植物及土壤的水分含量有关，而植物的雷达后向散射强度与其介电常数和表面粗糙度有关。它反映了植物水分含量和植物群体的几何结构，同样传达了大量植物的信息。JERS-1 的 SAR（L 波段）图像可以穿透植被，得到植物生长环境的信息；ERS-1 的 SAR 的 C 波段图像可以直接测量植被，并含有土壤和地形信息；多波段（L、C、P）、多极化的 SAR 数据与农田观测的叶面积之间有相关关系，可以用多波段雷达数据估算作物叶面积指数。

植被对电磁波的响应，即植被的光谱反射或发射特性是由其化学和形态学特征决定的。而这种特征与植被的发育程度、健康状况以及生长条件密切相关。因此，可以采用多波段遥感数据来揭示植物活动的信息，进行植物状态监测等。在精确农业遥感中，为了提高遥感监测与分类精度，国内外开展了航空成像光谱数据与地面实测的作物理化特性的相关研究，总结归纳出作物在可见光-近红外波段内的 42 个光谱吸收特性与叶化学体的关系（表 5-1）。

表 5-1　可见光-近红外波段与叶片物质组成有关的吸收特征

波长（μm）	电子跃迁或化学键振动	叶片物质组成
0.43	电子跃迁	叶绿素 a
0.46	电子跃迁	叶绿素 b
0.66	电子跃迁	叶绿素 b
0.91	C—H 拉伸，三级谐波	叶绿素 a
0.93	C—H 拉伸，三级谐波	蛋白质
0.97	O—H 拉伸，一级谐波	油类
0.99	O—H 拉伸，二级谐波	水、淀粉
1.02	N—H 拉伸	淀粉
1.04	C—H 拉伸，C—H 形变	蛋白质
1.12	C—H 拉伸，二级谐波	油类
1.20	O—H 弯曲，一级谐波	木质素

（续）

波长（μm）	电子跃迁或化学键振动	叶片物质组成
1.40	O—H 弯曲，一级谐波	水、纤维素、淀粉、木质素
1.42	C—H 拉伸，C—H 形变	水
1.45	O—H 拉伸，一级谐波，C—H 拉伸，C—H 形变	木质素
1.49	O—H 拉伸，一级谐波	淀粉、糖、木质素、水
1.51	N—H 拉伸，一级谐波	纤维素、糖
1.53	O—H 拉伸，一级谐波	蛋白质、氮
1.54	O—H 拉伸，一级谐波	淀粉
1.58	O—H 拉伸，一级谐波	淀粉、纤维素
1.69	C—H 拉伸，一级谐波	淀粉、糖
1.78	C—H 拉伸，一级谐波 O—H 拉伸/H—O—H 形变	木质素、淀粉、蛋白质
1.82	O—H 拉伸/C—O 拉伸，二级谐波	纤维素、糖、淀粉
1.90	O—H 拉伸，C—O 拉伸	淀粉
1.94	O—H 拉伸，O—H 拉伸	水、木质素、蛋白质、淀粉
1.96	O—H 拉伸/O—H 弯曲	糖、淀粉
1.98	N—H 不对称	蛋白质
2.00	O—H 形变，C—O 形变	淀粉
2.06	N=H 弯曲，二级谐波/N=H，弯曲/N—H 拉伸	蛋白质、氮
2.08	O—H 拉伸/O—H 形变	糖、淀粉
2.10	O=H 弯曲/C—O 拉伸/，C—O—C 拉伸、三级谐波	淀粉、纤维素
2.13	N—H 拉伸	蛋白质
2.18	N—H 弯曲，二级谐波/C—H 拉伸/C—O，拉伸/C=O 拉伸/C—N 拉伸	蛋白质、氮
2.24	C—H 拉伸	蛋白质
2.25	O—H 拉伸，O—H 形变	淀粉
2.27	C—H 拉伸/O—H 拉伸，CH_2 弯曲/CH_2 拉伸	纤维素、糖、淀粉
2.28	C—H 拉伸/CH_2 形变	淀粉、纤维素
2.30	N—H 拉伸，C—O 形变，C—H 弯曲，二级谐波	蛋白质、氮
2.31	C—H 拉伸，二级谐波	油类
2.32	C—H 拉伸/CH_2 形变	淀粉
2.34	C—H 拉伸/O—H 形变，C—H 形变/O—H 拉伸	纤维素
2.35	CH_2 弯曲，二级谐波，C—H 形变，二级谐波	纤维素、蛋白质、氮

5.1.2.2　植被冠层反射　单叶的光谱行为对植被冠层光谱特性是重要的，但并不能完全解释植被冠层的光谱反射。植被冠层由许多离散的叶子组成，这些叶子的大小、形状、方位、覆盖范围是变化的。自然状态下的植被冠层（如一片森林或作物）由多重叶层组成，上层叶的阴影挡住了下层叶，整个冠层的反射是由叶的多次反射和阴影的共同作用而成，而阴影所占的比例受光照角度，叶的形状、大小、倾角等的影响。一般说来，由于阴影的影响，往

往冠层的反射低于单叶的实验室测量的反射值，但在近红外谱段冠层的反射更强。这是由于植物叶子透射50%～60%的近红外辐射能，透射到下层的近红外辐射能被下层叶反射，并透过上层叶，导致冠层红外反射的增强，如图5-7所示。

在植物冠层，多层叶子提供了多次透射、反射的机会。因此，在冠部近红外反射随叶子层数的增加而增加（图5-8）。试验证明，约8层叶的近红外反射率达最大值。

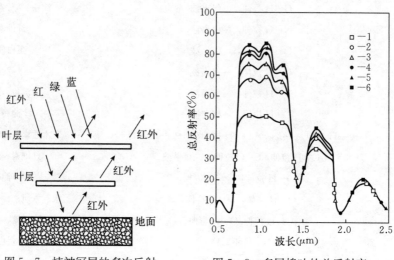

图5-7　植被冠层的多次反射　　　　　　图5-8　多层棉叶的总反射率

植物冠层的波谱特性，除了受植物冠层本身组分——叶子的光学特性的控制，还受植物冠层的形状结构、辐照及观测方向等的影响。因此，植被的波谱特性与覆盖度、生物量密切相关。

图5-9显示了紫苜蓿在整个生长周期光谱反射率的变化。植被覆盖度从0（裸地）到近100（几乎全覆盖），光谱特征从裸地光谱到植物光谱占主导地位，生物量也逐渐增加。因此，生物量可以通过比较近红外区（0.8～1.1 μm）与绿光区（0.4 μm）的反射率求得。

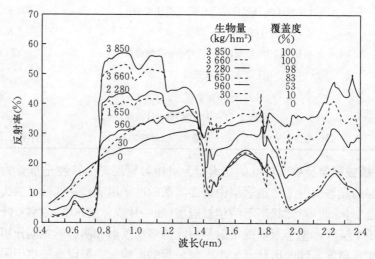

图5-9　不同生长期苜蓿生物量、覆盖度与反射率的关系

5.1.2.3　红边位移　所谓红边，是指红光区外叶绿素吸收减少部位(约<0.7 μm)到近红外高反射肩(>0.7 μm)之间，健康植物的光谱响应陡然增加(亮度增加约 10 倍)的这一窄条带区。研究作物不同生长期内的高光谱扫描数据发现，作物快成熟时，其叶绿素吸收边(即红边)向长波方向移动，即红移。这种红移现象除了作物外，其他植物也有，且红移量随植物类型变化，因而可以通过对作物红边移动的观察来评价作物间的差异以及某一特定作物成熟期的开始。特别是选择在 0.745～0.78 μm 的很窄波段，可明显观察到这一特定的红移现象。红移出现的原因虽很复杂，但其重要原因是由于作物成熟叶绿素 a 大量减少(即叶黄素代替叶绿素)所致。Horler 等通过实验研究认为红边(0.68～0.80 μm)可以作为植物受压抑(胁迫状态)的光谱指示波段区(图 5-10)。

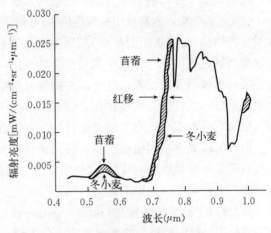

图 5-10　植物光谱的"红边"

5.2　植被特征的遥感信息提取——植被指数

5.2.1　植被指数模型

遥感图像上的植被特征，主要通过绿色植物叶子和植被冠层的光谱特性及其差异、变化而反映。不同光谱通道所获得的遥感图像信息与植被的某种要素或某种特征状态有不同的相关性，如叶子光谱特性中，可见光谱段受叶子叶绿素含量的控制，近红外谱段受叶内细胞结构的控制，短波红外谱段受叶细胞内水分含量的控制。再如，可见光中绿光波段 0.52～0.59 μm 对区分植物类别敏感，红光波段 0.63～0.69 μm 对植被覆盖度、植物生长状况敏感，等等。但是，对于复杂的植被遥感，仅用个别波段或多个单波段数据分析对比来提取植被信息是相当局限的。因而往往选用多光谱遥感数据经分析运算(加、减、乘、除等线性或非线性组合方式)，产生某些对植被长势、生物量等有一定指示意义的数值，即所谓的"植被指数"。它用一种简单而有效的形式，仅用光谱信号，不需其他辅助资料，也没有任何假设条件，来实现对植物状态信息的表达，以定性和定量地评价植被覆盖、生长活力及生物量等。

图 5-11 分别显示了健康绿色植被、干死或枯萎植被及裸露干土壤的典型光谱反射特征曲线。健康植被在近红外波段(0.7～1.1 μm)反射 40%～50% 的能量，而在可见

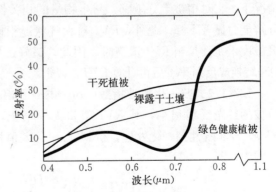

图 5-11　植物与土壤的典型光谱特征

光波段(0.4～0.7 μm)只能反射 10%～20% 的能量。而枯萎及干死植被中叶绿素含量大量减

少，因此在可见光波段，其反射率比健康植被高；但在近红外波段，其反射率比健康植被低。裸露土壤的反射率在可见光波段，高于健康植被，但低于干死及枯萎植被；在近红外波段，则明显低于健康植被。这三条曲线的形状差异是计算许多植被指数的基础。

在植被指数中，通常选用对绿色植物（叶绿素引起的）强吸收的可见光红波段（$0.6\sim0.7\ \mu m$）和对绿色植物（叶内组织引起的）高反射和高透射的近红外波段（$0.7\sim1.1\ \mu m$）。这两个波段不仅是植物光谱、光合作用中的最重要的波段，而且它们对同一生物物理现象的光谱响应截然相反，形成明显的反差，这种反差随着叶冠结构、植被覆盖度而变化，因此可以对它们用比值、差分、线性组合等多种组合来增强或揭示隐含的植物信息。建立植被指数的关键在于，如何有效地综合各有关的光谱信号，在增强植被信息的同时，使非植被信号最小化。

由于植被光谱受到植被本身、环境条件、大气状况等多种因素的影响，因此植被指数往往具有明显的地域性和时效性。20多年来，国内外学者已研究发展了几十种不同的植被指数模型。大致可归纳为以下几类。

5.2.1.1 比值植被指数（ratio vegetation index，RVI） 由于可见光红波段（R）与近红外波段（NIR）对绿色植物的光谱响应十分不同。两者简单的数值比能充分表达两反射率之间的差异。比值植被指数可表达为

$$RVI=\frac{DN_{NIR}}{DN_R} \quad 或 \quad RVI=\frac{\rho_{NIR}}{\rho_R} \tag{5-3}$$

式中：DN 为近红外、红波段的计数值（灰度值）；ρ 为地表反射率，也可通过两波段的半球反射率表示，简单表示为 NIR/R。对于绿色植物叶绿素引起的红光吸收和叶肉组织引起的近红外强反射，使其 R 与 NIR 值有较大的差异，RVI 值高。而对于无植被的地面包括裸土、人工特征物、水体以及枯死或受胁迫（stress）植被，因不显示这种特殊的光谱响应，则 RVI 值低。因此，比值植被指数能增强植被与土壤背景之间的辐射差异。土壤一般有近于1的比值，而植被则会表现出高于2的比值。可见，比值植被指数可提供植被反射的重要信息，是植被长势、丰度的度量方法之一。同理，可见光绿波段（叶绿素引起的反射）与红波段之比 G/R，也是有效的。

RVI 是绿色植物的一个灵敏的指示参数。研究表明，它与叶面积指数、叶干生物量（DM）、叶绿素含量相关性高，被广泛用于估算和监测绿色植物生物量。在植被高密度覆盖情况下，它对植被十分敏感，与生物量的相关性最好。但当植被覆盖度小于50%时，它的分辨能力显著下降。此外，RVI 对大气状况很敏感，大气效应大大降低了它对植被检测的灵敏度，尤其是当 RVI 值高时。因此，最好运用经大气纠正的数据，或将两波段的灰度值DN转换成反射率 ρ 后再计算 RVI，以消除大气对两波段不同非线性衰减的影响。

5.2.1.2 归一化植被指数（normalized difference vegetation index，NDVI） 针对浓密植被的红光反射很小，其 RVI 值将无界增长，Deering首先提出将简单的比值植被指数 RVI，经非线性归一化处理，得到"归一化差值植被指数"$NDVI$，使其比值限定在$[-1,1]$范围内，即

$$NDVI=\frac{DN_{NIR}-DN_R}{DN_{NIR}+DN_R} \quad 或 \quad NDVI=\frac{\rho_{NIR}-\rho_R}{\rho_{NIR}+\rho_R} \tag{5-4}$$

归一化植被指数被定义为近红外波段与可见光红波段数值之差和这两个波段数值之和的比值，即 $NDVI=(NIR-R)/(NIR+R)$。实际上，$NDVI$ 是简单比值 RVI 经非线性的归

一化处理所得。

在植被遥感中，NDVI 的应用最为广泛。原因在于：①NDVI 是植被生长状态及植被覆盖度的最佳指示因子。许多研究表明 NDVI 与 LAI、绿色生物量、植被覆盖度、光合作用等植被参数和过程密切相关。如 NDVI 与光合有效吸收辐射（FAPAR）呈近似线性关系，而与 LAI 呈非线性相关，NDVI 的时间变化曲线可反映季节和人为活动的变化，而 NDVI 在生长季节内的时间积分与净第一性生产力（NPP）相关，研究还表明 NDVI 与叶冠阻抗、潜在水汽蒸发、碳固留等过程有关。甚至整个生长期的 NDVI 对半干旱区的降水量、对大气 CO_2 浓度随季节和纬度变化均敏感。因此 NDVI 被认为是监测区域或全球植被和生态环境变化的有效指标。②NDVI 经比值处理，可以部分消除与太阳高度角、卫星观测角、地形、云/阴影和大气条件有关的辐照度条件变化（大气程辐射）等的影响。比值消除噪声的程度取决于 ρ_{NIR} 与 ρ_R 噪声的相关性和地面接近朗伯体的程度。同时 NDVI 的归一化处理，使因传感器标定衰退（即仪器标定误差）的影响，从单波段的 10%～30% 降到对 NDVI 的 0～6%，并使由地表二向反射和大气效应造成的角度影响减小，因此 NDVI 增强了对植被的响应能力。③对于陆地表面主要覆盖而言，云、水、雪在可见光波段比近红外波段有较高的反射作用，因而其 NDVI 值为负值（<0）；岩石、裸土在两波段有相似的反射作用，因而其 NDVI 值近于零；而在有植被覆盖的情况下，NDVI 为正值（>0），且随植被覆盖度的增大而增大。几种典型的地面覆盖类型在大尺度 NDVI 图像上区分鲜明，植被得到有效的突出。因此，它特别适用于全球或各大陆等大尺度的植被动态监测。但是，当利用 MODIS、AVHRR、SPOT4 - Vegetation、SeaWIFS、GLI(global image)等中低分辨率、宽视域的传感器数据时，太阳光照角度和观测视角以及云的条件变化大，植被指数的研究应考虑方向辐射的角度效应和大气效应的影响，进行 BRDF 的大气校正。此外，研究表明，NDVI 对于 MSS、TM、AVHRR、SPOT 这四种传感器的变动远小于 RVI。

NDVI 除了有以上优势外，也有明显的局限性。NDVI 增强了近红外与红色通道反射率的对比度，它是近红外和红色比值的非线性拉伸，其结果是增强了低值部分，抑制了高值部分。如 RVI 从 5 增至 10 再增至 15，NDVI 从 0.67 增至 0.82（增加 20%），再增至 0.87（增加 6%），结果导致对高植被区较低的敏感性。

NDVI 对植冠背景的影响较为敏感，其中包括土壤背景、潮湿地面、雪、枯叶、粗糙度等因素的变化，其敏感性与植被覆盖度有关。实验证明，当植被覆盖度小于 15% 时，植被的 NDVI 值高于裸土的 NDVI 值，植被可以被检测出来，但因植被覆盖度很低，如干旱、半干旱地区，其 NDVI 很难指示区域的植物生物量；当植被覆盖度由 25%～80% 增加时，其 NDVI 值随植物量的增加呈线性迅速增加；当植被覆盖度大于 80% 时，其 NDVI 值增加延缓而呈现饱和状态，对植被检测灵敏度下降。实验表明，作物生长初期 NDVI 将过高估计植被覆盖度，而在作物生长的后期估计值又偏低。因此，NDVI 更适用于植被发育中期或中等覆盖度（低～中等叶面积指数）条件下的植被检测。

土壤对未完全覆盖冠层光谱特性的影响，部分是由于土壤背景对通过多层冠层的光学影响。近红外与红光通过冠层的不同性质使土壤-植被相互作用十分复杂。植冠层透射和散射大量的近红外光到达土壤表面，植-土间发生多次散射。因而土壤对植被指数的影响主要是土壤表面的不同反射特性。它可以是由土壤湿度、粗糙度、阴影，有机质含量及植被结构（多次散射）等引起的。总体上，中等植被覆盖度（50%）下，植被指数对土壤背景的敏感性最大；随着盖度减小，植被传递冠层散射和土壤反射的能力减弱；而植被盖度很高时，植被也无法传递有价值的土壤信号。只有中等盖度，近红外波段能量的散射与透射产生出与植被信号很相似的土壤反射光谱信号。

据研究，土壤在红波段(R)与近红外波段(NIR)的反射率具有线性关系。在 $NIR\text{-}R$ 通道的二维坐标中，土壤(植被背景)光谱特性的变化，表现为一个由近于原点发射的直线，称为"土壤线"，可表示为：$NIR=aR+b$(其中 a、b 分别为土壤线的斜率和截距)。植被背景包括水体(暗色)、雪(亮色)、各种类型土壤(沙土较亮，腐殖土较暗)、落叶等非光合作用目标均表现在基线上。而所有的植被像素均分布在基线上的 NIR 一侧。或者说，所有植被像素均落在植被的背景"基线"(水、雪两个底点)和植被的绿色顶点(近红外反射率极大值-红光反射率极小值点)之间的三角形区域内。绿色光合作用越强，离"土壤线"越远(图 5-12)。在近红外-红色波段空间域，植被像元的表现特征是叶子光学特性、生物量、叶冠结构参数的函数。

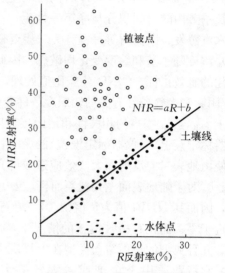

图 5-12　二维土壤光谱线

为了有效地描述植被(指数)的辐射传输理论及植被信号与背景信号的关系，引出了两个等值线(isoline)的概念。

(1)植被等值线。植被等值线是在一定的叶面指数和叶倾角分布及一定的外部条件(太阳角、视角、大气条件)下，改变背景的光学性质时所观测到的叶冠反射率的点对(即一对 ρ_{NIR} 与 ρ_R 值)所组成的线。也就是有着一系列相同的冠层光学结构和特性(植被参数相等)，却有不同的背景条件的 ρ_{NIR} 与 ρ_R 的连线。它可以从辐射传输模式或观测数据获得。它既不汇聚原点，也不与土壤线平行，图 5-13 中用虚线表示。一般用斜率与截距来描述。

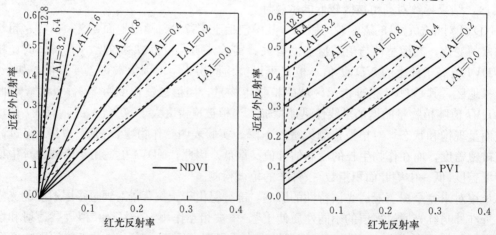

图 5-13　植被等值线与植被指数等值线

注：虚线为不同叶面积的植被等值线，实线为植被指数等值线；叶面积指数采用 SAIL 模式计算值，土壤红光反射率 $\rho_s=0.20$。

　　由于植被等值线的特征(即在近红外区的斜率和截距)是叶冠光学特性和土壤线参数的函数。"斜率"依赖于土壤亮度线的斜率、叶面积指数以及红光、近红外光的冠层消光系数 K,可通过简单的反射率模式得到;"截距"描述的是距离土壤线的位移量,是植被密度的函数,并与植被类型、LAI 等有关。随着植被信号的增加(LAI 的增加),植被等值线的斜率与截距增加(但当 LAI 约为 2.0 时截距就不再增加,这与 LAD 有关)。当叶面积指数是唯一变量时,斜率和近红外坐标轴的截距是叶面积指数的函数,而不是背景亮度的函数。这时,植被等值线表明 ρ_{NIR}、ρ_R 与固定 LAI 时的背景亮度变化的关系,则可以建立土壤-植被光谱行为模式,将叶冠背景信息与植被层信息分离。

　　(2)植被指数等值线。植被指数等值线反映导致植被指数相同的 ρ_{NIR} 与 ρ_R 响应的集合,反映一定的植被条件下植被指数随叶冠背景条件变化的真实特点,图 5-13 中用实线表示。它由植被冠层的光学特性独立获得。每一种植被指数有它自己的等值线,而且这些等值线通常不与植被等值线重叠。由于两者之间的差异,所以在近红外-红色波段空间域中很容易求出在不变的冠层光学特性条件下,由冠层背景不同产生的指数变化。由比值处理构成的植被等值线由原点向外发散,斜率随植被量的增加而增加,截距为 0。$NDVI$ 有效地反映了从"基线"向绿色顶点的增量。而当 LAI 固定时,$NDVI$ 的变化则依赖于 ρ_R 的变化,这也说明 $NDVI$ 随背景变化而变化明显。通常大多数植被指数与土壤亮度线密切相关。

　　理解植被等值线对改进植被指数很重要。为了获得不随背景亮度变化的植被指数,植被指数等值线必须与"真实"的植被等值线一致。也就是说,去除土壤噪声等同于将植被指数等值线叠加在植被等值线上。

　　此外,针对不同的区域特点和不同的植被类型,人们又发展了不同的归一化植被指数。如用于检验植被不同生长活力的归一化差异绿度指数 $NDGI=(G-R)/(G+R)$,用于建立光谱的反射率与棉花作物残余物的表面覆盖率关系的归一化差异指数 $NDI=(NIR-MIR)/(NIR+MIR)$ 等。

　　5.2.1.3　调整土壤亮度的植被指数(SAVI、TSAVI、MSAVI)　为了解释背景的光学特征变化并修正 NDVI 对土壤背景的敏感,Huete 等提出了可适当描述土壤-植被系统的简单模型,即土壤调整植被指数(soil-adjusted vegetation index,SAVI),其表达式为

$$SAVI=\left(\frac{DN_{NIR}-DN_R}{DN_{NIR}+DN_R+L}\right)(1+L)$$

或

$$SAVI=\left(\frac{\rho_{NIR}-\rho_R}{\rho_{NIR}+\rho_R+L}\right)(1+L) \tag{5-5}$$

　　式中:L 为土壤调节系数。Huete 发现土壤调节系数随植被盖度而变化,因此引入一个以植被量先验知识为基础的常数(L)作为调整系数,它由实际区域条件所决定,用来减小植被指数对不同土壤反射变化的敏感性。当 L 为 0 时,SAVI 就是 NDVI。对于中等植被盖度区,L 一般接近于 0.5。乘法因子($1+L$)主要是用来保证最后的 SAVI 值与 NDVI 值一样介于 -1 和 1 之间。

　　大量试验证明,土壤调整植被指数 SAVI 降低了土壤背景的影响,改善了植被指数与叶面积指数 LAI 的线性关系。但可能丢失部分植被信号,使植被指数偏低。试验还表明,最佳调节系数 L 随植被盖度不同而变化,即它与 LAI 线性相关($r=0.990$)。对于低密度植被

(LAI＝0～0.5)而言，调节系数 L 增加，土壤的影响减小；当 $L=1$ 时土壤的影响几乎消失。对于较高密度植被(LAI＝1)时，最佳调节系数 $L=0.75$。随着植被盖度的增加，最佳调节系数 L 降低。这样便可以根据植被盖度的有关知识较好地选择纠正系数。研究还证明，$L=0.5$ 时，对较宽幅度的 LAI 值，具有较好降低土壤噪声的作用。一般说来，SAVI 仅在土壤线参数为 $a=1$、$b=0$ 时适用。Baret 和 Guyot 提出植被指数应该依特殊的土壤线特征来校正，以避免其在低 LAI 值时出现错误。为此他们又提出了转换型土壤调整指数(TSAVI)，表示为

$$TSAVI=[a(NIR-aR-b)]/(a \cdot NIR+R-ab) \qquad (5-6)$$

式中：a、b 分别为土壤背景线(土壤背景的亮度变化线)的斜率和截距。实验证明，SAVI 和 TSAVI 在描述植被覆盖和土壤背景方面有着较大的优势。由于考虑了(裸土)土壤背景的有关参数，TSAVI 比 NDVI 对低植被盖度有更好的指示意义，适用于半干旱地区的土地利用制图。

Baret 和 Guyot 提出一个对 TSAVI 校正的植被指数 ATSAVI，表示为

$$ATSAVI=[a(NIR-aR-b)]/[a \cdot NIR+R-ab+x(1+a^2)] \qquad (5-7)$$

以上两种指数均是对 SAVI 的改进，它们着眼于土壤线实际的 a 和 b，而不是假设它们为 1 和 0。为了减少 SAVI 中裸土影响，发展了修改型土壤调整植被指数(MSAVI)，表示为

$$MSAVI=(2NIR+1)-\sqrt{(2NIR+1)^2-8(NIR-R)}/2 \qquad (5-8)$$

Major 等发现冠层近红外反射可以被表示为红光反射的线性函数，给出了 SAVI 的第二种形式，即 $SAVI_2=NIR/(R+b/a)$，并依据土壤干湿强度及太阳入射角的变化等，给出 SAVI 的其他形式($SAVI_3$、$SAVI_4$)等。

5.2.1.4 差值植被指数(difference vegetation index，DVI)　差值植被指数被定义为近红外波段与可见光红波段数值之差。即

$$DVI=DN_{NIR}-DN_R \qquad (5-9)$$

差值植被指数的应用远不如 RVI、NDVI。它对土壤背景的变化极为敏感，有利于对植被生态环境的监测，因此又称环境植被指数(EVI)。另外，当植被覆盖浓密大于 80% 时，它对植被的灵敏度下降，适用于植被发育早-中期，或低-中覆盖度的植被检测。

上述的 NDVI、DVI 等植被指数均受土壤背景的影响，且这种影响是相当复杂的，它随波长、土壤特征(含水量、有机质、表面粗糙度等)及植被覆盖度、作物排列方向等的变化而变化。

植被指数主要由红光和近红外光波段组成。叶子对红光的作用主要是吸收，而透射、反射均很小，而作为背景的土壤则红光的反射较强。因此在植被非完全覆盖的情况下，冠层的红光反射辐射中，土壤背景的影响较大，且随着覆盖度的变化而变化。但近红外波段情况完全不同，叶子对近红外光的反射、透射均高(约各占 50%)，吸收极少，土壤对近红外光的反射虽明显小于叶的反射，但仍大于红光的反射。因而在植被非完全覆盖的情况下，冠层的近红外反射辐射中，叶层的多次反射及与土壤的相互作用是复杂的，土壤背景的影响仍较大。

5.2.1.5 穗帽变换中的绿度植被指数(GVI)　为了排除或减弱土壤背景值对植物光谱或植被指数的影响，除了前述的出现一些调整、修正土壤亮度的植被指数(如 SAVI、TSAVI、MSAVI 等)外，还广泛采用了光谱数值的穗帽变换技术(TC - tasseled Cap)。该技术由

K. J. Kauth 和 G. S. Thomas 首先提出，故又称为 KT 变换。

穗帽变换（TC）是指在多维光谱空间中，通过线性变换、多维空间的旋转，将植物、土壤信息投影到多维空间的一个平面上，在这个平面上使植被生长状况的时间轨迹（光谱图形）和土壤亮度轴相互垂直。也就是，通过坐标变换使植被与土壤的光谱特征分离。植被生长过程的光谱图形呈所谓的"穗帽"图形；而土壤光谱则构成一条土壤亮度线，有关土壤特征（含水量、有机质含量、粒度大小、土壤矿物成分、土壤表面粗糙度等）的光谱变化都沿土壤亮度线方向产生（图 5-14）。

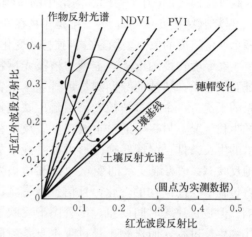

图 5-14 二维光谱坐标中土壤基线和植被指标

Kauth 和 Thomas 所提出的穗帽变换（TC 变换）是以陆地卫星 MSS 各波段的辐射亮度值作为变量。经线性变换后，组成 4 个新变量：

$$\begin{cases} TC_1 = +0.433MSS_4 + 0.632MSS_5 + 0.586MSS_6 + 0.264MSS_7 \\ TC_2 = -0.290MSS_4 - 0.562MSS_5 + 0.600MSS_6 + 0.491MSS_7 \\ TC_3 = -0.829MSS_4 + 0.522MSS_5 - 0.039MSS_6 + 0.149MSS_7 \\ TC_4 = +0.233MSS_4 + 0.012MSS_5 - 0.543MSS_6 + 0.810MSS_7 \end{cases} \quad (5-10)$$

对于不同传感器和地区特点，系数是变化的。尽管这 4 个新波段没有直接的物理意义，但此信息与地面景物是有关联的。其中第一分量 TC_1 表征"土壤亮度"，它反映土壤亮度信息；第二分量 TC_2 表征"绿度"，它与绿色植被长势、覆盖度等信息直接相关；第三分量 TC_3 为"黄度"，无确定意义，位于 TC_1、TC_2 的右侧；第四分量 TC_4 无景观意义，主要为噪声（包含系统噪声和大气信息）。第一、第二分量往往集中了 95% 或更多的信息。因此，植被、土壤信息主要集中在由 TC_1、TC_2 组成的二维图形中。

对于 TM 而言，可见光-红外 6 个波段数据蕴含着很丰富的植被信息，经穗帽变换的前三个分量主要反映土壤亮度、绿度、湿度特征，第四分量主要为噪声。以 Landsat 5 为例，可表示为

$$\begin{cases} BI = 0.290\,9TM_1 + 0.249\,3TM_2 + 0.480\,6TM_3 + 0.556\,8TM_4 + \\ \quad 0.443\,8TM_5 + 0.170\,6TM_7 \\ GVI = -0.272\,8TM_1 - 0.217\,4TM_2 - 0.550\,8TM_3 + 0.772\,1TM_4 + \\ \quad 0.073\,3TM_5 - 0.164\,8TM_7 \\ WI = 0.144\,6TM_1 + 0.176\,1TM_2 + 0.332\,2TM_3 + 0.339\,6TM_4 - \\ \quad 0.621\,0TM_5 - 0.418\,6TM_7 \end{cases} \quad (5-11)$$

TC 变换既然是以各波段的辐射亮度值作为变量的，这些亮度值包含了太阳辐射、大气辐射、环境辐射等多要素的综合信息，因而 TC 变换所得的图形和数值受大气浑浊度、光照角度等外界条件的变化而波动。

在作物研究中，为了突出作物本身光谱特征的动态信息，尽量排除大气、环境等因素的影响，则 TC 变换中选用反射率来替代亮度值，将典型的穗帽变换图形进一步发展为 $G—\rho$，

即绿度转换图形(图 5-15)。图形中的一维是作物在红波段(R)与近红外波段(NIR)组合的绿度模型(绿度变量 G),另一维是作物在 0.4~1.1 μm 的平均反射率 ρ,每一种作物在由这两个变量组成的象限里均有各自独特的变化图形和不同的空间位置。

在绿度转换图形上,土壤与植被光谱特征互不相干,植被的绿度测量可排除土壤背景的干扰,一个通过植被光谱图形反映植被的生长状况,另一个通过土壤亮度线反映植被的生长条件。绿度转换图形可以直观形象地反映 G、ρ 两维变量的变化规律和植被发育过程中空间结构的变化,且信息量得到压缩。但是它缺乏时间变量。尽管图形反映了作物生长过程,而作物生长过程本身是时间的函数,作物光谱是随时间的变化而变化的,但由于它缺乏具体的时间变量,不能描述作物生长期的长短。特别是当两种作物在图形和空间位置相近,需用时间参数加以鉴别时,该图形反映出一定的局限性。为了弥补这一

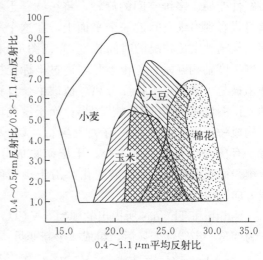

图 5-15 农作物 $G—\rho$ 绿度转换图形

不足,往往运用多时相动态资料,绘制绿度时间剖面曲线,以显示作物不同生长期中的显著差异。

在山东禹城试验站,对黄淮海地区小麦、玉米、大豆、棉花四种作物进行整个生长期的观测,这些作物在可见光-近红外波段的反射率差异较小,难以区分。但是若绘制各作物的反射光谱特征的绿度转换图形和绿度时间剖面曲线(图 5-16),则各具特色,易于区分。在绿度转换图形上,作物在土壤平面上开始生长,随生长阶段的发展,逐渐离开土壤平面以曲线的轨迹向绿要素区域接近,然后聚集在黄要素区,最后又以不同路径返回到初始的土壤平面上。原来不易区分的作物在这二维的绿度转换图形上相互差异明显,再配以绿度时间剖面曲线分析,则易于识别。可见,运用动态遥感信息和相应的动态植被指数是进行作物识别与监测的有效方法。

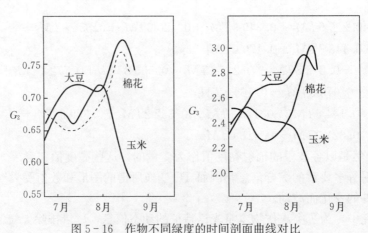

图 5-16 作物不同绿度的时间剖面曲线对比

5.2.1.6 垂直植被指数(perpendicular vegetation index，PVI) 垂直植被指数是在 R、NIR 二维数据中对 GVI 的模拟，两者物理意义相似。在 R、NIR 的二维坐标系内，土壤的光谱响应表现为一条斜线，即土壤亮度线。且土壤在 R 与 NIR 波段均显示较高的光谱响应，随着土壤特性的变化，其亮度值沿土壤线上下移动。而植被一般在红波段光谱响应低，而在近红外波段光谱响应高。因此在这二维坐标系内植被多位于土壤线的左上方。不同植被与土壤亮度线的距离不同(参看图 5-10a、图 5-12)。Richardson 把植物像元到土壤亮度线的垂直距离定义为垂直植被指数。表示为

$$PVI = \sqrt{(S_R - V_R)^2 + (S_{NIR} - V_{NIR})^2} \tag{5-12}$$

式中：S 为土壤反射率；V 为植被反射率；下标 R 表示红波段，NIR 表示近红外波段。PVI 表征着在土壤背景上存在的植被的生物量，距离越大，生物量越大，也可将 PVI 定量表达为

$$PVI = (DN_{NIR} - b)\cos\theta - DN_R \cdot \sin\theta \tag{5-13}$$

式中：DN_{NIR}、DN_R 分别为 NIR、R 两波段的反射辐射亮度值；b 为土壤基线与 NIR 反射率纵轴的截距；θ 为土壤基线与 R 光反射率横轴的夹角。

PVI 的显著特点较好地滤除了土壤背景的影响，对大气效应的敏感程度也小于其他植被指数。正因为它减弱和消除了大气、土壤的干扰，所以被广泛应用于大面积作物估产。

从理论上讲，GVI、PVI 均不受土壤背景的影响，对植被具有适中的灵敏度，提取各种土壤背景下生长的植被专题信息。对于 MSS 数据可以表示为

$$\begin{cases} GVI = 0.388MSS_7 + 0.557MSS_6 - 0.660MSS_5 - 0.283MSS_4 + 32 \\ PVI = 0.939MSS_7 - 0.334MSS_5 + 0.09 \end{cases} \tag{5-14}$$

对于 AVHRR 数据可以表示为

$$GVI = 1.622\,5CH_2 - 2.297\,8CH_1 + 11.065$$

气象卫星 AVHRR 的 GVI 与陆地卫星 MSS 的 GVI 有极高的相关性。这就是说，尽管它们的空间分辨率、时间分辨率差异很大，但它们可以获得数据结果十分一致的 GVI，两者的绿度植被指数可以相互对比，互为替代。因而中大尺度植被监测中，多时相 AVHRR 的 GVI 可以直接用以替代或填补 MSS 资料的空缺，更利于植被季相节律的综合分析研究。

在实际应用中，Lyon 等结合具体情况，在 NDVI、RVI、SAVI、TSAVI 等的基础上又发展了几种形式的植被指数模式，如

差值植被指数：$DVI = B_4 - aB_2$

垂直植被指数：$PVI = (B_4 - aB_2 - b)/\sqrt{L + a^2}$ $\tag{5-15}$

土壤调整比值植被指数：$SARVI = B_4/(B_2 + b/a)$

式中：B_2、B_4 分别为 MSS 的红、近红外波段的亮度值；a、b、L 为经验系数，$a = 0.969\,16$，$b = 0.084\,726$，$L = 0.5$。并将植被指数分为 3 组即差值组(DVI、PVI)、比值组(RVI、SARVI)和关系转换组(NDVI、SAVI、TSAVI)进行比较。试验结果表明：不同类型的植被指数有明显不同的统计特征，只有 NDVI 的直方图呈正态分布形式。在这 3 类植被指数中，NDVI 组受地形影响最小。

一般而言，"比值"植被指数(RVI、NDVI)增强了土壤与植物的反射对比，同时最小化照度状况的影响，但它们对土壤亮度敏感，尤其在低植被覆盖情况下；垂直、差值植被指数

（PVI 和 DVI）与比值植被指数不同，它们只在低 LAI 值表现较好（如在相对稀疏的植被），但它们随着 LAI 的增加变得对土壤背景敏感。于是 Roujean 和 Broen 提出了一个介于 DVI 与 $NDVI$ 之间的重归一植被指数 $RDVI$，表示为

$$RDVI = \sqrt{NDVI \times DVI} \tag{5-16}$$

$RDVI$ 取 DVI、$NDVI$ 两者之长，可用于低高不同植被覆盖情况下。

此外，气象卫星 AVHRR 的绿度模式在实际应用中的发展，常见以下几种形式：

$$\begin{cases} G_1 = M(CH_2/CH_1)^N \\ G_2 = [(CH_2 - CH_1)/(CH_2 + CH_1)]^N + C \\ G_3 = \sqrt{\dfrac{CH_2 - CH_1}{CH_2 + CH_1} + 0.5} \\ G_4 = M(CH_2/CH_1)^2 + C \\ G_5 = \lg(CH_2/CH_1) \\ G_6 = M(CH_2 - CH_1) \end{cases} \tag{5-17}$$

式中：M、N、C 均为经验常数，CH_1、CH_2 为第 1、第 2 波段的光谱数据。

$$N = \frac{1}{2},\ 1,\ 2;\quad M = 1,\ 2,\ 3,\ \cdots,\ 10,\ 20\cdots;\quad C = \frac{1}{2}$$

5.2.1.7 其他植被指数

（1）叶绿素吸收比值指数（CARI）。对于叶片而言，即使叶绿素含量有差异，其 550 nm 和 700 nm 的反射率之比是恒定的。基于此关系和叶绿素在 670 nm 的吸收，提出叶绿素吸收比值指数 $CARI$，表示为

$$CARI = CAR(R_{700}/R_{670}) \tag{5-18}$$

其中：$CAR = |(a \times 670 + R_{670} + b)|/(a^2 + 1)^{0.5}$，$a = (R_{700} - R_{550})/150$，$b = R_{550} - (a \times 550)$。

（2）高光谱植物指数。植物光谱响应曲线中的红边转折点（REIP）被定义在波长 720 nm 附近，此处光谱反射曲线的一阶导数达到最大值。人们可以利用高光谱反射数据，采用不同方法测定 REIP，通过红边的参数化来表征高光谱植物指数（窄波段植物指数）；或通过计算绿色植物连续光谱中叶绿素吸收谷（550～730 nm）的形状和面积，获得高光谱植物指数，如叶绿素吸收连续指数（CACI）等。

5.2.2 植被指数的影响因素

提取植被指数对植物遥感是个很有效的方法。但是由于植被指数受到许多因素的影响，因而要慎重使用。这些影响因素中，除了前面分析的土壤背景的影响外，还有物候-农事历、作物排列方向、大气效应、太阳高度角与方位角、地形效应及传感器等。

5.2.2.1 物候历-农事历（phenology - local crop calendar）
植物在其生长周期中，从发芽生长、开花结果到衰老死亡，它的生理、外形、结构均会变化，化学、物理和生物性质出现季节性变化——季相节律，其光谱特征也随之发生相应变化。比如，中纬度地区的落叶林的林冠层季相变化是十分明显的，秋冬时节叶子全部脱落，到第二年开春又恢复生机；常绿林虽不如落叶林那么明显却有更精细的物候循环，它的叶子先后经历衰老和脱落，而整体外观保持常绿。植物衰老时叶肉组织的细胞壁遭破坏，使近红外反射率下降而可见光亮度增

高；叶绿素的变化产生"红边红移"现象等。因此通过遥感可以监测植物的物候变化。对于农作区，物候期表现为地方农事历，即耕作、播种、发芽、生长、成熟、收获、休闲等季相循环周期。每个地区、每种作物均有它自身的农事历，这是由作物的生长特点、地方气候、地方农业耕作方式与习惯等决定的。

表 5-2 至表 5-6 显示对全国上千个县的物候历调查所得的我国各大区的农耕期和主要作物(冬小麦、玉米、棉花)的农事历状况。

表 5-2　中国各地的生长期（日/月）

地　区	始　日	终　日
东北西北部，内蒙古锡林郭勒盟	1/5 以后	1/10 以前
东北其他部分、华北北部、内蒙古、北疆	1/4～1/5	1/10～1/11
旅大、北京、陕北一线以南，杭州、武汉、汉中一线以北，南疆	1/3～1/4	1/11～1/12
江南其他部分	1/2～1/3	1/12～1/1
福州、桂林、昆明一线以南	全年	

表 5-3　各地农耕起止日期（日/月）

地　区	始　日	终　日
东北西北部、内蒙古东部、新疆北部、青藏高原大部	1/4 以后	1/11 以前
华北北部、东北南部、晋陕高原、南疆、甘、宁、藏南河谷	1/3～1/4	1/11～1/12
华北平原、江淮平原、汾渭谷地	1/2～1/3	1/12～1/1
长江汉水以南、浙江、闽北、皖南、赣北、湘北、黔、川	1/1～1/2	1/12～1/1
南岭以南	全年	

表 5-4　棉花物候期（旬/月）

地区	出苗～现蕾	现蕾～开花	开花～吐絮	吐絮以后
西北	中/5～中、下/6	下/6～中/7	下/7～上/9	中/9～上/11
华北	上/5～上、中/6	中/6～上/7	中/7～下/8	上/9～中/11
华中、华东	下/4～中/6	下/6～上/7	中/7～下/8	上/9～下/11

表 5-5　冬小麦物候期（旬/月）

地区	播种～分蘖	分蘖～越冬	返青～拔节	拔节～抽穗	抽穗～成熟
华北南部、关中盆地	上/10～上/11	中/11～12	上/3～下/3	上/4～下/4	上/5～下/6
华北北部	下/9～下/10	上/11	上/4	中/4～上/5	中/5～中/6
西　北	中、下/9～中、下/10	上/11	上/5	中/5～上/6	中/6～上/7
长江沿岸	下/10～上/12	中/12	中/3	下/3～中/4	下/4～下/5
长江以南	下/10～中/12	下/12	下/2	上/3～上/4	中/4～中/5

表 5-6　玉米物候期（旬/月）

作物	地 区	播种～出苗	拔节～抽穗	抽穗～灌浆	蜡熟～收获	全生长期
春玉米	华 北	上/5～中/5	下/7	中/8	上/9	上/5～上/9
	华 北	下/4～上/5	中/7	上/8	上/9	下/4～上/9
	西北内陆、南疆	中/4～下/4	中/7		上中/9	中/4～上中/9
	北 疆	上/5～中/5	下/7		上中/9	上/5～上中/9
	西南高原	下/4			下/9	下/4～下/9
夏玉米	华 北	中/6～下/6	下/7		中/9	中/6～中/9
	长江流域	下/6	中/8		中/9	下/6～中/9
	西南高原	下/5～上/6	上/8		上/10	下/5～上/10

　　正因为植被具有明显的季相节律、物候变化，因此在植物遥感、植被指数提取中，遥感数据时相的选择是十分重要的。针对不同应用目的需要选择不同物候期的植被指数，如对于小麦遥感估产可能选择小麦拔节到乳熟期的植被指数为最佳，也可根据冬小麦植被指数的季节变化曲线作为参考，来确定提取冬小麦专题信息的最佳时段。

　　另外，植被指数还随着叶倾角、叶子层数、作物耕作的方向、间隔和冠层的光学特性的变化而变化。因而，不同的植被状态可能会有相同的植被指数。

5.2.2.2　大气效应　大气对组成植被指数的红与近红外波段有不同的衰减系数，使植被指数发生变化。大气的吸收与散射一般使植被的红光辐射增强（因散射、上行程辐射中大气的贡献）、近红外辐射降低（因散射和水汽吸收等衰减作用），两者对比度下降，导致植被指数发生变化。尽管大气效应影响各种植被指数，且总效果往往使植被指数信号下降，但其影响的程度有很大的不同。差值植被指数在浑浊和晴朗的天气条件下变化很小，而比值植被指数数值可下降 50%，其他指数位于上述两者之间。在地面及卫星数据所测得的比值植被指数全生长期变化过程比较可见（图 5-17），地面光谱所测得比值植被指数（RVI）在植物全生长期明显起伏；在航高 3 000 m 所得的 RVI 变化幅度已明显减小；而在卫星（大气顶）所得的 RVI 变化起伏已显模糊。大气效应对 NDVI 的影响以气溶胶最严重，水汽次之，再次是瑞利散射。有研究发现，不确定的大气影响所产生的冠层光谱变化有时超过植被自身的变化。因此，在计算 NDVI、RVI 等植被指数之前，需要对大气效应进行修正。

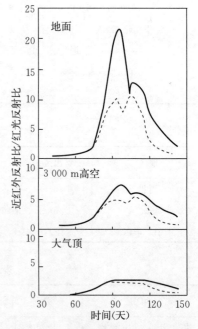

图 5-17　比值植被指数的大气效应
（虚线为缺水植物，变线为不缺水植物）

　　Kanfman 等提出大气阻抗植被指数（atmospherically resistant vegetation index，ARVI），即利用可见光的蓝光（B）与红光（R）对大气响应的差异，用红-蓝波段组合（RB）替代了 NDVI 的红波段（R），以减少植被指数 VI 对大气性质的依赖。

ARVI 可表示为

$$
\begin{cases}
ARVI = (NIR - RB)/(NIR + RB) \\
ARVI = \dfrac{\rho_{NIR} - \rho_{RB}}{\rho_{NIR} + \rho_{RB}} \\
\rho_{NB} = \rho_R - \gamma(\rho_B - \rho_R)
\end{cases}
\tag{5-19}
$$

式中：γ 为光学路径效应因子；ARVI 的性能取决于 γ。

该方法减小了由于大气气溶胶引起的大气散射对红波段的影响，减小植被指数(VI)因大气条件变化而引起的变化。通过用大气辐射传输模型在各种大气条件下模拟自然表面光谱，发现 ARVI 具 NDVI 同样的动态范围，但对大气的敏感性比 NDVI 小 4 倍。Pinty 和 Verstraete 针对大气效应，对 AVHRR 数据进行了自纠正处理，提出了一个 NIR 与 R 波段反射率的非线性组合指数——全球环境监测指数(GEMI)，这一指数使 AVHRR 数据的大气效应达到最小，却保留了植被覆盖的信息。GEMI 可表示为

$$
GEMI = \eta(1 - 0.25\eta) - \frac{\rho_r - 0.125}{1 - \rho_r}
\tag{5-20}
$$

$$
\eta = [2(\rho_{NIR}^2 - \rho_R^2) + 1.5\rho_{NIR} + 0.5\rho_R]/(\rho_{NIR} + \rho_R + 0.5)
$$

叶冠背景对植被指数的影响也与大气有关。随着大气气溶胶的增加，背景值对植被指数的影响减小。对水平能见度为 5 km 的浑浊大气中，背景的影响接近于零。Liu 和 Huete 发展了改进型土壤大气修正植被指数(EVI)，将背景调整和大气修正结合起来。EVI 被简化为

$$
EVI = 2\left(\frac{\rho_{NIR} - \rho_R}{\rho_{NIR} + C_{1}\rho_R + C_{2}\rho_B + L}\right)
\tag{5-21}
$$

式中：ρ 为大气层顶或地表的二向反射率；L 为背景(土壤)调整系数；下标 NIR、R、B 分别表示近红外和可见光的红、蓝波段；C_1、C_2 为拟合系数，它描述了用蓝通道对红通道进行大气气溶胶散射修正。

美国 LANCIE 研究表明，大气的衰减作用，使"穗帽"向土壤亮度线右端收缩，导致卫星遥感的植被指数减小。但是这种减小，并未扰乱植被指数与叶面积指数、植土比之间的关系。也就是说，大气的作用尚未严重干扰卫星植被指数所包含的植被长势和覆盖度信息。因此，在宏观植被长势的动态监测中，并非一定要消除大气对植被指数的影响，对于作物估产则情况有所不同。

5.2.2.3　其他因素　太阳高度角、方位角及观察角的影响主要反映在大气路径长度和地表二向反射函数(BRDF)效应。二向反射函数把地表反射辐射描述为太阳高度角、卫星视角以及太阳与卫星传感器之间夹角的一个函数。由于植被表面结构的非均匀性以及表面反射辐射的各向异性，直接影响到植冠二向反射，这是使 NDVI 值不确定的原因之一。它使不同时相的植被指数缺乏可比性。因此 NDVI 数据依赖于 BRDF。甚至同一时相宽视角卫星遥感数据的植被指数值可因太阳高度角的变化而变化。如 AVHRR 具有宽视场角(有宽视场)以及太阳高度角($20° \sim 90°$)；MODIS 的视场角为 $55°$，轨道两侧边缘太阳照射角之差可多达 $20°$，何况太阳高度角还因纬度及在一年中不同时间和位置的不同而变化。因而，定量遥感中需要通过 BRDF 模型对植被指数进行角度订正。

根据试验所获得的野外观测数据，不同季节无云条件下，不同类型草地 26 组日变化的红

与红外波段反射值(ρ_R、ρ_{NIR})，研究太阳天顶角(θ)对植被指数(RVI、NDVI)的影响。试验表明，在相当大范围内植被指数都随太阳天顶角的变化而变化。绿度中等区($0.5<LAI<2.0$)，正午时 VI 最小，随 θ 增大 VI 增加；绿度较高区($LAI>2.0$)，VI 与 θ 的关系或正午时 VI 最大，随 θ 增大 VI 减小，或 VI 趋于一个高常数值；绿度低区($LAI<0.5$)，VI 为低常数值（与 θ 无关）。也就是说，VI 与 θ 关系是复杂的，它与植被冠层属性、光照条件等有关。

传统遥感中，在使用光谱数据前，往往把卫星遥感数据的太阳高度角纠正到太阳垂直照射的状态下，进行太阳高度角、观察角、观察方位角的归一化订正，这是不合适的。它仅考虑了大气路径长度的影响，而忽略了方向反射效应。事实上，地表非朗伯体，植被二向性反射(BRDF)变化与植被冠层结构有关，而冠层结构受太阳高度角影响，故植被指数依赖于 θ。试验表明，太阳垂直照射与倾斜照射($\theta>40°$)比，VI 对 LAI 的预测能力低，而选用 $45°$ 的太阳高度角为宜，且此时的 VI 与 LAI 相关性好。

在地形起伏的山区，地形的阴影效应往往掩盖了部分植被，使植被指数发生变化。最简便的方法就是利用比值法或比值合成法消除部分阴影的影响，提高植被信息提取的能力。

另外，传感器本身的辐射定标以及多种传感器间光谱波段响应函数、空间分辨率、视场角等的差异，均会对植被指数的植被检测能力和数值的可比性发生影响。因而需要对遥感数据进行辐射纠正，以及各波段光谱响应函数间的纠正处理，以保证多源数据的综合分析和大尺度植被遥感动态监测的可靠性。

5.3 植被参数的遥感反演

植被、大气、土壤间的相互作用可以简单地分为生物物理作用（能量和水分交换）和生物化学作用（碳交换）。对这些过程的模拟是评估全球气候环境变化过程中植被作用以及碳氮循环的重要工具。其中，有关植被参数的获取是关键。目前利用遥感数据反演植被的生物物理、生物化学参数，主要采用两种方法。

一种是植被指数反演方法，又称统计模型法，主要是根据大量实测数据，包括不同地面条件、不同植物生长阶段的植被与土壤光谱反射辐射特征数据，以及相应的植物生物物理、生化组分测量数据，建立遥感植被指数与植物参数之间不同的线性、非线性统计相关模型（多变量回归方程）。也就是说，利用植被指数或不同波段的光谱反射率与某些感兴趣的生物物理、生物化学指标之间的相关关系，作为获取这些植物参数的"中间变量"，或得到两者之间的转换系数。植被指数反演方法的最大问题在于：①植被指数受到大气效应、土壤背景、物候期、作物排列方向、太阳高度角与方位角、地形效应及传感器等多因素的影响，尽管人们进行了大量研究，从遥感数据预处理和排除大气、土壤等干扰的角度不断改进与设计新的指数，但是植被指数仍有其固有的局限性，因而要慎重使用；②构成植被指数的基本数据来源于冠层在可见光和近红外波段的反射，其主要依赖冠层结构和植物的生理、生化属性，且在一定波谱范围($550\sim750$ nm)内，往往植物参数（如 LAI 和叶绿素含量）对植被反射有相似的影响，易于相互干扰；③建立植被指数与植物参数之间的统计模型，需要有先验知识，且所建立的经验关系随着地域、植被类型、生长季节等的变化而变化，普适性较差。尽管如此，植被指数反演方法抓住植被光谱这一本质，简便易行，对植物遥感是个很有效的方法，被广泛应用。除了各种植被指数以外，人们还利用光谱和空间特征信息，建立起导数光谱、光谱吸收谷/反射峰特征参数、光谱特征位置等光谱参数与植被参数的统计相关模型。

另一种是遥感物理模型反演方法，即在分析光在植物体内外的辐射传输过程的基础上，建立植物光谱(叶、冠层反射率)与生物物理参数(叶面积指数、叶倾角/叶面方向及分布、绿色生物量、覆盖度等)、生物化学参数(叶绿素浓度，叶的干物质-木质素、纤维素、氮素含量，水分等)、群体结构参数(冠层厚度、密度、植株高度等)、土壤特征(质地、组分、含水量)等之间的物理模型，如辐射传输模型(SAIL、Kuusk、PROSPECT 模型等)、几何光学模型(Li - StrahlerGOMS、4 - scale 模型)等。一般可简单表示为 $R = M(V，C) + \varepsilon$。其中，R 为遥感数据(反射率)；M 为模型；ε 为误差(测量和模型的不确定性)；V 为与植物生理生化特征有关的参数(叶面积指数、叶片叶绿素含量 C_{ab}、植被覆盖度 f、绿色生物量、PAR、NPP、叶的水吸收深 C_w、土壤亮度参数 S 等)；C 为与结构特征有关的参数(平均叶倾角 θ_1、结构变量 N、热点参数 h、太阳辐射方向、观测角、波长等)。模型 M 需要一组(n 个)输入变量及相应的结构参数 C 的测量值。若输入 R 值(已知)可得 V 值或 C 值(一系列参数)，即为参数反演过程；反之，已知 V 值或 C 值求 R 值为正演过程。

遥感物理模型反演方法的物理意义明确，描述了植被方向反射与植物冠层结构之间的关系，可定量反演各种类型植被的生物物理、生物化学参数；但模型反演复杂，需要的参数较多，且模型与参数测量所带来的不确定性在一定程度上限制了它的应用。鉴于两类模型各自的特点，有的学者提出了两类模型结合的方法，即适当简化物理模型，融入更多的先验知识，建立介于统计模型与物理模型之间的半经验模型；或在物理机制上的统计方法，如Monte - Carlo 方法，或查找表方法、神经网络方法等。

叶子生物化学变量和冠层生物物理变量的定量估计是植被遥感应用的一个关键因素。通过遥感对叶片色素、氮、干物质、水分含量和叶面积指数的准确估计，可以帮助了解植被生理状况、受水胁迫状况(植被水含量)以及对种类和季节性依赖等。事实上，绿叶光合作用中的叶绿素引起光合有效辐射(PAR)吸收，而冠层光吸收与绿叶 LAI 紧密相关。也就是说，自然生态系统中冠层生物物理变量(冠层光合速率、LAI、APAR)与叶子生物化学变量(叶绿素浓度)之间存在高度相关性。因此，可用植物光谱反射数据(或光谱植被指数)与光吸收或最大光合作用能力结合的方法实现遥感数据对光合速率、LAI、APAR、生物量以及叶片叶绿素和氮含量等的预测。但是，由于冠层反射率的测量受 LAI、背景(土壤)反射、太阳角(观测角)、冠层几何结构和大气状况等许多因素的影响，因此在叶片尺度上研究所得的方程不能应用于冠层水平，而往往应用反射率比值或指数进行研究，可以部分消除这些因素的影响。

5.3.1　植被生物物理参数遥感反演

5.3.1.1　叶面积指数遥感反演　叶面积指数是指每单位土地面积上植物叶片总面积占土地面积的倍数，是个无量纲的量。它与植被的密度、结构生物学特性和环境条件有关，是表示植被光能状况和冠层结构的一个综合指标。绿色植物的叶子是植物进行光合作用的基本器官，叶片的叶绿素在光照条件下发生光合作用，产生植物干物质积累，并使叶面积增大。叶面积越大则光合作用越强；而光合作用越强，又使植物群体的叶面积越大，植物干物质积累越多，生物量越大。同时，植物群体的叶面积越大，植物群体的近红外反射辐射增强。正因为叶面积指数与植被生态生理、叶片生物化学性质、蒸散、冠层光截获、地表净第一生产力等密切相关，所以它成为研究陆地生态系统一个十分重要的变量。

实验证明：叶面积指数的变化与叶片的光学性质的变化相联系。当作物群体 LAI 大于3时，其反射率可达太阳总辐射的 20%；当正常稻田 LAI 为 4 时，其能量透过率为太阳总辐射的 20%或低于 20%；对草本植物而言，叶片倾角较大，光很容易透过冠层直达底部直至土壤，则当 LAI 高达 7.5 时，有 5%的入射光可到达土壤表面。可见，叶面积指数是利用遥感技术监测植被长势和估算产量的关键参数。叶面积指数往往难以直接从遥感数据获得，但是它与遥感参数-植被指数间有密切的关系，它是联系植被指数与植物光合作用的一个主要的植冠形态参数，可以通过大量的理论和实验研究建立各种相关的理论和经验统计模型。

张仁华等在 15 m 塔上准垂直向下测量小麦全生育期的 $NDVI$ 和 RVI 值，并同地面所测得的叶面积指数进行全过程对比。实验证明，$NDVI$ 与 RVI 表达叶面积指数的效果基本一致，当覆盖度较小时，因土壤背景光谱的影响，两者均显示出相对值偏小的现象；同时，植被指数 $NDVI$ 或 RVI 与叶面积指数 LAI 的相关系数很高，且与 LAI 呈非线性函数关系。它们之间的关系可表示为

$$NDVI = A[1 - B\exp(-CLAI)]$$
$$RVI = A'[1 - B'\exp(-C'LAI)]$$

$$(5-22)$$

或表示为

$$LAI = \frac{\ln[(1 - DNVI/A)/B]}{C}$$

$$(5-23)$$

式中：A、B、C 及 A'、B'、C' 均为经验系数、实验常数；A、B 通常接近于 1，对于小麦，叶角为球形分布，C 通常为 0.5。其中，A、A' 值是由植物本身的光谱反射确定；B、B' 值与叶倾角、观测角有关；C、C' 值取决于叶子对辐射的衰减，这种衰减呈非线性的指数函数变化。

$$LAI = K^{-1} \cdot \ln(1 - C)^{-1}$$

$$(5-24)$$

式中：K 为作物群体消光系数，如小麦拔节前 $K \approx 0.28$，拔节后 $K \approx 0.35$；C 为作物覆盖度。

观测实验表明，NDVI 与 LAI 呈非线性相关，且存在饱和现象，即随着绿色生物量的增加达到一定程度后，NDVI 不再增长，而处于"饱和"状态，如图 5-18 和图 5-19 所示。

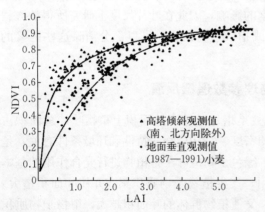

图 5-18　高塔和地面观测 NDVI 与 LAI 的关系

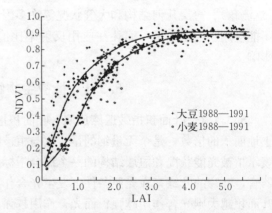

图 5-19　小麦和大豆 NDVI 与 LAI 的关系

　　"饱和"主要是由比值的非线性转换过程引起的,它使得 NDVI 对红色反射率信号过度敏感,而红波段对叶绿素的强吸收很快达到饱和。当 LAI 超过 2 或 3 时,NDVI 对 LAI 的变化不敏感。实验还表明,随着观测角度的不同所引起的植土比差异,以及作物类别不同所引起的叶形、叶角差异(大豆叶偏,呈椭圆形,叶角基本呈水平状分布;小麦叶呈长条形,叶角基本呈球状分布),均使 NDVI 与 LAI 的关系曲线存在差异。

　　图 5-20 是模拟计算的结果,图中显示了叶角分布 LAD、土壤反射率 ρ_s 在植被指数 NDVI、RVI 与叶面积指数的关系中的作用。

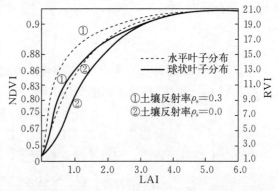

图 5-20　LAD、ρ_s 对 VI-LAI 关系的影响

　　植被指数 VI 与叶面积指数 LAI 的关系,除了随不同物候期植物生理状况的变化而变化以外,还依赖于太阳高度角和方位角变化对植冠反射的影响,以及依赖于生态系统的类型,如冠层密度、下垫面类型等。

　　应用 Landsat TM 试验研究表明,可见光的绿、红波段与比叶面积(specific leaf area,SLA)之间存在极强的相关性,叶片表皮上的异物(如表皮毛、蜡质层等)和低叶绿素含量、低 SLA 相联系,它们减少了绿光的吸收,增加了绿光的反射率;近红外波段反射率与 SLA 之间存在正相关,这是因为非同化作用的碳化合物,如纤维素、半纤维素和细胞壁中的木质素的存在减少了 SLA,也降低了近红外波段的反射率;短波红外波段反射率与 SLA 之间存在极强的负相关,这是因为叶片含水量在这一波段影响反射率,高土壤含水量与高 SLA 相关联,而叶片含水量的提高会降低反射率。鉴于红波段、近红外、短波红外波段反射率与 SLA 之间的关系,可以产生一个新的植被指数——有效叶面积植被指数(SLAVI),表示为

$$SLAVI = NIR/(Red + MIR_2) \qquad (5-25)$$

　　利用 Landsat TM 的短波红外辐射信号(TM$_5$)改进对林地叶面积指数的反演。采用 4-Scale 模型来模拟冠层反射变化,用短波红外反射辐射来确定郁闭度,并运用短波红外反射辐射的归一化处理来修正简化比值植被指数(SR)。由于这种处理使 SR 值减小,因而称为减化比值植被指数(Reduced SR,RSR),表示为

$$RSR = SR[1-(SWIR-SWIR_{min})/(SWIR-SWIR_{max})] \qquad (5-26)$$

　　式中,$SWIR_{min}$ 为完全郁闭冠层的 $SWIR$ 反射值,而 $SWIR_{max}$ 为开放冠层的 $SWIR$ 值。

　　研究表明,在应用 RSR 进行 LAI 反演时,无须考虑覆盖类型的差异(如白杨、松、云杉等),也可不考虑分层覆盖类型(如树群、树冠、树枝及根等)。同基于红光和近红光反射所获得植被指数进行 LAI 反演的不确定性相比,RSR 能提高对 LAI 的敏感度和减少背景对针叶冠层的影响。

　　运用相对平等噪声法分析多种植被指数对外部因子的敏感性,结果表明,对于 LAI 的估计,几乎所有的宽波段指数比窄波段指数更易受照度(太阳天顶角)、冠层结构(LAI、LAD)、叶片生物化学特征(叶绿素浓度)影响,因此,精确的估算 LAI 选择窄波段的数据为宜。

NDVI 在高密度和多层植被情况下会出现饱和现象，与 LAI 间呈非线性关系。为了使其呈线性关系，则结合 DVI(差值植被指数)对高 LAI 值敏感以及 NDVI 对低 LAI 敏感的特点，提出 RDVI(重归一化差异指数)，表示为

$$RDVI = (R_{800} - R_{670})/\sqrt{R_{800} + R_{670}} \tag{5-27}$$

为了提高 $RDVI$ 对植被生物物理参数的敏感度，又引入比值指数 SR，得改进型比值指数 MSR，表示为

$$MSR = \left(\frac{R_{800}}{R_{670}} - 1\right)\bigg/\sqrt{\frac{R_{800}}{R_{670}} + 1} \tag{5-28}$$

为了进一步提高对 LAI 变化的敏感度，降低对叶绿素的影响，可去掉比值部分，获得改进的 LAI 植被指数(参见下面的"叶绿素反演")，可表示为

$$\begin{cases} MCARI_1 = 1.2[2.5(R_{800} - R_{670}) - 1.3(R_{800} - R_{550})] \\ MTVI_1 = 1.2[1.2(R_{800} - R_{550}) - 2.5(R_{670} - R_{550})] \end{cases} \tag{5-29}$$

或减少土壤负面效应，引进土壤调整因子，改进为

$$\begin{cases} MCARI_2 = \dfrac{1.5[2.5(R_{800} - R_{670}) - 1.3(R_{800} - R_{550})]}{\sqrt{(2R_{800} + 1)^2 - (6R_{800} - 5\sqrt{R_{670}}) - 0.5}} \\ MTVI_2 = \dfrac{1.5[1.2(R_{800} - R_{550}) - 2.5(R_{670} - R_{550})]}{\sqrt{(2R_{800} + 1)^2 - (6R_{800} - 5\sqrt{R_{670}}) - 0.5}} \end{cases} \tag{5-30}$$

试验表明，改进的 MCARI 和 MTVI 最适 LAI 预测指数。实际上，植被指数法估算 LAI 面临两个主要问题：①当 LAI 超过 2～5 时，植被指数会出现饱和现象；②所选的 VI 与 LAI 间并非单一关系，还受土壤、大气等其他因素的影响。因此在实际应用中需要特别注意排除干扰，提高 VI 对 LAI 的敏感度。

5.3.1.2 植被覆盖度遥感反演 植被覆盖度 f 指区域植被冠层的垂直投影面积与土地总面积之比，即植土比。传感器所测得的反射辐射 R 可表示为

$$R = fR_v + (1-f)R_s \tag{5-31}$$

式中：R_v、R_s 分别为植被、土壤的反射辐射；f 为植被覆盖度。则

$$f_1 = (R - R_s)/(R_v - R_s) \quad \text{或} \quad f_2 = (\rho - \rho_s)/(\rho_v - \rho_s) \tag{5-32}$$

式中：ρ 为植被与土壤混合光谱反射率；ρ_v、ρ_s 分别为纯植被和纯土壤的反射率。

利用植被指数也可计算覆盖度，即像元二分模型

$$f_3 = (NDVI - NDVI_s)/(NDVI_v - NDVI_s) \tag{5-33}$$

式中：NDVI 为所求地块或像元的植被指数；$NDVI_v$、$NDVI_s$ 分别为纯植被和纯土壤的植被指数。该式适用于作物覆盖处的叶面积指数较均一的场合。也可得

$$f_4 = (NDVI - NDVI_{min})/(NDVI_{max} - NDVI_{min}) \tag{5-34}$$

式中：NDVI 为像元的植被指数；$NDVI_{min}$、$NDVI_{max}$ 分别为研究区内 $NDVI$ 的最小、最大值。

实际上，植土比和叶面积指数同时随时间、空间而变化，因此，需综合考虑植被指数与两者的关系。据理论推导，RVI、$NDVI$ 与植土比分别呈指数($y = a^x$)和幂函数($y = x^a$)关系；PVI 与植土比呈直线相关，但对植土比的感应能力随 LAI 减小而降低。就作物估产而言，PVI 较为优越，只是应选 LAI 较大的时期。

研究表明，由于健康绿色植物吸收短波红外辐射，具有较高的湿度值，对于所有土壤背景，绿色植被覆盖随湿度值（WI）的增大而增大，对干燥土壤增加尤其明显。因此，选用穗帽变换的亮度分量（BI）或湿度值来估计植物覆盖度比 GVI 更好。

5.3.1.3　植被生物量遥感反演

生物量指的是植物组织的重量，由植物光合作用的干物质积累所致。显然，叶面积指数与植被盖度均是生物量的重要指标，它们都与植被指数相关。一般说来，作物长势越好，叶面积指数越大，作物产量就越高。研究表明，冬小麦的理论产量与抽穗期叶面积指数呈很好的线性相关。因此，可以把一个地区的平均叶面积指数与该地区植土比 f 作为该地区作物总产量的线性相关因子。植被指数与生物量的定量关系，将在下面的"作物估产"部分详细论述。这里仅讨论植被状态指数（vegetation condition index，VCI）与植被覆盖度、生物量的关系。

由 $NOAA/AVHRR$ 数据获得的植被状态指数 VCI 被定义为

$$VCI = (NDVI - NDVI_{med})/(NDVI_{max} - NDVI_{min}) \qquad (5-35)$$

式中：$NDVI$、$NDVI_{max}$、$NDVI_{med}$、$NDVI_{min}$ 分别为平滑化后每周（7 天）的 $NDVI$ 以及它的多年最大值、中值、最小值（以像元为计算单元）。

通过对干湿两种气候条件和不同生态区运用 $NOAA/AVHRR$ 数据获得的植被状态指数 VCI 来估算植被覆盖度以及草场与作物生产力，并通过大量地面实测数据来验证遥感估算的结果。结果表明，尽管不同生态区的 $NDVI$ 变化趋势相似，但 VCI 值差异大，且与盖度匹配好；用植被状态指数 VCI 对植被覆盖度的估算误差＜16%，低覆盖区误差更小；VCI 估算值与实测的植被覆盖度相关性较高（图 5-21）。因此，用遥感卫星数据所获得的植被状态指数 VCI 来定量估算大面积植被覆盖度和生物量是有效的。

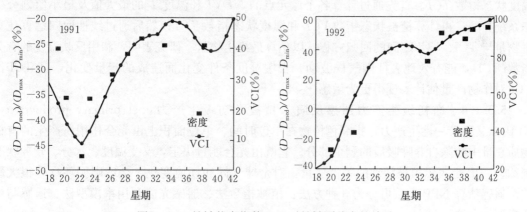

图 5-21　植被状态指数 VCI 对植被覆盖度的关系

用 TM/NDVI 估算半干旱区牧草地的绿生物量（BI）试验表明，在半干旱牧区，用遥感植被指数来估算草地生物量，关键在于遥感像元与地面样点两种不同尺度信息源关联的方法。选用 3 种方法比较：①样点法，由于地面样点一般难以对应图像数个像元组成的取样区内的平均绿度值，而影响 VI 与生物量 BI 的关系；②光谱分类法，因纯光谱分类结果依赖于植被盖度及反照率，而半干旱区土壤背景的影响大，则光谱分类所生成的各类别平均植被指数也不能很好地反映它与 BI 的关系；③绿度分层法，在特定生育期选用多变量植被指数能弥补土壤亮度条件变化的干扰和光谱分类的不足。只需通过"阈值法"对植被指数（绿度）分割为不同绿度层，每层对应多个地面观测结果的平均值，构成绿度与绿生物量的高度相关。用此法可以估算草地绿生物量。

将对植被水分反应敏感的 TM_5、TM_7 波段引入植被指数中，组成：

$$STVI_1 = (TM_5 \cdot TM_3)/TM_4 \quad MSVI_1 = TM_4/TM_5$$
$$STVI_2 = TM_4/(TM_3 + TM_7) \quad MSVI_2 = TM_4/TM_7 \qquad (5-36)$$
$$STVI_3 = TM_4/(TM_3 + TM_5) \quad MSVI_3 = TM_4/(TM_5 + TM_7)$$

通过大量试验，比较它们与常规红波段（TM_3）、近红外波段（TM_4）组成的植被指数在估算大豆、玉米的叶面积指数、湿生物量、干生物量、植被高度和最终产量等作物生长参数的有效性，试验结果表明，加入短波红外的植被指数优于常规植被指数，尤其对玉米的改善明显。

通过 TM 图像数据，结合野外实地调查，分析评价传统植被指数（NDVI 等）与基于短波红外的暗化植被指数（darkening indexes）在半干旱地区生物量估算中的适用性。研究结果表明，大多数植被指数（如 NDVI 等）能够被用于区分大范围空间上 $0.3 \sim 1.5$ m 的枝叶层的生物量。NDVI 与较低的枝叶层有较高的相关，与其他层则无相关性，与不同枝叶层的总绿色生物量不相关；只有基于短波红外的植被指数（TM_5/TM_7、$TM_5 + TM_7$、$TM_5 - TM_7$ 等）与所有枝叶层中的每个层的生物量有较高的相关，可用于估算草层和枝叶层的总绿色生物量。因此，随着 MODIS 短波红外数据的增加，应充分利用短波红外波段的一些变换来估算植被生物量。

此外，生物量不仅与植被指数呈明显的正相关关系，而且与温度之间也具有强相关性。因此，生物量可以通过植被指数与温度指数获得。其中用得较多的是植被状态指数 VCI 和温度状态指数 TCI。首先通过计算各个像元点的 NDVI 和温度 T 的最大值及最小值划分生态系统类型；再计算植被状态指数 VCI 和温度状态指数 TCI；然后通过线性回归运算建立生物量与 TCI、VCI 之间的回归方程，以估算最终生物量。研究表明，利用反映温度的有关指数（TCI），能有效地表征因气候波动、土壤湿度条件变化而造成的产量变化，且 TCI 比 VCI 对作物产量估计表现得更为敏感。

5.3.1.4 净初级生产力遥感反演 植被净初级生产力（net primary productivity，NPP），又称第一性生产力，指绿色植物在单位时间、单位面积上由光合作用所产生的有机物质总量中扣除自养呼吸后的剩余部分。它既由光合能量决定，又受温度、水分、营养状况制约。NPP 是表示植被活动的关键变量，对全球气候和环境变化、全球碳循环具有很大影响。遥感估算 NPP 大致可分为 3 种方法：植被指数法、遥感光能利用率模型法、遥感与生态模型结合法。

（1）植被指数法。即直接将遥感获取的植被指数 VI 与 NPP 进行相关分析，得到 NPP 与 VI 的回归方程。例如，肖乾广等研究得到

$$NPP = A \cdot [-\ln(1 - B \cdot \gamma_{NDVI})] \qquad (5-37)$$

式中：A、B 为常数，由植被类型决定；γ_{NDVI} 为 NDVI 的年积分值。

植被指数法简便易行，能实现对各种植被的快速区域监测，但需要足够量的 NPP 地面实测数据，方能建立有意义的 NPP 与 NDVI 的统计关系，而模型精度直接取决于 NPP 实测数据的测定精度和密度。

（2）遥感光能利用率模型。光能利用率模型基于资源平衡假设，假定在其生理、生长和

进化过程中，所有资源趋向于对植物生长有平等的限制作用，植物的生长是各种可利用资源组合的结果。遥感光能利用率模型利用资源平衡的概念，将植被初级生产力表示为植物吸收光合有效辐射（APAR）与光能利用率（ε，植物将所吸收的光合有效辐射转化为有机物的效率）的乘积，通过遥感数据直接获取植被吸收光合有效辐射的相关信息（NDVI、PAR、FPAR、ε 等）及间接获取一些环境影响因子（温度、土壤水分、植物水胁迫、LAI、BI 等），从而估算总第一性生产力 GPP 和净初级生产力 NPP，NPP 可由 Monteith 方程表示为

$$NPP = APAR \cdot \varepsilon$$
$$APAR = FPAR \cdot PAR \tag{5-38}$$

总第一性生产力 GPP 代表了单位面积、单位时间内通过光合作用所累积的有机物的总量，为 NPP 与自养呼吸消耗量 R_a 之和，则 NPP 也可表示为

$$NPP = GPP - R_a \tag{5-39}$$

式中：ε 为光能利用率，指植物截获光合有效辐射转换为干物质（有机碳）的效率（gC/MJ），主要受植被类型、温度、水分、土壤等因素的影响，可通过遥感获得；R_a 为植物的自养呼吸，是温度和生物量的函数；PAR 为入射的光合有效辐射[$MJ/(m^2 \cdot d)$]，指太阳辐射的可见光部分 $0.4 \sim 0.76\ \mu m$ 即可被植物光合作用所利用的部分，占太阳辐射的 47% ～ 50%，其强度随时间、地点、大气条件等变化，可通过遥感与地面观测获得；FPAR 为植被光合有效辐射的吸收系数，与冠层的绿色叶面积、冠层结构相关，它随植被类型及演替阶段、季节的不同而变化。一般情况下，FPAR 与 NDVI、LAI 之间存在相关关系，可通过遥感获取的 NDVI 或 LAI 获得，如 $FPAR = a \cdot (1 - e^{k \cdot LAI})$。其中 k 是为消光系数，a 是一个经验常数，但要注意植被类型、地面背景、大气状况等的影响。

在生长季节内，光能利用率 ε 受温度、大气及土壤中的水分的可利用程度来调节，可表示为

$$\varepsilon = \varepsilon_{max} \cdot f(T) \cdot f(W) \tag{5-40}$$

式中：ε_{max} 为最大光能利用率，即植被最佳生长状态下的光能利用率；$f(T)$、$f(W)$ 分别为温度、水分胁迫对 ε_{max} 的影响，可通过热红外遥感反演或遥感指数（温度植被指数 TVX、陆表水分指数 LSWI 等）或地面观测获得的地表温度、土壤水分等相关参数反演；温度胁迫因子 $f(T)$ 也可通过植物生长的最高、最低、最适宜温度表示为

$$f(T) = \frac{(T - T_{min})(T - T_{max})}{(T - T_{min})(T - T_{max}) - (T - T_{opt})^2} \tag{5-41}$$

式中：T 为气温；T_{max}、T_{min}、T_{opt} 分别为植物光合作用的最高、最低和最适宜温度，最适宜温度可以用生长旺季的平均气温替代。

至于植物的呼吸消耗 R_a，包括光呼吸 R_1 和暗呼吸及 R_d，即 $R_a = R_1 + R_d$。其中，光呼吸 R_1 是绿色植物细胞在光下吸收氧气释放二氧化碳的过程；而暗呼吸 R_d 又包括生长呼吸 R_c 和维持呼吸 R_m，前者 R_c 是新物质合成、植物增长、新陈代谢所造成的呼吸消耗，与总生产力有关，后者 R_m 是植物用于维持现有物质的正常状态所造成的呼吸（所需的能量），与活生物量、温度有关；它们均可以通过遥感获得的叶面积指数、生物量等参数间接表达。

光能利用率模型是目前研究和应用最多的一种 NPP 遥感模型，如 CASA 模型、GLO-PEM 模型等。其突出特点是以植被光合作用机理为理论基础，模型简单，输入参数少，关键参数可以通过遥感方法获取，因而能提供大范围的 GPP/NPP 以及时空动态变化。

上述基于 FPAR 的方法是假设 NPP 与 APAR 呈线性关系。但实际上，太阳光分太阳直射光与天空散射光，光在冠层中的传输受冠层结构、冠层内的多次散射的影响，其受光叶片和遮光叶片的辐射作用是不同的。也就是说，NPP 与 APAR 并非是简单的线性关系。显然需要对冠层结构进行描述，通过多角度遥感所获得的冠层结构参数如 LAI、叶聚集指数 Ω（foliage clumping index）等的介入来提高遥感估算 NPP 的精度。

运用多角度 POLDER 数据，引入叶聚集指数、角度指数来区分受光叶片和被遮阴叶片，对北半球森林的 NPP 和陆地碳循环进行研究。表征植被冠层二向性反射的角度指数 HDS（热点-暗点指数）与 NDHD（热点-暗点间的归一化差值指数）分别表示为

$$HDS = (\rho_{HS} - \rho_{DS}) / \rho_{DS}$$
$$NDHD = (\rho_{HS} - \rho_{DS}) / (\rho_{HS} + \rho_{DS}) \tag{5-42}$$

式中：ρ_{HS} 是在热点的反射率（即光线和观察方向重合处，反射率最大）；ρ_{DS} 是在暗点的反射率（即阴影最大处，反射率最小），暗点反射率的值决定于冠层结构和冠层多次散射的光学属性。

研究表明，表征叶子空间分布特征的叶聚集指数 Ω 与 NDHD 之间呈线性关系，即 $\Omega = a + b \cdot NDHD$，其中 a 和 b 为线性回归系数。因此，叶聚集指数可从多角度遥感中获得。然后，可用 Ω 来改进 LAI 的结果，表示为

$$L_{sun} = \frac{\cos\theta}{G(\theta)} \{1 - \exp[-G(\theta)\Omega L / \cos\theta]\} \tag{5-43}$$

式中：L_{sun} 为受光叶的 LAI，遮光叶的 LAI 为 $L_{shade} = L - L_{sun}$；θ 为入射角；$G(\theta)$ 为叶角度分布函数，由叶倾角分布决定；聚集指数 Ω 为叶空间分布函数。

冠层总的光合作用 A 应是受光叶片和遮光叶片贡献的总和，表示为

$$A = A_{sun} \cdot L_{sun} + A_{shade} \cdot L_{shade} \tag{5-44}$$

式中：L_{sun} 和 L_{shade} 分别为受光叶和遮光叶的单位面积光合作用速率。

研究表明，若用 FPAR 从 APAR 计算 NPP，则仅是一种粗略的近似；但若仅用 LAI 来计算 APAR，也不会有太大的改进；而用多角度光学遥感，不仅能获得正确的 LAI，而且能获得聚集指数 Ω，引入 LAI、Ω 这两个冠层结构参数，使冠层尺度的光合作用是从受光叶片和遮光叶片的 PAR 辐照度中计算得到，其结果要比基于 FPAR 的方法更精确。

（3）遥感生态过程模型。遥感生态过程模型从机理上对植物的生物物理过程（包括光合作用、呼吸作用、蒸腾蒸发、土壤水分散失等过程）以及影响因子进行分析和模拟，通过对土壤-植被-大气系统各层物质、能量交换的分析、建模来估算陆地植被 NPP。遥感技术用于获取或反演过程模型所需的地表植被信息和相关生物物理参数（如 FPAR、地表覆盖类型、LAI、生物量、覆盖度、地表温度、土壤水分等）。其突出特点是综合考虑了温度、光合有效辐射、大气 CO_2 浓度、土壤水分、大气水分等影响光合作用和生长生理过程的因子，有利于研究全球变化对陆地植被 NPP 的影响、植被分布变化对气候的反馈以及预测生态环境的变化等。但是模型比较复杂，参数较多，且有些参数不易获得，因此限制了它的遥感应用。

全球 MODIS-NPP 产品（MOD17），空间分辨率为 1 km，时间分辨率为 8 天，可从地球资源观测系统的数据发布中心获取。

图 5-22 为 MODIS-NPP 产品（MOD17）的算法流程图，可分 4 步。

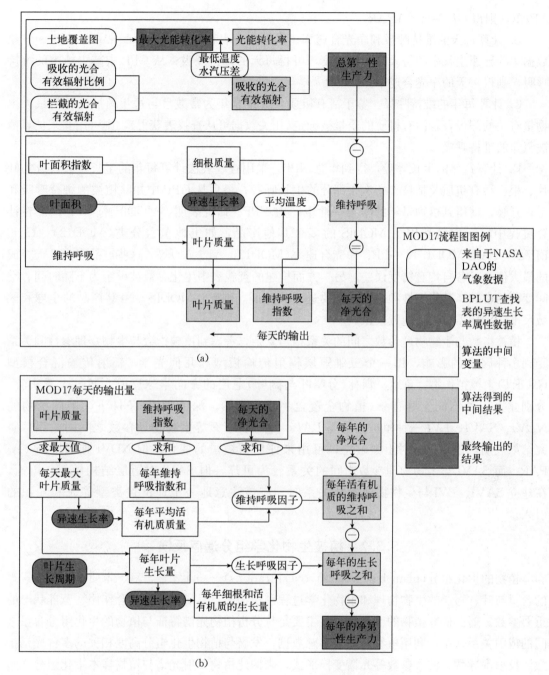

图 5-22　MODIS-NPP 产品(MOD17)算法流程

(a)MOD17 每天总第一性生产力和净光合算法流程(不包含生长呼吸和细根的维持呼吸)

(b)MOD17 每年第一性生产力算法流程

A. 确定光合有效辐射的转换系数 ε(光能利用率)来推算每天的总第一性生产力 GPP：利用 BIOME-BGC 生态系统模型模拟计算出全球的 NPP，构建生化参数查找表(BPLUT)，表内有每种生态群系类型中代表性植被的叶面积、呼吸系数、碳储量、生命周期等；借助查找表可计算光能转换率 ε；利用 MOD17 产品的光合有效辐射吸收系数 FPAR、PAR 可估算

APAR，则得 $GPP = \varepsilon \times APAR$。

B. 计算每天的维持呼吸和净光合速率。借助查找表和 DAO(data assimilate office)气象数据集的异速生长率和每天的平均温度，可得每天的维持呼吸；从 GPP 中减去植被的维持呼吸，则得每天的净光合速率。

C. 计算每年的维持呼吸。鉴于活有机质生物量全年为常数且与每年植被叶片的最大生物量有关的假设，若活有机质的质量被确定(相关数据可从查找表获得)，则可用其来估算植被每年的维持呼吸。

D. 计算每年的生长呼吸，得到年总 NPP。采用查找表法计算每年的生长呼吸，分为叶片、根、活有机质及枯枝、朽木 4 部分的生长呼吸；最后从 GPP 中扣除植被的维持呼吸和生长呼吸，就得到植物每年的净第一性生产力 NPP。研究表明，MODIS 的 NPP 产品在计算过程中，一方面利用了 MODIS 的多个其他产品，如土地覆盖分类(MOD12)、LAI、FPAR、PAR(MOD15)、GPP、净光合速率(MOD17、A1、A2)等，这些产品多为 8 天合成的最大值，且各自均有精度误差；另一方面构建的查找表中生化参数被设定为不随时间、空间变化的常数，其代表性和合理性需要进一步验证。因此，MODIS-NPP 产品的全球和区域尺度应用均需要进行地域校正。

植被指数与生物物理参数之间的关系相当复杂，考虑到植被指数与生物物理参数间关系受到多种因素的影响，用一个三维冠层辐射传输模型和几何光学—辐射传输混合模型(GORT)来模拟作物、草地、森林(分窄叶与阔叶)冠层的方向半球反射。通过大量实验，分别建立三种不同土壤背景(植物全覆盖、浅色土壤、深色土壤)条件下，不同植物的 $NDVI$、$SAVI$、EVI 三种植被指数与 LAI、$FAPAR$、F 等生物物理参数之间的关系。研究结果表明，因 NDVI 对土壤敏感，可用来评估植被量的变化，但 NDVI 难以推断 FAPAR；而 SAVI 与生物物理参数之间的关系较为可靠，但 SAVI 对冠层结构敏感。因而，在建立 SAVI、EVI 与生物物理参数关系时，应该注意地表土地覆盖类型等先验知识的引入。

5.3.2　植被生物化学组分遥感反演

植物的生化组分(plant biochemical concentrations)——叶绿素、氮、木质素、纤维素等的含量与叶、冠层的生物物理和生物化学过程密切相关，是研究植物光合作用、营养状况的重要参数。遥感研究植物的生化组分，主要是从分析植物光谱特征与植物的生化组分含量之间的成因关系入手，利用植物高光谱遥感数据，发展与植物生化组分高度相关的多种光谱指数、反射率导数、波形参数等光谱变换形式，来构建植物反射光谱与植物样本生化组分之间的统计回归模型。这种经验与半经验统计方法简便实用，但由于受到多种因素的影响，如大气效应、冠层结构、植被类型、背景植被及土壤等，所建立的关系方程通用性较差，且需要足够量的样本，以保证植物光谱反演生化组分含量的精度。还可以通过建立各种遥感物理模型定量反演植被的生化组分。这种物理模型描述了植被冠层内部辐射传输作用，建立了生理生化变量与冠层反射率之间的联系。但是物理模型反演方法涉及一系列复杂问题，如模型简化、参数敏感性分析、病态反演、先验知识引入等，这一切所带来的结果不确定性和误差，均影响到实际应用效果。

植被生化组分遥感反演时，必须特别关注植物各种生化组分的典型吸收特征（图 5-23、表 5-1、表 5-7）。

表 5-7　植物叶主要生化组分与光谱吸收特征

生化组分	吸收特征的中心波长位置(nm)
叶绿素 a	430(380～450、660、675)
叶绿素 b	460(410～470)、610、640
蛋白质	910、1 020、1 510、1 680、1 740、1 940、2 050、2 130、2 170、2 240、2 300、2 350、2 470
氮	1 020、1 510、1 690、1 730、1 940、1 980、2 060、2 130、2 180、2 240、2 300、2 350
纤维素	1 480、1 490、1 540、1 780、1 820、1 930、1 940、2 100、2 270、2 280、2 340、2 350、2 480
半纤维素	1 450、1 770、1 930、2 090、2 330、2 500
木质素	1 120、1 200、1 420、1 450、1 680、1 754、1 940、2 140、2 262、2 330、2 380、2 500
水	970、1 200、1 400、1 450、1 940、2 500

图 5-23 显示 400～2 500 nm 范围植物各种生化组分的典型吸收波谱。由图可见，叶绿素等色素的吸收峰主要在可见光波谱范围[图 5-23(a)至图 5-23(c)]，而水、蛋白质和干物质(木质素、纤维素等)的吸收峰主要在短波红外波谱范围[图 5-23(d)至图 5-23(f)]。这些特征吸收峰的宽度，只有利用高光谱分辨率的遥感数据(<10 nm)才能检测和提取出来。表 5-7 具体列出植物叶主要生化组分与光谱吸收特征的波长位置。

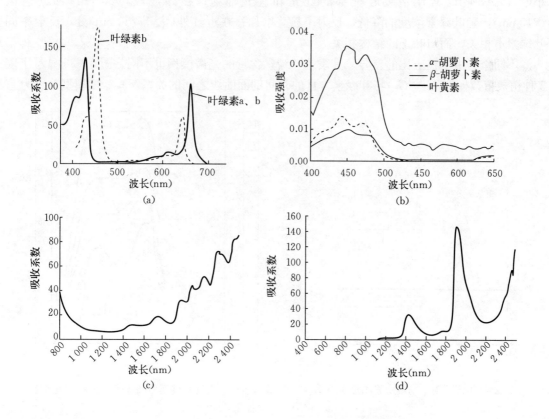

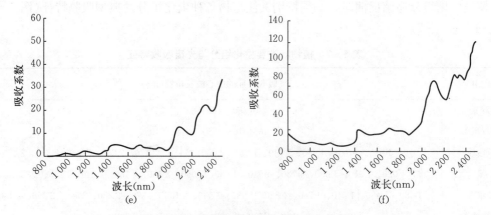

图 5-23　植物各种生化组分的吸收特征

(a)叶绿素 a、b　(b)色素　(c)蛋白质　(d)水　(e)纤维素＋半纤维素　(f)木质素

5.3.2.1　叶绿素含量遥感反演　叶片内部的叶绿素(chloroplasts)是植物光合作用的基础。叶子生长初期，叶绿素含量与辐射能吸收之间高度线性相关，即叶绿素含量增多，蓝、红波段吸收增强，绿波段反射率降低，近红外反射率增强；但当叶绿素含量增加到一定程度后，吸收率近于饱和，反射率变化减小。图 5-24 显示随着氮施肥量的变化($0\sim180\,\text{kg/hm}^2$)，叶绿素浓度在 550 nm、715 nm、$>$750 nm 处宽波段的玉米反射率差异明显。在蓝波段(450 nm)和红波段(670 nm)，虽然叶绿素浓度相差很大，可是它们之间的反射率差异很小($<$1%)，叶绿素几乎吸收全部的红光和蓝光辐射；在绿波段(550 nm)和红边区(715 nm)，随叶绿素浓度的降低，反射率显著增加；在近红外(大于 750 nm)处，反射率同叶绿素不相关，而与叶子的结构相关。

不同作物由于植土比的差异，其表达叶绿素含量的光谱模型也不同。图 5-25 显示小麦5 种植被指数模型($G_1\sim G_5$)与叶绿素含量的时间剖面曲线之间的关系。其绿度模型分别为

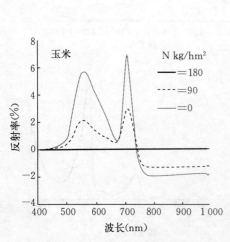

图 5-24　玉米反射率与叶绿素浓度关系

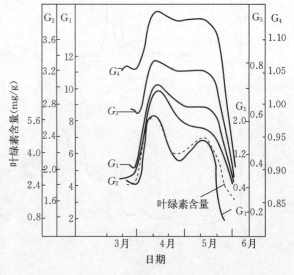

图 5-25　小麦光谱模型和叶绿素含量时间变化

$$G_1 = RVI = NIR/R \begin{cases} G_2 = \sqrt{(NIR/R)} \\ G_3 = \sqrt{(NIR-R)/(NIR+R)} \\ G_4 = \sqrt{\dfrac{NIR-R}{NIR+R}+0.5} \\ G_5 = NIR/R^2 \end{cases} \tag{5-45}$$

从图 5-25 中可见，G_5 曲线与叶绿素含量相当吻合。实验证明，对于小麦而言，G_5 光谱模型表达叶绿素含量最佳；而对于大豆而言，因叶子较早封垄，土壤影响较小，则 G_3 光谱模型反映叶绿素含量最佳。

研究表明，可以根据红边拐点对应的反射光谱值来估计冠层叶绿素含量，随着叶绿素含量增加，拐点值相应增加。也就是，建立冠层光谱的红边位置与实测的冠层叶绿素含量(叶绿素密度)之间的统计回归方程。其中，叶绿素密度为单位面积的叶绿素含量，可表示为叶绿素密度=叶绿素干重含量×比叶重×叶面积指数。这里的比叶重为单位面积的干物质质量。Demarez 等指出，林冠层叶绿素含量除了以红边拐点对应的波长来确定外，还受叶面积指数、观测方向、下垫面反射和冠层结构等因素的影响。若不考虑冠层结构(如成熟林型或杆状林型等)，林冠层叶绿素含量的估计误差可达 23 $\mu g/cm^2$。因此，需要充分考虑 LAI、视角、下垫面反射、冠层结构等因素，通过 BRDF 模型求解冠层反射，进行森林叶绿素含量的估计。

Kim 等发现对于叶片而言，即使叶绿素含量有差异，其 550 nm 和 700 nm 的反射率之比也是恒定的。基于此关系和叶绿素在 670 nm 的吸收，引进了 R700/R670 的比值来减小下垫面土壤的反射和植被非叶绿素物质的联合效应；提出了叶绿素吸收比值指数 CARI，用以描述叶绿素红波段(670 nm)吸收谷底值与绿波段(550 nm)反射峰值、700 nm 反射值的相关性。CARI 表示为

$$CARI = CAR(R_{700}/R_{670}) \tag{5-46}$$

式中：$CAR = \dfrac{a \times R_{670} + R_{670} + b}{\sqrt{a^2+1}}$，$a = (R_{700} - R_{550})/150$，$b = R_{550} - (a \times 550)$。

CARI 可在评估吸收的光合有效辐射(APAR)时减小非光合物质的作用。

考虑到叶绿素浓度与反射率比值 R_{750}/R_{550}、R_{750}/R_{700} 之间呈强线性相关，又提出了三角植被指数(TVI)。该指数由绿波段反射峰、红波段吸收谷和近红外高反射肩所构成的三角形面积来表示，可表示为

$$TVI = 0.5[120(R_{750} - R_{550}) - 200(R_{670} - R_{550})] \tag{5-47}$$

TVI 依据的基本事实是三角形(绿、红、近红外)的面积随叶绿素吸收的增加而增加；尽管超过 700 nm 就没有叶绿素吸收，但随着叶绿素含量增加，其吸收带变宽，引起红边红移。因此，750 nm 处的植被反射率仍受叶绿素含量的间接影响。

此外，通过计算绿色植物连续光谱中叶绿素吸收谷(550~730 nm)的形状和面积获得高光谱植物指数，如叶绿素吸收连续指数(CACI)。它与 TVI 相类似，只是计算 CACI 时，用到绿波反射峰至近红外"肩"之间的所有波段，表示为

$$CACI = \sum_{\lambda_i}^{\lambda_n} (\rho'_i - \rho_i)\Delta\lambda_i, \quad \rho'_i = \rho_1 + i\frac{d\rho'}{d\lambda}\Delta\lambda_i \tag{5-48}$$

表 5-8 列出了一些用于估算叶绿素含量的窄波段植被指数。

表 5-8　估算叶绿素含量的窄波段植被指数

植被指数	公式	描述
修正的标准化指数	$DVI_{670} = (\rho_{800} - \rho_{670})$	670 nm 反射率随叶绿素变化迅速饱和
红边标准化指数	$NDVI_{705} = (\rho_{750} - \rho_{705})/(\rho_{750} + \rho_{705})$	利用红边处的反射率
修正的红边标准化指数	$MNDVI_{705} = \dfrac{\rho_{750} - \rho_{705}}{\rho_{750} + \rho_{705} - 2\rho_{445}}$	对 NDVI705 修正结合叶片蓝光镜面反射校正
修正的红边比值指数	$MSR_{705} = \dfrac{(\rho_{750}/\rho_{705}) - 1}{\sqrt{(\rho_{750}/\rho_{705})} + 1}$	减少大气、土壤背景等因素的影响
叶绿素指数	$CI = (\rho_{640} - \rho_{673})/\rho_{673}$	640、673 分别代表叶绿素 b、a 的吸收峰
陆面叶绿素指数	$MTCI = (\rho_{753} - \rho_{708})/(\rho_{708} - \rho_{681})$	对高值叶绿素更敏感
红边的叶绿素指数	$CI_{\mathrm{red\ edge}} = (\rho_{750}/\rho_{710}) - 1$	与冠层叶绿素含量敏感
红边位置(REP)	690～740 nm 最大斜率的波长，即反射率一阶导数最大值对应的波长	对叶绿素含量敏感
Vogelman 红边指数	$VOG = \rho_{740}/\rho_{720}$	对叶绿素含量、含水量敏感
修正的叶绿素吸收比指数	$MCARI = \left[(\rho_{700} - \rho_{670}) - 0.2(\rho_{700} - \rho_{550})\right] \cdot (\rho_{700}/\rho_{670})$	最小化土壤反射率和植被非光合物质的影响
混合植被指数	$\dfrac{TCARI}{OSAVI} = \dfrac{3\left[(\rho_{700} - \rho_{670}) - 0.2(\rho_{700} - \rho_{550})\right](\rho_{700}/\rho_{670})}{(1 + 0.16)(\rho_{800} - \rho_{670})/(\rho_{800} + \rho_{670} + 0.16)}$ $\dfrac{MCARI}{OSAVI} = \dfrac{\left[(\rho_{700} - \rho_{670}) - 0.2(\rho_{700} - \rho_{550})\right](\rho_{700}/\rho_{670})}{(1 + 0.16)(\rho_{800} - \rho_{670})/(\rho_{800} + \rho_{670} + 0.16)}$	与 OSAVI 的结合，可有效降低对背景的敏感性，增加对冠层低叶绿素的敏感性。或用 750 nm、705 nm 替代 800 nm、670 nm

由表 5-8 可见，许多研究着眼于使植被指数对叶绿素含量尽量敏感，而对干扰因素(冠层结构、土壤背景等)尽量不敏感，以最大限度地减少干扰因素的影响，扩大其应用范围。除了利用植被指数、导数光谱、红边参数等反演叶绿素含量外，由遥感获得的植被冠层反射率，通过各种遥感物理模型可定量反演植物叶片或冠层的叶绿素含量。

5.3.2.2　氮、木质素、纤维素　许多重要的生态系统过程都和植物的生化组分，特别是氮和木质素的浓度有关。叶片氮的浓度与最大光合速率和最大光合能力以及与地上部分的净生产力有关，植物木质素浓度与枯枝落叶物的分解速度有关。因此，植物的生化组分与控制生长和分解的因子有关，它提供了有关植物和碳、氮循环等生态系统过程的信息。

植物的氮(nitrogen)主要指蛋白质(protein)，此外，叶绿素是另一个主要的含氮植物组分。叶内的氮多存在于叶绿素分子中，因此叶内的叶绿素含量和含氮量密切相关(尤其是当植株缺氮时)，可用叶绿素含量间接地指示植物的氮素含量。尽管蛋白质和叶绿素这两种物质都含氮，但由于两者的化学结构（叶绿素不带氢，叶绿素 a 和 b 不含氨基化合物）有很大不同，两者的光谱特征有很大的差异。叶绿素在可见光区域有很强的吸收，而蛋白质在短波红外区域有明显的吸收。叶绿素和蛋白质不同的吸收特征可以作为进一步区分它们和估计氮含量的理论依据。

研究表明，许多植物在缺氮时，叶和冠层的可见光波段反射率都有增加，对氮含量变化最敏感的波段为 530～560 nm，通过光谱测定及其变量的运算，可以区分不同氮素营养水平。例如，用红（660 nm）和绿（545 nm）两波段的线性组合可以预估小麦的氮含量，不受氮肥处理的影响；对水稻的研究表明，叶氮积累量（单位土地面积上的叶氮素总量）在整个生育期内都与 R_{810}/R_{560} 呈极显著线性正相关，且不受施氮水平以及品种的影响，模拟值与实测值的相关程度在 90% 以上。

在木质素和纤维素不变的情况下，随着氮含量的增加，2.1 μm 处的光谱吸收特征带加宽。这种加宽主要出现在以 2.055 μm 和 2.172 μm 为中心的光谱吸收带处。这两处吸收带正好与蛋白质中的含氮氨基化学键（尤其是碳-氮和氮-氢化学键）的吸收特征相吻合。蛋白质以 2.055 μm 和 2.172 μm 为中心的吸收特征是唯一的，吸收位置的偏移反映了叶中氮含量的变化，可作为估计植物的氮含量的依据（图 5-26）。

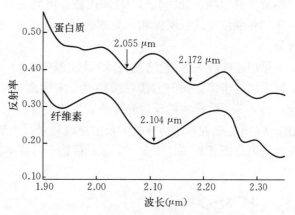

图 5-26　干叶蛋白质和纤维素反射光谱

多项研究表明，采用逐步多元线性回归的方法可以获得干叶样品的红外反射率（或冠层反射率）与它们的氮含量之间的相关关系，且多个红外波长的反射率（R）、$\lg(1/R)$ 及 $\lg(1/R)$ 的导数都和生化组分含量密切相关。当然，由于大气、冠层结构、植被类型、氮素水平、波段选择、背景植被以及土壤等的影响，所得的统计关系具有局域性。对冬小麦田间冠层光谱反射率与叶含氮量（单位干叶片中的氮含量）进行相关分析，结果表明，小麦叶反射率与含氮量在可见光波段呈负相关，在近红外波段呈正相关，在短波红外波段呈负相关，其中 820～1 100 nm 和 1 150～1 300 nm 波段的光谱反射率与叶含氮量呈显著正相关，这两波段为叶全氮的敏感波段。在此基础上建立了不同生育期（返青、拔节、灌浆、成熟期）叶全氮与光谱反射率的回归方程，并分别讨论各生育时期叶全氮与其他生化组分、生物量（叶绿素 LCHL、叶内可溶性糖 LSS、叶内淀粉 US、叶含水量 LWC、叶面积指数、叶干重 LDW、茎干重 SDW、植株干重 PDW）的相关性。研究表明，小麦叶含氮量可以用于估算其他生化组分及干物质指标含量，开花期叶含氮量可用于估测籽粒蛋白质和干面筋等品质指标含量。这些研究为高光谱遥感应用于精准农业提供科学参考。

植物的碳主要指木质素（lignin）、纤维素（cellulose）。其中，纤维素（一种葡萄糖聚合物，是植被干重的主要组成）的光谱吸收中心波长位于 2.1 μm 附近，淀粉（另一种葡萄糖聚合物）与纤维素有很相似的吸收特征。纤维素、淀粉和半纤维素都是碳水化合物，虽然在化学键的组合结构上有一点不同，但是具有很相似的光谱吸收特征，对其含量的估计往往会出现较大的误差。而木质素的光谱吸收中心波长位于 $1.754\,\mu m$ 和 $2.262\,\mu m$ 附近。利用高光谱遥感数据可以大面积评估植被状况和预测植被冠层的木质素、纤维素等生化组分(图 5-23、图 5-25、表 5-7)。

运用 AVIRIS 数据通过专题指数提取(归一化氮指数 $NDNI$、归一化木质素指数 $NDLI$),进行山区密林冠层中氮和木质素浓度的调查与估算。其中,专题指数分别表示为

$$NDNI=\left[\lg(1/R_{1\,510})-\lg(1/R_{1\,680})\right]/\left[\lg(1/R_{1\,510})+\lg(1/R_{1\,680})\right]$$

$$\text{(5-49)}$$

$$NDLI=\left[\lg(1/R_{1\,754})-\lg(1/R_{1\,680})\right]/\left[\lg(1/R_{1\,754})+\lg(1/R_{1\,680})\right]$$

$$\text{(5-50)}$$

结果表明,在景观尺度上,波段比值和标准化处理直接增加植被生化组分的吸收信号,抑制背景的影响,且用 $\lg(1/R)$ 来代替会得到更好的结果;利用 NDNI、NDLI 指数能够很好地估测绿色连续冠层氮和木质素含量,但其不适用于估算衰老期叶或冠层的氮和木质素含量。

采用连续线去除(包络线去除)及波深中心归一化等方法提取光谱特征参数,在此基础上,采用逐步多元回归方法对植物氮、木质素、纤维素含量进行估测。通过分析 840 种针叶、落叶等干叶样本的反射光谱所表现的吸收特征,来估计生化组分含量。结果表明,叶光谱 $2.1\,\mu m$ 宽吸收峰中有 5 处的反射率经背景线去除和波深归一化处理后所得到的曲线深度与叶含氮量密切相关。图 5-27 显示植物干叶样本的红外反射光谱特征的提取过程。

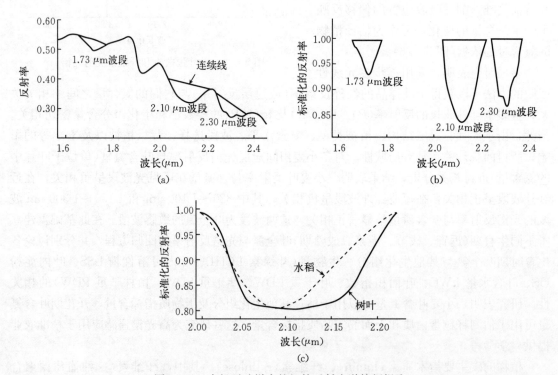

图 5-27　白松干叶样本的红外反射光谱特征提取

其中,图 5-27(a)显示了干叶(白松)样本红外反射光谱的 3 个主要吸收特征($1.73\,\mu m$、$2.10\,\mu m$、$2.30\,\mu m$)和它们的"连续线"。为了描述光谱吸收带形状以及比较不同样本间光谱

吸收带形状的差异，需要对光谱数据进行预处理，先对反射率光谱去包络，消除背景的干扰，获得除去背景线的光谱特征[图 5 - 27(b)]。在此基础上，再利用吸收深度进行归一化，则得两种地面干叶样本(水稻与树叶)经"基线标准化"和"深度标准化"后的 2.1 μm 吸收特征之间的比较[图 5 - 27(c)]。一般说来，氮含量高的样本的吸收特征曲线要比氮含量低的吸收特征曲线宽。

5.3.2.3　水分　水分是植物的重要组成部分，是控制植物光合作用、呼吸作用和生物量的主要因素之一，是作物长势监测、旱情和火灾评价的关键因子。植物水分含量的变化直接影响植物的生理生化过程，导致叶及植物内外形态结构、温度、光谱特征均发生一系列变化(图 5 - 23)。目前，对植被水分含量的研究采用多种方法。除可见光-近红外、短波红外波段外，热红外、微波波段对检测植物水分含量也是十分有用的。

对于叶片尺度而言，一是从叶子水吸收带(970 nm、1 200 nm、1 450 nm、1 940 nm、2 500 nm 等)入手，设计各种提取植被水分含量的光谱指数，或将光谱水吸收带、红边参数化；二是运用逐步多元回归分析方法，即在地面实测数据基础上，建立叶反射和叶水分含量之间的统计关系，或通过叶水分与各种植被水分指数、植被温度、土壤水分、特征光谱形态指数(吸收宽度、深度、面积)等之间的统计相关关系，建立统计回归方程来估算水分信息；三是通过模型模拟方法，即叶水分作为 PROSPECT 叶光学模型、PROSAIL 辐射传输模型、ACRM 模型等的模型参数，可以通过模型反演中优化代价函数的方式获得。许多研究表明，通过光谱指数、回归分析和辐射传输模拟后的叶反射(400～2 500 nm)和叶水分含量之间存在着关联。在叶反射中，叶水分含量的敏感性最主要集中在 1 450 nm、1 940 nm、2 500 nm 的光谱带中，在 400 nm、700 nm 的红边和 NDVI 也发现有间接影响。这里，叶水分含量(foliage water content，FWC)多以叶等效水厚度(equivalent water thickness，EWT)来表达。EWT 被定义为叶含水量与叶面面积的比值，即单位叶面积的水分含量(g/cm^2)。FMC 被定义为叶水分含量(叶鲜重-叶干重)与叶鲜重的比值(%)，为无量纲的量。

对于冠层尺度而言，一是在地面实测数据基础上，研究植被冠层含水量与光谱指数之间的关系；二是通过辐射传输模型，由叶水分含量模拟扩展到冠层水分含量 FWC_c 或 EWT_c，即采用叶水分含量与冠层结构参数的结合来模拟冠层水分含量(单位面积冠层含水量)，通常可采用单位叶面积的水分含量和叶面积指数的乘积来表示。遥感估计冠层水分含量时，主要难题在于植被冠层反射率、BRDF 与观测几何方位有关；植被冠层含水量与叶面含水量、叶面积指数和覆盖率呈一定比率；而 LAI 和方向覆盖度又随空间、时间、观测角度的变化而变化。至于大气中水汽的干扰，可以利用水蒸气和液态水在近红外波段的两个吸收峰之间存在约 30 nm 的波长间隔这一特点，通过高光谱数据从地表液态水中分离出大气中的水汽。

以 SPOT - VGT 和辅助数据为数据源，利用 PROSPECT - Semidiscrete - 6S 三种辐射传输模型，模拟反演植被反射率，并分析植被含水量对植被叶、冠层及大气光谱特征的影响，用蓝波段反射值对 NIR 模拟值进行修正，以消除 NIR 波段中大气的干扰因素；再用修正的 NIR 波段和 SWIR 波段模拟值组成全球植被湿度指数(GVMI)，用以反演区域到全球尺度的植被水分含量，并对 GVMI 进行了敏感性分析。全球植被湿度指数 GVMI 可表示为

$$GVMI = \frac{(NIR_{rect} + 0.1) - (SWIR + 0.02)}{(NIR_{rect} + 0.1) + (SWIR + 0.02)} \tag{5-51}$$

其值变化范围是 0.0～0.9。尽管 GVMI 是专门针对 SPOT - VGT 光谱特性而设计的模

型，但是，理论方法和实践结果表明它也能被用于其他传感器。

叶水含量和 SWIR、NIR 的液态水吸收波长的光谱反射率相关，而红外波段的液态水吸收波段对冠层水分含量估计具有一定的适用性，且所构建的水分指数可以较为灵敏地反映冠层水分含量，如归一化水分指数 $NDWI[NDWI=(R_{860}-R_{1\,240})/(R_{800}+R_{1\,240})]$、水分指数 $WI(WI=R_{900}/R_{970})$、$NDII[NDII=(R_{819}-R_{1\,649})/(R_{819}+R_{1\,649})]$、$WBI(WBI=R_{1\,300}/R_{1\,450})$ 等。表 5 - 9 显示由近红外与短波红外构建，并去除土壤背景影响的各种植被水分指数。

表 5 - 9　去除土壤背景影响的植被水分指数

名称	公式
垂直植被水分指数 PWI	$PWI=\dfrac{NIR-a\cdot SWIR-b}{\sqrt{1+a^2}}$
土壤调整植被水分指数 $SAWI$	$SAWI=\left(\dfrac{NIR-SWIR}{NIR+SWIR+L}\right)(1+L)$
转换型土壤调整植被水分指数 $TSAWI$	$TSAWI=[a(NIR-a\cdot SWIR-b)]/(a\cdot NIR+SWIR-ab)$
修改型土壤调整植被水分指数 $MSAWI$	$MSAWI=(2NIR+1)-\sqrt{(2NIR+2)^2-8(NIR-SWIR)}/2$
优化型土壤调整植被水分指数 $OSAWI$	$OSAWI=\dfrac{NIR-SWIR}{NIR+SWIR+X}$
角度型植被水分指数 θ_{SAWI}	$\theta_{SAWI}=2\arctan(SAWI/1.5)$

注：a、b 为土壤背景线的斜率和截路；L 为土壤调整系数；X 为减少土壤背景影响的优化值。

研究表明，众多指数中，NDWI 和 WI 被认为是对叶和冠层水分最为敏感的指数，但它们对叶水分含量（FMC）和等效水厚度（EWT）的监测能力有所不同；短波红外波段对叶等效水厚度十分敏感，但较容易受到叶干物质含量和叶结构参数的干扰。

5.3.3　植被指数与地表生态环境参数的关系

以植被指数 NDVI 为例，NDVI 常被认为是气候、地形、植被/生态系统和土壤/水文变量的函数。从概念上讲，可用这些环境因子建立 NDVI 模型：

$$NDVI=F(C\cdot V\cdot P\cdot S)+E \tag{5-52}$$

式中：C 为气候子模型；V 为植被/生态子模型；P 为地形子模型；S 为土壤/水文子模型。这些子模型又可表示为各自主因子的函数：

$C=F_1(降水，气温，日照)+E_1$

$V=F_2(生态系统类型，植被类型)+E_2$

$P=F_3(高程，坡度，坡向)+E_3$

$S=F_4(土壤持水性，养分，透水性，地表水利用率，地下水)+E_4$ （5-53）

上述的 E、E_1、E_2、E_3、E_4 为模型误差，由未考虑的环境变量或潜在的测量误差引起。

可以看出上述模型涉及的因子很多，许多因子也难以具体量化。但是由于其中一些环境变量并非完全独立，具有相关性，如日照与气温常与高度相关，土壤持水性与透水性呈负相关。因此，模型可以被简化，有些变量可以由其他变量描述，则用有限的环境变量建立 NDVI 模型是可能的。

描述 NDVI 的这些环境变量均随时间/空间变化，则可以认为 NDVI 具有三维或四维的变化。但是对于一个特定的地理位置和一定时间尺度（如 1 年或 10 年），地形子模型可认为是常量，植被/生态系统子模型及土壤/水文子模型也可认为变化不大。而变化较大的是气候子模型，或者说，对一个具体时间 t 和一个具体地点而言，NDVI 主要成为相关气候变量的函数：

$$NDVI(t) = F(气候变量) + E \qquad (5-54)$$

5.3.3.1 植被指数与气候参数的关系

影响植被指数的气候参数主要指降水、气温和日照，因此式（5-52）可表示为

$$NDVI(t) = F[降水(T_t), 气温(T_t), 日照(T_t)] + E \qquad (5-55)$$

式中：T_t 表示在具体时间 t 之前一段时间的某个因子的累计影响。一般说来，气温和日照是与同一年度的季节密切相关，而季节可用日期来加以描述。因此，可用一个指定变量——日期（j）作为表示气候季节的变量，则式（5-55）可简化为

$$NDVI(t) = F[降水(T_t), j] + E \qquad (5-56)$$

对于一个时间分辨率为天的 NDVI 模型，式（5-56）的 t 为 j，则

$$NDVI(j) = F[降水(T_j), j] + E \qquad (5-57)$$

即日期 j 的 $NDVI$ 为降水 T_j 和日期 j 的函数，它受日期（表征气温与日照）及该日期前一时间段 T_j 降水的影响。有学者研究在植物缺水条件下（即干旱-半干旱环境下），植被指数 $NDVI$ 与降水的关系，建立了植物生长期内降水-植被响应模型，描述一次降水事件带来的随时间变化的 NDVI 响应曲线和对总的 NDVI 响应延续时间。结果证实了 NDVI 与两三个月的累计降水有很好的相关关系，一次降水将引起 NDVI 峰值出现，峰值出现时间滞后15～25 天。这种滞后现象可解释为降水到达植物根部，被根系吸收并输送到叶部，并影响到叶的色素和结构所需要的时间。这个响应时间随植物生长模式、日期、土壤特性等而变化。

植被指数与表面温度的关系，也被许多学者研究。在澳大利亚东南部地区，利用 TM 数据（春）和 NOAA/AVHRR 数据（夏）提取表面温度和 NDVI，通过一个土壤-植被的表面热平衡模型分析了农田与常绿林地的 NDVI 与表面温度关系，它们的关系对两者是不同的；在研究城市热岛效应时，发现由多种地表环境因子组成的城市和郊区的 NDVI，与所观测的城市和郊区地表最小温度差呈线性关系；研究由 TM 数据所提取的 NDVI 和亮度温度及表面温度梯度之间的线性关系，以及不同地表类型表面温度的植被效应。

通过对美国北部和中部大平原的 NOAA/AVHRR 数据所得的多时相融合的归一化植被指数 TINDVI（Time-Integrated NDVI）和地面气象站气象数据所派生的 2 个月间隔的气候变量——表面气温 T_a、土壤温度 T_s、太阳辐射 SR、降水量 PT、大气相对湿度 RH、GDD生长期温度（被定义为日平均温度与基本温度 10 ℃之差）；ETp 潜在蒸散（通过方程计算）；建立两者间的关系模型：

$$TINDVI = F|T(t), GDD(t), PT(t), ET_p(t), SR(t), RH(t)|$$

$$(5-58)$$

以多年的 TINDVI 为自变量，以 7 个季节性气候数据为因变量进行多元线性回归分析。结果表明，PT、ETp、GDD 是草场长势和生产力的最主要控制因素。其中 TINDVI 与春夏季的降水量呈正相关，与初春的潜在蒸散呈负相关；对于不同类型草场分别研究表明，北方混合牧场光合作用的路径是决定草地长势的重要因素，而对南部草场，TINDVI 受生长季节的水热条件的影响。

利用冬季日本东京地区昼夜的 TM 图像数据经 Lowtran7 大气纠正，对地表组成结构（建筑群与植被的比例）不同的城区（建筑群占总面积的 82.5%）与郊区 A（建筑群占总面积的 61.6%）、郊区 B（建筑群占总面积的 30.9%），分别计算了其平均 NDVI、昼夜平均地表温度（T_{SD}、T_{SN}）及日温差（$\Delta T_s = T_{SD} - T_{SN}$），并通过计算 $T_s/NDVI$，研究不同地表类型表面温度的植被效应。

5.3.3.2 植被指数与植物蒸散、土壤水分的关系 一般说来，NDVI 能反映植被状况，而植被状况与植被蒸发量、土壤水分是有关的。Wiegan 和 Richardson 对某一站点的绿色植被连续测定表明，累计的蒸发量与累计的植被指数间高度相关；Cihlar 等通过作物生长季节每 15 天的 NDVI、气象站点的气象数据，由土壤水分模型（VSMB、SWOM）反演计算了根系不同深度水含量以及生态、土壤等信息，并在 GIS 支持下研究 NOAA/AVHRR 的 NDVI 与生态变量的关系以及用 NDVI 来估算蒸发量的可能性。研究发现，不同的植被/土壤组合显示不同的 NDVI 变化轨迹，它与潜在的蒸发量（PE）曲线的趋势密切相关。实际蒸发量（AE）与相应的 NDVI 间相关系数为 0.77；NDVI 与前 15 天的潜在蒸发量间相关系数为 0.86；整个生长季节的累计 NDVI 与累计蒸发量高度相关，相关系数达 0.96。研究表明，用 NDVI 和潜在蒸发量（PE）可以估算 15 天为周期的实际蒸发量（AE），估算误差 10%～15%。这个结果说明 NDVI 的变化轨迹除了可提供植物季相变化的重要信息，还能较好地估算实际蒸发量（AE）。

不少学者研究了不同的干旱-半干旱地区植被指数与土壤水分的关系，发现植被指数与各种测量所得的土壤水分有效性之间有密切的经验关系，且植被指数与土壤水分胁迫（Stress）的关系与植被类型有关。这些研究表明，NDVI 可以作为一种有用的土壤含水量指标。如：运用 Nimbus - 7 的多通道微波辐射仪（SMMR）和 NOAA/AVHRR 数据，由 SMMR 得亮度温度和由 AVHRR 得植被指数 NDVI，再通过降水指数（API）模型与土壤湿度进行相关分析，建立土壤湿度诊断模型（线性回归方程），得到 4 级土壤湿度信息，并与不考虑植被的 3 级土壤湿度进行比较分析；用 NOAA/AVHRR 所得的 NDVI 和表面温度，以及气候数据计算区域尺度土壤水分。研究表明，此法所得的区域土壤水分与作物水分指数（CMI）和 Palmer 干旱指数（PDSI）高度相关，可以通过 NOAA/AVHRR 的 4 种植被指数来估算。

在研究旱灾遥感监测中，进一步提出植被状态指数 VCI、温度状态指数 TCI 及植被-温度混合状态指数 VTCI 的概念，它们分别表示为

$$VCI = (NDVI - NDVI_{min})/(NDVI_{max} - NDVI_{min})$$
$$TCI = (T - T_{min})/(T_{max} - T_{min})$$
$$VTCI = a \cdot VCI + \beta \cdot TCI \tag{5-59}$$

式中：$NDVI$、$NDVI_{max}$、$NDVI_{min}$ 分别为平滑后的月或旬、年的 NDVI 值、最大、最小值；T、T_{max}、T_{min} 是由 AVHRR 第 4、第 5 通道数据的亮度温度；α、β 为权重系数，与

植被类型、生长阶段、地理位置等有关。

VCI 可反映 NDVI 因气候变化而产生的变化,消除或减弱地域因素或生态因素、土壤条件的不同而对 NDVI 的影响,可以表达出大范围干旱状况,尤其适于编制低纬(＜50°)地区的干旱分布图。

虽然 VCI 在作物生长期是表达旱灾状态的一个可信指数,但是由于旱灾标准难以准确定义,通常是通过建立遥感参数 VCI 与地面实测土壤水分含量之间的统计关系模型,直接用 VCI 来表达旱情等级,以此评价区域缺水或旱灾情况。

5.4　植被遥感应用-植被动态变化分析

5.4.1　中尺度植被动态监测与制图

应用多时相 NOAA/AVHRR 图像数据进行植被类型制图和植被动态变化分析。研究区选择位于半干旱-干旱过渡带的内蒙古典型干草原地带(E115°～120°,N41°～46°,面积约 25 万 km²),其西部为小腾格里沙地,东北部为大兴安岭南段林地。研究区生态环境异常脆弱,人类活动和气候上的波动极易引起环境的变化,是进行植被遥感研究的理想地域。通过对 NOAA/AVHRR 不同时相植被指数 RVI 图像进行分割处理,可以揭示植被绿波的进退和季相变化以及在空间上的表现,同时获得植被类型图。具体工作步骤如下:

A. 遥感资料的预处理,选择了植物生长季节中,4 个不同时相的无云图像,即 1989 年 5 月 4 日、6 月 8 日、7 月 3 日、8 月 13 日,对这些图像数据进行大气纠正、UTM 投影变换,使不同时相的图像在空间上严格配准。

B. 求算比值植被指数 $RVI - CH_2/CH_1$,作 4 个时相的植被指数图像。不同 RVI 值反映植物光合作用的强弱,也是植物类型差异的一种表现。但是单一时相的 RVI 还不足以区分植物类型,多时相的 RVI 可提供更多的植物信息。

C. 对 4 个时相的 RVI 图像进行主成分分析(K-L 变换)。即实现时间维的植被指数 RVI 的空间坐标旋转,使植被类型分离的可能性达到最大。K-L 变换的第一主分量,方差百分比达 89.9%,集中了绝大部分的信息,且各植物类别间差异最大。该图像作为进一步分析的典型图像(表 5-10)。

表 5-10　内蒙古达里诺尔地区多时相植被指数 VI 图像 K-L 变换特征统计

时相序号	均值	标准差	协方差矩阵				主分量	特征向量				百分率方差(%)
			1	2	3	4		1	2	3	4	
1(504)	190.0	25.03	626.5	211	1 415	1 428	1	−0.169	−0.133	−0.690	−0.691	0.899
2(608)	232.3	33.75	211.1	1 139	1 056	1 059	2	0.094	−0.988	0.084	0.083	0.068
3(703)	154.1	77.43	1 415	1 056	5 996	5 826	3	0.977	0.072	−0.189	−0.065	0.020
4(813)	153.8	77.51	1 428	1 059	5 826	6 007	4	−0.086	−0.007	−0.694	0.715	0.013

D. 运用图像分割技术(即密度分割),采用阈值方法,对上述的第一主成分图像进行空间分割。"分割点"阈值的确定,先对第一主成分图像进行灰度线性拉伸(0～255),根据直方图上每个特征峰的形状和位置等细节确定分割端点,即根据每个特征峰的均值 u 和方差 σ 确定每段分割的端点,端点值即为阈值(或称门限值),将图像分割为 9 级。

E. 图像分割后生成植被类型图。将分割图像与该地的植被图进行比较，使各色调分别代表不同的地表覆盖类型（植被类型），见表 5-11。

表 5-11　参时相植被指数 VI 图像第一主分量的图像分割

DN 区间	0～32	32～64	64～96	96～128	128～160	160～192	192～224	224～254	254～255
色调	深绿	苹果绿	蓝绿	豆绿	浅黄	土黄	深黄	红色	雪青
植被意义	森林或密灌丛	林缘草地	草甸草原	干草原	典型干草原	退化草场	严重退化草场	农田	裸地裸沙

最终生成由多时相 RVI 图像 K-L 变换的第一分量图，经图像分割、彩色编码而生成的植被类型图。该图已不代表一时一地的植被指数的空间分布，而代表着地表各种覆盖类型的空间分布格局，是一幅植被景观图。

F. 中尺度植被动态变化分析。选择 1987 年 6 月 8 日和 1989 年 8 月 13 日的 RVI 图像，分别进行图像分割，得两张分割后的彩色编码图像。对这两张分割图像进行对比分析，植被指数最高的墨绿色表征山地森林、灌丛，时间和空间上均稳定，几乎不受气候波动影响；浅绿和黄色为草原植被类型，它们随季节和年份呈现很大波动。两者绿峰的水平距离差约 200 km，反映出季节和降水波动的结果，即 6 月份是草的生长旺季为全绿状态，8 月份草已开始枯黄；同时根据气候资料，当地 1986、1987 年为丰水年，草原植被返青早、生长旺、绿峰迅猛推进，而 1988、1989 年为大旱年，草类提前枯萎，绿峰提前全线消退，致使两者的季节差大于正常年份。

5.4.2　大尺度植被动态变化分析

随着全球生态环境的恶化，植被遥感从主要了解局地植物状况和类型，到围绕全球生态环境而进行大尺度（洲际或全球）植被的动态监测及植被与气候环境的关系研究。

日本用 NOAA 的全球 NDVI 植被指数来分析全球植被和土地类型。在全球植被研究中（以 1987 年为例），用 1 km 的 AVHRR 数据以像元为单元计算每天的绿度指数（GVI）。为了排除大气影响、云的干扰，选择 7 天中 GVI 的最大值（云的 GVI 为低值）作为一周的 GVI；再用每个月 4 周中 GVI 的最大值作为月的 GVI；分析 GVI 的月变化，并作不同月份 GVI 的彩色合成图，以分析 GVI 的季节变化；对月 GVI 图像进行分类，分出热带雨林、常绿林、落叶林、苔原冻土、草地、半干旱、高山干旱、干旱沙漠等 8 种类型植被类型，并作出不同月份 8 种类型的 GVI 变化曲线，以分析不同植被类型的动态变化（月或季节）；用 1987 年的平均植被指数值图像，进行图像分类绘制全球植被图；将 8 种类别归并为森林、草地、沙漠 3 大类，进行大区域 GVI 分布特点和类别的研究；通过以年为单位的 GVI 的多年对比，分析不同区域（全球、欧亚、大洋洲、南美洲、北美洲、非洲等）的植被年变化。

在全球土地覆盖类型研究中，考虑到南北半球的差异，即南半球的 1 月份约相当于北半球的 7 月份，因而在数据采集上，将南半球数据移动 6 个月。经数据预处理后，对全球的 NDVI 作集群分类，分出 13 种土地覆盖类型——热带雨林、热带大草原、落叶林、常绿阔叶林、季雨林、热带草原和草原、草原、地中海灌木、常绿针叶林、阔叶林地、灌木和仅有旱生植被的干草原（半干旱）、苔原冻土冰区、沙漠，作全球土地覆盖类型图，并作 13 种类别 NDVI 的季节变化曲线，以进行全球土地覆盖类型的动态监测。

我国不少学者也用 NOAA/FY-1 的 NDVI 作全国植被或土地覆盖类型图，进行全国植被生态环境动态监测，以反映植被或土地覆盖的年、季、月动态变化及地域气候界线。由于用 3 条轨道的 NOAA/AVHRR 数据方可覆盖全国，而气象卫星轨道每天东移 6°，3 条轨道的时间约 6 h，因此多轨拼接存在着一系列的技术问题，如太阳高度角的纠正、目标反射辐射值的归一化处理、投影变换等。一般先计算每天的 NDVI 值，将每个像元 10 天中 NDVI 最大值作为该像元的"旬"NDVI 值，再由一个月中的上、中、下旬 NDVI 生成每月的全国植被指数图，反映植被及生态环境的动态变化。

应该注意的是，NDVI 最大值法(MVC)虽然对去除云是有效的，但忽略了地表的方向性反射，这将造成 NDVI 值以及由 NDVI 反演地表参数的误差。

思　考　题

1. 思考植被在地表各系统圈层之间重要的作用，以及遥感观测植被的可行性。
2. 理解典型植被的光谱特性，思考形成如此光谱特征的主要因素有哪些。
3. 什么是植被指数？常用植被指数有哪些？理解它们的构造原理及适用情景。
4. 植被指数的影响因素有哪些？
5. 地表参数遥感反演的主要内容与方法有哪些？

第6章 土壤遥感

6.1 土壤遥感的理论与方法

土壤不同于地貌、植被等自然地理体，它是地壳表面的疏松层次，一般无固定的几何形状，并且上面经常覆盖着植被。因而在遥感图像上很难甚至无法直接反映，即使是裸露的土壤，反映的也是表层土壤的形态和性质，很难表现出垂直剖面。而调查鉴定土壤不仅要注意表土的性状，更重要的是依据土壤剖面的土体构型、理化性状和养分等因素。所以，对于土壤这种特殊的解译客体，如果仅以图像解译的一般原理和方法来分析，显然不会得到良好的结果，进行土壤解译必须充分利用地面因素在遥感图像上的反映，来分析研究土壤解译的理论基础和方法。

6.1.1 土壤遥感解译的理论基础

遥感图像上土壤类型的分类识别和分析解译是建立在成土因素学说和土壤光谱特性基础上的。

6.1.1.1 成土因素学说 土壤是一个独立的历史自然体，它既是地理环境的组成部分，又是反映地理环境特征最敏感的要素之一，被称为地理环境的一面镜子。它的发生、发展和分布是气候、生物、地貌、水文、地质、母质和人类活动共同作用的结果。因此，根据一个地区土壤剖面的形态，可以从理论上推断分析该地区的地理环境特征；反过来，也可以利用研究区的地理环境特征，根据一定的土壤和特定的地理环境相联系的普遍规律，即成土因素学说，分析推断出土壤的剖面形态、理化性状，确定土壤类型和分布。在遥感图像上，根据影像特征，可以解译出地貌、植被、母质、水文和农业生产等成土因素，对它们进行综合分析，揭示出这些因素与土壤的关系，便可确定土壤类型和分布范围，推导出其主要性状，即根据成土因素学说进行间接分析解译，判断和识别土壤类型及其性状特征。

6.1.1.2 表土性状的反映 没有植被覆盖的裸露土壤，其顶层的光谱特征可以在遥感图像上表现出来，即土壤颜色、质地、湿度、化学成分、矿物类型、有机质含量等因素在遥感图像上有所反映。而土壤的全部土层在发育过程中是相互联系的，剖面是一个不可分割的整体，不同类型的土壤一般具有不同的剖面构造和表土性状，并且表土性状就是土壤属性的重要组成部分，它在某种程度上可以指示整个土壤剖面的性状。因此，通过对表土的图像解译，也可推断出土壤的类型和性状，达到对土壤解译的目的。

6.1.1.3 分类依据 目前实行的土壤分类系统中，有一部分分类单位的划分依据就是地表特征，如物质组成、利用状况、母质类型和地形等。这些地表特征在遥感图像上表现清晰，反映明显，很容易识别出来，用于土壤分析解译和分类识别。

6.1.2 土壤解译的基本方法

由于土壤在遥感图像上反映的特殊性，进行土壤解译必须有一些特殊的方法。

6.1.2.1 因素分析法（elements analysis） 因素分析法是由伯林夫（P. Buringh）发展起来的，它建立在土壤和环境条件有密切关系的基础上。通过对与土壤有密切关系的地形、植被、母质、水系等各种因素进行系统的分析研究，说明成土条件和土壤性质，划分土壤制图单元。

根据成土因素学说，土壤和环境要素相互影响、相互制约，其中任一个发生变化都会引起土壤的变异。这些因素有些与土壤直接相关，有些间接相关。在解译时，首先排除与土壤形成无关的因素，然后对与土壤有关的因素进行分析研究，确定哪些与土壤密切相关，且与土壤界线变化一致；哪些与土壤变化有关，但并不一定与土壤界线的变化一致，以及相一致或相关的程度。

具体做法是把每个因素都作一张图，然后将这些图重叠起来，形成一个原始的图像解译图，这样在图上就表现出大量边界，但并不是所有的界线都是土壤界线，需要到野外去进行校正。一般情况下，一个土壤界线往往是由几个因素的界线所决定的，特别是界线愈集中的地方，愈可能是土壤边界所在之处。另外，要注意对土壤性状起决定作用的因素，即主导因素，其界线所在也往往是土壤界线变化的地方。

因素分析这个方法比较麻烦，但对一个没有经验的初学者来说，它能够得到全面的锻炼，而且能得到比较可靠的成果。对于一个有经验的工作者来说，不必对每个因素都作图，可以有比较地选择几个主要因素来加以分析。

6.1.2.2 图型分析法（pattern analysis） 图型分析法主要是弗罗斯特（Frost）提出来的，它是先将地面划分为较大的景观单元，如山地、丘陵、台地、洼地等，然后按"局部图型因素"，如地貌、水系、侵蚀特点、植被、色调和利用方式等，再划分为更小的图型单元，如分水岭、山坡、谷地等。每种小的图型单元都与一定的土壤条件密切相关，最后逐单元来研究土壤的类型、特征和分布。

这种方法适用于曾经研究过遥感图像上的图型与土壤间关系的地区，要求解译人员有良好的地学知识。具体做法是，把景观分成较小的单元，并详细研究各图型因素与土壤的关系，对每一种因素都必须单独研究。如果各因素研究的结果一致，土壤可以被鉴别并相当准确地予以说明。一般情况是相似的土壤具有相似的图型，不相似的土壤具有不相似的图型，并且能将已知区的结论推到图型相同的区域。图型分析研究必须与环境条件联系起来，才能较正确地解释遥感图像上的各种现象和土壤情况，而简单地推论将会出现问题。

图型分析方法对研究地貌及其与土壤的关系起着有益的作用，在已知地貌形成过程和气候、时间等条件相似的地方，使用这种方法是可靠的，但不能用于不了解的地区。

6.1.2.3 景观分析法（landscape analysis） 景观分析也称地文分析，由古森（D. Goosen）1976 年提出，其基本思想是设想景观的变化必然影响到土壤边界的变化，或是土壤外部因素的变化也必然引起它内部特性的变化。它根据地文过程及其在遥感图像上的影像特征分析出由不同地文过程产生的地形及其在图像上的特点，将调查研究区分成不同的地文单元，每一个单元上都有一种特有的土壤组合，并运用地表物质侵蚀、搬运、沉积规律来推断土壤延伸的范围、类型和界线。

地文分析与静态因素分析相比较，它更多地是认识动态过程；它也不同于图型分析的现象分析，而是过程的分析，是用各种现象的形成过程来解释所观察到的现象。因此，地文分析最重要的步骤是判断和识别在一定情况下对地表和土壤起作用的基本过程。

三种方法及其应用之间的区别是人为制定的，在实际的遥感图像土壤解译中，它们常常被混合使用，具体将取决于土壤研究的内容和要求。在一般勘察调查中，最好先用粗略的地文分析，以确定景观的地文过程；然后用详细的因素分析来研究调查地区与土壤有关的各个因素，编制各种图件；最后用图型分析方法绘制出该地区综合土壤图。

6.1.3 土壤遥感解译的标志

6.1.3.1 土壤的光谱特征 土壤有其独特的反射光谱特性。土壤的反射光谱特性是土壤发生属性的综合表现，是鉴别土壤的依据之一。戴昌达根据 $0.4 \sim 2.5\,\mu m$ 的光谱范围把我国土壤光谱分为平直型(泥炭、暗色草甸、黑土、火山灰土等黑色土壤)、缓斜型(水稻土)、陡顿型(红壤、砖红壤等热带、亚热带土壤)、波浪型(棕漠土、龟裂土、风沙土等干旱地区土壤)等四大类型。$0.51 \sim 0.56\,\mu m$、$0.65 \sim 0.70\,\mu m$、$0.80 \sim 0.85\,\mu m$、$1.55 \sim 1.60\,\mu m$ 4 个谱段是土壤的敏感谱段，红外/红或红外/绿光谱段的反射比，对于鉴别土壤类型有重要作用。

图 6-1 显示土壤光谱反射率曲线的"峰-谷"变化较弱，曲线的形态远没有植物那么复杂。总的看来，土壤的反射率一般都是随着波长的增加而增加，并且此趋势在可见光和近红外波段尤为明显。土壤对所有入射能均吸收或反射，无透射。但是，土壤本身是一种复杂的混合物，由物理和化学性质各不相同的物质组成，它们会不同程度地影响土壤的反射与吸收光谱特性。影响土壤反射率的内在、外在因素很多，包括水分含量、土壤质地(沙粒、粉粒、黏粒的比例)、有机质含量、氧化铁的存在以及表面粗糙度等。这些因素是复杂的、变化的和相关的。

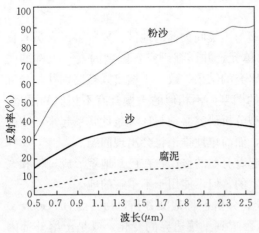

图 6-1　不同土壤的反射光谱曲线　　　　图 6-2　土壤湿度对反射率的影响

(1)土壤水分含量。随着土壤含水量的增高，土壤的反射光谱特性曲线将平移下降[图 6-2 和图 6-3(a)]，但当土壤超过最大毛管持水量时，土壤的反射光谱将不再降低。土壤水分含量与土壤结构密切相关，正常情况下，粗沙质土壤因易于排水，水分含量较低，反射率较高；而排水能力差的细结构土壤，则反射率较低；但是在水分缺乏的情况下，土壤本身则显示相反的趋势，即粗结构土壤比细结构土壤色调更暗（图 6-1）。因此，土壤的反射率特性仅反映某特定状态下的特性。黏土由于颗粒细、粒间空隙小，即使干燥一般也能保存相当的水分，反射光谱曲线仍能较明显地出现水吸收带处的凹陷；此外，大部分黏土在 1.4 μm 和 2.2 μm 处还有较强的羟基吸收带，这些也是区分土壤类型的依据之一。

（2）土壤质地。土壤质地对反射率有明显影响，当土壤的物质一致时，细颗粒的反射率要比粗颗粒为高，当把各种大小的土壤团聚体压碎，其反射率随之升高，粒径小于 0.25 mm，反射率能达到最高值，粒径超过 1.00 mm 时反射率变小，粒径达 5~7 mm 以上时，反射率达到最低值（图 6-1）。干的黏质土壤颗粒细，表面积大，会提高反射率；干的砂质土壤将降低反射率。但在一般情况下，黏性土壤含有机质多，保蓄水分能力强，反射率要低于沙性土壤[图 6-3(a)]。

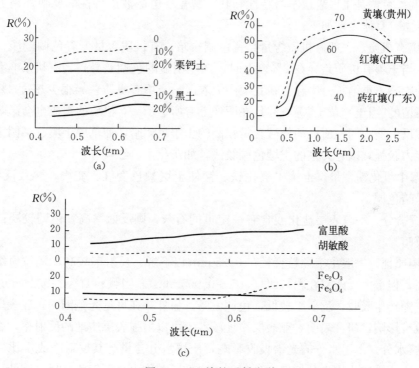

图 6-3　土壤的反射光谱
(a)不同有机质湿度的土壤反射光谱　(b)不同类型土壤的反射光谱　(c)腐殖质和铁氧化物反射光谱

（3）土壤有机质。土壤有机质含量也是影响土壤光谱特性的一个重要参数。一般说来，有机质含量增加会导致土壤反射率下降[图 6-3(a)]。但研究证明，有机质含量和整个可见光段的土壤反射率是非线性关系，不同的气候环境及有机质分解程度等均对反射率有影响。因此，当研究两者关系时，必须考虑到土壤所处的气候区和土壤本身的排水条件。土壤腐殖质中胡敏酸是消色性物质，在所有可见光谱区内亮度差异都很小。而富里酸的特性则不同，它在光谱的绿色与红色部分显著上升，因此需根据腐殖质的不同类型进行研究[图 6-3(c)]。

（4）土壤铁氧化物。铁的氧化物是土壤的着色剂，当土壤中存在相当数量的高价铁氧化物时，在 0.45 μm 前的反射率逐渐升高，0.45~0.48 μm 反射率上升幅度有所降低，甚至出现吸收谷，0.5 μm 以后又急剧上升形成陡坎，红色风化壳发育的富铁铝化土壤，都普遍具有这种陡坎型的光谱曲线。以褐铁矿为主要成分的黄壤，最陡峻的谱段出现在 0.52～0.54 μm；以赤铁矿为主的红壤、砖红壤则出现在 0.54～0.58 μm。含大量游离氧化铁与赤铁矿的砖红壤，不仅 0.54～0.58 μm 谱段更趋陡峻，0.5 μm 以前因游离氧化铁吸收形成的谱段也更显宽阔。因此，有可能依据 0.45～0.58 μm 的低反射率和 0.62～0.68 μm 的高反射率这两个特征谱段来鉴定氧化铁，并区分土壤类型[图 6 - 3(c)]。

(5)土壤盐分。土壤中存在有白色物质，如无定形硅酸盐、石灰、石膏、苏打盐、硫酸盐、氯化物盐类等时，它们在可见光区都有高的反射率，在遥感图像上色调明亮。但是部分含苏打盐或镁盐的土壤，盐分易潮解，并溶解了有机质而使表土呈暗色，这时容易与过湿土壤或有机质含量高的暗色土壤相混，需借助别的标志来区别它们。

6.1.3.2　土壤的影像特征

(1)色调。色调是土壤表层本身特性和其上覆盖物电磁波谱特性的反映，是土壤解译中最重要的标志。具体表现如下：

A. 土壤有机质。一般有机质含量高者色调较暗，有机质含量低者色调较淡。许多研究资料表明，当土壤有机质差异在 2% 以上时，产生明显的色调差异，当有机质含量超过 9% 时，对色调影响不再增长。实际上在我国广大农区，土壤有机质差异很少超过 2%，但还是能区分出所谓的"黑土""黄土"等，并且在图像上有所显示。有机质的组成也会影响色调的深浅，胡敏酸反射能力弱，所以胡敏酸含量较高的土壤色调暗，如草原土壤、菜园土壤等；富里酸反射能力较强，以它为主的土壤色调较浅，如灰化土、红壤等。

B. 土壤中氧化铁含量。土壤中氧化铁、锰使土壤颜色变红、变褐，导致反射率下降，在图像上呈暗色调。

C. 土壤盐分。一般表层盐化或含有一定量的石灰，则反射率高，色调较淡；反之含量少，色调较暗。

D. 土壤质地。一般土壤颗粒直径在 0.25 mm 以下者，反射率较高，颗粒愈细，其光谱反射率愈高，但最大反射率在粉粒级(0.05～0.005 mm)。当颗粒直径＞0.25 mm 时，往往因为粒间空隙产生吸收，反射率较低，色调发暗。另外，在可见光范围内，亚表层土壤质地对反射率也有影响，研究表明，亚表层质地较沙，可以增强表层质地的反射率，否则减弱。

E. 土壤水分。由于水分的光谱吸收影响，土壤水分含量与其反射率成反比，一般土壤湿度大者，土壤颗粒周围水分增厚，反射能力降低，图像上色调较暗；反之则淡。如水成土壤的草甸土、沼泽土、潜育土多呈现暗色调。

F. 地表粗糙度。地表粗糙，则发生漫反射，使色调变浅；如果粗糙度增大到一定程度，则产生阴影，因而色调的亮明度降低。

G. 地表覆盖。与裸土相比，由于地表覆盖的存在，反射率有所下降，所以有植物的土壤色调较暗。当然植被类型不同，影响有差异。如针叶林覆盖色调较暗，阔叶林次之，草本覆盖时更浅。

在多波段遥感图像上，物体的电磁辐射被分成很窄的波段，形成的影像与全色波段的影像不同；对于由单波段合成的多波段彩色图像，影像色调与土壤性质间的关系更复杂，如在标准假彩色合成图像上，不同土壤的色调如表 6 - 1 所示。

表 6-1　几种主要土壤及其特征在遥感图像上的颜色

土壤	黑白图像	标准假彩色图像	备注
干旱壤质土壤	白浅灰	黄白	水分系列
湿润草甸性土壤	暗灰	浅蓝	
潮湿的沼泽性土壤	深暗灰	深暗灰	
灰蓝色潜育性土壤	灰	蓝灰	
浅色土壤	白灰	白黄	有机质系列
黄色土壤	灰白	浅黄、浅蓝绿	
有机质稍多的土壤	灰	暗灰	
黑土	黑	黑	
潮湿盐土	黑	蓝灰	盐分系列
硫酸盐盐土	白	白	
石质土	浅灰	浅蓝、蓝、蓝绿	质地系列
砾质土	浅	浅蓝	
白色粗沙土	白	白	
黄色沙土	浅灰	白、浅黄	
黄色粉沙土	浅灰	白	
红色黏土	暗灰	蓝绿、绿	

(2)形状大小。作为连续分布于地球表面，具有地表以下三维构型特征的土壤，在地表是没有一定几何形状和大小的，所以它在图像上没有固定的形状大小。遥感图像上的形状大小主要是地表形态和植被特征，以及农田布局和建筑物的反映。工作中通过对植被和地形的解译达到对土壤的间接解译。特别是在中小比例尺的图像上，形状是植被、母岩、潜水和土地利用等方面的综合表现特征。

(3)纹理。纹理反映的是群体的影像特征。在大比例尺图像上，纹理特征主要取决于地物个体形态和分布状况，如森林形成较粗糙的纹理，草地则表现为光滑纹理。在中小比例尺图像上，主要反映地表的起伏状况、切割程度和物质组成。一般切割密集的岩石区，显示较粗的纹理，切割较少的黄土区则纹理平滑，风沙区的沙丘形成波状纹理，壤质和黏质土地区则形成平滑纹理。

(4)图型。图型是地表形态在图像上有规律地重复出现而形成的特殊影像组合。图型大小的显示及其应用主要取决于比例尺，有些图型是大地形因素造成的，如大的冲积扇系统，大河流水系构造，内陆湖同心圆分布的地形景观等；而有些图型则可能是小地形造成的，如冲积平原的蝶形洼地，玄武岩地区的小型露头；有些图型是人为因素造成的，它一般具有一定的几何图形，如农田、果园和山坡上用于造林的鱼鳞坑。

(5)位置和相关性。主要是通过自然植物群落、农业利用特点和地貌的位置关系，间接分析土壤形成的条件和物质组成。如稻田、柳树林等反映土壤较湿，甘薯和柏树反映地下水位较深，由沉积规律可知，从河漫滩的沙土逐渐变为高河漫滩的沙壤土、阶地上的壤土和河间地的黏土等。

6.1.3.3 土壤类型的解译标志

（1）土类。土类是由区域生物气候条件决定的，需要根据调查区土壤的水平地带性和垂直地带性及非地带性与人为耕作熟化等方面的情况来确定。例如，暖温带阔叶林下形成的棕壤，次生黏土含量较高，剖面有黏化层，含铁矿物多而呈棕色，通透性较差。但是，这些特性中，只有植物因素能由遥感图像直接反映出来，其余特征就要依靠所在的地理位置说明。

（2）亚类。亚类是在成土过程中受局部条件的影响使土类发生变化的因素，如不同的地形、植被条件，会使水热形成差异。例如，山东省棕壤地区，缓坡及山麓地带为土层较厚的棕壤亚类；在陡坡及植被稀疏的坡地，为棕壤性土亚类；在河谷低阶地上，潜水位高，常为潮棕壤亚类。这样，地形和植被的特征就可以成为本区土壤亚类的遥感解译标志，用于识别土壤类型。

（3）土属。土属主要以地区性条件为依据，如地貌和母质。华北地区可依据残积-坡积母质、黄土状物质、洪积冲积物质、湖相及海相沉积物、人工堆积母质等来划分土属。各种母质都有一定的形态特征和图案特征，可作为土属识别的标志。

（4）土种。土种根据一定的土壤剖面及其土体构型为依据划分，遥感图像虽难以达到要求，但可以作土壤剖面的定性辨别。如在棕壤性土壤中，可根据地形、母质的含砾石程度来推断土层的厚薄。因此，在土壤调查研究中，对土种的图斑需要进行实地调绘和补充调查。

6.1.4 遥感图像土壤解译的过程

6.1.4.1 利用成土因素分析方法判断识别土壤
判断识别该地区的景观类型，勾划界限，如分出山地、平原、丘陵、盆地、森林等。

按土壤所处的经、纬度和高度地带性，在同一景观内部推断和勾绘不同母质的分布范围，以判断出土属。

按微地貌推断土种。

抽样采集土壤样品，进行室内分析化验，验证判读解译结果。

6.1.4.2 裸地土壤识别
对于裸地，可直接在遥感图像上对其土壤质地、有机质含量、土壤水分状况及其他属性进行判别分析。一般地，有机质含量高的土壤呈深褐或黑色，低则呈浅褐色或灰色；土壤水分含量大呈现深色调；土壤颗粒越细色调越暗；盐分含量越高色调越浅。

6.1.4.3 植被覆盖土壤的解译
覆盖自然植被时，先判断出森林或非森林土壤，继而区分出林型，再推断相应的土壤类型。对草本植被，通常按不同植物群落来判断土壤，如草原、草甸和沼泽群落下分别发育着草原土、草甸土和沼泽土。

土壤为农作物覆盖时，主要依据作物种类和土地利用方式来确定土壤。在图像上可以方便地判断出水稻田、旱地、茶园地等土地利用方式，进而解译识别出土壤类型。

例1：根据北京幅遥感图像并结合土壤分类和相关资料进行土壤解译。平原地区除局部的在大型河道中形成的呈条带状伸展浅色调的沙土，或色调稍深的沼泽土外，其余都是耕地，主要土壤类型为在冲积土上发育的褐土化潮土或潮褐土，在假彩色合成遥感图像上，显示出大面积的鲜红色；北京城东南方红色逐渐减少，呈蓝灰色，属于盐化潮土区。北京城的西北燕山山脉发育的是棕壤，低处发育的是淋溶褐土，怀来盆地、低地和低阶地的土壤为潮土类型，盆地周围的黄土台地发育的是褐土。

例 2：黑龙江省安达幅的遥感图像中，可看到很多圆形洼地、湖泊，当地人称之为"泡子"的图像，根据当地的环境特点，参考有关资料，可判断这些"泡子"多是"盐碱泡子"，白色图像是"盐碱泡子"周围的盐碱地，是土壤表层的盐碱和植被不发育造成的。

6.2　土壤水分遥感反演

土壤水分（即土壤湿度、土壤含水量），作为陆面水资源形成、转化、消耗过程研究中的基本参数，是联系地表水与地下水的纽带，也是研究地表能量交换的基本要素，并对气候变化起着非常重要的作用。土壤水分的变化能影响其本身的水热过程，使地表参数发生变化，如地表反照率、土壤热容量、地表蒸发和植被生长状况等。这就导致地表能量、水分的再分配，并通过改变地表向大气输送的显热、潜热和长波辐射通量影响到气候变化；气候变化又能引起土壤含水量的变化。两者相互作用，其中包涵复杂的反馈过程。此外，土壤水分作为陆面生态系统水循环的重要组成，是植物生长发育的基本条件，也是研究植物水分胁迫、进行作物旱情监测的最基本因子。

土壤水分遥感反演取决于土壤表面发射或反射的电磁辐射能的测量，而土壤水分的电磁辐射强度的变化取决于其反射率、发射率、电介特性、温度等。土壤水分特性在不同波段有不同的反应，人们可以依据土壤的物理特性和辐射理论，利用可见光-近红外（VIS - NIR）-热红外（TIR）-微波（MW）波段的遥感资料，以及与环境因素（地貌、植被等）的相关分析，来监测土壤水分。其中，可见光-近红外方法主要依赖于地物的反射光谱特性。由于影响地物光谱的因素很多，如表面粗糙度、土壤结构、有机质含量等，因此借助于地物反射光谱差异来估算土壤水分，在精度上受到限制。当然，随着高光谱遥感数据的应用，可见光-近红外法估算土壤水分的精度会有所提高。

目前，人们多从热红外与微波遥感入手监测土壤水分，依据土壤水分平衡及热量平衡的原理，通过地表热通量方程及地表能量平衡边界条件，从遥感成像机理出发，运用热红外遥感的土壤热惯量、植物蒸散、作物缺水指数等方法，以及微波遥感的土壤辐射亮温、土壤介电常数与土壤水分的关系等，建立遥感数据与地面测量值间的经验-半经验统计回归模型、数值模拟方程（如水热耦合传输方程）等，并借助 GIS 的支持，通过引入辅助参数，以提高遥感反演土壤水分、旱情监测的精度和时效。随着土壤-植被-大气系统（soil - plant - atmosphere continum，SPAC）的研究，以及 SPAC 系统模拟扩展到地下水（GSPAC）的模拟，遥感土壤水分研究有了很大的发展。尽管研究有不少的突破，然而土壤水分遥感一直是遥感的难点，尚待进一步深入研究。

6.2.1　可见光-近红外遥感监测土壤水分

可见光-近红外方法，主要利用土壤及土壤上覆植被的光谱反射特性来估算土壤水分。干燥土壤的反射率较高，而同类的湿润土壤在各波段的反射率相应下降，它们反映了土壤表面干湿程度。土壤水分也一定程度地影响到植被冠层的光谱。当光照、温度条件变化不大时，植被生长状况主要与水分有关。而植被胁迫状况（即缺水状况）可以通过不同的遥感植被指数来表征。因此可以通过植被指数法（如距平植被指数等）间接估算土壤水分。如通过多年遥感资料的积累，计算出常年旬平均植被指数与当年旬植被指数的差异，用距平植被指数来

判断当年植被(作物)长势和旱灾程度。旬距平植被指数 ATNDVI 被定义为

$$ATNDVI=(TNDVI-\overline{TNDVI})$$

$$TNDVI=\max[NDVI(t)], \quad t=1, 2, 3, \cdots, 10 \tag{6-1}$$

$\overline{TNDVI}$ 为同旬各年的归一化植被指数平均值；t 代表天数；$NDVI(t)$ 是第 t 天的植被指数值；$TNDVI$ 为当年该旬的植被指数，也是 10 天内最大的 $NDVI$ 值。

Kogan 基于多年 NOAA/AVHRR 数据集，运用植被状态指数 VCI、温度状态指数 TCI，以及 CH4 推导的温度 T_4，提出了用于监测与水和温度有关的植被胁迫时的两个指标 $VCI-TCI$、VCI/T_4。其中 VCI 反映了植被在不同年份间的生长波动情况，被定义为

$$VCI=100(NDVI-NDVI_{min})/(NDVI_{max}-NDVI_{min}) \tag{6-2}$$

温度状态指数 TCI 反映了植被对温度的两种相反响应，被定义为

$$TCI=100(T-T_{min})/(T_{max}-T_{min}) \tag{6-3}$$

式中：$NDVI$、$NDVI_{max}$、$NDVI_{min}$ 分别是经平滑的当周、多年绝对最大、多年绝对最小的归一化植被指数；T、T_{max}、T_{min} 是由 4 通道推导出的经平滑的当周、多年绝对最大、多年绝对最小的亮度温度 T_B。

$VCI-TCI$ 为接近于 $NDVI$ 和 T_B 的天气影响分量，其值从 0 变化到 100，反映了植被生长从最差到最好的变化。此外可用另一个指标(VCI/T_4)来表达土壤缺水对植被胁迫的近似作用。

在干旱-半干旱地区，土壤水分对植被生长起决定性控制作用。一般说来，在同等条件下，土壤水分供应条件好，则植物生长状态好，植物蒸腾作用强，冠层表面和土壤表面温度降低。也就是说，土壤水分与植被指数之间呈正相关，而与表面温度之间呈负相关。因此，可以利用植被指数、冠层与土壤表面温度、土壤与植被水分状况三者之间的相互关系建立各种相关指数，以进行土壤水分的遥感监测。显然，运用上述这些指标(VCI、TCI、$VCI-TCI$、VCI/T_4 等)可以对全球或区域尺度的干旱和植被胁迫进行有效监测。但它们用的是多年遥感数据的统计值，且忽略了植被月、旬、季节的变化，故一定程度上限制了它在遥感估算土壤水分中的应用。

张仁华将表面温度归一化处理，得到相对温差模型：$K(T_{max}-T_{min})/(T_{max}+T_{mim})$，其中，$K$ 是系数，它与天气类型(风速、太阳辐射、空气湿度、温度)、季节、土壤类型等有关；$T_{max}-T_{min}$ 较好地反映土壤热通量 G；而 $T_{max}+T_{min}$ 较好地表达了土壤热量收入。土壤表面温度归一化处理能中和掉一些不可测因素，是一种表达土壤含水量信息的遥感指标。Ramakrishna Nemani 等用 $T_s/NDVI$ 的斜率与作物水分指数(CMI)建立线性方程来反演土壤水分；陈怀亮考虑到地表温度和植被对土壤水分影响较大，用归一化植被指数 NDVI 和 AVHRR 第 4 通道亮温直接与土壤水分建立回归方程；同时考虑到 2 通道对地表的反射特性比较敏感，在地表特征不均匀的情况下，2 通道的反射率会对回归效果产生影响，于是又引入了 2 通道的资料，建立如下方程：

$$W=a\times\frac{1}{CH4}+b\times\ln(NDVI)+c\times(CH2)+d \tag{6-4}$$

式中：CH2 为 2 通道反射率；CH4 为 4 通道亮温；NDVI 为归一化植被指数；a、b、c、d 为回归系数。

6.2.2　微波遥感监测土壤水分

微波遥感具有全天时、全天候、多极化、高分辨率、穿透性及对水分含量反应敏感等优势，是目前监测土壤水分的一种很有效的手段。微波遥感监测土壤水分的物理基础是土壤的介电特征及其与土壤含水量的密切关系，可分主动和被动微波遥感两种。

6.2.2.1　被动微波土壤水分遥感反演　被动微波监测土壤水分，主要依赖于用微波辐射计对土壤本身的微波发射或亮度温度进行测量。在微波波段土壤的比辐射率从湿土的 0.6（30%体积土壤湿度）到干土的 0.9（8%）之间变化，利于土壤湿度的反演。国内外学者围绕微波亮度温度与土壤湿度（W）、田间持水能力（FC）、前期降雨指数（API）之间的关系，以及相关的影响因子（植被盖层、地表粗糙度、土壤纹理结构、土壤分层等）进行了大量的理论和实验研究。研究表明，微波辐射测量土壤湿度的有效采样深度为 2~5 cm，且选择较长波段更为有利。Schmugde 等研究认为，L 波段（波长 21 cm）对土壤水分研究最佳。若在运用 L 波段被动微波资料监测土壤水分的同时，用可见光和近红外信息来估算植被盖度，用主动微波估算表面粗糙度，则可取得更好的效果。

被动微波辐射信息包含土壤湿度与植物水分含量信息。M. Christian 通过对大麦整个生育期的 5 个波段的微波亮度进行野外测量，结果表明：低频波段对植物水分含量敏感，而高频波段则随植物生育过程的发展变化剧烈；微波波段的极化行为与叶茎大小和取向相关。

金亚秋运用星载微波 SSM/I 的 7 个通道辐射亮温数据研究中国东北、华北农田的土壤水分，提出用微波数据生成的散射指数与极化指数来分析农田微波辐射特征其随季节的变化，它可以被用来监测农作物生长和平原土壤湿度变化。

6.2.2.2　主动微波土壤水分遥感反演　土壤的介电特性和它的水分含量间有密切关系，即水和干土间的介电常数相差很大——水的介电常数约 80 dB，而干沙土仅 2~5 dB；随着物体含水量的增加，其介电常数几乎呈线性增加，可产生 20~80 dB 的变化；土壤水分含量不同，介电特性不同，回波信号不一（图 6-4）。

许多国内外学者对雷达后向散射系数和土壤水分的关系进行系统研究，如 A. Weimann 等通过 ERS-1 的 SAR 图像与地面土壤水分实测值的对比分析，发现在一定条件下，土壤含水量与雷达后向散射系数间呈线性关系。由于通过遥感与实测数据的线性回归，所建立起的后向散射系数与土壤含水量的经验关系模型简单，且物理意义不够明确、公式不具普遍适用性。于是人们进一步根据土壤后向散射系数依赖于土壤介电常数，而土壤介电常数与土壤水

图 6-4　雷达监测土壤水分

分间密切相关的这一事实，通过面散射理论模型与介电常数模型，从理论上建立后向散射系数与土壤水分之间的定量关系。同时考虑到土壤表面的后向散射信号，除了与土壤水分含量有关外，还与土壤表面粗糙度、介电特性、土壤物理特性（结构、成分等）相关，进一步探讨土壤的介电特性、土壤性状（粗糙度、质地）及植被对散射的影响，研究后向散射系数、极化

方式与土壤水分、土壤粗糙度、植被覆盖度之间的定量关系，并发展了相关后向散射和发射模型。研究结果表明，C 波段(约 5GHz)、入射角 10°～20°的雷达系统，估计 0～5 cm 层的土壤水分可达较高精度，且 HV 极化比 HH 极化效果更好。

田国良等讨论了 X 波段(约 3 cm 波长)微波散射计对 20 块裸地的不同极化方式，及后向散射系数随入射角的变化与土壤水分的关系，指出对于监测土壤水分、交叉极化要比同极化好；而 HV 极化在 48°入射角时，相关系数最高。后向散射系数与地表粗糙度存在着函数关系，利用 X 波段机载合成孔径雷达水平极化(HH)图像进行河南省封丘县麦田土壤含水量监测，可分出 8 个不同土壤水分等级。

微波遥感监测土壤水分精度较高，且具有全天候、高分辨率的特点，但目前微波遥感数据源的获得尚不畅通，以及考虑到微波监测土壤水分中，受到表面粗糙度、表面坡度、植被等环境因素的干扰，因此采用多种遥感方法的综合更为合适与有效。

6.2.3　热红外遥感监测土壤水分

热红外遥感监测土壤水分依赖于土壤表面发射率与表面温度。图 6-5 显示某一农作区的航空热扫描(晚间 9:00)图像。图右上角暗黑色方块为金属材料屋顶的农舍，其上方规则形状的浅灰色为牛圈，图中深浅花斑状有表征土壤湿度差异所造成的温度差异。湿地因水分蒸发的冷却效应呈暗灰色。

图 6-5　航空热扫描图像监测土壤水分

热红外遥感监测土壤水分一般采用两种方法：热惯量法与植物蒸散法，下面分别论述。

6.2.3.1　裸土或低覆盖区的土壤水分研究——热惯量法

热惯量是量度物质热惰性大小的物理量，是物质热特性的一种综合量度，反映了物质与周围环境能量交换的能力，即物质阻止热变化的能力。在自然条件下，由于多种环境因素的影响，不同物质的热惯量存在很大差异，这种差异对该物质的温度变幅起决定作用。热惯量 P 被定义为

$$P = [K\rho c]^{1/2} \tag{6-5}$$

式中：K 为热传导率，指热通过物体的速率[J/(cm·K)]；c 为物质比热容，指物质储存热的能力[J/(g/K)]；ρ 为物质密度(g/cm)。

对大多数物质而言，热惯量 P 是随着物质热传导率 K、比热容 c 和物质密度 ρ 的增加而增加。由于土壤密度、热传导率、热容量等参数的变化在一定条件下主要取决于土壤含水量的变化，因此土壤热惯量与土壤含水量之间存在一定的相关性。土壤的热传导率、热容量随土壤含水量的增加而增大，土壤热惯量 P 也随着土壤含水量的增加而增大。此外，土壤表面温度的日变化幅度(日变幅)是由土壤内外因素所决定的。其内部因素主要指反映土壤传热能力的热导率 K 和反映土壤储热能力的热容量 c；外部因素主要指太阳辐射、空气温度、相对湿度、云、雾、风等，所引起的地表热平衡。其中，土壤湿度强烈控制着土壤温度的日变幅(日较差)，土壤表层昼夜日温差随土壤含水量的增加而减小。而土壤温度日较差可以通过卫星遥感数据获得。因此，对于裸土或低植被覆盖区，可以用遥感热惯量法来研究和监测土壤水分。这里的关键在于必须建立卫星遥感数据与土壤热惯量的关系模型、土壤热惯量与土

壤水分含量的关系模型，以及土壤表层水分含量与一定深度土壤水分含量的数值模拟模型。

根据地表热量平衡方程和热传导方程，人们研究建立了各种热惯量模式。这些模式除了考虑太阳辐射、大气吸收和辐射、土壤热辐射和热传导等效应外，还考虑到蒸发和凝结、地气间对流交换等效应，因而所需的参数较多，计算较为复杂。一般情况下，地表热惯量可以近似表示为地面温度的线性函数。地表热惯量可以通过对土壤反照率和周日温度变化的日最大、最小温度的测量来获得。Price 在地表能量平衡方程的基础上，简化潜热蒸发（散）形式，引入地表综合参数 B 的概念，通过对热惯量法及热惯量的遥感成像机理的系统研究，提出以下热模型：

$$T_{午后} - T_{夜间} = \frac{2S\tau C_1 (1-A)}{\omega P^2 + B^2 + \sqrt{\omega} PB} \tag{6-6}$$

式中：P 为地表热惯量 $[J/(m^2 \cdot s^{1/2} K)]$；$A$ 为土壤反照率；$T_{午后}$、$T_{夜间}$ 分别表示午后（13:30）和夜间（2:30）的地表温度（K），$T_{午后} - T_{夜间} = \Delta T$ 为昼夜温差；S 为太阳常数（$1.37 \times 10^3 J/m^2$）；τ 为大气透过率（假设约为 0.75）；C_1 为太阳赤纬 δ 和当地纬度 φ 的函数；$C_1 = 1/\pi [\sin\delta\cos\varphi (1 - \tan^2\delta \tan^2\varphi)^{1/2} + \arccos(-\tan\delta \tan\varphi)\cos\varphi]$；$\omega$ 为地球自转频率；B 为表征土壤发射率、空气比湿、土壤比湿等天气与地面实况的地表综合参数，可由地面实测数据得到。

根据式（6-6），可得到热惯量的近似方程：

$$P = 2S\tau C_1 (1-A) / [\sqrt{\omega} (T_{午后} - T_{夜间})] - 0.9B/\sqrt{\omega} \tag{6-7}$$

式中：$S\tau C_1$ 为入射到达地面的太阳总辐射量，可用 Q 表示。而对于一般均匀的大气条件、平坦的地表来说，大气透过率 τ 和大气-土壤界面的综合因子 B 均可认为是常数，则式（6-7）可简化为

$$P = 2Q(1-A)/\Delta T \tag{6-8}$$

式中的 $Q(1-A)$ 表征地表对太阳辐射的净收 AR_n。若不考虑测地的纬度、太阳偏角、日照时数、日地距离，而只考虑反照率和温差，则上式又可简化为

$$P = (1-A)/\Delta T \tag{6-9}$$

可见，$(1-A)/\Delta T$ 值唯一由地物的热惯量 P 的相对大小所决定。即 $(1-A)/\Delta T$ 值大，P 也大；反之，P 就小。若不同物体 $(1-A)$ 相同，即吸收太阳能量相同，则热惯量大的物体，昼夜温差小；反之 P 小的物体，ΔT 大。可见，热惯量是决定地物日温差大小的物理量。

以上推导表明，地表热惯量的计算关键在于获得地表反照率和多时相温度差。也就是利用多时相、多波段遥感数据的特点，通过多波段遥感的反射值反演地表反照率 A，通过多时相热红外波段的发射值反演昼夜温差 $T_{午后} - T_{夜间} = \Delta T$，以计算地表热惯量；再利用热惯量与土壤水分的关系，以及利用多波段遥感数据所获得的土壤质地等信息，来估算大面积的土壤水分。此方法简便易行，被广泛应用于裸土或低植被覆盖区的土壤水分研究。

遥感热惯量法主要包括以下 4 个方面内容（以 NOAA/AVHRR 数据为例）。

（1）反照率 A 计算（全波段地表反照率）。地表反照率应是全波段、半球视场的反射比，而遥感所得的是非连续、多波段、窄视场的各波段的反射系数。全波段指波长 $0 \to \infty$（主要指 $0.15 \sim 4 \mu m$）。但由于太阳能量主要集中在 $0.31 \sim 1.5 \mu m$ 很窄的波段。因而可以通过可

见光与近红外波段的反射率来近似替代全波段反照率。两者之间的关系可通过野外实测数据来建立回归方程。即

$$A = a\rho_R + b\rho_{NIR} \quad (a、b 为权重系数) \quad (6-10)$$

一般是在作物生长期中，通过对不同覆盖度作物的反照率实地测量，建立起实测反照率与遥感数据（如 NOAA-AVHRR/CH1、CH2 反射率）之间的关系——线性相关方程，以推算地面反照率。如田国良等对于河南中部地区，用 NOAA/AVHRR CH1（$0.58\sim0.68\,\mu m$）、CH2（$0.725\sim1.10\,\mu m$），求算地表反照率，采用以下公式：

$$A = 0.423CH1 + 0.577CH2 \quad (6-11)$$

若考虑自然界的非朗伯体效应，地表反照率的反演要复杂得多，它需要将可见光-短波红外波段的反射率转换成 BRDF 方向反射率，再反演地表的全波段半球反照率，具体方法可参看书中"定量遥感"章节中的有关内容。

(2)地表昼夜温差 ΔT 计算（实际温度的昼夜温差）。遥感图像上直接得到的是辐射亮度温度（即表观温度），一般需将辐射温度 T_b 反演成实际温度 T。这里涉及复杂的比辐射率 ε 的问题。

根据斯蒂芬-玻尔兹曼定律：

$$M = \varepsilon\sigma T^4 \quad (6-12)$$

式中：M 为总辐射出射度（W/m^2）；T 为物体实际温度（K）；σ 为斯蒂芬-玻尔兹曼常数 $[5.6697\times10^{-8}\,W/(m^2\cdot K^4)]$；$\varepsilon$ 为物体的发射率。再根据辐射亮度温度的定义（辐射出与观测物体相等辐射能量的黑体的温度）得：

$$\varepsilon\sigma T^4 = \sigma T_b^4$$

则

$$\varepsilon = (T/T_b)^4 \quad (6-13)$$

显然，物体辐射温度与实际温度是不同的。但实验证明：地物的辐射温度的昼夜温差 ΔT_b 与其实际温度的昼夜温差 ΔT 之间误差很小，即 $|\Delta T_b - \Delta T| < 1\,K$ 因而可以用 ΔT_b 近似替代 ΔT。那么，对于 NOAA/AVHRR 的 CH4（$10.5\sim11.5\,\mu m$）来说，物体实际温度的昼夜温差则为午后（全天最高）和夜间（全天最低）热红外辐射温度之差，即 $\Delta T = T_{午后} - T_{夜间}$。由于遥感数据是某个瞬间的信息，研究中可充分利用当地积累的不同季节的标准日温度变化曲线（近似正弦曲线）作为先验知识引入遥感温度反演中。

(3)地表热惯量计算。

A. 表观热惯量的计算。若不需要计算热惯量的绝对值，而只要求热惯量的相对大小，则可以通过式(6-9)将计算的地表反照率 A 和地表昼夜温差 ΔT 代入公式，即 $P = (1-A)/\Delta T$，则获得表观热惯量(apparent thermal inertia, ATI)。

B. 地表"真实"热惯量的计算。由表观热惯量推算地表"真实"热惯量，需要确定入射到地面的太阳总辐射量 Q、大气透过率 τ 以及与气象-地面条件有关的参数 B（参见式 6-6）。Q 可通过潜热的理论公式计算获得，也可以从气象台站或辐射台站的太阳直射辐射表和天空辐射表测得。大气-土壤界面的综合因子 B 可根据各地的自然条件和大气条件的特定情况，通过野外测量数据求得。而 A、$T_{午后}$、$T_{夜间}$ 均可以通过卫星遥感数据获得。因而，可以通过公式(6-6)求得某地自然条件和大气状况下的地表热惯量 P。

(4)研究土壤热惯量与土壤水分的关系。许多研究表明，土壤热惯量与土壤水分间存在着密切的关系，土壤含水量的细微变化，热惯量均有响应。两者关系的建立一般通过实测数

据采用线性统计回归分析的方法建立经验公式，多为一些线性关系，而苏联的实验公式是一个复合的指数模型（统计模型），即热传导系数 K、热扩散系数 D_H 与土壤水分之间呈非线性指数关系，可表示为

$$10^3 D_H = 2.1\rho_s^{(1.2-0.2\varphi_{w,s})} \times \exp[-0.007(\varphi_{w,s}-20)^2] + \rho_s^{(0.8+0.02\varphi_{w,s})}$$

$$10^3 K = \{2.1\rho_s^{(1.2-0.2\varphi_{w,s})} \times \exp[-0.007(\varphi_{w,s}-20)^2] + \rho_s^{(0.8+0.02\varphi_{w,s})}\} \times \left(0.2+\frac{\varphi_{w,s}}{100}\right)\rho_s$$

$$(6-14)$$

其中：ρ_s 为土壤的质量密度（反映土质变化）；K 为热传导系数；$\varphi_{w,s}$ 为土壤含水量的体积分数；D_H 为热扩散系数。若考虑到水的密度 $\rho_w=1\ \text{g/cm}^3$，则以土壤含水量的重量百分比（即质量分数，被定义为孔隙中水的质量与土粒质量之比）代替原式中的容积百分比（即体积分数，被定义为孔隙中水的体积与土粒体积之比），并经推导，可得：

$$P = \{2.1d_s^{(1.2-0.2d_pW_{w,s})} \times \exp[-0.007(d_pW_{w,s}-20)^2] + d_p^{(0.8+0.02d_sW_{w,s})}\}^{\frac{1}{2}} \times$$

$$\left(0.2+\frac{d_pW_{w,s}}{100}\right)d_p \times \sqrt{\frac{1}{1\,000}}$$

$$(6-15)$$

其中：d_p 为土粒相对密度，一般为 2.65；$W_{w,s}$ 为土壤含水量质量分数。可见，d_p、p 与 $W_{w,s}$、d_s 存在一一对应关系。若土壤相对密度 d_s 已知，可建立 P 与 $W_{w,s}$ 的对应查找表。

土壤热惯量还受多种因素的影响，如土壤粒度、结构、密度、环境温度等。田国良、余涛等对黄淮海平原 5 种不同土类（褐土、潮土、盐化潮土、滨海盐土、砂姜黑土）的土壤含水量与其热惯量关系所作的实验结果表明，土壤含水量与其热惯量之间存在着良好的线性关系；土壤类型和土壤质地对热惯量与水分含量关系均有直接影响，且影响程度处于同一量级上；此外土壤空间结构（松紧、孔隙状况）以及测量时的环境温度对数值测量也有一定影响。

由于土壤水分运动的复杂性，遥感热惯量法仅能监测土壤表层水分的分布。许多实验表明，遥感监测土壤水分一般以 20 cm 左右深度为好，再往下，则监测精度有所下降。然而，在实际应用中，植物根系层的土壤水分往往更有价值。为了实现一定时空范围的土壤水分遥感监测，学者们进行了多方面的研究。如 Biswas 等指出土壤水分随着深度呈非线性变化趋势，并提出根据表层土壤水分确定深层土壤水分的模式：

$$S = A \times (d-d_0) + s_0 \times [1+B(d-d_0)^2] + S_c \qquad (6-16)$$

式中：S 为 $0\sim d$ cm 土层的水分储量；S_0 为土壤表层 $0\sim d_0$ cm 的水分储量；A、B、S_c 为常数。当 $d=d_0$ 且 d 不趋于零时，$S=S_0$，且令 $S_c=0$；当 $d\neq d_0$ 时，S_c 为一常数。

土壤表层水分含量影响着土壤对太阳辐射的吸收、散发以及地-气间的热量交换；地表的热梯度及土壤不同深度温度的分布又影响土壤水分的运移和分布规律，因而土壤中的水、热因子是相互耦合的。人们根据土壤-大气界面能量传递和转换过程中水-气-热耦合运移理论，利用遥感数据反演的大气透过率、地表反射率、辐射温度、植被覆盖度等参数，建立土壤表层水分含量与一定深度土壤水分含量的数值模拟模型——土壤水热耦合方程、非饱和土壤水运动方程等，推测自然蒸发条件下平原地区一定深度土壤水分，实现对土壤水分的估算和作物旱情监测。

6.2.3.2　植物覆盖区——植物蒸散与植物缺水指数法　可见光-近红外-热红外遥感仅能估算表层土壤水分信息，微波也仅感知 $5\sim10$ cm 深度，由于植被覆盖，则难以直接探测土壤水分。但对植物生长和旱情监测有意义的则是植物根系层的土壤水分，可深达 1 m

左右。

蒸散包括蒸腾和蒸发两部分。对于植物而言,"蒸腾"指土壤水分经植物体内,通过气孔扩散进入大气,它与植物体内生理过程密切相关,并受生理变化控制;"蒸发"指水分不经过植物体内,直接由土壤和植物表面扩散进入大气,它与植物生理过程无关。显然,植物体内的水分平衡、水分散发(即传输养分和调节体温)只与蒸腾密切相关,而与蒸发关系不大。何况,与植物蒸腾相比,植物蒸发的量小,往往可以忽略。

地表蒸散是土壤-植被-大气间能量相互作用和交换的体现,其核心是能量流的传输,而其中的关键因子是地表温度。地表温度可通过热红外遥感获得。因而,遥感技术为大面积估算植物蒸散提供一种非常有用的手段。

(1)植被"全"覆盖——单层蒸散模型。当植被全覆盖条件下,可把土壤和植物作为一个整体边界层来建立它与大气间的热交换模型,用单层模型来估算地表蒸散。潜在蒸散量 E_0 可采用彭曼(Penman)公式(包括辐射项+空气动力项等)计算。以气压、风速、表面温度等地面资料计算实际蒸散量 E 和潜在蒸散量 E_p。

采用植物蒸散与植物缺水指数法的基本思想是:植物冠部温度与植物对水分的提取是有关的。作物缺水指数(crop water stress index,CWSI)或植物缺水指数(CWSI)是以植物叶冠表面温度 T_c 和周围空气温度 T_a 的测量差值,以及太阳净辐射值计算出的,实质上反映出植物蒸腾与最大可能蒸发的比值。因此,植物(或作物)缺水指数可以在一定程度上反映植物根系范围土壤水分的信息,作为植物(或作物)对水分提取的一个指标(不是唯一的指标)。作物缺水指数 CWSI 被定义为

$$CWSI = 1 - E/E_P \qquad (6-17)$$

根据国内外学者研究表明,CWSI(或实际蒸散与潜在蒸散比值)与土壤水分关系密切,可表示为

$$E/EP = \begin{cases} 1, & \text{当} W > W_k \\ f(W), & \text{当} W < W_k \end{cases} \qquad (6-18)$$

式中:W 为土壤水分含量;W_k 为临界土壤水分含量。当 $W > W_k$ 时,水分供应充足,作物不缺水;反之,当 $W < W_k$ 时,作物出现缺水现象。

在具体应用时,对之又做了进一步发展,建立在作物冠层能量平衡基础之上的作物缺水指数,它与作物供水状态、作物长势有很好的相关性,用以反映作物的水分状况,可表示为

$$CWSI = 1 - \frac{E}{E_p} = \left[(T_c - T_a)(\gamma + \Delta) + d + \frac{(1-\delta)R_n r_a \gamma}{\rho c_p} \right] \Big/ \left[d + \Delta(T_c - T_a) \right]$$

$$(6-19)$$

式中:E 为作物实际蒸散量;E_p 为作物潜在蒸散量;T_c 为作物冠层温度;T_a 为与作物冠层同高度的空气温度;γ 为通风干湿表常数;Δ 为饱和水汽压与温度关系曲线的斜率;d 为作物冠层上部空气饱和差;δ 为与作物最热点的显热通量之比;R_n 为净辐射通量;γ_a 为空气动力学阻力;ρ 为空气密度;c_p 为空气定压比热。其中的关键因子——作物冠层表面温度可由遥感数据反演,冠层上空的气象参数可通过地面气象台站及地面实况测定。

从这一指导思想出发,以能量平衡为基础,运用遥感数据(AVHRR)反演的地表反照率(CH1、CH2)和地表辐射温度(CH4),以及地面气象站的有关资料,把冠层温度与气温之差和空气动力阻抗等结合起来研究潜热通量,建立了各种蒸散模型来估算地表蒸散,进而估

算土壤水分。此方法物理概念明确，适用性广，可以避免经验模型的局限。

用 NOAA/AVHRR 数据估算蒸散和土壤水分还需解决以下问题：

A. 建立反照率 $a(0.15\sim4\ \mu m)$ 和 AVHRR 的第 1、第 2 通道反射率之间的关系，正如热惯量法计算反照率一样，建立地面实测反照率与遥感数据之间的关系方程，以推算地面反照率。

B. 求算每小时的地表辐射温度。蒸散的计算为一天的量，需用每小时的值，而遥感获得的仅是一天某一瞬时的信息，因而需寻找地表温度日变化规律。通常需要进行大量野外测试工作，选择不同覆盖度、不同高度的地块(样地)，实测一天中样地辐射温度的逐时值，再将数据归一化处理，便可获得经多项式来拟合的地表温度日变化轨迹曲线。有了这条"标准"曲线，则可用卫星过境所提供的辐射温度值计算每小时的地表辐射温度和日蒸散。

C. 日总辐射 Q 与日净辐射 R_n 的关系。日总辐射 Q 可以从少数气象台站的太阳直射辐射表和天空辐射表测得，但多数气象台站并无此数据，则可用理论公式或彭曼等经验公式求得。

人们可以通过每小时实测的净辐射值，经梯度积分法得日净辐射值。再根据样本数 N 实测的日净辐射值和日总辐射值进行统计分析，可得两者间有如下关系：

$$R_n = A + BQ \qquad (6-20)$$

式中 A、B 为经验系数。也可以利用静止气象卫星，如 GMS、FY-2 等每隔 2 h 的观测数据，利用其可见光的反射率、红外波段的亮度温度以及水汽波段的亮度温度等经精确分析，定量估算水汽和气溶胶的吸收系数以及大气微粒和气溶胶的散射系数，确定观测时间的天气状况，模拟天气的日变化，以估算到达地面的日太阳辐射值。

D. 植物缺水指数与土壤水分的关系。植物缺水指数是土壤水分的一指标，但又不是植物提取水分的唯一函数。人们可以通过实验建立实测土壤水分(SM)与植物缺水指数 $VWSI$ 之间的统计关系：

$$SM = A + B \times VWSI \qquad (6-21)$$

式中：A、B 为经验系数。田国良等通过实测 $5\sim50$ cm 土壤含水量的平均值(它可反映主要根系层的水分状况)，分析用上述方法计算出的作物缺水指数 $CWSI$ 与实测的土壤水分 SM 之间的经验关系为 $SM = 21.3 - 15.2\ CWSI$；若将土壤水分 SM 变为土壤水分占田间持水量的百分比，可以减少土壤质地的影响，则得 $M_s = 86.1 - 51.4 CWSI$；并用此法计算了河南 72 个县的土壤水分分布，平均估算精度为 80% 左右。

(2)植被部分覆盖——双层蒸散模型。当植被部分覆盖时，因土壤和植被热特性不同，两者对地表蒸散的贡献不一。因此，需要将蒸散分为土壤蒸发和植物蒸散两部分，分别建立植物冠层表面和土壤表面的热量平衡方程，即植被辐射传输双层模型：

$$LE_v + H_v + G = R_n^v = \frac{\rho c_p (e_v^* - e_b)}{\gamma (r_v + r_b)} + \frac{\rho c_p}{r_b}(T_v - T_b) + G \qquad (6-22)$$

以及

$$LE_s + H_s + G = R_n^s = \frac{\rho c_p (e_s - e_b)}{r_n}\frac{\rho c_p}{r_b}(T_s - T_b) + G \qquad (6-23)$$

$$R_n = R_n^s + R_n^v, \quad LE = LE_s + LE_v, \quad H = H_s + H_v \qquad (6-24)$$

以上式中：R_n、R_n^s、R_n^v 分别为地表(包括土壤和植物)、土壤、植物冠层表面的净辐射通量；r_w 为土壤和空气的热气交换阻力；r_a 为冠层表面与冠层中空气的热气交换阻力；r_v

为水汽从叶内气孔扩散到叶子表面的阻力。式（6－22）和式（6－23）中的前项表潜热通量（LE），后项表显热通量（H）。假设叶气孔腔内水汽是饱和的，则冠层表面的水汽压可写成

$$e_v^* = 0.611 \exp \frac{17.27(T_v - 273.2)}{T_v - 35.86} \qquad (6-25)$$

土壤表层的水汽压可写成

$$e_s = e_s^* \exp(g\varphi_s / R't_s) \qquad (6-26)$$

式中：e_s^* 为温度 T_s 时土壤表面的饱和水汽压，由式（6－22）计算；R' 为水汽的气体常数，其值为 $461\,\mathrm{m^2/(s^2 \cdot K)}$；$g$ 为重力加速度，其值为 $9.8\,\mathrm{m/s^2}$；ϕ_s 为土壤水势（m），是一个变量。

双层模型，既然考虑土壤、植被两个界面，则需要遥感反演土壤表面温度 T_g 与冠层温度 T_v 以及植被覆盖度 f，遥感所得的地表温度 T_s 应是土壤与植被的混合温度，应表示为

$$T_s = fT_v + (1-f)T_g \qquad (6-27)$$

此外，遥感可以反演模型所需的地表反照率、粗糙度、冠层表面阻力、叶面积指数等参数，再加上地面观测的温度和湿度等，代入双层蒸发模型，便可推算出界面蒸发量。

6.3　土壤侵蚀遥感解译

土壤侵蚀是通过风力、水力或重力作用，使表层土壤或土体被冲刷、剥蚀、迁移和堆积的过程。土壤侵蚀包括土壤风蚀、水蚀和重力侵蚀等类型，其中水蚀又可进一步划分为面蚀、沟蚀，风蚀也可分为片状风蚀、槽状风蚀等。由于遥感图像对地表自然景观表现详细，所以比较适宜于土壤侵蚀的解译。

我国土壤侵蚀总量每年约 5.0×10^{10} t，入海泥沙近 1.78×10^{10} t，占全球 1/10 左右。因此，土壤侵蚀的调查对土地资源的合理开发与利用决策具有重要作用。世界许多国家和地区的学者很早就已进行这方面的工作，我国对这些方面的工作也非常重视，土壤侵蚀遥感定量评价已经成为有关部门和行业水土流失动态监视的测基本手段。

6.3.1　土壤侵蚀遥感解译的理论与方法

6.3.1.1　土壤侵蚀遥感解译的理论基础　土壤侵蚀遥感解译的理论基础是侵蚀的地物光谱特性以及自然地理的综合分析。因此，它相似于土壤解译的理论基础，但又不完全相同于土壤解译，直接的地面信息更多一些。

A. 土壤侵蚀是在地表发生的过程，所要解译的目标及专业制图对象均以地表的侵蚀形态为依据，不像土壤的划分是以地表以下的土壤剖面形状为主，因而更多地可以通过影像特征来比较，容易直接解译土壤的侵蚀类型，如水蚀中的面蚀与沟蚀、风蚀中的风蚀槽与堆积沙丘、重力侵蚀中的泥石流与滑坡等，甚至还可以通过对这些有关的影像特征的测量来计算其单位面积内的侵蚀量等。

B. 土壤侵蚀是地球表面发生的一个现代地质过程，也是一个自然地理过程，只是人为因素的参与加速了这一过程，即所谓现代加速侵蚀过程。一个地区土壤侵蚀的产生因素主要是降水 R，土壤的抗蚀性 K，地形因素中的坡度 S、坡长 L，植被盖度或土地利用 C 以及土壤保持措施 P 等。因此一个地区的土壤侵蚀量 E，可由通用土壤侵蚀方程求得：

$$E = R \cdot K \cdot S \cdot L \cdot C \cdot P \qquad (6-28)$$

当然，在不同地区，这个土壤侵蚀计算公式中的各个参数是不一样的。我们充分利用影像特征与侵蚀之间的地理关系，除 R 等因子以外，可以通过图像有关信息的提取，不但可以对土壤侵蚀进行一些间接解译，甚至还可以根据已有侵蚀量地区的影像特征而进行一些侵蚀量的估算。

6.3.1.2　侵蚀影响因素分析

(1)植被和侵蚀的相关性。植物的种类和覆盖程度不同，对土壤侵蚀的影响也不同。大于 25°的陡坡，当植物覆被率达到 60%～70%，其中深根性树种占 30% 时，重力侵蚀便可减少。因此，在大林区各种侵蚀基本上不会发生。在植物中等覆被的山区，仅有鳞片状面蚀。植被覆被小于 30% 的基岩地区，由于人为开荒垦殖，破坏了植被草皮，会引起面蚀、沟蚀、滑坡、崩塌，甚至泥石流。

(2)粒径分布与侵蚀现象的相关性。从遥感图像上可看出，黄土高原西北部影像色调浅，沟谷稀疏而宽浅，地形坡度较缓，丘顶多呈浑圆状，是沙性土上发育的沟谷特征，中部地区梁峁状丘陵影像色调稍变深，冲沟密集，地形破碎，梁峁顶部圆浑，呈粗沙含量较次的沟谷特征。南部残塬地区和切割严重的黄土台地，影像色调较深，台顶、塬面平坦且较完整，到塬边、塬缘地区沟谷急剧深切，冲沟密集分布，是细粒含量较高地区的塬谷特征。

(3)气象、水文要素与土壤侵蚀的关系。由遥感图像所反映的土壤侵蚀景观，利用气象、水文资料做对比分析可以看出以下特点：降水量的分布，山地大于丘陵、台地、平原；东部大于西部和北部。西部黄土地区降水量和径流深均较低，但洪水模数值大；植被高覆被和中覆被地区，虽然降水量和径流深都较大，但洪水模数值均小。红土由于渗透性小，结构致密，抗蚀力较强，其产流特征与砂页岩相似。松散物质组成的丘陵、山地，洪水模数愈大，侵蚀模数也愈大。随着松散物质所占比重的减少，洪水模数虽有增加，但侵蚀模数却下降。

6.3.1.3　土壤侵蚀遥感解译的方法

首先，土壤侵蚀遥感解译的方法相似于图像的土壤解译，除图型分析、地文分析外，它更多地注重于因子分析。如上所述，一个地区土壤侵蚀的程度与侵蚀模数，与其气候、土壤、植被、地形、土地利用以及水土保持等因素紧密相关，而且往往是以地形与土壤母质为主体。因此，土壤侵蚀解译是土壤侵蚀的因子解译，土壤侵蚀的制图单位，多是地形母岩和植被为主体的多因子分析和复合解译。

其次，在多因子复合解译的基础上，结合调查的样方量测中取得有关土壤侵蚀量 (t/km^2) 和区域土壤侵蚀试验站或小流域的土壤侵蚀的水文观测所取得的土壤侵蚀量 (t/km^2) 等数据，与侵蚀制图的因子分析进行权重匹配，得出各制图单元的侵蚀量的相对级别，同时在总体上又要符合该小流域的水文观测中的土壤侵蚀的总的量级。

6.3.2　高分辨率遥感图像土壤侵蚀解译

6.3.2.1　高分辨率遥感图像土壤侵蚀的解译标志
利用高分辨率遥感图像进行土壤侵蚀解译与其他地理环境要素解译一样，首先要充分利用各种影像标志，特别是因土壤侵蚀多为发生于地表的过程，不同侵蚀的影像特征表现明显，所以就更有利于土壤侵蚀的解译。

(1)色调。在土壤侵蚀解译中充分利用影像色调有以下几个方面：

A. 影像色调与土壤片蚀。包括水蚀与风蚀的片蚀在内，由于片状水流和风力侵蚀，使含有一定有机质的表土被片状侵蚀掉以后，具有石灰质或铁铝质等淀积物的 B 层被不同程度地暴露于地表，因而在图像上就会显露出不同的灰度分级，它们之间显然没有一个统一的和严格的等级相关性，但一般根据当地图像的灰度特征对了解土壤侵蚀状况是有帮助的。

同时也要注意地形、坡向与土壤表层的水分状况以及土壤表层的有机质状况与土壤侵蚀之间的复杂多变的影像特征关系，例如一片小的高地，或是阳坡可能土壤水分状况差，致使图像色调较浅。往往也正是这种地区，有一定的土壤面蚀，只是这种面蚀可能由于每年的土壤耕作而加以模糊不清。反之，在较低处、阴坡，土壤水分状况较好，土壤有机质含量稍高的地区，这里的土壤侵蚀也就较小，以至于没有，因而遥感图像的颜色也就较暗。

B. 影像色调与植被类型及盖度。一般木本植被的颜色在图像上暗于草本植被，其影像颜色的灰度由深到浅依次为针叶林、阔叶林、灌木、草本。影像灰度上也反映了它们之间的盖度上的差异。一般时相内，植被的盖度与影像灰度的深浅成正比。

C. 彩红外遥感图像。因为它特别反映了植被(红色)与基岩裸露(蓝色)之间的鲜明关系，所以用红蓝比来表示。例如，在一个地区可以分出鲜红、红、蓝红、紫、蓝紫、蓝等不同色调及色阶，这样就可以了解该地区的现代的植被盖度和土壤侵蚀的程度等状况。而且它还能比较容易地解译出植被类型。所以，利用彩红外遥感图像进行土壤侵蚀调查是十分有利的。

(2)形状。土壤细沟侵蚀(rill)所切割的地表形态多属于微地形范畴，一般只能在地面分辨率很高的遥感图像上可以观察出；但切沟侵蚀(gully)所表现的地表形态往往多为中、小地形，一般高分辨率遥感图像上，就比较容易从影像特征的形状方面来进行解译，重力侵蚀也如此。

A. 沟蚀。主要是对切沟进行形态解译，它是土壤沟蚀解译的基础。

a. 切沟的长度、宽度、深度等的解译。一般切沟的形状在遥感图像上是比较容易识别的，故其长度易于测量和计算出来，从而可以计算出单位面积上的切沟总长度，用来计算切割密度。它一方面表示了相同岩性条件下的土壤侵蚀的严重程度，另一方面也可表现在相同地形条件下的岩性差异。因为一般在疏松岩性中，以粉粒及极细沙的抗蚀性最差，因而在相同地形条件下，黄土状物质上的切沟不但形态不同，而且切割密度也最大。

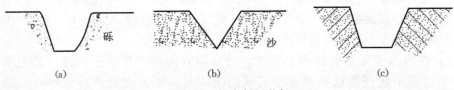

(a)　砾　(b)　沙　(c)

图 6-6　切沟断面形态

切沟宽度：一般由于图像阴影和沟沿草木生长等影响，沟宽难以正确量出。特别是当沟宽在图像的分辨率附近，由于像元光谱综合过程中往往使线状地物夸大。所以，只有宽到一定程度的切沟才能大致估测其宽度。

切沟的深度：小于 1 m 者，如在 1∶50 000 的遥感图像上，由于立体量测仪器的限制，一般难以量测。

b. 切沟的断面形态。这往往是我们进行土壤侵蚀解译的重要影像特征。因为不同岩性的颗粒间摩擦力不同，因而就产生不同的沟壁形态，其中包括沟头的形态，如图 6-6 所示。另外，切沟的断面形态也反映了不同物质组成的切沟发展的阶段。

比较特殊者，如黄土状物质的切沟，在其切沟的稳定高度 H_c 以内呈直立状态，但随着切割深度的发展，切沟的横断面形态就向两侧扩展，这也就是黄土区的原、梁、峁等地貌形态发展的基础(如果不考虑其基底地貌的话)。

B. 重力侵蚀。其中基本可分两种形态，一是山坡大量疏松的风化岩体迅速从山坡滑下，于山沟中形成含有较高浓度的岩块的流体，即泥石流，一般这种影响的范围较小；另一为山体滑坡，它往往是较大的一部分山坡的风化物整体下滑，滑坡体的前缘有滑坡舌，中部有受挤压的滑坡台阶，上部留有断壁，如图 6-7 所示。

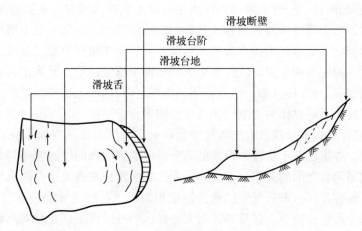

图 6-7　山体滑坡及断面示意图

不论哪种形式的重力侵蚀，其上部的断壁的光滑面一般在相当长的时间内不能生长植被，因而在高分辨率遥感图像上易于识别。但黄土地区的重力侵蚀往往区别于以上两者，它常常形成一种垂直解理的崩塌，并呈一定的缓坡堕积于坡脚，形成塌地，其在高分辨率遥感图像上的形状清晰可见。

(3)纹理/阴影。由于地面被切割而形成大小不等的切沟，因而就有阴影存在，特别是与太阳光的投射光线相垂直的切沟，其阴影效应就更显著，所以阴影就是切沟显示的一个重要标志。特别是在大面积、均质地表物质组成的地面，如黄土地区，其地面反射率基本相似，这种阴影与切沟就更不可分。在比例尺较大的遥感图像上，一般切沟可以通过阴影显示，但当比例尺变小时，一些在图像分辨率的有效范围内难以单独表现的小切沟，就会以纹理的形式表示，这些纹理也是由于阴影而产生的。因此，当比例尺愈小时，这种阴影纹理的现象就愈重要。

(4)图型。在高分辨率遥感图像土壤侵蚀解译中，除了各种侵蚀的形态解译以外，可从这些侵蚀形态的关系中进一步发现它们会形成一些有规律的图案，以协助我们进一步了解这些不同土壤侵蚀的地貌和自然地理背景，如黄土坡面的羽状水系切割的图型，黄土丘陵区各平行切沟的塑源侵蚀所汇集的峁边线(或沟沿线)图型，沙地风蚀区呈现一个统一的方向，几乎呈平行分布的、直线状的风蚀槽图型，山坡地的垦殖地分布图型，深切曲流的山地横向河谷侵蚀图型，以及一些风蚀与风积而形成的沙丘图型，等等。图型分析对于我们了解调查区的土壤侵蚀特征及其宏观规律十分有利。

6.3.2.2　高分辨率遥感图像土壤侵蚀解译的工作过程　土壤侵蚀高分辨率遥感图像调

查与制图的工作过程可分为准备工作、野外调查、室内纠正和转绘成图等三个阶段。

土壤侵蚀的高分辨率遥感图像解译与制图和土壤解译与制图相比，主要在于野外调查中的注意点及工作内容上的差异。

（1）调查样区的选择方面。一般土壤调查野外验证的样区，多是选在地形部位比较平稳、土壤发育比较稳定的非侵蚀区，或侵蚀较弱的地区；而土壤侵蚀调查的样区则多选择在该区比较具有侵蚀的代表性部位，如耕种的坡地，自然侵蚀严重的、抗蚀性差的土壤等侵蚀地区。

（2）样区调查的内容。一般土壤调查在描述其成土条件的同时，主要通过挖掘土壤剖面进行观测和采样。而土壤侵蚀调查内容，是在一定的样区内，除作一般土壤侵蚀的条件，如地貌类型、地形坡度、土地利用特点等的调查以外；还要作植被类型及其覆盖，土壤侵蚀沟的总长度、宽度、深度等的量测，以计算当时的地面土壤侵蚀量；并确定其影像特征，而且要尽力寻找能确定在一定时间（如一年或数年的周期之内）内的土壤侵蚀量的定量依据，如树木因侵蚀而暴露的根系等以作为土壤侵蚀量计算的参考。

（3）在样区选择上尽量寻找已有土壤侵蚀模数的实验区，详细对照不同的影像特征及野外样区进行详测。寻求已有土壤侵蚀模数的高分辨率遥感图像的影像特征与有关土壤侵蚀因素的实地调查数据两者之间的关系，以便充分利用影像特征来确定已有的土壤侵蚀模数的范围及因子关系。这种样区一般是其流域所控制面积较小、影响变异的因素较少为好，这样，统计分析得到的土壤侵蚀模数、影像特征与实地样区的侵蚀因子调查和实测数据三者之间的关系就更为准确。必要时，可以在一个小流域，根据影像特征进行分区，分别调查其侵蚀量及分别解译其侵蚀因素，然后以全区为总体进行加权平均，以符合于该小流域的侵蚀模数。

在土壤侵蚀调查中，寻求反映土壤侵蚀量特征的土壤侵蚀模数关系是一个重要的中心内容，但一个地区的土壤侵蚀模数是多年长期观测到的流域平均值，一般仅凭一时的野外调查是难以达到一定精度要求的。所以在高分辨率遥感图像的土壤侵蚀调查评价中只能用土壤侵蚀因子的遥感图像分析方法，去分析、模拟和接近一个流域的侵蚀量。

第四，确定土壤侵蚀制图的制图单位。以侵蚀量的大小进行分级，但具体确定其制图单位的边界则是以地形、植被盖度、土壤母岩和土地利用等影像标志为依据的。所以，它是一种多因子分析、景观与侵蚀量相匹配的制图单位。

6.3.3　中低分辨率遥感图像土壤侵蚀解译

如果说高分辨率遥感图像有助于土壤侵蚀类型的解译，那么，中低分辨率遥感图像则更有助于大区域的土壤侵蚀的宏观解译。因为一个流域的土壤侵蚀，包括了其侵蚀、搬运与堆积的宏观过程，在这种不同程度的宏观领域，只有中低分辨率遥感图像所提供的宏观信息才有助于这一宏观过程的解译。从解译中，我们就可以知道该流域的主要侵蚀区在什么地方，有多大面积，危害到什么程度。同时也可知道它被搬运的途径、被堆积到的地区与堆积的部位等，从而为大区的水土保持规划提供依据。

6.3.3.1　中低分辨率遥感图像土壤侵蚀的解译标志

（1）颜色。在土壤侵蚀的中低分辨率遥感图像颜色标志中，主要是获取植被盖度与土壤物理性状的信息，以了解所解译单位内土壤侵蚀的植被因子和土壤因子。

A. 植被类型和盖度。主要通过标准假彩色合成图像的红色，以反映绿色植物特征的浓淡和均匀程度等来了解其植被类型(乔、灌、草)和覆盖度。解译人员还可将不同的覆盖程度制成一定的标准模片,以作为植被的盖度分级解译时的参考。与绿色植被相反的是地面裸露的图像颜色特征,如刚被侵蚀而裸露的岩石新鲜面,往往形成浅蓝色,干旱而近荒漠化的黄土质裸地往往显示蓝绿色,稍湿润地区的黄土裸地则显黄白色或黄色。

根据以上所述,我们就可以从图像的颜色红/蓝、红/白等的分布图型的比例关系来了解土壤侵蚀情况。

B. 土壤侵蚀的地面物质组成。它是在一定地形条件下土壤侵蚀发展的重要物质基础,如石质丘陵与黄土丘陵、石质台地与黄土台地等,两者的地形条件可能分别相似,但其物质组成则彼此不同,往往造成侵蚀强度的差异性很大。因为黄土状物质疏松、抗蚀性差,所以它所组成的地面的水蚀速度就大大快于石质地区。因此,这些不同物质组成的地面,在土壤侵蚀调查中,根据其抗蚀性差异就划分为黄土状物质、石质基岩、土石质的和沙地等。这种划分也是根据假彩色合成影像特征而加以鉴别的。具体可参考地质地貌解译的有关章节。

(2)形状/阴影。由于比例尺的限制,土壤侵蚀类型解译的详细划分是有一定困难的,因中低分辨率遥感图像上的形状所给予的往往是一些较大的地形特征,而现代土壤侵蚀类型所表示的多为微小的地表形态,即微地形。所以,中低分辨率遥感图像的地形解译对土壤侵蚀来说,只能作为环境条件因素而存在,如山地、丘陵等。所以在中低分辨率遥感图像的土壤侵蚀解译中地表因素只能作为一个土壤侵蚀的环境因素加以分析。有关山地、丘陵等的坡度陡缓和地面切割程度,一般都是通过阴影的影像特征加以显示的。即坡度大者,则阴影明显,阴影面积大,阴影面的颜色也深,阴影与非阴影的界面也整齐;而坡度小者则与之相反。因此,形状与阴影特征相结合是土壤侵蚀解译中的重要地形特征。当然,阴影效应的应用中要考虑太阳高度角的问题。

(3)纹理。中低分辨率遥感图像的纹理特征在土壤侵蚀方面,主要是由切沟的像元光谱综合而成,因此它反映了地面的割切程度。因为比例尺的限制,地面较小的切沟不可能单独表示,而且这些切沟主要是通过沟壁的阴影特征以纹理的形式表现出来。因此,在中低分辨率图像上的这种土壤侵蚀的切沟纹理主要是一种阴影特征所造成的影像特征。这一点,它比高分辨率遥感图像解译表现更为突出,一般我们可以根据纹理的密集程度和粗糙程度来解译土壤侵蚀的程度。

此外,我们也可以根据以阴影为特征的图像的蓝色纹理特征及其以所覆盖绿色植被的红色影像特征的两者之间的相对明显的程度来解译植被的盖度。一般,植被盖度大者,红色较浓,而且均匀,其下的切割纹理显示不出来,相反,则红色很弱,甚至不显红色,而全为蓝白相间的切沟的反射面(白色)和阴影(蓝色)所组成的纹理,在这两者之间,我们就可以分为一些区域性的等级。正如在彩红外高分辨率遥感图像的土壤侵蚀解译中所讨论的那样。

(4)图型。图型特征用于土壤侵蚀,解译者主要通过宏观影像特征来解译土壤侵蚀的地形及地面物质组成。具体可有以下几个方面。

A. 水系图型。如格状水系、羽毛状水系等就分别代表着石灰岩、黄土状物质等不同抗蚀特征的岩性。

B. 风蚀与风积等地貌图型。如不同面积的风蚀槽状洼地图型和不同形状重复出现的沙丘等,这一般在中低分辨率遥感图像上出现,对帮助说明情况是很有利的。

6.3.3.2　中低分辨率遥感图像土壤侵蚀调查的理论基础和方法

(1)理论基础。

A. 土壤侵蚀的光谱特性。由于比例尺的限制，中低分辨率遥感图像的土壤侵蚀识别主要是根据其光谱特性，因为任一种土壤，由于侵蚀程度的不同，表土层受到不同程度的暴露，以至母质层暴露，称为母岩侵蚀。因此，就会产生不同的光谱特性，在多波段彩色合成图像上就会产生不同的色调。特别是土壤侵蚀强度往往与一定的植被特征和土壤水分状况特征呈明显的相关性，所以这种侵蚀光谱特性的表现就更为明显。

B. 土壤侵蚀的地理因素解译。土壤侵蚀是一个区域的地理因素和人为因素的综合影响，这一点在中低分辨率遥感图像中就表现更为突出。因为，一方面是由于这种多波段假彩色合成图像所提供的信息，使地表与土壤侵蚀有关的地理因素如地形、植被、母岩、土壤水分和土地利用等分异更为清楚；另一方面是它的中小比例尺，允许在一幅图像中从宏观上来分析这些不同因素之间的不同组合的关系，从而来解译和比较不同地区的土壤侵蚀特征及其分级。所以，中低分辨率遥感图像是应用于中小比例尺土壤侵蚀调查评价的一个极其有用的数据源。在某些方面，用它来进行土壤侵蚀解译制图更优于一般的土壤解译制图。

(2)中低分辨率遥感图像土壤侵蚀解译的方法。与高分辨率遥感图像的土壤侵蚀解译的方法一样。首先是更侧重于多因子分析，在这些因素中，主要反映在以地貌为主体的母岩与植被等的影像特征。这种方法的采用一方面是由于土壤侵蚀的地理性及其多因素特征所决定；另一方面也是由影像特征，即中低分辨率和多波段假彩色特征所提供的地面信息所决定的。其次是结合调查区的侵蚀模数进行多因子分析和匹配，以进行土壤侵蚀强度分级的制图。因为其比例尺较小，所以与高分辨率遥感图像的土壤侵蚀制图相比，它更容易从宏观上来接近一个流域的侵蚀模数。

6.3.3.3　中低分辨率遥感图像土壤侵蚀解译的工作程序

中低分辨率遥感图像土壤侵蚀解译与土壤调查相近，所不同的是野外验证工作的内容，即主要目的在于实地调查和收集一切与土壤侵蚀量有关的依据。包括采集一定土壤样本，进行与侵蚀有关的测定，以决定 K 值参数等。

由于中低分辨率遥感图像的土壤侵蚀制图的比例尺小，一般均为路线调查的性质，为了取得土壤侵蚀的有关实地的野外数据，一定要进行野外样区调查，其抽样比例应根据具体情况而定。

6.3.4　土壤侵蚀遥感定量分析

水土流失量又称土壤侵蚀量或土壤侵蚀模数，以每年每平方千米的土壤流失量(t/km^2)来表示，是划分水土流失程度等级的依据。可以在径流小区内定位观测得到，称为土壤侵蚀模数；也可以在河流出口处测定输出流域的泥沙量得到，称为输沙模数，但未包括沉积在坡面与河床中的那部分泥沙。输出流域的泥沙量与沉积在流域中的泥沙量之比值，称为输移比(SDR)。

黄土高原的土壤侵蚀量 y 包括峁边线以上的面蚀量 A 与峁边线以下的重力侵蚀和沟谷侵蚀量 G。例如，西北农林科技大学黄土高原研究所在 6 个小区实测峁边线以上的面蚀量 A 为

$$A = 1.244 + 0.2401 R \cdot K \cdot S \cdot L \cdot C \cdot P \qquad (6-29)$$

式中：R 为降水侵蚀力指标；K 为土壤抗蚀性；S 为坡面因子；L 为坡长因子；P 为水保措施因子，相关系数为 0.968 6。

据 21 个流域 170 个淤地坝淤积量高分辨率遥感图像量测所得出的小流域土壤侵蚀模数 y 为

$$y = R \times (0.306 \times P^{-0.859} \times 0.062^D \times 1.052^S \times X^{-0.294} \times 0.985^L \times 0.921^F)$$

$$(6-30)$$

式中：R 为年平均径流模数；P 为植被覆盖率；D 为坡耕地（%）；S 为平均坡度；X 为流域形状参数；L 为平均坡长；F 为粒径 0.1～2.0 mm 细沙的含量。

输移比（SDR）为

$$SDR = (y - G)/A \qquad (6-31)$$

思　考　题

1. 遥感影像土壤解译的原理是什么？有哪些具体方法？解译步骤如何？
2. 理解典型类型土壤的光谱特征及其影像特征。
3. 概括总结土壤水分遥感监测的原理和方法。
4. 遥感技术在土壤侵蚀监测方面有哪些具体应用？
5. 遥感技术在土地利用/覆盖类型及其变化中有哪些具体应用？

第7章 遥感技术在农业方面的应用

农业生产是在地球表面露天进行的有生命的社会生产活动。它具有生产分散性、时空变异性、灾害突发性等人们用常规技术难以掌握与控制的基本特点，这是农业生产长期以来处于被动地位的原因。由于遥感技术具有获取信息量大、多平台和多时空分辨率、快速、覆盖面积大的优势，是及时掌握农业资源、作物长势、农业灾害等信息的最佳手段，对改变或部分改变农业生产的被动局面具有特殊的作用。从 20 世纪 70 年代开始，美国和欧洲国家就采用卫星遥感技术建立大范围的农作物面积监测和估产系统，不但服务于农业实际生产指导，同时为全球粮食贸易提供了重要的信息来源。20 世纪 90 年代，农业遥感的重点转入作物管理，农业资源调查、农业灾害遥感等方面，而且应用范围得到了拓展。近 20 年，特别是各类高空间分辨率民用卫星的出现，遥感与地理信息系统、无人机技术、全球导航技术以及最新物联网技术发展相结合在精准农业的管理与作业等方面得到了广泛应用与推广。

7.1 农作物遥感估产

作物是农业的主要劳动对象之一，农作物的播种面积、产量预估以及实际产量等信息是国家制定粮食政策和经济计划时的重要依据。早期的作物估产主要是单因子的产量模型，即农学-气象产量预测模型、作物-生长模拟模型、经验统计模型等，也就是传统的统计分析与气象因子综合估算法。但由于耕地面积很大，要用地面上抽样调查的统计方法获取这些信息并不容易；而且气象模式估产中的相关因子信息的获取也存在难度。另外，地面调查方法中得到的仅是点数据，点的数量、点的分布直接影响地面调查结果的可信度，而且地面调查技术、人为的干扰、标准的不一致，地面调查所需的人力、财力的投资也是值得认真考虑的问题。因此，应用遥感技术获取农作物产量信息是一种新的适用方法，该技术提供了面上的、不受人为因素干扰的客观信息，且在同一时间，获取大范围这类信息的可能性方面具有地面调查方法无可比拟的优势。遥感大面积作物估产主要涉及 3 方面内容：作物类型识别与面积提取、作物长势监测与分析以及作物产量遥感估算。

7.1.1 作物类型识别与面积提取

作物遥感分类与识别是农业遥感监测的重要内容，是提取农作物种植面积、长势、产量、品质、灾害等监测的基础。利用作物生长与多源遥感影像之间的光谱特征、纹理特征、物候特征以及农学机理解析等信息，可以快速、高效、大范围地监测主要农作物的种植区域、面积与空间分布。

7.1.1.1 基于光谱特征信息的作物遥感分类方法　作物遥感识别方法根据数据源的不同各有差异，目前多光谱和高光谱遥感是用来识别作物类型的主要遥感数据源。多光谱遥感作物分类是大面积作物分类的主要方法，根据采用的遥感影像的时相数可分为基于单时相、多时相和长时间序列遥感数据的作物分类。其中，基于单时相遥感的作物分类中常用的方法有人机交互判别（人工数字化）、基于植被指数的阈值法和半自动或全自动的土地覆盖类型分类（如最大似然法、决策树、神经网络、面向对象的分类等）。人机交互方法在大范围内应用性较差，自动/半自动土地覆盖分类容易受不同作物类型在空间上的光谱差异、地物光谱的时间动态、作物与非作物间的光谱相似性等多方面因素的影响。基于多时相和长时间序列遥感的作物分类是综合利用遥感图像包含的波谱、空间和时间上的信息，针对作物不同生长发育阶段的光谱特性与其他地物间的差异，结合阈值法、变化向量分析等方法实现作物的分类与识别。二者的差异在于前者是依据对象作物的某几个特殊发育阶段的遥感影像提取光谱信息为依据，后者是以长时序的遥感影像数据为基础，提取不同作物全年或多年的光谱特征。高光谱数据能记录地物间更细微的光谱差异，能够更准确地实现作物的详细分类与信息提取，光谱角分类和决策树分层分类是目前最常用的基于高光谱的作物分类方法，光谱角方法对太阳辐照度、地形和反照率等因素不敏感，可以有效地减弱这些因素的影响。随着影像空间质量、光谱分辨率的不断提高，以及深度学习等算法的快速发展，人们尝试利用高空间分辨率、高光谱分辨率遥感数据进行作物类型的精细识别，显著提高精准农业的应用范围和精度。

7.1.1.2　基于地块分类的作物种植面积监测方法　针对基于像元的作物分类所面临的光谱变异与光谱混合的问题，许多学者根据作物种植结构特点，采取以地块为基本单位的分类方式来克服像元分类所遇到的问题，以提高农作物分类的精度。地块分类法（per‐field classification）通常将遥感影像与数字化地块边界矢量数据联合处理，该方法利用了像元空间上下文信息，可克服由田块内部的光谱变异所引起的错分问题，同时边界矢量数据又使得影像图斑对象与地面实际地块相对应，能对地块的位置、形状进行十分准确的表达，因而地块分类法能有效地排除地块内部光谱变异和地块交界光谱混合的影响。研究表明，面向地块的作物分类方法完全能够提供比基于像元的传统分类法更精确的结果。在基于地块分类时，包含多种作物类型的地块所对应的图斑光谱均值也会具有两个或多个作物类型的性质，这时一个地块分成一类对于分类统计来说显然是不合适的，而引进混合地块分解的思想来处理地块分类过程中的不确定信息，对于提高信息提取精度来说显得较为合理。比如在冬小麦种植面积测量时，针对纯地块区域和混合地块区域分别进行纯地块分类和混合地块分解方法研究，能充分发挥特征向量维数较多的优势，有效地避免像元分类中的"椒盐"现象，更有利于以地块为基本单元的田间肥水管理。

7.1.1.3　基于对地抽样的作物种植面积监测　抽样技术与遥感技术相结合形成的对地抽样调查技术，在作物种植面积监测领域的应用日益广泛，二者相互补充，遥感为抽样调查提供详细的抽样框和分层信息，提高抽样调查效率。抽样技术为遥感提供充分的地面数据和验证依据。美国于 1974—1986 年开展的"大面积农作物估产实验"（large area crop inventory and experiment，LACIE）和"农业和资源的空间遥感调查"（agriculture and resources inventory survey through aerospace remote sensing，AGRISTARS）两个大型农业遥感监测项目都使用了面积框抽样（area sampling frame）方法，前者具体采用二阶随机分层抽样布设样方，后者采用标准分层抽样技术，通过将空间统计抽样方法与遥感监测技术结合，对全美主要农作物面积进行多样框抽样调查，提高了全美农情信息获取速度。欧盟 MARS（monitoring agriculture with remote sensing）计划以 CLC（corine land cover）数据为基础进行土地利用调查,并以分层面积采样抽样方法在欧盟国家抽取 60 个作物面积遥感监测样区,实现了对 17 种作物的面积监测。我国也较早地开展了基于分层抽样框架技术的作物种植面积遥感监测方法研究。陈仲新等以全国冬小麦历史种植面积统计数据作为分层指标,以县域为分层对象,将全国冬小麦生产县分为 6 层,建立不同抽样层之间冬小麦面积变化的外推模型。然后使用高空间分辨率的 TM 影像在不同抽样层随机抽取若干县,以全覆盖方式目视解译冬小麦种植面积,最后利用外推模型估算全国冬小麦面积。“九五”期间,我国提出了线状采样框架方法,即采用长而窄的线状样区代替面积采样方法中的采样段中的小样方,并与 GPS、VIDEO 摄像头和 GIS 综合集成的农作物信息快速采集定位和处理分析系统相结合,形成了更适合我国的高效农情速报与农作物估产技术体系——GVG 农情采样系统,进行农作物种植信息调查。GVG 农情采样系统采用线状采样框架,调查采样线上不同作物类型的种植面积占比,按照种植结构区划单元进行分类统计得到区划内不同作物种植成数。吴炳方等在农作物种植结构区划的支持下,采用线状采样框架和整群抽样两级抽样结合的方法,首先基于遥感影像采取整群抽样技术获取区域作物种植总面积占耕地面积比例,再与 GVG 农情采样系统中样条采样技术获取的不同作物种植比例相乘,得到不同作物种植面积占耕地面积比例,最后与全国土地资源数据库中的耕地面积相乘,从而获取不同作物种植面积。基于遥感与抽样的农作物种植面积测量方法结合了遥感和抽样理论的优势,能够准确地获取区域农作物总量面积。

20 世纪 70 年代开始的遥感估产是把遥感信息作为变量加入估产模型中,建立遥感估产模型。在理论上探讨植物光合作用与作物光谱特征间的内在联系,以及作物的生物学特性与产量形成的复杂关系等;在方法上,从单纯建立光谱参数与产量间的统计关系,发展到考虑作物生长的全过程,将光谱的遥感物理机理与作物生理过程统一起来,建立基于成因分析的遥感估产模型,估产精度不断提高。目前,利用遥感进行作物估产,主要有两条途径:①通过卫星图像估算种植面积和建立单产模型(通过遥感、统计和农学等方法)来估总产;②直接进行总产估算。一般来说,无论是单产还是总产的遥感模型,均是利用某种植被指数在作物生长发育之关键期内的和与产量的实测或统计数据间建立起各种形式的相关方程来实现的。

7.1.1.4 作物类型识别与面积提取实例 以北京市为研究区,应用 HJ-1 号卫星数据与统计抽样相结合的冬小麦面积估算如图 7-1 所示。

根据冬小麦的物候特征,从 10 月初至 11 月底期间,冬小麦经历播种和出苗阶段,在遥感影像上呈现裸地和植被的光谱信息。在这一时期,虽然同期生长的作物很少,但一些绿色植被,比如未收割的玉米、树木、草地等,仍然与冬小麦相混淆,因此单期影像测量会导致测量精度偏低。研究采用三期 HJ-1 号卫星影像进行冬小麦信息提取,可较大程度避免冬小麦遥感识别受“异物同谱”现象的影响。冬小麦在 10 月 10 日或 10 月 26 日表现为裸地光谱信息,NDVI 偏低;11 月 22 日表现为植被光谱信息,NDVI 值偏高,因此,采用阈值分割法进行冬小麦种植面积提取。冬小麦提取规则设定为:10 月 10 日与 10 月 26 日裸地并集,与 11 月 22 日植被交集,最后与耕地求交集,确定冬小麦的遥感识别范围。

以耕地地块内遥感识别的冬小麦面积作为分层标志,分层层数设为 6 层。根据样本量计算公式确定样本量、每一层分层范围、标准差和分层所占权重,在 95% 置信度和 95% 精度的前提下,确定样本量为 245 个。针对 245 个样本进行野外实地测量,获得样本的真实冬小麦种植面积,进一步反推北京市冬小麦的种植面积为 59 680 hm²,与北京市统计局公布的

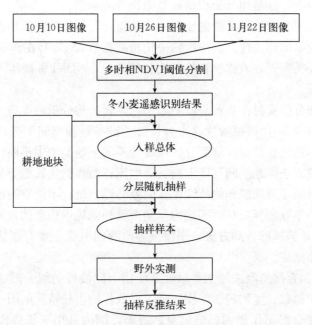

图 7 - 1　HJ - 1 号卫星数据与统计抽样相结合的冬小麦区域面积估算流程

2009 年冬小麦种植面积(61 466.67 hm²)相差 3%，可见，通过分层抽样反推能够保证区域总量更加准确，一定程度上解决了单靠遥感提取冬小麦面积造成的误差。

7.1.2　作物长势遥感监测

作物长势即作物的生长状况和趋势，对农作物长势进行动态监测可以及时了解农作物的生长状况、苗情、土壤墒情、营养状况及其变化，便于采取各种管理措施，从而保证农作物的正常生长。作物长势监测在为农业生产提供宏观管理依据的同时，还可以及时掌握气象灾害和病虫害等对作物产量造成损失的情况，是农作物产量估测和品质监测的重要资料。遥感技术具有宏观性、实时性和动态性等特点，利用遥感卫星数据及其他信息动态监测区域作物长势具有其他方法无可比拟的优势。

7.1.2.1　作物长势遥感监测原理　作物长势是指作物生长发育过程中的形态和性状，其强弱一般通过观测植株的叶面积、叶色、叶倾角、株高和茎粗等形态特征进行衡量。不同时段或不同光、温、水、气和土壤的生长条件下，作物的长势有所不同。有学者认为长势即作物的生长状况与趋势，可以用个体和群体特征来描述，发育健壮的个体所构成的合理群体区域，才是长势良好的作物区。通常认为，作物长势监测是指对作物的苗情、生长状况及其变化的宏观监测。作物的生长状况受多种因素的影响，其生长过程是一个极其复杂的生理生态过程，但其生长状况可以用一些能够反映其生长特征并且与该生长特征密切相关的因子，如叶面积指数、生物量等进行表征。因此，遥感长势监测通常通过监测长势关键参数作为植被生长状态的参考。

叶面积指数(leaf area index，LAI)为单位土地面积上单面叶片面积之和，是作物个体特征与群体特征的综合指数，广泛应用于表征作物健康状况。作物的生长依靠光合作用，叶面积指数是决定作物光合作用速率的重要因子，叶面积指数越大，作物截获的光合有效辐射就越多，光合作用就越强，这是用叶面积指数监测长势的基础。

遥感影像的红波段和近红外波段的反射率及其组合与作物的叶面积指数、太阳光合有效辐射、生物量具有较好的相关性。其中，归一化植被指数（NDVI）在作物生长的一定阶段与LAI呈明显的正相关关系。在农作物长势监测和估产中，NDVI常被作为能够反映作物生长状况的植被参数指标。

遥感长势监测细分为实时作物长势监测和作物生长趋势分析两类研究。其中实时作物长势监测指利用LAI和归一化植被指数等作为长势关键参数在空间上分析作物生长状况，并根据其值分级显示作物生长状况，继而分区域统计不同土地类型中不同长势所占比重并得到大区域长势状况，该方法是在空间尺度上的长势监测；而作物生长趋势分析对年际的生长过程进行对比，根据时间序列反映作物持续生长的差异性，统计不同空间尺度上不同土地类型的作物生长过程曲线年际差异，从而实现为早期产量预测提供信息的目的。

7.1.2.2 作物长势遥感监测方法 作物长势监测的方法主要有直接监测法、同期对比法和作物生长过程监测法。

（1）直接监测法。直接监测法的主要原理是使用不同波段的组合形成植被指数，通过植被指数来估算叶面积指数、生物量、作物产量等反映作物生长特征的因子，最后结合地面监测数据和农学模型综合得出作物的长势信息。目前，国内外用于长势监测的植被指数有多种，其中NDVI使用最为广泛，随后针对NDVI"过饱和"和农田土壤背景影响的问题，新发展的EVI和土壤调整植被指数（SAVI）也得到了很好的应用。

（2）同期对比法。同期对比法主要是通过年际遥感影像所反映的作物生长状况信息的对比，同时综合物候、云标识和农业气象等辅助数据来提取作物长势监测分级图，达到获取作物长势状况空间分布变化的目的。通常将作物生长期内的实时遥感监测指标与上一年、多年平均以及指定某一年的同期遥感指标进行对比，以反映实时作物生长差异的空间变化状态，同时通过年际遥感图像的差值来反映两者间的差异，对差值进行分级，以反映不同长势等级所占的比例。可以利用作物NDVI的动态变化特征与作物的长势特征之间的关联性，将NDVI值作为判定作物长势良莠的一种度量指标。通过多年遥感资料累积，计算出常年同一时段的平均NDVI，然后由当年该时段的NDVI与常年的进行比较，通过对NDVI差异值进行分级、统计和区域显示，反映年际作物生长状况的差异，判断当年作物长势优劣。作物长势监测需要对作物生长状况进行解释和说明，除了遥感差值图像反映作物长势情况外，还应考虑地区差异和物候期变化等因素，因此作物长势监测图通常需叠加表征物候的矢量层进行综合分析。该方法在国内外主要作物长势遥感监测系统如欧盟区农作物估产系统（MARS）、中国科学院遥感与数字地球研究所建立的全球农情遥感速报系统（Crop Watch）、浙江大学等单位建立的水稻遥感估产运行系统中得到了广泛应用，是长势监测的主要方法之一。

（3）过程监测法。过程监测法主要是通过生长过程年际的对比来反映作物生长的状况，也称为随时间变化监测。由于高时间分辨率的极轨卫星能够以天为单位对地表进行观测，使得农作物动态连续监测成为可能。利用多时相遥感数据可获取作物生长发育的宏观动态变化特征，从时间序列上对作物生长状况进行趋势分析和历史累积的对比。作物生长期内，通过卫星影像植被指数值随时间的变化可动态地监测作物的长势，且随着卫星资料的积累，时间变化曲线可与历年（如与历史上的高产年、平年和低产年，以及农业部门习惯的上一年等）进行比较，寻找出当年与典型年曲线间的相似和差异，从而对当年作物长势做出评价。此外可以统计生长过程曲线的特征参数，包括上升速率、下降速率、累计值等，借以反映作物生长趋势上的差异，从而也可得到作物单产的变化信息。

目前，NDVI 的时间序列分析法是实现作物生长过程监测的一种常用方法。在作物生长初期，随着植株的生长，叶片的叶孔增加，叶片表面散热能力增强，近红外波段反射值逐渐增加，叶绿素吸收能力增强，红波段的反射值逐渐减少，NDVI 值逐渐增加。在作物生长末期，由于茎叶由绿色变为黄色，叶绿素含量减小，相应的红波段的反射值将会增加，叶孔相对收缩，散发的热量降低，近红外波段的反射值将会减小，NDVI 会明显下降。如果将作物的 NDVI 值以时间为横坐标排列起来，便形成作物生长的 NDVI 动态迹线，可以较直观地反映作物从播种、出苗、抽穗到成熟生长变化过程。作物种类不同，轮作组合不同，NDVI 曲线特征不同。同类作物不同的生长环境和发育状况也会造成 NDVI 时间曲线的波动，不仅个别时段 NDVI 值有所改变，而且曲线的整体形态也会发生变化。从某种程度上说，曲线的形态特征有时比个别时段的曲线值更能反映作物生长状况和趋势。因此，通过对农作物时序 NDVI 曲线的分析，不但可以了解作物实时的生长状况，而且还能够反映作物生长的趋势，进而为作物产量的计算提供依据。

虽然遥感信息能够反映农作物的种类和状态，但是由于受多种因素的影响，完全依靠遥感信息还是不能准确地获得监测结果，还要利用地面监测予以补充。将地面信息与遥感监测信息进行对照，从而获得农作物长势的准确信息。此外，由于气象条件与农业生产关系密切，加强农业气象分析也有利于辅助解释遥感监测结果。

7.1.2.3　作物长势遥感监测模型　长势监测遥感模型根据功能可分为评估模型与诊断模型，评估模型又可分为逐年比较模型与等级模型。

(1)逐年比较模型。以当地的苗情为基准，将当年与上一年同期长势相比。在逐年比较模型中，引入 $\Delta NDVI$ 作为年际作物长势比较的特征参数，定义为

$$\Delta NDVI = (NDVI_2 - NDVI_1)/\overline{NDVI} \tag{7-1}$$

式中，$NDVI_2$ 为当年旬值，$NDVI_1$ 为上一年同期值，$\overline{NDVI}$ 为年平均值。根据 $\Delta NDVI$ 与零的关系来初步判断当年的长势与上一年相比是好还是差，或者与上一年长势相当。逐年比较模型的优点是便于各地的田间监测，但是比较难以分等定级。

(2)等级模型。用当年的 NDVI 值与多年的均值比较或与当地极值比较后定级，前者为距平模型，后者为极值模型。距平模型定义为

$$\Delta \overline{NDVI} = \frac{NDVI - \overline{NDVI}}{NDVI} \tag{7-2}$$

式中：$\overline{NDVI}$ 为多年平均值；$NDVI$ 为当年值。

极值模型定义为

$$VCI = \frac{NDVI - NDVI_{\min}}{NDVI_{\max} - NDVI_{\min}} \tag{7-3}$$

式中：$NDVI_{\max}$、$NDVI_{\min}$ 分别为同一像元多年的 $NDVI$ 的极大值与极小值，$NDVI$ 为当年同一时间同一像元的 $NDVI$。

不管是逐年比较模型还是等级模型在实际应用中都存在一定的困难，因为获取 NDVI 的均值和极值需要多年的数据积累，但由于卫星资料存档原因，收集多年的数据较难或者缺乏对数据的处理能力，因此也常采用相邻年份植被指数比值比较的方法来进行监测。即

$$a = \frac{T_{\text{NDVI}}}{T_{\text{PNDVI}}} \tag{7-4}$$

式中：T_{PNDVI} 为前一年同期的植被指数；T_{NDVI} 为当年的植被指数。

当 $a > 1$ 时，可以初步判断当年该地区农作物生长好于前一年；当 $a < 1$ 时，则表明当年的长势不及前一年；如果 $a = 1$（或接近于 1），说明当年农作物与前一年长势相当。在此基础上，还可以根据值的大小来区别当年与前一年长势水平的等级，将农作物长势分为比前一年好、比前一年稍好、与前一年相当、比前一年稍差和比前一年差等不同等级。

（3）诊断模型。田间的管理需要诊断模型，包括作物生长的物候和阶段、肥料盈亏状况、水分胁迫-干旱评估、病虫害的蔓延、杂草的发展等。20 世纪 90 年代以来，农田肥、水状况的动态监测受到较多的关注，在航天、航空遥感数据与地面农田肥水定量关系模型的建立和组分反演方面做了大量的工作，取得了很大的进展。在旱灾遥感监测方面，发展了利用植被状态指数、温度状态指数、叶面缺水指数等监测干旱情况的方法。

7.1.2.4 作物长势遥感监测实例 基于综合指标的冬小麦长势无人机遥感监测如图 7-2。将反映小麦长势的叶面积指数、叶片叶绿素含量、植株氮含量、植株水分含量和生物量 5 个指标按照均等权重综合成一个指标——综合长势指标（comprehensive growth index，CGI）。利用 450～882 nm 范围单波段和任两个波段构建归一化光谱指数（NDSI）、比值光谱指数（RSI）和简单光谱指数（SSI），计算 CGI 与光谱指数的相关性，筛选出相关性好的光谱指数，结合偏最小二乘回归（PLSR）建立反演模型，运用无人机高光谱影像对小麦多生育期的长势监测。结果表明，冬小麦各生育期，总体上 CGI 与光谱指数的决定系数均好于各项单独指标与相应光谱指数的决定系数；拔节期、孕穗期、开花期、灌浆期和全生育期 PLSR 模型的精度较高，利用无人机高光谱影像反演 CGI，能够判断出小麦总体的长势差异，可为监测小麦长势提供参考。

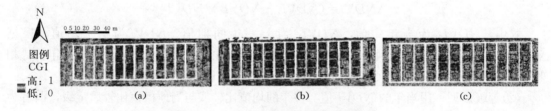

图 7-2 无人机小麦长势指标 CGI 反演
（a）拔节期 （b）孕穗期 （c）开花期

7.1.3 作物产量遥感估算

传统的对农作物产量的监测，主要包括气象估产、统计估产及农学估产等方式，但这些估产方式都表现出了明显的局限性。农作物遥感估产是指根据生物学原理，在分析各种农作物不同生育期不同光谱特征的基础上，通过平台上的传感器记录的地表信息，辨别作物类型，监测作物长势，并在收获前预测作物产量的一系列方法。农作物遥感估算的实质，是将遥感信息作为输入变量或参数，直接或间接表达作物生长发育和产量形成过程中的影响因素，单独或与其他非遥感信息相结合，依据一定的原理和方法构建单产模型，进而驱动模型运行的过程。

7.1.3.1　作物产量形成因素　影响作物产量的因子或过程可以分为两大类：①作物本身的生理因素，它们表现为一系列生物学参数，如叶面积指数、地上生物量、叶绿素浓度等，这些参数是作物产量形成的物质基础，决定作物产量可能达到的最高上限，即潜在产量部分；②作物生长的生态环境条件，如水分、养分、温度、光照以及灾害等，它们对最终产量的形成起限制作用，即胁迫产量部分。遥感对作物产量形成因素的理解是综合的、宏观的、多因素的。它包括作物本身的生物学因素，以及土地、土壤、气候、农业管理等综合因素。

(1)生物学因素。指作物本身的光谱特征、作物的水分含量、叶绿素含量、作物的品种、类别等。作物产量的实质是绿色植物利用光能，把 CO_2 和水转化为各种碳水化合物的过程，即光合作用过程。也就是说，作物生物量和产量的积累是作物与它周围生态环境不断进行物质循环和能量交换的过程。叶绿素是植物产生干物质的基础，因此单位面积内叶绿素含量与产量直接相关。光合面积与叶绿素浓度结合可反映作物群体参与光合作用的叶绿素数量。

(2)水、土等环境因素。包括土壤、地形、地下水、排灌条件、土壤肥力等。它提供作物基本的生长条件如一定的酸碱度、营养物质、根系通气状况、水分供应等，是决定一个地区产量的主要和基础因素。水土等环境信息可以通过遥感信息加以识别和提取。

(3)气象因素。主要指日照条件(日照强度和时数)、温度、降水量等因子，多为不可控制因素。作物必须在一定的物质供应(光合辐射、二氧化碳、水分等)和外界环境条件(热量等)下才能进行正常的生理活动。作物生长需要充分的阳光，如小麦生物产量的 90%～95%来自光合作用形成的光合物质。温度是作物生长发育必不可少的生存条件，是决定作物各生长阶段的关键，只有当温度条件达到所需的指标才能转入下一个生长阶段。降水量影响到土壤和空气中水分含量。作物通过根系吸收土壤中的水分，输入到蒸腾器官；在蒸腾作用过程中又把水分失掉，保持植株内的水分收支平衡，以达到正常生长的目的。干旱缺水直接影响产量，而降水和温度可由气象卫星数据和气象台站观测的常规数据，或通过一定的气象模式来推导。实际上，光照、温度、降水等气象因素以及土壤因素决定了一个地区作物的自然生产潜力，也是进行作物估产分区的基本指标。

(4)农业管理因素。指在当地条件下逐步形成的、具有相对稳定性、可通过逐年统计而得的因素，如间作、轮作、一年两作以及施肥、水利条件等。可见，遥感估产是综合以上因素的"环境遥感估产"。

7.1.3.2　主要农学参数与遥感的关系　植物光谱信息一定程度上能反映叶绿素的多寡，而水、热、气、肥等环境因素直接影响光合有效辐射(PAR)向干物质转换的效率，于是发展了相关模型如光谱-产量模型、绿度-产量模型等，建立一些农学参数(单位面积的总茎数 SJ、有效穗数、叶面积指数 LAI、鲜生物量 BM、干物质重量 DM 等)与光谱植被指数(NDVI、RVI、PVI 等)间的定量关系，以实现遥感对植物生长状况的动态监测与估产。实践证明，尽管作物产量受环境因素的影响，但是产量高低最终仍集中反映在作物的穗数 S、粒数 I 和千粒重 T 这三者的构成上，即单位面积产量＝单位面积的 $S \cdot I \cdot T$。以冬小麦为例：

(1)穗数 S。决定于返青-抽穗期单位面积上有效光合作用强弱，取决于冬前的水肥条件(土壤水分含量、土壤肥力水平等)与积温(日照辐射量等)。抽穗期终结，茎苗数(穗数)方成定局。在这一生长阶段，冬小麦生长主要体现为叶面积的增长。即冬小麦在抽穗的同时，叶面积在不断地增大，最大叶面积指数与穗数间存在线性关系。而抽穗期的垂直植被指数 (PVI) 与 LAI 相关性最好，其他时段相关性不明显。PVI 是能够反映当时单位面积上植被有效光合作用能量大小的物理量，与 LAI 存在着对数函数关系，再考虑相应的日积温值，便可得最大叶面积指数。因而，通过遥感数据所得的 PVI 可以估算冬小麦穗数。

(2)粒数 L。决定于抽穗-扬花期单株光合作用的强弱。它与土壤水分含量、有效分蘖状况以及温度、湿度、土壤肥力水平、风速等有关。扬花期后，每穗粒数已定。PVI/S 表示单株冬小麦获得的平均光合作用能量。它与单位长度茎干重量成正比，而单位长度茎干重量又与每穗平均粒数呈线性关系。可见粒数也可从遥感数据中估算出。

(3)千粒重 T。决定于扬花-乳熟期单株光合作用的强弱及能量的转移速度。与植株的含水量及温度、土壤含水量、干热风等有关，可通过千粒重与 PVI/S 建立的相关来求得。

7.1.3.3 遥感估产模式 20 世纪 70 年代开始的遥感估产是把遥感信息作为变量加入估产模型中，建立遥感估产模型。在理论上探讨植物光合作用与作物光谱特征间的内在联系，以及作物的生物学特性与产量形成的复杂关系等；在方法上，从单纯建立光谱参数与产量间的统计关系，发展到考虑作物生长的全过程，将光谱的遥感物理机理与作物生理过程统一起来，建立基于成因分析的遥感估产模型，估产精度不断提高。目前，利用遥感进行作物估产主要有两条途径：一是通过卫星图像估算种植面积和建立单产模型来估总产，一是直接进行总产估算。当前农作物遥感估产研究从冬小麦单一作物发展到小麦、水稻、玉米等多种作物，从小区域发展到大区域，从单一信息源发展到多种遥感信息源的综合应用，监测精度不断提高。主要遥感估产模式包括以下几个类型：

(1)基于"光谱信息-长势信息-产量"的遥感估产模式。基于"光谱信息-长势信息-产量"的遥感估产模式主要就是应用遥感影像的光谱信息来构建反映作物长势的光谱指数，利用产量直接与遥感光谱指数进行简单相关统计分析，并结合样点数据进行校正来估算作物产量。这种模式直接以遥感波段作为自变量，使用单波段或多波段为模型驱动因子与产量建立估算模型，或者将遥感数据影像各波段组合产生某些对植被长势、生物量等有一定指示意义的数值，即遥感"植被指数"，以这些遥感指数直接或间接作为模型驱动因子构建相关统计模型估算产量。这是一种非常普遍而便捷的产量计算方法，常用于作物单产估算的遥感植被指数主要有 NDVI(归一化植被指数)、PVI(垂直植被指数)、RVI(比值植被指数)、DVI(差值植被指数)、GVI(绿度植被指数)、SAVI(土壤调节植被指数)等。另外，VCI(植被状态指数)、TCI(温度条件指数)等遥感反演指数也常用于作物单产估算统计模型中。该模式的基本特点就是利用作物生长期内一个或多个时相的遥感数据，以波段组合生成各种不同形式且能够表征作物产量影响因素的指标，通过简单的统计学分析方法建立起估算作物产量的数学方程模型。这种计算作物产量的方法模式，不考虑作物产量形成的复杂过程，建立的模型简洁明了，计算方便，是一种较为普遍的产量估算模式。但是，这种作物产量估算模式所建立的模型没有明确的生物物理机制，难以真正反映作物的生长发育过程，区域外推的适用性不高。

(2)基于"光谱信息-长势信息-生态环境信息-产量"的遥感估产模式。基于"光谱信息-长势信息-生态环境信息-产量"的遥感估产模式即潜在-胁迫产量模式，该模式融入了农学机理和物理学基础。作物产量是在作物本身的生理因素和作物生长的生态环境两类因素的共同影响下形成的。潜在-胁迫产量模型先假定作物处在正常环境状态下，在该环境下的作物产量即为潜在产量。事实上，作物产量的形成要受到多个制约因素的影响，使得产量会发生波动，即受到制约因素影响的胁迫产量，因此计算作物产量就是分析这两部分产量。表达作物潜在产量的生物学参数如 LAI、生物量、叶绿素含量等与遥感信息更密切相关，因为遥感信息表现的是植被冠层综合状态信息，而冠层状态也是这些生物学参数的直接反映，但如何确定潜在产量形成的时间是一个关键。一般认为在作物生长期末、发育期初，作物叶面积指数 LAI 达到峰值状态，此时作物出现潜在产量，如果在这个峰值以后，作物在进一步的发育中不再受到任何胁迫，水肥条件能保证作物需要，没有病虫害和其他灾害的影响，则作物最终产量应为潜在产量。但事实上在 LAI 达到峰值状态以后，各种不确定因素成为产量形成的胁迫因子，导致潜在产量发生波动，并影响最终产量的获取。有研究表明，作物 LAI 达到峰值后，水分往往成为一些作物的主要胁迫因子，并导致潜在产量的下降。有学者将作物生长期的 LAI 和叶绿素浓度等生物学参数与发育期的生态环境指标 CWSI(作物缺水指数)相结合，建立复合估产模型。另一方面，决定胁迫产量的作物生长环境条件如日照、温度、降水等变化较快，它们作用于作物并使其生物参数发生迅速变化需要相对长的时间，遥感影像信息是一个瞬时作物冠层信息的表达，它可以代表一个相对长的作物状态，因而可以直接利用气象数据来计算作物胁迫产量，利用遥感信息来获取潜在产量。

(3)基于"光谱信息-长势信息-作物生长模型-产量"的遥感估产模式。基于"光谱信息-长势信息-作物生长模型-产量"的遥感估产模式充分发挥遥感技术的及时性和广域性，以及作物生长模型研究价值和较好的应用前景。作物生长模型是根据作物品种特性、气象条件、土壤条件以及作物管理措施，采用数学模型方法描述作物光合、呼吸、蒸腾、营养等机理过程，能够以特定时间步长动态模拟作物生长和发育期间的生理生化参数、结构参数以及作物产量，定量地描述光、温、水、肥等因子以及田间栽培和管理措施对作物生长和发育的影响，可以准确模拟作物在单点尺度上生长发育的时间演进以及产量的形成动态过程。卫星遥感具有空间连续和时间动态变化的优势，能够有效解决作物模型中区域参数获取困难这一瓶颈。然而，由于受卫星影像时空分辨率等因素的制约，遥感对地观测还不能真正揭示作物生长发育和产量形成的内在过程机理、个体生长发育状况及其与环境气象条件的关系，而这正是作物模型的优势所在。数据同化技术通过耦合遥感观测和作物模型，能实现两者的优势互补，提高区域作物生长过程模拟能力。将遥感信息引入作物生长模型，是促进大面积作物长势监测和产量预测向机理化和精确化方向发展的有效技术途径。

7.1.3.4 遥感与作物模型数据同化估产实例 图7-3为一个典型的遥感与作物模型数据同化进行遥感估产的流程图。

作物生长模型选择 WOFOST 作物生长模型，在单点样本尺度(田间尺度)进行充分观测获得模型输入参数。在参数率定和模型本地化的基础上，WOFOST 能够对作物的生长发育过程以及 LAI、SM、生物量、单产进行较为准确的模拟。同时基于贝叶斯理论的马尔科夫链蒙特卡洛方法(markov chain monte carlo，MCMC)，获得这些参数的后验分布，实现对参数的估计，同时参数的后验分布能够定量表达在已有观测条件下模型参数的不确定性。光学和雷达遥感能定量反演出关键的农作物参数，例如生育期(development stage，DVS)、LAI、ET、SM、FAPAR、AGB 等。因此，引入大区域的遥感参数、借助数据同化技术，在区域每个格网上对状态变量进行优化或者经过多次迭代优化出一套模型参数，实现对区域作物模型的优化，提高区域作物单产的模拟。

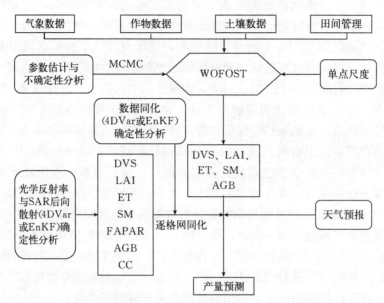

图 7 - 3　遥感与作物模型数据同化估产流程图

注：MCMC、4DVar、EnKF、SAR、DVS、LAI、ET、SM、FAPAR、AGB 和 CC 分别表示马尔科夫链蒙特卡洛方法、四维变分、集合卡尔曼滤波、合成孔径雷达、生育期、叶面积指数、蒸（散）发、土壤水分、吸收性光和有效辐射、地上生物量和冠层覆盖度。

7.2　作物生理生化参数的遥感反演

　　物质在电磁波的作用下，会在某些特定波段形成反映物质成分和结构信息的光谱吸收与反射特征，不同作物或同一作物在不同的环境条件、不同的生产管理措施、不同生育期，以及不同营养状况和长势下都会表现出不同的光谱反射特征。光谱特征是用遥感方法探测各种物质性质的重要依据，根据作物冠层几何结构、叶片生化组分及内部组织结构等与冠层光谱反射特征，尤其是可见光、近红外和中红外波段的内在联系，遥感技术已广泛用于提取作物关键生物理化参数信息，如叶面积指数、叶绿素含量、地上部生物量、水分含量、作物株型等。

7.2.1　作物参量遥感反演方法

　　目前通常采用的作物参量遥感反演方法有 2 种：①基于作物参数与敏感波段反射率或其数学组合，即光谱植被指数的经验统计关系法；②基于物理过程的辐射传输模型反演方法。

7.2.1.1　经验统计模型　经验统计模型理论依据是作物生理生化参数的改变会引起冠层反射率光谱曲线出现波动，曲线上的吸收和反射特征之间的差异增大。在成像光谱上，由作物体内理化成分、冠层结构的改变引起的反射率差异表现为像元的亮度、饱和度和色彩的变化。经验统计模型以作物冠层吸收红光、反射绿光、反射率在红色波段和近红外波段之间急剧增长的光学特性为基础，构建敏感波段光谱反射率或其衍生光谱指数与作物理化参数之间的回归关系。该方法简单灵活、应用广泛，但建立的经验关系模型多依赖于特定的传感器、地点和取样条件，其普适性较弱，且存在饱和效应等问题。能减少土壤背景和大气影响，且不易饱和的光谱指数是相关理化参数估算精度的关键。

7.2.1.2　辐射传输模型　基于物理过程的辐射传输模型定量描述太阳辐射在作物冠层中的传输机制，且充分考虑了作物的光学特性，具有较强的普适性和外延性，结合辐射传输模型的植被生化参数反演是当前遥感定量研究的热点之一。

PROSPECT 即叶片光学模型，适用于致密叶片和非致密叶片的植被，描述了光在叶片表面及内部的传输过程。用于计算 $400\sim2\,500$ nm 叶片半球反射率 ρ 和透过率 τ。PROSPECT 模型包含 4 个参数：叶片叶绿素含量 $C_{ab}(\mu g/cm^2)$、叶片等效水厚度 $C_w(cm)$、叶片干物质含量 $C_m(mg/cm^2)$ 以及叶片内部结构参数 N。N 是描述叶片内部细胞结构的参量，与植物的种类和生长状态有关，是 4 个输入参数中唯一一个无法通过物理或化学方法实测获得的参数，而它对叶片反射光谱的影响非常大，且作用范围覆盖整个可见光和近红外波段。一般情况下单子叶植物 N 为 $1\sim1.5$，双子叶植物 N 为 $1.5\sim2.5$，老化叶 N 大于 2.5。PROSPECT 模型只需输入 N 与生化组分含量就可以模拟不同叶片的光谱特性，模型可以形式化表达为

$$(\rho_l,\ \tau_l)=PROSPECT(N,\ C_{ab},\ C_w,\ C_m) \tag{7-5}$$

式中：ρ_l 为叶片反射率；τ_l 为叶片透射率。

SAIL 是冠层二项反射率模型，该模型假设植被冠层是由方位随机分布的水平、均一及无限延展的各向同性叶片构成的混合介质，根据辐射传输理论描述光在植被冠层中的传播，模拟任意太阳高度与观测方向下的冠层反射率。SAIL 模拟 $400\sim2\,500$ nm 波长范围内的冠层双向反射，它是与冠层结构、叶光学特征(反射率和透射率)、背景土壤反射率、太阳辐射的漫反射部分和太阳视角几何等输入变量相关的函数。冠层结构参数包括叶面积指数 LAI(无单位)、平均叶倾角 $ALA(°)$、热点大小(无单位)。可用湿土反射光谱乘以亮度系数来模拟背景反射光谱，亮度系数是用于描述在土壤亮度中由湿度和粗糙度引起的变化。考虑到入射太阳辐射的漫反射部分，常采用所有波长的恒定值，因为该参数在模拟反射中展现出非常有限的影响。模型通过入射天顶角、观测天顶角和相对方位角描述太阳视角几何。SAIL 模型可以形式化表达为

$$\rho_c=SAIL(LAI,\ ALA,\ SL,\ \rho_l,\ \tau_l,\ \rho_s,\ Diff,\ \theta_v,\ \theta_s,\ \varphi) \tag{7-6}$$

式中：ρ_c 为冠层反射率；LAI 为叶面积指数；ALA 为平均叶倾角(°)；SL 为热点参数；ρ_s 为土壤背景反射率；$Diff$ 为漫反射系数；θ_v 和 θ_s 分别为观测天顶角和太阳天顶角；φ 为太阳与观测点的相对方位角。

PROSAIL 模型是将叶片光学特性模型 PROSPECT 耦合到冠层辐射传输模型 SAIL，综合考虑叶片生化参数、植被冠层结构、二向散射特性等，具有明确的物理机理，被广泛应用于农作物 LAI、叶绿素含量、干物质含量等参数反演及光谱模拟等方面。PROSAIL 模型可以形式化表达为

$$\rho_c=PROSAIL(LAI,\ ALA,\ SL,\ N,\ C_{ab},\ C_w,\ C_m,\ \rho_s,\ Diff,\ \theta_v,\ \theta_s,\ \varphi)$$
$$\tag{7-7}$$

基于物理过程的辐射传输模型具有严格的物理过程和数学基础，但其输入参数具有多样性和复杂性，使得以物理过程为基础的农作物生长参数反演仍具挑战性。学者们提出了多种参数反演策略，以减轻模型的不稳定问题，包括迭代数值优化法、基于查找表(LUT)的反

演策略以及将查找表作为机器学习方法的输入生成的混合方法（如神经网络法等）。

查找表是一种普遍应用的反演方法，简单易行。基于查找表（LUT）的反演包括两个连续的阶段：①对反射模型进行正演产生模拟数据集，即查找表；②用查找表中与实测光谱最相似的记录计算反演问题的答案。研究表明，正则化策略可用来优化基于查找表反演方法的健壮性，主要包括：在生成查找表时使用先验知识约束模型变量，并将非线性冠层辐射传输模型反演问题转化为代价函数最小化问题，同时测量观测与模拟反射率间的差异、参数变量与先验信息间的差异，考虑多个最佳解决方案（平均或中位数），并通过添加高斯噪声考虑与测量和模型相关的不确定性。研究表明代价函数并未优化模型反演性能，但正则化策略在反演过程中对提高模型反演的健壮性及准确性起到重要作用。

7.2.2　主要作物参量遥感反演

7.2.2.1　叶绿素　叶绿素、叶黄素、花青素和胡萝卜素是作物体内主要的几种色素，其中叶绿素是植物体内主要的光能吸收物质，其含量高低直接影响作物光合作用的强弱，对作物发育阶段具有良好的指示作用。传统的测定方法大多基于实验室研磨、浸提的方法得到叶绿素的绝对含量。作物叶绿素的遥感监测主要从叶片尺度、冠层尺度和像元尺度出发，基于便携式光谱仪、机载高光谱成像光谱仪、星载高光谱仪和高空间分辨率多光谱卫星遥感数据，采用物理模型耦合、逐步回归分析、主成分分析、神经网络分析、支持向量机等方法进行遥感特征光谱反射率、光谱指数和叶绿素含量以及叶绿素相对含量（SPAD）之间关系的研究。

从 20 世纪 90 年代，研究者开始借助高光谱技术实现叶绿素含量的估测。植被叶绿素的吸收作用是植被在可见光-近红外波段光谱特征的主要影响因素，在作物营养生长阶段，随着生育期的递进，群体光合能力增强，叶绿素对红、蓝光吸收增强，而对绿光波段反射率逐渐增强，红边位置向长波方向移动（红移），红边幅值升高，近红外波段反射率不断增大，直至 LAI 最大时趋于平稳。在生殖生长阶段，叶片养分开始向穗部转移，叶绿素下降，光合能力减弱，下层叶片逐渐枯老，蓝、红光吸收减弱，反射率增高，红边位置向短波方向移动（蓝移），近红外反射率不断下降直至成熟。

目前，基于高光谱信息估测作物叶绿素含量的方法主要包括两类：一类是利用光谱特征变量，如利用归一化光谱的反射峰与吸收谷等特征变量，或利用基于导数光谱的特征变量来度量叶绿素的变化。另一类是利用光谱波段组合生成的各种光谱指数，如比值植被指数（RVI）、三角植被指数（TVI）、土壤调整植被指数（SAVI）等，应用高光谱指数法估算作物叶绿素的研究主要集中在如何克服土壤背景和避免植被指数饱和等方面，通过构建或优选指数，以达到有效应用的目的。如在避免植被指数饱和性影响方面提出了修正比值植被指数（modified simple ratio，MSR）和绿色归一化植被指数（green normalized difference vegetation index，GNDVI）等，在克服土壤背景对叶绿素反演的影响方面，土壤调节性植被指数（soil adjusted vegetation index，SAVI）、叶绿素吸收比率指数（chlorophyll absorption ratio index，CARI）、修正叶绿素吸收比率指数（Modified CARI，MCARI）和综合光谱指数 TCARI/OSAVI（combined optical index）等可有效提高反演叶绿素的精度。在地区尺度，将高光谱成像光谱仪搭载在低空无人机平台上获取作物的高光谱影像，通过解算高光谱影像得到地块范围内作物冠层叶绿素含量的空间分布。

　　为了提高模型的普适性，部分研究利用辐射传输模型模拟作物冠层光谱反射率，通过分析模拟数据的叶绿素含量与冠层光谱之间的关系构建估测作物叶片及冠层水平叶绿素含量的光谱模型。这些研究表明，机理模型物理意义明确，且反演过程较为稳定，适应性较好。但由于作物叶绿素含量与其影响因素之间的关系复杂，相应的参数和变量较多，且地表环境系统包含众多不确定性因素，故机理建模只能在一定假设和简化下进行，导致不可避免地存在模型偏差。

　　值得注意的是，由于作物叶片具有一定的叶位空间垂直结构，且存在不同叶位叶绿素等生化组分垂直分布的特性，因此，作物垂直结构上的叶绿素变化研究具有一定的实践指导意义。有学者运用多角度光谱信息，通过不同角度条件下反映的作物上层、中层、下层信息的差异等，构建基于不同观测天顶角条件下的冠层叶绿素反演指数的组合值，分别形成上层、中层和下层叶绿素反演光谱指数来反演作物叶绿素的垂直分布。

7.2.2.2　氮素含量　　氮素是构成作物生命体的必备元素，它对作物的生命活动以及品质和产量有着极其重要的影响。当植株内氮素缺乏或者过量时，就会引起植株蛋白质、核酸、核蛋白以及激素、维生素等重要高分子物质的合成，从而引起可见光-近红外光谱特性的变化。研究表明室内干叶粉碎样的反射和透射光谱中，氮素的吸收特征光谱位于 1 510 nm、1 730 nm、1 940 nm、1 980 nm、2 060 nm、2 180 nm、2 240 nm、2 300 nm 和 2 350 nm。而室外遥感传感器所获取的是绿色作物的光谱信息，其氮的吸收特征光谱受 1 450 nm 和 1 940 nm 处水分吸收的严重干扰，在 1 350 nm 以后而变得非常微弱。由于氮素自身的吸收特征比较弱，因此基于直接或者间接方式探寻氮素含量的敏感波段成为作物氮素高光谱遥感监测的基础。目前氮素营养遥感监测主要围绕作物叶片和植株的氮浓度、氮累积量展开，在基于遥感的作物氮素营养诊断方面，多依赖遥感反演出的氮/叶绿素浓度、氮/叶绿素累积量、叶面积指数、生物量等参数中的某一种来判定作物氮素营养状况以指导施肥。近年来，基于农学临界氮浓度曲线提出的氮营养指数（nitrogen nutrition index，NNI），合理结合了植株氮浓度和生物量这两个个体和群体特征，对作物氮素营养水平变化敏感，优于单个植株氮浓度、生物量、叶绿素浓度等其他氮素营养诊断指标。

　　当前作物氮素的定量遥感反演主要是利用叶绿素反演值间接推算氮素含量，以及根据冠层光谱数据直接反演氮素含量。比如通过叶片光学模型（PROSPECT）、冠层辐射传输模型（SAIL），以及两者耦合而成的叶片-冠层光谱模拟模型（PROSAIL）首先定量反演叶绿素浓度，进而利用叶绿素含量与氮素之间的线性关系估算叶片或冠层的氮素含量。根据大量的观测数据建立氮素含量与敏感光谱波段、光谱特征和特征参数之间的统计关系模型是获取作物氮素信息的常用方法。偏最小二乘回归（PLS）算法是一种有效的探索和预测工具，通过植被指数对冬小麦叶片叶绿素和叶片氮含量进行监测发现，PLS 回归提高了窄波段光谱指数预测叶片氮含量的精度，误差明显下降。近年来基于机器学习算法的回归模型受到关注，有研究以氮素光谱敏感指数作为输入变量，以冠层氮素含量数据为输出变量，利用随机森林算法构建水稻冠层氮素含量的高光谱反演模型，采用简单尺度转换方法实现了点模型的区域应用，结果表明，基于随机森林算法的水稻冠层氮素含量高光谱反演模型可解释，所需样本少，不会过拟合，精度高，具有普适性。

　　根据冠层光谱数据直接反演氮素含量时，对冠层氮素含量垂直分布差异的影响估计不足，特别是在氮素胁迫条件下，顶层叶片与下层叶片受胁迫及衰老的非同步性，影响利用光谱数据对整个冠层氮素水平的反演。研究表明，不同叶层的叶片含氮量按上、中、下层的顺序呈明显下降的梯度，全生育期不同土壤施氮处理的平均量，上、中层间相差 13.3%，中、下层间相差 29.5%。在生育前期，各层叶片的含氮量随土壤供氮水平增高而增加，但不同叶层间氮素的梯度相对稳定。到生育中后期，中、下层叶片间氮素含量梯度增大，且随土壤供氮水平增高而加剧，最大时可相差 45.3%。不同叶层的光谱特征表现为，在土壤低氮水平下，不同叶层间在红光波段、短波红外波段(1 400~1 800 nm、1 950~2 300 nm)的反射率差异显著，下部叶层的反射率显著高于上、中叶层，但在土壤高氮水平下，上述差异消失，在近红外平台处，不同叶层间反射率按上、中、下顺序降低，梯度分布特征明显。

7.2.2.3 叶面积指数 LAI 叶面积指数作为陆地生态系统的一个十分重要的植被特征参量，能够对植被冠层结构给出直接的量化指标，是一个综合反映作物植株个体和群体生长状况的量化指标。传统的 LAI 监测方法主要分为直接法和间接法，通过直接测定或者用一些测量参数、光学仪器来获取 LAI。直接测量作物 LAI 费时费力且会破坏作物长势，间接测量法也难以应用于大面积快速监测中，遥感技术的发展为 LAI 的获取提供了新的手段。目前 LAI 的估测一般基于植被指数进行，大多数是通过窄波段光谱反射率计算传统的植被指数，还有一些利用波形分析技术构建新型高光谱植被指数。不同的植被指数对不同的影响因素或干扰因素具有不同的敏感性。例如，植被指数通常对 LAI 处于 3~6 时较为敏感，当水稻 LAI 大于 6 时，NDVI 会出现饱和现象，在借助高光谱植被指数进行作物 LAI 估测时，不仅要选择合适的光谱指数，还要具备土壤和冠层结构的先验知识。

物理机理模型主要是通过描述冠层反射率信息与冠层生物物理参数的植被冠层模型来反演 LAI，对植被生理生化过程有较好的解释，但反演过程因多个比较难以获取的输入参数而变得较为复杂，多次迭代使得计算量较大。通常首先对生理生化参数的敏感性分析，以确定对冠层反射率影响较为敏感的参数，对这部分参数取多个经验值模拟冠层反射率，不敏感参数则直接赋予经验值；其他参数则根据成像、观测条件进行取值。参数敏感性分析表明，在红、近红波段对应的光谱区域，除了叶片叶肉结构参数 N 和叶片水分含量外，其他参数对反射率的影响是灵敏的。随着以多角度成像光谱辐射计(multi-angle imaging spectrum radiometer，MISR)和紧凑型高分辨率成像光谱仪(compact high resolution imaging spectrometer，CHRIS)发展，可以同时利用光谱信息和多角度立体结构信息，增加模型反演过程中的先验知识，改善传统单一角度数据植被结构参数反演精度较低等问题。研究表明 0°、36°、55°的 3 角度组合反演 LAI 精度最高。基于不同卫星遥感数据反演得到的作物 LAI 存在估算精度、空间尺度不一致和时间不连续等问题，限制了其广泛应用，需要进一步开展地面观测验证实验，以使相关研究成果得到更为广泛的应用。有研究将集合卡尔曼滤波技术与冠层辐射传输模型和动态过程模型耦合，建立综合利用多源遥感卫星不同时相、光谱和角度信息的叶面积指数反演方法，提高了叶面积指数估算结果的精度和时空连续性、一致性。另外，作物叶面积指数同叶角、叶绿素、水分含量、干物质含量等参数一样，在冠层内的垂直分布存在较大差异，其对冠层光谱反射特性存在不可忽视的影响，在作物参数遥感估算研究中应给予充分关注。

7.2.2.4 作物参量遥感反演实例 例如，用低空无人机成像光谱仪影像估算棉花叶面积指数，结果见图 7-4。使用 SVC HR-1024i 非成像全光谱地物波谱仪获取棉花在 350~2 500 nm 波长范围内 1 024 个波段的高光谱数据，并以此为标准检验无人机平台 UHD 高光谱成像仪影像数据的准确性。以 SUNSCAN 冠层分析仪同步测量样地棉花 LAI 值。比较原始全波段光谱反射率、连续投影算法提取的有效波段反射率、传统植被指数和自定义极值植被指数(E＿VI)构建 LAI 遥感估算模型的可行性。结果显示,基于多个极值植被指数构建的 PLS 回归算法模型精度最佳,并使用该模型对棉花地块高光谱影像进行反演,制作棉花 LAI 空间分布图,取得良好的估算结果。

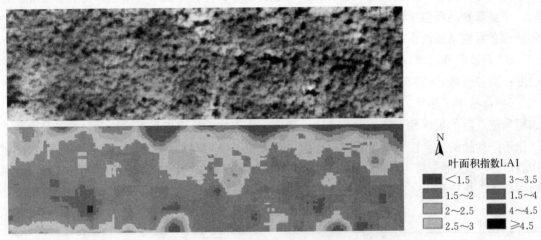

图 7 - 4　棉花地块高光谱影像及 LAI 反演分布图

7.3　作物品质遥感监测

　　利用遥感技术开展大面积作物品质指标的遥感监测预报,对指导分级收割、按质论价收购,以及制定优质作物进出口政策,具有现实的迫切需求。由于不同作物具有不同的品质指标,即使是同一种作物,由于用途不同使用的品质评价指标也有差异,因而作物品质监测具有一定特定性和复杂性。与产量监测相比,品质监测具有以下有利因素:①品质监测要求精度范围较宽,不同精度下都有对应的需求,既有高精度监测绝对数值的需求,也有粗精度监测超出或低于某个值段的区域,或者排查障碍因子的需求;②尽管作物品质的形成与影响因素比较复杂,但往往不需要监测笼统的“品质”指标,而是分解为具体单项指标。以籽粒氮素含量为例,它是一个具体的单项指标,也是“品质”的关键评价因子,由于其影响因子又比较单一,主要受土壤供氮量的影响,并且较强地反映在群体叶绿素密度和叶面积指数变化上,利用遥感手段相对容易监测。当前的品质遥感预报监测也多是以作物目标品质指标形成过程的农学、生理生态的方法和原理为基础,应用遥感数据来反演与品质指标相关的理化参数,直接或间接地实现作物品质的预报监测。

7.3.1　作物品质评价指标及主要影响因素

　　作物品质既是一个众多因素构成的综合概念,又是一个依其用途而改变的相对概念。依据人类需求和用途的不同,作物品质可分为形态品质、营养品质、碾磨品质和食用加工品质等类型。

（1）形态品质。指作物产品的外观特性，它包含许多外观性状。如小麦的外观品质，包括粒长、粒形、硬度、颜色、光泽等；稻米的透明度、垩白大小、垩白率等也均属于外观品质。

（2）营养品质。指作物产品的营养价值，即所含有的营养物质对满足营养需要的适合性和满足程度。如粮食作物籽粒蛋白质含量及其氨基酸组成、纤维素含量和微量元素含量，薯类作物的淀粉含量，油料作物的脂肪和脂肪酸含量等。籽粒蛋白质含量是作物的重要品质指标，小麦营养品质包括营养成分的组成、多少、均衡性和全面性等，特别是籽粒中蛋白质的含量和必需氨基酸的平衡程度，其中，以高蛋白、高赖氨酸为主。

（3）碾磨品质。指作物产品在经碾磨后所表现出的特征性状。如小麦经磨粉后的出粉率、白度；稻谷碾米后的糙米率、精米率、整精米率等。

（4）食品加工品质。指作物产品经蒸、煮、烤等食品加工工艺后所呈现出的特征性状，如稻米蒸煮后的柔软性、糊化性、香味、甜度。小麦加工品质指小麦籽粒对制粉以及面粉对制作不同食品的适合性和满足程度，分为一次加工品质（制粉品质）和二次加工品质（食品制作品质）。一次加工品质包括籽粒物理品质、磨粉品质和蛋白质品质。二次加工品质指食品制作品质，是评价小麦籽粒品质和面粉品质的主要指标和依据（表7-1）。

表7-1 强筋小麦品质指标（GB/T 17892—1999）

项目			一等	二等
籽粒	容重(g/L)	≥	770	
	水分(%)	≤	12.5	
	不完善粒(%)	≤	6.0	
	杂质(%)	总量 ≤	1.0	
		矿物质 ≤	0.5	
	色泽、气味		正常	
面粉	降落数值(s)	≥	300	300
	粗蛋白值(%)(干基)	≥	15.0	14.0
	湿面筋(%)(14%水分基)	≥	35.0	32.0
	面团稳定时间(min)	≥	10.0	7.0
	烘焙品质评分值	≥	80	

分析表明，农产品质量的品质是由遗传因素、肥水调控、栽培技术和生态因子共同决定的综合表现。栽培措施和生态环境对品质的影响尤为突出（表7-2），因而种植优良品种但产品不达标的现象十分普遍。氮素调控、水分管理、温度影响以及倒伏等灾害发生是影响品质的几个重要方面，其中，氮素调控尤为重要。如影响水稻品质的一个主要因素就是追求高产而过度施用氮素肥料使稻米品质下降。过度施用氮素肥料也是导致目前国产啤酒大麦麦芽质量低下的主要原因。在华北地区影响面包专用小麦的主要环境因子除了氮素肥料影响粗蛋白含量指标外，干热风带来的高温逼熟则是导致稳定时间指标降低的主要原因。

表 7－2　主要作物品质影响因子及存在的问题

作物	影响品质主要生化组分	影响品质主要环境因子	生产流通中的主要问题(存在区域)
水稻	直链/支链淀粉比例;粗蛋白含量	直链/支链淀粉比例受灌浆期间温度影响;精蛋白含量受施氮量影响	水稻灌浆期间高温胁迫使品质下降(部分区域);施用氮肥过多使粗蛋白含量超标(普遍)
小麦	精蛋白含量;面筋含量;稳定时间	粗蛋白含量、面筋含量受施氮量影响;稳定时间受温度和水分影响	高温逼熟或灌浆期水分过多使稳定时间偏低(华北强筋麦);施用氮肥过多或偏晚使粗蛋白含量偏高(南方弱筋麦)
大麦	粗蛋白含量;麦芽无水浸出物	粗蛋白含量及麦芽无水浸出物比率受施氮量影响	施用氮肥过多使粗蛋白含量超标,影响啤酒麦芽质量(普遍)

7.3.2　作物品质形成的农学机理

7.3.2.1　氮代谢与蛋白质形成　籽粒蛋白质含量是籽粒氮累计与籽粒碳累计综合作用的结果。植物吸收利用的氮素主要是铵态氮(NH_4^+)和硝态氮(NO_3^-)。植物吸收的 NO_3^- 首先在硝酸还原酶的催化下形成 NO_2^-，在经亚硝酸还原酶催化还原为 NH_4^+，然后进行 NH_4^+ 的代谢转运；NH_4^+ 在根细胞中首先在谷氨酰胺合成酶、谷氨酸合成酶以及氨基酸转移酶的一系列作用下形成氨基酸，氨基酸在各种酶的作用下进一步合成植物所需要的蛋白质、核酸、核苷酸、色素和其他多种含氮化合物。作物籽粒中的蛋白质形成主要与开花期后氮素的运转有关，在籽粒氮素累计过程中，氮素的主要来源包括两部分：一部分是开花前存储于植株地上部器官的氮化物再转运，占籽粒总氮量的 70%～80%；另一部分是开花后植株对土壤氮的再吸收，占籽粒总氮量的 20%～30%。

7.3.2.2　碳代谢与淀粉积累　植物碳水化合物的形成主要通过光合作用，在蔗糖磷酸合成酶等的催化下，将 CO_2 和 H_2O 合成蔗糖(或其他形式的葡萄糖)，存储于叶片的液泡内，也可存储于茎鞘中。作物籽粒中的碳累计主要以淀粉累计为主，其主要来源同样包括两部分：大部分是开花后绿色器官光合作用制造并转运到籽粒中，小部分是开花前存储于植株中的非结构形态碳水化合物以蔗糖的形式向籽粒转运。在蔗糖降解酶的作用下，分解为可溶性糖，其中一部分在可溶性淀粉合成酶的催化下合成支链淀粉，另一部分在淀粉粒结合态淀粉合成酶的催化下合成直链淀粉。

灌浆期间，由于籽粒蛋白质与淀粉的合成速率不一致，籽粒蛋白质含量总体表现为"高-低-高"的动态变化趋势，即灌浆初期蛋白质含量较高；伴随着籽粒灌浆过程进行，光合产物向籽粒大量输入，淀粉的合成速率快于蛋白质合成速率，蛋白质含量很快下降；随着籽粒成熟，籽粒粒重增长缓慢，蛋白质含量有所回升。

7.3.3　作物品质遥感监测技术与模型

7.3.3.1　作物品质遥感监测技术途径　遥感监测作物品质是在充分理解作物品质形成的农学机理基础上，集成农学知识和遥感观测数据，通过运用遥感技术监测作物长势及营养状况，从而实现作物品质的遥感监测预报。往往是在分析作物不同生长期植株生理生态指标与作物品质指标间关系的基础上筛选具有显著关联的主要植株生理生态指标。通过分析这些主要指标与遥感光谱信息(光谱反射率或光谱指数)间的定量关系建立遥感监测模型。在此基础上,可以考虑植株生理生态指标与品质形成过程间其与气候环境间的相互作用,通过光谱信息线性、非线性组合,或与其他模型相耦合的模式,建立不同时间序列或不同种植区域的作物品质监测模型。

遥感监测作物品质的技术途径是利用遥感反演地表或冠层叶绿素、氮素等作物品质关键组分参数以及叶面积指数、水分、温度等相关影响因子,结合地面取样和实验室定标,为大面积估测作物品质指标提供辅助支持。具体做法是将实验室点状信息分析测试的"点状"数据与遥感实时获取的面状数据结合起来,通过遥感影像数据与地面定点观测数据相结合,重点解决田块尺度籽粒粗蛋白含量、品质"均匀度"、作物成熟度及收获时期等遥感监测指标。在栽培上,利用多时相遥感影像数据实现地表参数反演,根据监测结果指导调优栽培中的肥水管理;在收购加工方面,利用遥感数据将监测区域某种作物的品质初步划分出若干等级,优等的可以免去实验室检测程序,中等的可以进入实验室抽样检测,劣等的不予收购、降级收购或用作它用。在此基础上进行分级加工,就可以从总体上提高商品等级和品质均一度,并大幅度降低品质分析检测成本,从而为指导作物调优栽培、适时收获和分类加工,真正实现优质优价提供技术支持。

7.3.3.2 作物品质遥感监测模型

(1)直接模式。对于茶叶、烟叶、牧草、饲用玉米等作物,其叶片或茎秆是经济产量的重要组成部分,叶片或茎秆内部的生化组分如氮素(可以换算成粗蛋白质)等是评价品质的重要指标,可以直接建立某个时相下遥感数据与叶片或茎秆生化组分间的相关关系,进而评估其品质状况。例如,通过敏感波段的反射率可以反演植被冠层的氮素水平。

(2)间接模式。水稻、小麦、普通或高油玉米等作物,其籽粒是构成经济产量的收获对象,叶片或茎秆的生化组分虽不能直接作为评价品质的指标,但可以首先建立遥感数据与叶片或茎秆生化组分间的相关关系,以叶片或茎秆生化组分与籽粒品质指标间的非遥感模型为链接,间接预测预报品质状况。比如,小麦后期叶片全氮与成熟期籽粒品质组合之间具有强相关性,叶片全氮能够很好地监测小麦籽粒蛋白质与面筋含量,而叶片氮含量与冠层光谱间有较好的定量关系,因此可以通过冠层光谱间接地监测籽粒蛋白质含量,特别是利用开花期光谱信息可以提早实现对籽粒蛋白质指标的预测。甜菜则更为典型,其地下肉质根含糖量是决定品质的关键因子,而根与地上部器官间养分运转相关密切,通过建立遥感数据与叶片生化组分间的相关关系,并链接叶片生化组分与肉质根生化组分间的非遥感模型,可间接预测预报其品质状况。

(3)综合模式。大多数情况下,决定作物品质的因素是复杂的。一方面是影响作物品质的生化组分的多样性,另一方面是决定品质形成的遗传与环境作用的复杂性。仅就稻麦品质形成规律而言,大米的商品品质主要受稻谷籽粒中粗蛋白和直链淀粉等生化组分含量的影响,面粉的商品品质则与小麦籽粒粗蛋白和面筋等生化组分的数量、质量关系密切。除了品种遗传因素外,栽培过程中环境气象条件、氮素肥料和水分供给以及病害发生与否均影响到品质的形成。因此需要建立多因素、多时相的综合模型,以充分利用非遥感参数的支撑,提高监测精度。

7.3.3.3 作物籽粒蛋白质品质遥感监测
作物籽粒蛋白质含量不仅取决于作物的品种

特性，还受到地区的气候因素、环境因素以及生产过程中的栽培管理措施影响。当前，作物籽粒蛋白品质遥感监测主要集中在小麦与水稻两大作物上，其监测模式主要包括：

（1）基于"遥感信息-籽粒蛋白质含量"模式的经验模型。该模式通过分析作物关键生育时期遥感信息（敏感波段、植被指数、红边参数等光谱特征），直接构建籽粒蛋白质含量的统计经验模型。在关键生育时期选择上，以开花期或者灌浆期构建的模型较多。

（2）基于"遥感信息-农学参数-籽粒蛋白质含量"模式的定量模型。该模式主要根据遥感信息与关键生育时期农学参数的定量关系以及农学参数与籽粒蛋白质含量的定量关系建立籽粒蛋白质含量预测。比如，通过建立叶片含氮量、植株总氮含量、氮素营养状况的氮素营养指数与籽粒蛋白质含量模型，然后耦合较优光谱参量，实现籽粒蛋白质预测。

（3）基于"遥感信息-生态因子-籽粒蛋白质含量"模式的半机理模型。针对籽粒蛋白质含量遥感预测年际扩展和空间转移差的问题，对籽粒氮素运转原理进行模拟，并且加入生态因子实现年际与空间差异的校正。比如结合小麦灌浆期间气候环境条件和土壤条件对籽粒蛋白质含量形成的影响机制，建立基于 NDVI 和籽粒氮素累计生理生态过程的籽粒蛋白质含量预测模型。

（4）基于"遥感信息-作物生长模型-籽粒蛋白质含量"的机理解释模型。通过遥感信息和作物生长模型耦合的同化方法，调整模型使模拟变量与遥感观测值的误差达到最小，以确定作物模型的初始参数和状态变量，进而实现最终作物籽粒蛋白质含量的预测。

7.3.3.4　作物品质遥感监测实例　以 HJ1A/B 卫星数据和生态因子相结合的籽粒品质监测为例，介绍作物品质监测的基本方法，监测基本流程如图 7-5。应用较高时间和空间分辨率的国产卫星 HJ1A/B，引入温度、降水、太阳辐射和土壤肥力等影响小麦籽粒蛋白质含量的重要生态因子，构建综合生态因子和遥感的小麦籽粒蛋白质含量监测模型，以期增强冬小麦蛋白质含量监测的农学生态机理解释。研究实验区为北京郊区的小麦种植地，获取小麦拔节期、孕穗期、开花期、灌浆期等关键生育期的多时相 HJ1A/B 卫星数据，搜集小麦

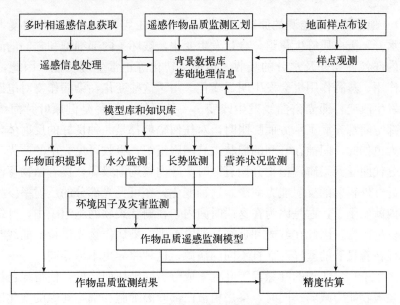

图 7-5　作物品质遥感监测基本流程

生育期气象数据[逐日平均气温(℃)、逐日降水量(mm)、逐日平均日照时数、逐日相对湿度(%)和逐日风速(m/s)等]和土壤养分数据(土壤速效磷、有机质含量、碱解氮含量和速效钾等指标)，以及收获时小麦籽粒蛋白质含量。对光谱蛋白质含量模型、生态因子籽粒蛋白质含量模型、光谱生态因子蛋白质含量模型进行 F 检验，表明各模型均达到极显著水平，3 种模型的决定系数分别为 0.782、0.635、0.843，说明综合利用遥感数据和生态因子的监测结果比单独利用遥感数据或单独利用生态因子的精度高，并增加了监测模型的农学机理。构建的光谱生态因子蛋白质含量模型，表达式如下：

$$Y = 12.789 + 0.053X_1 - 0.753X_2 - 0.551X_3 + 5.024X_4 + 4.481\text{GNDVI}$$

$$(7 - 8)$$

式中：Y 为蛋白质含量；X_1、X_2、X_3、X_4 分别代表 5 月上旬到 5 月下旬的降水量、5 月下旬的光照时间、土壤含氮量、整个 5 月的积温。

7.4　作物病虫害遥感监测

病虫害是农业生产的大敌，它不仅能造成减产，而且能大大降低作物的质量。据联合国粮农组织估计，世界粮食产量常年因病虫害损失 10%～20%；世界棉花产量因虫害损失 16%，因病害损失 14%。利用遥感技术宏观、快速、准确、动态等优点，在不破坏植物组织结构的基础上，及时、快速、大面积对农作物病虫害进行早期监测，有利于主管部门及时做出科学决策并进行科学防治，是提高农作物产量、减少农作物经济损失的关键。大量研究表明，许多作物如各类山核桃、桃、棉花、玉米、小麦、高粱与牧草等均能应用遥感技术进行早期探测。大范围地对多种病虫害进行监测，并对流行性病害发生发展规律进行调查，也能够对不同病虫害胁迫的发生类别和严重程度进行识别和区分。

7.4.1　遥感病虫害监测的原理

7.4.1.1　遥感病虫害监测的原理　农作物发生病虫害时，由于病菌的侵入使植株叶片的叶绿素、水分、蛋白质等生化组分含量发生变化，破坏了内部细胞和它们的间隙结构，并且影响叶片内部各种养分及水分的吸收、运输、转化等正常生理功能，因此，染病后的作物，其光合作用、蒸腾作用也会发生明显变化。由于这些变化，染病作物对电磁波的辐射作用也会随之发生改变，即光谱曲线发生改变。一种可能的解释是健康叶片海绵状的叶肉组织，在其全部空间都充满了水分而膨胀时，对任何辐射都是一种良好的反射体，对近红外波段的辐射能力也如此，间插在其间的栅状柔软网胞组织，吸收可见光中的蓝光和红光，反射绿光；当水分代谢受到阻碍，植物开始衰败时，叶肉就逐渐毁坏，接着植物逐渐枯死，从而导致叶片对近红外辐射的反射能力减少。这种变化，在可见光部分的反射率发生改变前的相当一段时间内就发生了，这是因为在这段时间内，在栅状柔软网胞组织中，叶绿素的数量或质量还没有发生改变。因此在红光和近红外波段范围，染病作物光谱特征曲线与健康作物光谱曲线相比存在着显著的差异，而且不同的病源，这种差异也不尽相同。

因此，由于染病农作物的叶绿素等叶色素成分遭受破坏而降低，使得绿色植被在蓝光和红光范围的强吸收能力减弱；同时，染病植被内部叶肉细胞和细胞间隙的变化以及水分的流失等，也使得叶片在近红外谱区的强反射能力严重减弱。基于农作物染病后光谱特征曲线的变化特性，很多研究利用光谱分析技术、生物技术以及计算机技术，对不同作物病害进行检测、鉴别和判断。

根据目前遥感技术发展水平，无论大田、果树、森林或草原病虫害，凡是它们的危害能导致叶片以致整个植株变色、变形或叶片物理结构起变化，或者在叶面上产生残留物的，一般均能使用遥感技术监测到。但是到目前为止，凡是只危害果实的病虫，虽然它毁坏了果实，但对叶子与植株的影响不大，所以目前仍不能应用这种手段进行监测。因此，凡是病虫的危害引起寄主光谱特性发生变化的一般均能应用遥感技术进行监测。应该引起注意的是，造成近红外波段反射减少的危害因子很多，有病虫害、日灼、冻害、矿物质营养缺乏、毒害、旱涝等，应用遥感影像解译时，要结合地面情况校核。

遥感病虫害监测必须建立在实地调查的基础上，根据不同病虫危害对寄主光谱性能的影响，以及遥感影像上这类寄主植物株形、叶形的异常现象，通过专业解译，再去实地调查验证，多次反复修改，然后借助计算机来识别处理，并进行统计分析而得出结果预报。也可在地面调查到某害虫危害地点后，再用低空可见光、红外进行较大面积的遥感调查，以定出周围地区传播界限与危害分布情况。

7.4.1.2　遥感虫害监测类别　遥感技术监测虫害是在实地调查的基础上，根据不同害虫危害对寄主光谱特性的影响，以及植株株型、叶形的变化，通过遥感技术使这类寄主植物的异常现象反映到遥感影像上，通过专业解译和实地调查验证，然后利用计算机来识别寄主类别分布与害虫危害程度类别分布，并进行统计分析而得出结果预报。另外，通过遥感技术可以及时监测害虫的季节性变化，它为人们确定防治地点的不同措施提供了依据，这对制订该地区的防治计划很有价值。遥感技术还可用于调查监测危险性害虫的寄主植物，例如飞蝗危害水稻、玉米、高粱、豆类、棉花、树叶等，它发生时遮天盖地。蝗虫开始危害范围很小，但是它的繁殖率大得惊人，一小群蝗虫在短时间内可覆盖上百平方千米的土地面积。根据卫星遥感技术，可以监测蝗虫的滋生时间、地点和危害程度，同时还可以利用雷达对其迁飞的方向、高度进行监测。归纳起来，目前遥感技术在害虫监测方面应用的主要类别有：

(1)能分泌蜜露的害虫。分泌蜜露的害虫之所以能应用遥感技术监测到，主要原因是它们所分泌的蜜露导致霉菌的大量滋长与沉积，其结果导致寄主叶片对红外波段反射能力不断下降。这类害虫有蚧类、粉虱类、蚜类等。

(2)导致寄主叶片变化、几何变形或落叶的刺吸式口器害虫。上面提到的蚧类、粉虱类、蚜类除能分泌蜜露导致寄主得霉菌，这三类害虫及许多同属刺吸式口器的害虫还会引起寄生植物叶色、叶形与珠形以及组织结构的变化，霉菌以及这些变化被证明可以应用遥感技术监测。这类害虫有橘黑刺粉虱、小麦蚜虫、松针蚧壳虫、山楂红蜘蛛、苹果黄蚜等。

(3)钻蛀性害虫——天牛类。仅靠色调变化是很难进行受红颈天牛危害寄主和健康寄主的目视解译，但是受危害寄主的树体可呈现指状或鸦雀趾状的外貌，这可作为判断识别的特征。

(4)其他害虫。如红农蚁可以翻起土壤，吃草籽，对牧场起破坏作用。由于它有扁平而很圆的蚁家，所以遥感图像上可以清楚地看到它独特的环形式样。危害牧场的切叶蚁的蚁家与地鼠窝，在图像上，通过尺度大小、形状、颜色是比较容易监测到的。

7.4.1.3　遥感病害监测类别　遥感技术不仅能监测作物病害发生与分布情况，而且具有在作物病害症状觉察前对作物病害进行早期探测的优势。这是因为作物受病原侵害的寄生虫在表现明显症状以前，就开始丧失对红外的反射能力，而这一般发生在可见的绿色开始变化之前的几天或几周，所以遥感技术为人们进行病害预报提供了可能。

一般寄生虫侵染之后作物表现出营养不良、叶片色泽失常、生长衰弱、植株矮化、生育延缓、叶片萎垂等病状。特别是地下部受侵染后，以上这些病状更为显著。细菌性病害多半属于急性坏死，表现症状为腐烂、斑点、枯焦、溃疡、萎蔫等，个别能导致癌瘤、毛根、簇生等促进性病变。这类病害均导致寄主叶绿素大量破坏与整个寄主萎蔫枯死。植物病害中以真菌病害最多，也很重要。山核桃根腐病就是其中的一种，但在受侵害初期，甚至当根系及树冠未遭严重危害时，在外观上表现仍是健康的，当根腐病侵害致使山核桃的根系表皮与木质部之间出现白色菌丝体，并在根茎部也全部受害时，地面树体才出现矮化症状，故人们觉察到它一般是较晚的。葡萄霜霉病是由真菌侵染所致的病害，被害叶片初期形成红色斑点，逐渐扩大成黄绿色不规则形病斑，叶背密生一层白霜霉状物，最后变褐干枯而脱落，受害植株的红外反射能力下降。无论哪一种类型病毒病菌导致寄主植物叶片叶绿素的破坏与枝叶变形，均导致对红外光反射率的明显下降。

总之，作物病虫害的发生与作物生长的环境、气候、土壤以及品种等因素密切相关，这些因素的变化导致不同病虫害发生种类的多样化。总体上，引起作物病害的病原体以真菌为主，少数为细菌、放线菌以及线虫等，这些病原体主要依靠土壤、风、雨水以及气流等介质携带病原体或者孢子等进行传播。虫害则多是由于上一年的越冬成虫在下一年适宜季节繁殖危害。不同的病原菌及害虫危害作物过程中，被侵染作物外部的形态学特征、颜色特征等存在较大的差异，这些特征变化为遥感监测作物病虫害提供了契机。

7.4.2　作物病虫害遥感监测方法

作物受病虫害胁迫后的生理特征和表征现象能够被遥感观测并记录，通过对观测数据进行处理分析，可以得知病虫害发生的范围和程度。病虫害遥感监测的内容是根据病虫害生理机制建立遥感观测与病虫发生情况的对应关系，并获得监测范围内病虫害发生范围和程度的制图结果。遥感病虫害监测的一般流程见图 7-6。

7.4.2.1　非成像高光谱遥感的作物病虫害监测　当作物受到不同种类或者不同程度的病虫害胁迫时，会改变其内部的生理生化特性和结构特征，外形上会出现枯黄、凋零等现象。同时，作物的反射光谱在不同波段会表现出不同吸收和反射特性的变化，即作物病虫害的光谱响应。将光谱响应特征提取并经过形式化、定量化表达，不仅可以深入研究作物病虫害侵染程度、侵染种类及侵染阶段等，而且有助于进一步研究光谱响应特性与农作物病虫害之间的关系，为深入研究农作物病虫害光学遥感监测提供依据。

基于非成像高光谱技术的作物病虫害监测研究主要集中在可见光波段和近红外波段。作物连续的高光谱信息在病虫害遥感监测和识别方面主要有以下两方面的应用：①利用高光谱传感器可以同时获取作物病虫害胁迫的光谱差异和纹理差异，进而结合两方面的差异性信息提取胁迫特征；②获取的高光谱波段信息可以有效表征由病虫害引起的叶片理化组分的变化差异。作物受病虫害胁迫后引起的叶片表面"可见-近红外"波段的光谱反射率的变化是病虫害遥感的直接特征，反映了植被物理生化组分的响应。如受蚜虫危害的小麦叶片的光谱响应表明，在 700~750 nm、750~930 nm、950~1 030 nm 和 1 040~1 130 nm 处叶片的光谱反射对小麦蚜虫的响应率显著；除此之外，利用原始光谱的特征变换形式可以有效地加强波谱

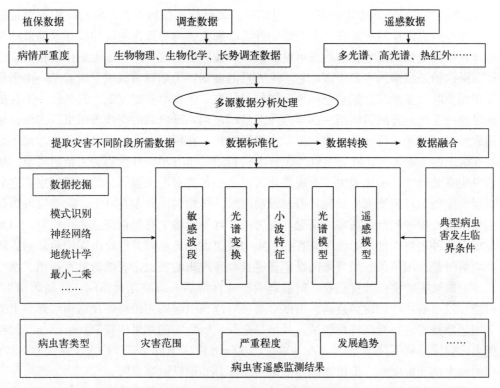

图 7-6 作物病虫害遥感监测技术流程

特征的差异，从而提取出目标病害的类别和严重程度。对不同维度光谱信息的对比分析，发现高维的光谱信息包含更多与病害胁迫相关的特征，能够对病害胁迫进行较为精确的早期监测。这种病虫害引起的光谱响应研究已引起了很多学者重视，并被广泛应用于遥感监测和早期胁迫诊断研究。另外，对筛选的敏感波段进行组合构成的光谱指数不仅拥有明确的物理意义，还能突显病虫害的生理生化过程，通过光谱指数对小麦病虫害进行建模分析，实现了从生物学机制的角度对病虫害的监测和区分，提高了病虫害监测与分类的精度。如 Zhao 等通过构建植被指数和微分光谱指数，比较分析了日光诱导的叶绿素荧光和光谱反射数据监测小麦条锈病的严重程度，结果表明，病情指数≤45%时，日光诱导叶绿素荧光数据构建的预测模型效果更佳，病情指数＞45%时，两种方法均达到极显著水平。Shi 等通过接种实验获取了小麦条锈病、白粉病和蚜虫的冠层高光谱数据，通过相关性分析筛选了敏感波段并基于敏感波段提取了多个植被指数特征，之后通过多种判别分析构建了多种非线性分类器，并利用所构建的分类器对冠层进行了监测识别。结果表明，基于 Sigmoid 核函数构建的非线性分类器能够获得较高精度的监测效果。

越来越多的学者发现作物病虫害在不同的光谱波段中表现出不同的响应，因此如何针对不同的病虫害种类，在实际监测中需要寻找和构建具有高专一性的监测指标，选择较为合适的模型构建方法是作物病虫害遥感监测中急需解决的关键问题。目前较为普遍的思路是通过寻找与病虫害严重度较为敏感的高光谱波段来提取和构建相关的光谱特征，用于区分和识别不同病虫害胁迫。

7.4.2.2　成像遥感技术的作物病虫害监测

（1）航空影像的作物病虫害调查。20 世纪初，遥感技术在病虫害方面的应用主要是进行可见光和红外摄影影像目视解译。无论哪一种类型病虫害均导致作物叶片叶绿素的破坏与枝叶变形，农作物受到病虫害胁迫后在可见、近红外波段会出现一些与未患病作物相区别的光谱特征。褐软蚧是柑橘的主要虫害，它产生大量的蜜露，为烟霉菌提供了培养基，由于烟霉菌的淤积而使叶片变黑。自然彩色和黑白影像仅能在危害很严重时发现，彩色红外影像能比较早地发现。受到危害的柑橘园在红外影像上呈暗色调，暗色调的深浅表明虫口密度。橘粉蚧与褐软蚧对橘叶光谱特性的影响相似，由于橘粉蚧是在树冠内，烟霉菌淤积物与褐色软蚧淤积物在树上的分布不同，在彩色红外影像上橘粉蚧显出有小块红色透明的杂色斑点。橘黑刺虱刺吸柑橘的叶汁，破坏表皮，出现黄化区，是一种具有巨大毁灭性的柑橘害虫。它分泌的蜜露所产生的烟霉菌比褐软蚧轻，但也像褐软蚧一样均匀地分布在叶上。航空红外影像可以鉴别柑橘树上中等和严重病害的情况，被害树叶红外影像上有黑色斑点式样色调，当地面调查发现有这种害虫，红外影像可调查到害虫大批出没的地点，并能定出周围传播的界限。

苹果黄蚜是我国苹果、梨等果区发生普遍且危害严重的害虫，其成蚜危害新梢、嫩叶和叶片，常造成被害叶尖向叶背横卷，蚜群刺吸叶片汁液后，影响光合作用，抑制新梢生长，严重时能导致早期落叶和树势衰弱。根据苹果黄蚜危害引起寄主植物叶片结构与形态上的变异，利用遥感技术进行光谱特性测试，其结果是受黄蚜危害的苹果树在 700～800 nm 的红外区反射力比健康果树下降 2.02%，在 800～1 100 nm 波区下降 7.55%。航空红外可以探测苹果树的线虫病和根腐病，患根腐病的苹果树的红外光谱反射率下降。

小麦受蚜虫危害后，由于光谱特性有较大变化，反映到红外影像中也有很大差异。麦蚜的成蚜以刺吸口器吸食寄主叶片、茎秆与嫩穗的汁液。叶片受害后，有的呈黄褐色斑点，有的出现全叶黄化现象，重者可导致小麦生长停滞，抽不出穗，最后枯黄，严重影响小麦产量与质量。据研究，正常小麦对各种波段（绿光、红光与红外）的反射率均随波段增加而增高，特别是红外波段呈突然增强；而受麦蚜危害的小麦，在红外波段均比正常小麦低，下降幅度在 20%左右。因此，健康小麦在红外影像呈鲜红色调，在黑白影像上呈灰黑色调；受蚜害严重的小麦在红外影像中呈暗红色调，在黑白影像上呈灰色调，两者之间的差异同样明显。

小麦条锈病是一种流行性病害，曾在我国多次流行成灾，特别是 20 世纪 60 年代初，曾造成全国性小麦大减产，目前，靠不断培育抗病品种为主要手段来限制其大流行。随着遥感技术的发展，能够对小麦条锈病应用红外遥感手段进行监测，在小麦灌浆期，条锈病轻重不同，其波谱特性是有差异的，特别在红外波段，重病植株比轻病植株在 800～1 100 nm 反射红外能力下降 20%以上。小麦得条锈病前及得病后的轻重程度的差异反映到彩色红外影像，表现于色调的不同，其中健康小麦呈品红色调，轻病株色调略暗，而重病株呈暗红色调，它们之间的差异十分明显。

山核桃树得丛枝病后会表现出一系列反常变化，比如侧芽长出细弱丛生病枝，叶片颜色由暗绿色变为淡绿色或黄色，顶部嫩叶短缩；病枝的嫩叶通常呈现波状扭曲及轻微的枯萎，病树叶又通常比正常山核桃叶提早几天落叶，等等，使得应用航空红外摄影后能将得该病的山核桃树与正常山核桃树无论是在影像的形状上还是彩红外的颜色上均能明显地区别开来。

用彩色红外影像可以探测水稻白叶枯病。成熟的稻田呈金黄色，也有少部分呈绿色或黄绿色，若稻叶感染了白叶枯病，稻叶边沿有白色条纹，染病的稻田也呈黄色，粗看难以分清。从彩色红外影像上可以看出，绿色稻田呈紫红色，成熟的黄色稻田呈黄绿色，感染了白叶枯病的黄色稻田则呈黑色。

根据红外影像，还可以揭示玉米枯萎病从早期到中期不同程度的三级感染。棉花的角斑病，在特殊气候下能发生黑腐，使寄主枯死，为青枯病。患病的棉株和棉田，反射红外辐射的能力下降，用航空红外影像可以调查到。棉花黄萎病和枯萎病，病菌从根部进入维管束，沿本质部生长，分泌毒素，从而导致本质部变为褐色，最后植株叶片黄化、枯萎，能使红外波段的反射能力下降 30%。棉花线虫病也可以用航空红外影像调查到。

（2）多光谱遥感技术。在区域尺度上，随着航空/航天遥感平台的不断完善，国内外构建起了完善的遥感对地观测体系，为病虫害的大尺度遥感监测提供了技术支撑（表 7-3）。

表 7-3　基于航空/航天平台的多光谱病虫害遥感监测

观测尺度	常用设备	载荷平台	特点及应用	病虫害类型
农田地块尺度监测	成像多光谱仪、热红外成像仪	无人机、传统大飞机	观测范围较大，成本较高，精度较高，以航空飞行器为平台，输出田间病害处方图	小麦条锈病、小麦白粉病、小麦蚜虫、小麦黄斑病、葡萄黄化病、水稻稻飞虱、水稻稻瘟病、芹菜菌核病、番茄潜叶蛾、番茄细菌性叶斑病、甜菜褐斑病
区域尺度监测	多光谱卫星（Landsat、GF、Sentinel、Aster、HJ）、高光谱卫星（Hyperion）	卫星遥感平台	观测范围极大，成本低，以遥感卫星为数据源，为大尺度检测和预报提供依据	小麦条锈病、小麦白粉病、小麦蚜虫、水稻稻飞虱、水稻矮缩病、棉花根腐病

与传统田间定位监测、航空监测以及卫星遥感监测相比，无人机遥感监测技术具有信息采集迅速、航线设计灵活、成本低等优点，可获得高空间分辨率、高时间分辨率、高光谱分辨率的影像。基于无人机遥感监测作物病虫害是现阶段作物安全生产应用中的一项先进技术，是未来大面积病虫害监测与产量损失评估的重要手段之一。

无人机多光谱遥感影像是通过应用 2 个以上波谱通道传感器实现地物同步成像，将目标物信息分成不同的光谱波段影像进行光谱数据提取。在作物病虫害信息监测时，将多个波段的光谱信息以构建模型的形式进行反演，预测病虫害发生的严重程度。利用无人机多光谱遥感影像监测病虫害时，大多数获取不同时间维度、空间维度、区域尺度、冠层尺度、叶片尺度等的影像展开研究，筛选与病虫害相关性强的植被指数提取目标物光谱特征，同时结合地面同步调查的方式，建立不同尺度影像的分类模型进行病虫害监测。如，在不同时间和空间维度的病虫害监测方面，学者从不同形态学特征出发，利用多光谱传感器获取不同病虫害胁迫区域的多光谱影像，通过提取光谱信息建立分类模型，成功识别了小麦蚜虫、棉花枯萎病的病虫害胁迫区域。在冠层尺度的病虫害监测方面，提取受虫害胁迫的作物多光谱遥感影像光谱特征，利用筛选的光谱信息与营养元素建立联系进行虫害胁迫的研究。在叶片尺度的病虫害监测方面，利用作物病害叶片影像的光谱反射率值，构建与作物病虫害症状密切相关的敏感植被指数，如归一化植被指数等，从而建立基于敏感植被指数的病虫害识别模型，并成功对葡萄、棉花、水稻等作物病虫害发生情况进行了有效的监测。

无人机高光谱成像原理与多光谱成像原理较为相似。相比多光谱成像，高光谱成像波段连续、波段数量多、分辨率高、图像信息丰富。目前，无人机高光谱遥感病虫害监测对象主要集中于小麦、棉花、油菜、柑橘等作物病虫害。利用无人机高光谱技术进行不同目标病虫害监测，其方法与无人机多光谱遥感监测作物病虫害方法较为相似，也是将无人机高光谱影像数据与其他遥感数据结合提取目标病虫害特征信息，利用多种遥感分类技术以及分类建模进行病虫害识别，其中大多数取得了理想的结果。相较于大尺度的卫星遥感观测，无人机平台的机载高光谱/多光谱传感器除用到目标作物的光谱特征外，还可以采用不同飞行高度、区域划分等方式进行光谱数据获取，提取影像的颜色、纹理及空间变化特征进行病害识别。红外热成像遥感是基于温度的差异进行病虫害信息分析，但复杂的外界环境如风、云以及降水等因素，为红外热成像技术精准监测作物病虫害带来了巨大的挑战，从而导致热红外影像在作物病虫害监测方面的研究较少。

卫星遥感技术具有可连续观测、监测范围广、数据采集速度快、监测视点高、影像信息丰富等优点。目前，随着卫星遥感技术的迅猛发展，遥感卫星上搭载的传感器也越来越先进，为大尺度作物病虫害检测和预报提供依据。Huang 等从 Landsat OLI 遥感影像中提取了小麦白粉病的 11 个特征参数，分别使用随机森林和支持向量机建立监测模型。Yuan 等通过星地联合实验获取了陕西关中地区小麦白粉病的地面高光谱数据，并利用 SPOT‑6 卫星影像，基于 SAM 算法将地面高光谱数据与多光谱影像进行了融合，对小麦白粉病进行监测，结果表明监测精度达 78%，说明基于 SAM 算法的地面高光谱与多光谱影像融合技术能够应用于病虫害遥感监测。随着我国对地观测计划的顺利实施，一系列高光谱分辨率、高空间分辨率和高时间分辨率以及农业专用卫星成功发射，这些卫星协同作用，为建立多尺度作物病虫害遥感监测和预测系统提供了数据支持，使得作物病虫害遥感监测系统的研发成为未来农业精准管理的重要研究方向。

目前，对病虫害的遥感监测研究正逐渐从单一时相反射率特征的提取向多时相探测病虫害引起的连续波谱变化方向转变。并在此基础上，考虑到田间土壤类型、气候类型等环境条件的影响，逐步开展病虫害病理机制的遥感监测，从而满足复杂田间环境下的农作物监测要求。另外，利用遥感信息与植物病理机制相结合的方法对病虫害生境变迁的范围和程度进行监测是实现病虫害早期预警的关键环节。

7.4.2.3　作物病虫害遥感监测实例　以陕西省宁强县小麦条锈病监测为例，应用 Sentinel‑2 影像和 BP 神经网络相结合的方法进行小麦条锈病监测。如图 7‑7 所示，基于 Sentinel‑2 影像共提取了 26 个初选特征因子：3 个可见光波段反射率(红、绿、蓝)、1 个近红外波段反射率、3 个红边波段反射率、14 个对病害敏感的宽波段植被指数和 5 个红边植被指数。结合 K‑Means 和 ReliefF 算法筛选病害敏感特征，最终筛选出 3 个宽波段植被指数，包括增强型植被指数(enhanced vegetation index，EVI)、结构加强色素指数(structure intensive pigment index，SIPI)、简单比值植被指数(simple ratio index，SRI)，2 个红边波段植被指数：归一化红边 2 植被指数(normalized red‑edge2 index，NREDI2)、归一化红边 3 植被指数(normalized red‑edge3 index，NREDI3)。利用 BP 神经网络方法(back propagation neural network，BPNN)，分别以宽波段植被指数和宽波段植被指数结合红边波段指数作为输入变量构建小麦条锈病严重度监测模型，对比 2 种模型的监测精度，结果显示，宽波段植被指数特征与红边波段植被指数特征结合更能全面反映小麦的长势及病害光谱信息的变化，使模型在输入参数中融合了更多的有效信息，对小麦条锈病更敏感，有效提高了小麦条锈病严重度监测模型的精度，进一步加深了实际监测和病害防治中的可靠性。

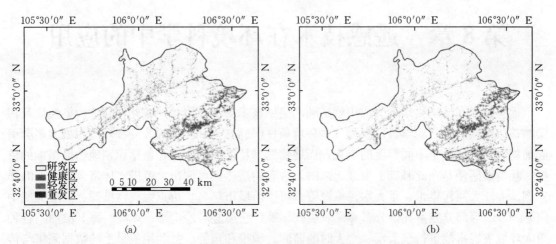

图 7 - 7　BPNN 模型监测小麦条锈病严重度空间分布图
(a)宽波段植被指数特征预测结果　(b)宽波段和红边结合植被指数特征预测结果

思　考　题

1. 农作物类型遥感识别的理论依据是什么？有哪些具体识别方法？
2. 理解农作物长势监测的原理和方法。
3. 遥感估产的基本原理是什么？遥感估产有哪些特点？
4. 农作物遥感估产的基本过程是什么？
5. 作物品质评价的指标及其主要影响因素是什么？
6. 农作物病虫害遥感监测的基本原理是什么？有哪些具体方法？

第8章 遥感技术在环境科学中的应用

遥感技术在环境科学中的应用就是利用遥感技术揭示环境条件变化、环境污染性质及污染物扩散规律的一门新学科。因为一些环境条件(气温、湿度等)的改变和环境污染大多会引起地物波谱特征发生不同程度的变化，而地物波谱特征的差别正是遥感识别地物最根本的依据，环境遥感便是在此基础上发展起来的。现有的遥感器可测出大范围水体富营养化、海洋赤潮、大江大河污染带、重大水污染源等；可测出城市热岛、重点大气污染源、上层大气中CO_2、CH_4等部分温室气体分布和臭氧层破坏等；它还能对沙尘暴、赤潮、海上溢油、各种重大环境灾害事故进行全天候、全天时的监测、预报和预警。并利用卫星上的数据采集与传输系统(DCS)将现有的基层监测站包括无人值守和移动站联成网络，进而监测和模拟全球性的大气污染，掌握污染源的位置、污染物的性质、污染物扩散的动态变化及其变化趋势，实时了解污染对环境的影响，及时采取防护措施或疏导措施。

卫星监测虽然能实现大范围、动态监测，但目前的技术条件还不能做到对污染物的精确测定；地面监测则可分析出污染物的种类、成分、浓度等，甚至可以进行痕量或超痕量分析，这两方面都是环境监测所必需的。因此，为了适应现代环境监督管理的需求，既要发展先进的卫星遥感监测技术，也要发展快速、自动、精度更高的地面监测技术和装备。我国的环境监测已经逐步从点对点的监测发展到形成一个网络监测系统，如重大流域和近海监测网、重点城市自动监测系统、重点污染源在线监测系统。但是，仅靠这些地面监测系统，有"只见树木，不见森林"的缺点，尚且无法达到全天候、全天时、大范围监测环境污染与生态破坏的目的。随着卫星遥感技术的飞速发展，具有全球覆盖、快速、多光谱、大信息量的遥感技术已成为全球环境变化监测中一种重要的技术手段。因此，我国于1999年上半年完成自主研制和发射灾害与环境监测预报卫星系统的总体方案。该系统包括空间监测系统和地面应用系统两大部分，空间监测系统由光学星和雷达星组成，地面应用系统由接收分系统、预处理分系统、数据通信与传输分系统、运行管理分系统、环境应用分系统与减灾应用分系统等几部分组成。环境与灾害监测预报卫星系统项目的建立，标志着我国已建立一套利用卫星遥感技术，并与地面监测网络结合的天-地一体化环境监测与预报系统；及时、准确地对国家急需的大气环境污染、水域污染、生态破坏、全球环境变化等情况进行大面积、连续动态监测、评估和预报。

中国环境与灾害监测预报小卫星星座，是专用于环境与灾害监测预报的卫星，由A、B两颗中分辨率光学小卫星和一颗合成孔径雷达小卫星C星组成。其中HJ1A、HJ1B星于2008年9月以一箭双星的方式发射升空，HJ1C星于2012年11月发射升空。该卫星系统主要用于对生态环境和灾害进行大范围、全天候动态监测，及时反映生态环境和灾害发生、发展过程，对生态环境和灾害发展变化趋势进行预测，对灾情进行快速评估，为紧急求援、灾后救助和重建工作提供科学依据。多颗卫星组网飞行，每两天就能实现一次全球覆盖。

2006年，我国政府将高分辨率对地观测系统重大专项(简称高分专项)列入《国家中长期科学与技术发展规划纲要(2006—2020年)》,2010年高分专项全面启动实施。高分专项的主要使命是加快我国空间信息与应用技术发展,提升自主创新能力,建设高分辨率先进对地观测系统,满足国民经济建设、社会发展,防灾减灾、资源环境保护和国家安全的需要。截至2021年底,我国已发射GF-1至GF-14一系列卫星,建立了高低不同轨道、从可见光到微波不同波段完全覆盖的高分专项卫星,形成了全天候、全天时、时空协调的对地观测能力,初步构建起了自主产权、运行稳定的高分辨率对地观测系统,有力地支撑了全球资源环境保护工作。此系列中GF-1至GF-4为综合观测卫星,GF-5为环境监测专用卫星,GF-6为农业服务专用卫星,GF-7为立体测绘专用卫星。其中,GF-5是高分重大科技专项卫星中唯一的一颗高光谱卫星,也是其中搭载载荷最多、光谱分辨率最高、国内探测手段最多的光学遥感卫星。卫星搭载了大气痕量气体差分吸收光谱仪、大气主要温室气体监测仪、大气多角度偏振探测仪、大气环境红外甚高分辨率探测仪、可见短波红外高光谱相机、全谱段光谱成像仪共6台载荷,可对大气气溶胶、二氧化硫、二氧化氮、二氧化碳、甲烷、水华、水质、核电厂温排水、陆地植被、秸秆焚烧、城市热岛等多个环境要素进行监测。

本章重点介绍大气环境监测、城市热岛效应监测、水体遥感监测和城市污染的遥感监测等方面的内容。

8.1　大气环境遥感监测

地球上的大气是环境的重要组成要素,并参与地球表面的各种过程,是维持一切生命所必需的。大气质量的优劣,对整个生态系统和人类健康有着直接的影响。随着工业、交通运输等国民经济各部门的迅速发展,城市化程度的提高,各地球圈层与大气之间进行着越来越频繁的物质和能量交换,直接影响着大气的质量,尤其是人类活动的加强,对大气环境质量产生深刻的影响。研究全球或局域大气受到的污染是当前面临的重要环境问题之一,大气环境遥感监测作为一种有效的监测手段也应运而生。无论航天遥感还是航空遥感都会因为大气影响而使得目标地物的信息有所衰减,引起传感器接收信息的"失真",这一点在遥感原理中已经阐明。对这种"失真"信息的研究成为遥感研究监测大气环境的基础。

8.1.1　大气环境遥感监测项目与方法

遥感技术对大气环境的监测时间虽然不长,但发展很快,在某些方面已经取得显著的成果,如对大气臭氧的监测、气溶胶含量的监测、有害气体监测(CO_2、CH_4等温室气体)、大气热污染监测等。

8.1.1.1　臭氧层监测　强紫外线的大量照射会引起人体皮肤癌,甚至大量杀伤地表生物。臭氧层位于地球上空25～30 km的平流层中,它能阻挡太阳光中的紫外线入射,保护地球上的生命条件不受紫外线的损害。因此臭氧层中的臭氧含量是影响地面生态环境的重要因素。据美国一研究机构称,2001年南极臭氧层的空洞面积为2 600万km^2。南极臭氧层空洞每年9月份开始,12月份结束。臭氧层的空洞面积存在年际变化。臭氧层的减少将使紫外线的照射增加。造成臭氧减少的主要因素是人类使用冷冻和空调设备排出的废气。专家认为,如果在今后30～40年能使这些污染大气的废气减少,南极臭氧层的空洞将会缩小。

臭氧对0.3 μm以下的紫外区的电磁波吸收率高,因此可以用紫外波段来测定臭氧层的臭氧含量变化。在2.74 mm处也有一个吸收带,因此可用频率为11 083 MHz的地面微波辐射计或射电望远镜来测定臭氧在大气中的垂直分布。图 8-1 为微波射电望远镜所探测到的臭氧含量的垂直分布。图中实线为平均值，虚线为标准偏差范围。

此外，臭氧层由于吸收太阳紫外线而增温，如果臭氧含量多则增温高，反之则低。因此又可使用红外波段来探测。如用 $7.75\sim13.3\ \mu m$ 热红外探测器在卫星上测定臭氧层的温度变化，参照臭氧浓度与温度的相关关系，可推算出臭氧浓度的水平分布。

例如，研究者利用来源于 OMI 和 SCIAMACHY 两个传感器(它们分别搭载在 Aura 和 ENVISAT 卫星上)的遥感观测数据来反演臭氧总量，并用地面观测数据进行了验证。OMI 数据用 TOMS V8 算法进行臭氧总量反演；SCIAMACHY 是利用 DOAS 算法进行臭氧

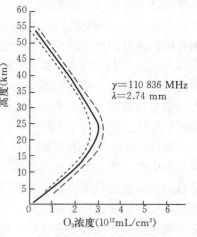

图 8-1 微波探测臭氧浓度的垂直分布

总量反演。研究结果表明，利用遥感观测反演臭氧总量具有良好的精度，并能够较好地反映其空间分布(图 8-2)。

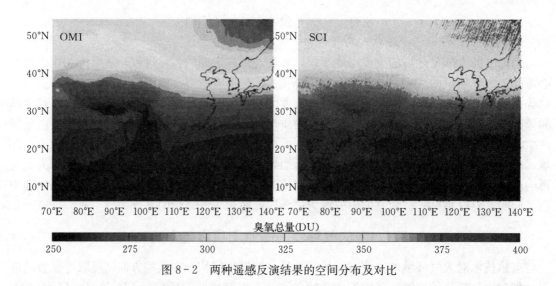

图 8-2 两种遥感反演结果的空间分布及对比

8.1.1.2 大气气溶胶监测 气溶胶是指悬浮在大气中的各种液态或固态微粒，通常所指的烟、雾、尘等都是气溶胶。气溶胶本身是污染物，又是许多有毒、有害物质的携带者。它的分布在一定程度上反映了大气污染的状况。

火山爆发、森林火灾、工业废气等具有烟尘和火柱，可直接在遥感图像上确定污染的位置和范围，并根据它们的运动发展规律进行预测、预报。此外，这些污染会形成落尘，在低空漂浮，可以通过探测植物的受害程度来间接分析，或降雪后探测雪层光谱变化和污粒含量。例如，在 Landsat MSS 影像上，可以看到城市工业区上空的烟雾、森林失火的烟柱、火山口喷发后的烟云、核爆炸升起的蘑菇云(如果恰好卫星过境)。烟雾的浓度，实际上是空气中单位体积内所含的微粒数目，当微粒数目多、浓度大时，散射、反射的能量大，影像上呈灰白色调；当微粒数目少、浓度小时，则影像上呈暗灰色调。建立烟雾浓度与影像灰度之

间的相关关系，可用电子计算机对影像进行密度分割，绘出烟雾浓度的等值线。研究者利用 MODIS 遥感观测原始数据对我国华南地区的气溶胶光学厚度（AOD）进行了反演，并且跟地面实际观测进行了对比验证。研究结果如图 8-3 和图 8-4 所示，很好地反映了我国华南地区 AOD 的数值范围及空间分布，证明了利用遥感观测反演气溶

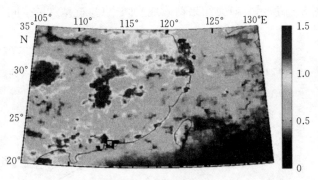

图 8-3　我国华南地区气溶胶光学厚度遥感反演结果

胶光学厚度，对环境气溶胶状态进行监测的科学性和可行性。

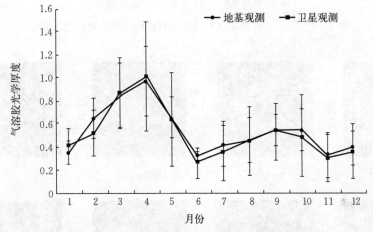

图 8-4　遥感反演结果与地面观测结果的对比验证

8.1.1.3　有害气体监测　有害气体通常指人为或自然条件下产生的二氧化硫、氟化物、乙烯、光化学烟雾等对生物有害的气体。对它们的研究通常采用间接解译标志进行，即用植物对有害气体的敏感性来推断某地区大气污染的程度和性质。植被受污染后，对红外线的反射能力下降，其颜色、形态、纹理及动态标志都不同于正常植被，如在彩红外图像上颜色发暗、树木郁闭度下降、树冠径围减小、植被个体物候异常、植被群落演替异常等，利用这些特点就可以分析污染情况。

有害气体大部分都有拉曼散射的性质，各类有害气体分子的拉曼散射位移已测出，可在有关技术手册中查询。其位移波长大都在红外波段，因此利用红外激光雷达可以检测有害气体。由于激光雷达的波长是固定的，因此要测多种有害气体时，需用可调式激光雷达。

有害气体在微波波段也具有特征吸收带。例如，CO 在 2.59 mm 波长处有吸收带，NO_2 在 2.4 mm 处有吸收带。探测不同吸收带可以识别毒气的种类和性质，但这种探测效果还需进一步研究改善。

例如，研究者利用美国国家航空航天局（National Aeronautics and Space Administration，NASA）提供的全球对流层 NO_2 垂直柱浓度遥感产品（2007—2009），分析了我国境内对流层 NO_2 柱浓度的空间分布及季节动态，并与地面观测结果进行了相互的验证，如图 8-5 和

图 8-6 所示。研究结果精确地反映 NO_2 柱浓度的空间分布以及随季节的动态变化，为人们了

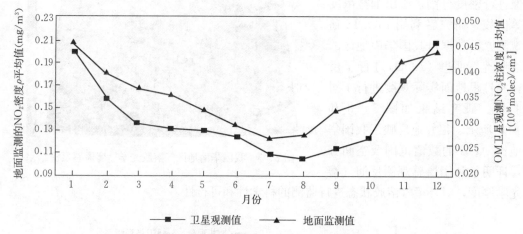

图 8-5　NO_2 浓度的遥感反演结果与地面观测结果的对比验证

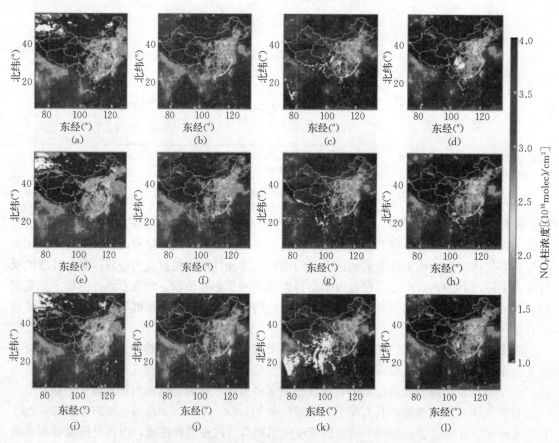

图 8-6　NO_2 浓度的遥感反演结果与地面观测结果的对比验证

(a)2007 年 1 月　(b)2007 年 4 月　(c)2007 年 7 月　(d)2007 年 10 月

(e)2008 年 1 月　(f)2008 年 4 月　(g)2008 年 7 月　(h)2008 年 10 月

(i)2009 年 1 月　(j)2009 年 4 月　(k)2009 年 7 月　(l)2009 年 10 月

解周围环境中的有毒有害气体含量、分布，感知环境状态及其变化提供了基础数据和技术支持。

8.1.2　城市热岛效应监测

城市热岛效应是现代城市由于人口密集、产业集中而形成的市区温度高于郊区的小气候现象。它不仅是一种大气热污染现象，也是城市环境的一个不可缺少的重要组成部分。造成城市热岛的原因是多方面的，概括起来有以下几个方面：

A. 下垫面性质与郊区不同，城市房屋和道路等建筑物主要由混凝土、砖瓦和沥青构成。这些材料使热量难以传入地下，又阻碍地下水分上升蒸发，影响湿度。随着地表温度的上升，使气温升高。在夏季地表温度对城市气候的影响尤为明显。

B. 空气污染。工厂、交通运输工具以及居民生活排出的污染性气体（CO_2 等）造成一种"温室效应"，阻碍着地表热量向外扩散。

C. 人口密度大，植被覆盖差。人体发散的热量大，植物蒸腾作用消耗的热量少。

D. 市区高层建筑密集，影响空气流动。风速减小，妨碍城区的热扩散。

据测算，一个人散发的热量相当于一个 100 W 电灯泡，100 万人口的城市散发的热量可想而知。再加上工业企业燃料的燃烧、生活炉灶的放热、交通工具（汽车等）的产热、各种用电耗能设备的放热，一个数百万人口的城市上空好像又多了一个太阳。此外，现代建筑多为混凝土建筑，路面多为沥青浇筑，它们吸热快而散热慢，其表面始终保持较高温度，如果到了夏季则温度升高更为明显。有资料显示，大城市和郊区温差在 5 ℃以上，中等城市在 4～5 ℃，小城市也在 3 ℃左右。和农村相比，城市年平均温度要高 0.5～1 ℃，冬季平均最低温度要高 1～2 ℃。城市热岛带来的热岛效应可造成局部地区气候异常：冬季干燥且时间缩短、夏季燥热、春季风沙，北方一些地区夏季的高温高湿天气持续时间较长，高温日出现频繁。此外，城市气温增高，热空气上升，郊区的冷空气就会流向城市，将郊区的大气污染物吹向市区，加重城市的大气污染。热岛效应虽然是城市的普遍现象，但各城市的热岛效应程度不尽相同。在新加坡、吉隆坡等花园城市，热岛效应基本不存在。深圳和上海浦东新区绿化布局合理，草地、花园和苗圃星罗棋布，热岛效应也小于其他城市。因此，加强城市绿化，保护和扩大森林资源，包括栽花种树、培植草坪等，既能美化市容，又能调节小气候，是防治、减弱或消除热岛效应的有效措施。

根据城市热岛研究结果及有关资料表明：①市区温度明显高于郊区，二者形成差异明显的两种区域；②等温带分布与下垫面类型轮廓大致平行，在下垫面性质发生突变的地方（如水陆边界）温度梯度大，在下垫面性质相近的地方温度梯度小；③大型工业区、高层建筑密集区、商业闹市、重要交通干道及交叉点构成城市气候中的"热岛"，水体、植被大面积覆盖区构成城市气候中的"凉岛"。

城市热岛效应作为城市化发展中的一个不可避免的现象，已为世界所公认，并对此进行一系列的研究，但一般所采取的方法都是通过流动观测（汽车、气球、飞机）与定点观测（气象台站、雷达）相结合的办法进行的。这类方法耗时多，费用大，观测范围有限，观测结果随机因素影响较大，难以做到同步观测，重复观测也受到一定限制。所有这些表明，只有使获取城市热信息的手段更新，才能使城市热岛效应研究获得突破性的进展。现在，遥感技术的发展为这一研究带来了生机，遥感卫星固有的特性使得过去存在的问题迎刃而解，实现了从定性到定量、静态到动态、大范围同步监测的转变，它已深入到可分析提取"热岛"内部热信息的差异。遥感图像以灰度或色彩差异反映地物的反射或发射辐射特征的差异。研究城市热岛效应一般选用热红外扫描图像。在这种图像上，灰度对应地物的热辐射强度，灰度值越大，反映地物温度越高。应用遥感技术研究城市热岛的原理就是从图像灰度值的差异中提取地物热信息的差异。与以往的观测系统相比，利用遥感技术研究城市热岛效应有以下几个方面的优越性：

A. 遥感卫星极好的同步性，使得整个城市郊区的温度等信息瞬间可得，消除了随机因素对观测结果的影响，所获得的数据具有较高的可靠性和精度性。

B. 结合遥感图像处理系统，使得获取的数据易于与其他信息复合进行分析研究。

C. 输出结果不仅可以用于定性分析，而且可以用于定量研究，能准确、快速、客观地反映城市热信息在城市三维空间的分布状态和强度。

D. 通过对输出结果中呈现的热信息分布状态和强度的分析，为揭示城市热岛效应形成原因和提出相应的防治措施提供了依据。

E. 遥感卫星的重复观测利于对城市热岛效应进行周期性监测，利于提取城市热岛效应分布、强度等动态信息和进行趋势分析，便于采取措施，防患于未然。

例如，研究者利用我国 HJ1B（"环境一号"B）星热红外数据，以单通道地表温度反演算法为基础，开展北京地区地表温度反演算法研究，并利用 HJ1B 星热红外遥感温度图像研究了北京热岛效应（图 8-7）。结果表明，随着城市化的发展，北京市热岛效应日益严重，HJ1B 星热红外地表温度反演方法可以很好地用于城市热岛效应的监测分析。

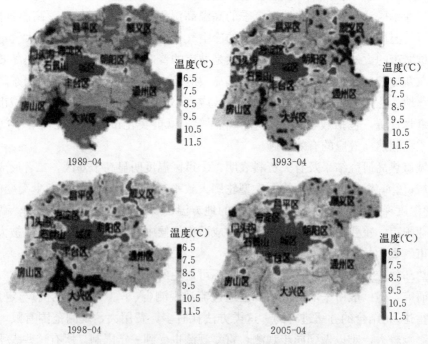

图 8-7 北京地区地面温度遥感反演结果（多期）

8.2　水环境遥感监测

8.2.1　水体遥感

8.2.1.1　水体光谱特征　水的光谱特征主要是由水本身的物质组成决定，同时又受到各种水状态的影响。在可见光波段 0.6 μm 之前，水的吸收少、反射率较低、大量透射。其中，水面反射率约 5%，并随着太阳高度角的变化呈 3%～10% 不等的变化。水体可见光反射包含水表面反射、水体底部物质反射及水中悬浮物质（浮游生物、泥沙及其他物质）的反射 3 方面的贡献。对于清水，在蓝-绿光波段反射率为 4%～5%，0.6 μm 以下的红光部分反射率降到 2%～3%，在近红外、短波红外部分几乎吸收全部的入射能量，因此水体在这两个波段的反射能量很小。这一特征与植被和土壤光谱形成十分明显的差异，因而在红外波段识别水体是较容易的。由于水在红外波段（NIR、SWIR）的强吸收（图 8-8），水体的光学特征集中表现在可见光在水体中的辐射传输过程。它包括界面的反射、折射、吸收、水中悬浮物质的多次散射（体散射特征）等。而这些过程及水体最终表现出的光谱特征又是由以下因素决定的，包括水面的入射辐射、水的光学性质、表面粗糙度、日照角度与观测角度、气-水界面的相对折射率以及在某些情况下还涉及水底反射光等。

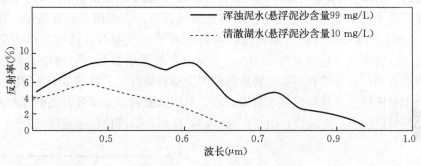

图 8-8　水的反射光谱特征

图 8-9 反映了电磁波与水体相互作用的辐射传输过程。从图中可见，到达水面的入射光 L 包括太阳直射光和天空散射光，其中约 3.5% 被水面直接反射返回大气，形成水面反（散）射光 L_s。这种水面反射辐射带有少量水体本身的信息，它的强度与水面性质有关，如表面粗糙度、水面浮游生物、水面冰层、泡沫带等；其余的光经折射、透射进入水中，大部分被水分子所吸收散射，以及被水中悬浮物质、浮游生物等所散射、反射、衍射，形成水中散射光，它的强度与水的浑浊度相关，即与悬浮粒子的浓度和大小有关，水体浑浊度愈大，水下散射光愈强，两者呈正相关，衰减后的水中散射光部分到达水体底部（固体物质）形成底部反射光，它的强度与水深呈负相关，且随着水体浑浊度的增大而减小。水中反射光的向上部分及浅海条件下的底部反射光共同组成水中光，或称离水反辐射。水中光 L_w、水面反（散）光 L_s、天空散射光 L_p 共同被空中探测器所接收。$L = L_s + L_w + L_p$（它们是波长、高度、入射角、观测角的函数）。其中前两部分包含有水的信息，因而可以通过高空遥感手段探测水中光和水面反射光，以获得水色、水温、水面形态等信息，并由此推测有关浮游生物、浑浊水、污水等的质量和数量以及水面风、浪等有关信息。

应该说明的是：①上述水体的散射与反射主要出现在一定深度的水体中，称之为"体散射"，而非表面反射。所以与陆地不同，水体的光谱性质主要是通过透射，而不仅是通过表面特征决定的，它包含了一定深度水体的信息，且这个深度及反映的光谱特性随时空而变化。水色（即水体的光谱特征）主要决定于水体中浮生物含量（叶绿素浓度）、悬浮泥沙含量（浑浊度大小）、营养盐含量（黄色物质、溶解有机物质、盐度指标）以及其他污染物、底部形态（水下地形）、水深等因素。大量研究表明，叶绿素、悬浮泥沙等主要水色要素的垂直分布并非均匀的（图 8-10 和图 8-11）。水

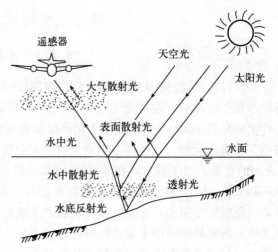

图 8-9　电磁波与水体的相互作用

体中的水分子和细小悬浮质（粒径远小于波长）造成大部分短波光的瑞利散射，因此较清的水或深水体呈蓝或绿色（清水光的最大透射率出现在 $0.45 \sim 0.55\ \mu m$，其峰值波长约 $0.48\ \mu m$）。②离开水面的辐射部分（水中光经折射出水面的部分），除了水中散射光的向上部分外，还应包含在日光激励下水中叶绿素经光合作用所发出的荧光。③水面入射光谱中，仅有可见光（$0.4 \sim 0.76\ \mu m$）才透射入水，其他波段的入射光或被大气吸收，或被水体表层吸收，如图 8-12 所示。该图中还显示蓝光（$0.4 \sim 0.5\ \mu m$）水的透射性最好，对于清洁水可达几十米。入水的透射光，对分子和溶解性物质微粒产生瑞利散射，其峰值位于蓝波段；较大悬浮物质颗粒产生米氏散射，其峰值位于黄橙波段；由于水面物质分子吸收光后再发射而引起的拉曼发射，其峰值位于橙红波段；由于海底（浅海）反射，其峰值位于蓝绿波段。

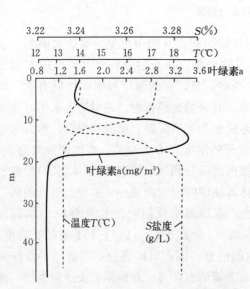

图 8-10　长江口外叶绿素 a、温度和盐度垂直分布

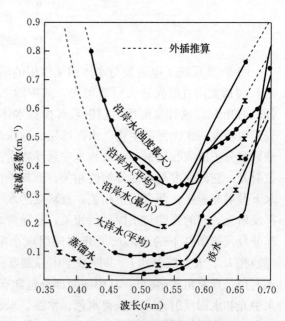

图 8-11　水的光谱衰减特性

8.2.1.2　水体中叶绿素含量　水中叶绿素浓度是浮游生物分布的指标，是衡量水体初级生产力（水生植物的生物量）和富营养化作用的最基本指标，与水体光谱响应间关系十分重要。一般说来，随着叶绿素含量的不同，在 $0.43\sim0.70\ \mu m$ 光谱段会出现较明显的差异。图 8-12 显示不同叶绿素含量水面光谱曲线。

从图 8-12 中可见，在波长 $0.44\ \mu m$ 处有个吸收峰。$0.4\sim0.48\ \mu m$ 反射辐射随叶绿素浓度加大而降低；在波长 $0.52\ \mu m$ 降低处出现"节点"，即该处的辐射值不随叶绿素含量而变化。波长 $0.55\ \mu m$ 处出现反射辐射峰，并随着叶绿素含量增加，反射辐射上升；在波长 $0.685\ \mu m$ 峰附近有明显的荧光峰（图 8-13，由 A 到 C 的叶绿素含量逐渐增加）。这是由于浮游植物分子吸收光后，再发射引起的拉曼效应，即进行水分子破裂和氧分子生成的光合作用，激发出的能量荧光化的结果。从图 8-13 中可知，以上的波峰-波谷带宽较窄，为获取这些有指示意义的信息，需要选择的波段间隔不宜宽，最好小于或等于 5 nm。

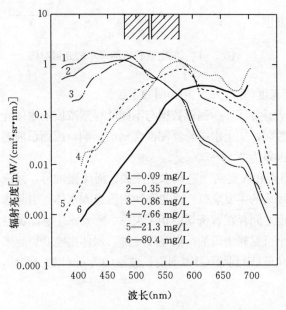

图 8-12　不同叶绿素含量水面光谱曲线

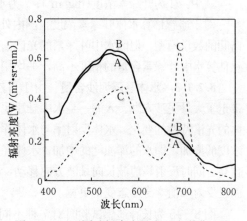

图 8-13　不同叶绿素含量水面光谱荧光峰

图 8-14 反映了航空遥感所测的不同叶绿素浓度海水的光谱响应差异。从图中可见，当叶绿素浓度增加时，可见光的蓝光部分的光谱反射率明显下降，但绿光部分的反射率则上升。

研究表明，随着海水中悬浮物质浓度的增加，在 $0.52\ \mu m$ 附近的叶绿素光谱"节点"会向长波方向移动。国外有关研究认为，当海水中悬浮物质浓度为 0.1 mg/L 时，节点移到 $0.57\ \mu m$；当海水中悬浮物质浓度达 0.5 mg/L 时，节点可移到 $0.69\ \mu m$。因此，在含较高悬浮物质的沿岸水，由于叶绿素光谱"节点"向长波方向漂移，随水中叶绿素浓度的增加，$TM_4（0.76\sim0.90\ \mu m）$ 的光谱值增高。可见，近红外波段（TM_4）也可作为提取沿岸流叶绿素浓度的重要信息源。

利用叶绿素浓度与光谱响应间的这些明显特征，人们采用不同波段比值法或比值回归法等，以扩大叶绿素吸收（$0.44\ \mu m$ 附近波段）与叶绿素反射峰（$0.55\ \mu m$ 附近波段）或荧光峰

（0.685 μm 附近波段）间的差异，提取叶绿素浓度信息，以指示并监测水体的初级生产力水平。以 Landsat/TM 为例，选用 TM_3/TM_1 或 TM_2/TM_1 建立比值回归方程：

$$C=b(TM_3/TM_1)+a \qquad (8-1)$$

式中：C 为叶绿素相对浓度；a、b 为相关系数，可通过同步观测求得，即由实测数据与遥感数据统计相关分析所得。

使具有相同性质的噪声和干扰得到消除或部分抑制。比值法可以消除因太阳高度角、观测角不同而造成的误差，还可以部分抵消大气效应。但它更适于悬浮物质稀少的大洋水。

研究测试表明，水体叶绿素浓度与水面温度间存在线性相关：

$$C=a_0+a_1t \qquad (8-2)$$

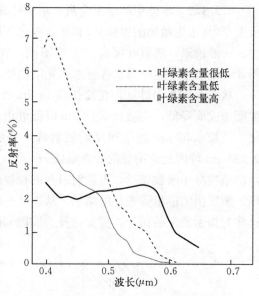

图 8-14　航空遥感所测海水的光谱响应

式中：C 为叶绿素浓度（mg/m^3）；t 为水面温度（℃）；a_0、a_1 为回归系数。

对于遥感估算水体叶绿素浓度，国内外学者建立了不少遥感数据与不同叶绿素浓度的水体光谱间的数学模型。但因水中叶绿素的光谱信号较弱，加上水中悬浮泥沙含量的影响，因而目前遥感估算水中叶绿素含量的精度不高，平均相对误差为 20%～30%。

8.2.1.3　水体悬浮泥沙含量

由于自然因素和人类活动造成水土流失、河流侵蚀等，河流带走了大量泥沙入湖、入海，是水中悬浮泥沙物质的主要来源。这些泥沙物质进入水体，引起水体的光谱特性的变化。水体反射率与水体浑浊度之间存在着密切的相关关系，随着水中悬浮泥沙浓度的增加，即水的浑浊度的增加，水体在整个可见光谱段的反射亮度增加，水体由暗变得越来越亮，同时反射峰值波长向长波方向移动，即从蓝（B）到绿（G）再到更长波段（0.5 μm 以上）移动，而且反射峰值本身形态变得更宽。

图 8-15 为长春遥感试验时对 7 种不同悬浮泥沙浓度的水库进行反射率测定，所得的水体反射光谱曲线与泥沙浓度的关系。图中所示，自然环境下测量的清水（清澈湖水）与悬浮泥沙含量不同的浊水（悬浮泥沙含量可达 99 mg/L）的反射光谱曲线有着明显的差异，浊水的反射率比清水高得多。但由于受到 0.93 μm、1.13 μm 红外强吸收的影响，反射峰值在 0.8 μm 附近终止。正因为水色与泥沙含量关系密切，水色成为泥沙含量较精确的一种指标，随浑浊度的增加，水色由蓝色向绿色、黄色变化，当水中泥沙含量近于饱和时，水色接近于泥沙本身的光谱。

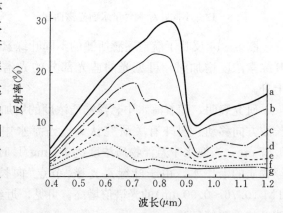

图 8-15　不同泥沙浓度水体的反射率

注：a～g 为不同泥沙含量的浊水（a 为 99 mg/L 泥沙含量的浊水，g 为清水）

对可见光遥感而言，0.43 波段为测量水中叶绿素含量的最佳波段；0.58 μm 波段对不同泥沙浓度出现辐射峰值，即对水中泥沙反映最敏感，是遥感监测水体浑浊度的最佳波段，被 NOAA 风云气象卫星及海洋卫星选择。因此调查水色，多选用 0.45～0.65 μm 谱段。

泥沙含量的多寡具有多谱段响应的特性，因而水中悬浮泥沙含量信息的提取，除用可见光红波段数据外，还多用近红外波段数据（与红波段数据正相反，其光谱反射率较低，且受水体悬浮泥沙含量的影响不大），利用两波段的明显差异，选用不同组合可以更好地表现出海水中悬浮泥沙分布的相对等级。

水中悬浮泥沙信息提取。从理论上讲，水体的光谱特性包含了水中向上的散射光，它是透射的入水光与水中悬浮物质相互作用的结果，与水中的悬浮泥沙含量直接相关。因而，水体的反射辐射与水中悬浮物质含量之间存在着密切的关系。如何运用遥感获取的水体光谱数据提取出悬浮泥沙的专题信息，许多国内外学者对之进行了长期的研究，分别建立起不同的理论或半经验模型，来定量表达悬浮泥沙含量与遥感数据间的关系，反演悬浮泥沙含量，大致可分为以统计相关分析为基础的半经验模型和以灰色系统理论为基础的模型。

(1) 基于统计分析的半经验模型。通过遥感数据与同步实测样点数据间的统计相关分析，确定两者间的相关系数，建立相关模型，如：

A. 线性关系式：

$$L=A+BS \tag{8-3}$$

此式为有限线性区间内的近似表达式，即 L 随着 S 的增加而增加，其关系简单，误差较大。

B. 对数关系式：

$$L=A+B\lg S \tag{8-4}$$

此式在悬浮泥沙浓度不高时，精度较高；而对高浓度水域误差较大。

C. Gordon 关系式：

$$R=C+S/(A+BS) \quad \text{或} \quad 1/(R-C)=B+A/S \tag{8-5}$$

此式根据准单散射近似公式得到。

D. 负指数关系式：

$$R=A+B(1-\mathrm{e}^{-DS}) \quad \text{或} \quad \ln(D-L)=A+BS \tag{8-6}$$

上述式中：R 为反射率；L 为亮度值（可以是单波段值、多波段值或各波段的比值）；S 为悬浮泥沙含量；A、B、C、D 为系数。

E. 统一关系式，即 Gordon 关系式和负指数关系式的综合，并可简化得其他各式。

$$L=\text{Gordon}(S) \cdot \text{Index}(S) = A+B[S/(G+S)]+C[S/(G+S)]\mathrm{e}^{-DS} \tag{8-7}$$

式中：A、B、C 为相关式的待定系数，即由遥感数据与实测数据经统计回归分析所得；G、D 为待定参数。在具体应用中，往往先暂固定 D 值，寻找 G 值，使相关系数最高；然后固定 G 值，寻找 D 值，使相关系数最高；一旦确定了最佳 G、D 参数，则待定系数 A、B、C 也就同时被确定。实验证明，该模式效果最好。

由于单波段遥感数据的局限性，人们常利用不同波段对泥沙水体光谱响应特征的差异，提取反映水体泥沙含量的不同遥感指数，如由可见光与近红外波段数据组成的归一化泥沙指数等，以提高遥感反演的精度。但是，此类利用遥感数据与少量同步实测数据的相关性而建立的模型，缺乏普适性。此外，对遥感数据的大气干扰消除的程度也直接影响到最终的反演精度。

(2)基于灰色系统理论的模型。以上基于统计相关分析的模型，要求样本数据量大，且数据分布典型。要满足此条件，对于浩瀚、多变的大海中海洋调查船的取样，尤为困难，而若样本数量不足或分布不典型，则难以从中寻找出统计规律，或引起较大误差，往往会因增加或减少一两个样点而引起相关系数出现较大的变化幅度。显然，这种不稳定的相关系数用于外推，误差一定不小。

地学现象与规律往往是多因子的综合效果。这些多因素往往交织在一起，难以分离，且部分变量或信息是已知的，部分是未知的。这本身具有灰色系统的特点。为了避免统计分析的不足，可以运用灰色系统理论中的关联度分析方法，通过少量已知样本外推求取误差较小的估算效果。所谓关联度分析，是对事态变化趋势的量化分析，其实质是对曲线间几何形状贴近程度的分析比较。具体方法如下：

A. 对各因素做无量化处理，即标准化处理，如初始化、均值化等，以排除遥感数据 $x(i)$ 和各种实测数据 $y(i)$ 间量纲不同引起的干扰，使之成为可比较的无量纲数列。

B. 对各因素(子因素 x 与基准母因素 y)序列数据作累加处理产生平滑效果的新线性序列，方可使线性化遥感数据与线性分布的实测数据进行关联分析。

C. 把样点值作为母因素(基准因素)、遥感数据作为子因素，分析两者间的关联度。关联度 r 由关联函数值求平均决定，而序列的关联函数值斜关联函数 $\xi_j(i_t)$，由计算各序列与基准序列的斜率变化关系求得：

$$r = \frac{1}{N}\sum_{i=1}^{N}\xi_j(i_t) \qquad (8-8)$$

式中：i 为实测样品变量；j 为不同遥感数据；t 为样品序号；r 值越大，说明遥感数据与实测数据间关系越密切，即遥感数据或由遥感数据计算的含沙量曲线与实测的含沙量曲线间的几何形状越贴近。

D. 确定关联变换系数后，以此为依据进行遥感图像数据(悬浮泥沙含量)的外推计算处理。

以上灰色数学方法与统计分析方法相比，后者反映的是一个平均水平；而前者反映的是序列间的分布误差水平及平均水平，其反映的规律性更明显，结果稳定。此方法较好地应用于海水悬浮泥沙及叶绿素浓度、水深等海洋专题信息提取。

8.2.1.4 水深探测 水深指水的穿深能力，即水体的透光性能。它是由衰减长度来衡量的。衰减长度是表示水中能见度的一个量度单位，一个衰减长度被定义为向下辐照度等于表面辐照度的 $1/e$(或 37%)的长度。水体本身的光谱特性是与水深相关的。图 8-16 显示的是随水深增加($0\sim0.2\sim2\sim20\,\text{m}$)，清澈水体的光谱特征变化，即阳光透入清水的光谱特征，近水面的曲线形态近似于太阳辐射，但随着水深的增加，水体对光谱组成的影响增大。在水深 $20\,\text{m}$ 处，由于水体对红外波段光的有效吸收，近红外波段的能量已几乎不存在，仅保留了蓝绿波段能量。所以蓝绿波段对研究水深和水底特征是有效的。

光对水的穿深能力，除了受波长的影响外，还受到水体浑浊度的影响。图 8-17 显示不同浑浊度水体的不同光谱衰减特征。从图中可见，随着水中悬浮物质含量(浑浊度)的增加，反射率明显增强，透射率明显下降，衰减系数增大，光对水的穿深能力减弱，最大透射波长

（即最大穿透深度的波长）向长波方向移动。

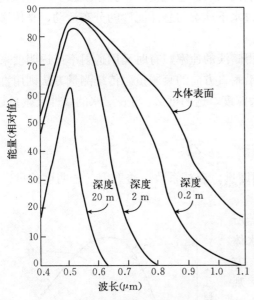

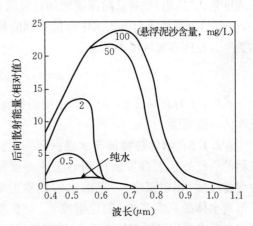

图 8-16　清水不同深度的光谱特征　　　　图 8-17　不同浑浊度水体的光谱衰减特征

对于清水，光的最大透射波长为 $0.45 \sim 0.55\ \mu m$，其峰值波长约 $0.48\ \mu m$，位于蓝绿波长区。水体在此波段，散射最弱，衰减系数最小、穿深能力（即透明度）最强，记录水体底部特征的可能性最大；在红光区，由于水的吸收作用较大，透射相应减小，仅能探测水体浅部特征；在近红外区，由于水的强吸收作用，仅能反映水陆差异。正因为不同波长的光对水体的透射作用和穿深能力不同，所以水体不同波段的光谱信息中，实际上反映了不同厚度水体的信息特征，包涵了"水深"的概念。比如，一般蓝绿波段（如 MSS_4 或 TM_1、TM_2）穿透深度为 $10 \sim 20\ m$，则水体对应的像元可能反映了 $10 \sim 20\ m$ 厚度水体的综合光谱特性（清水则可能穿深 $30\ m$）；而红波段（如 MSS_5 或 TM_3）穿透深度约 $2\ m$，则可能反映了约 $2\ m$ 厚度水体的综合光谱信息。正如前述，水体的光谱特性主要是通过体散射，而不是表面反射测定的，这与陆地截然不同。

实际上影响遥感入水深度的因素很多。除了波长、水体浑浊度外，还与水面太阳辐照度 $E(\lambda)$（太阳天顶角 ϕ、太阳方位角 θ 的函数）、水体的衰减系数 $a(\lambda)$、水体底质的反射率 $\rho(\lambda)$、海况、大气效应等有关。

Polcyn 和 Fabian 提出海面的离水反射辐射 L_w 与水深 Z 的关系式：

$$L_w(\lambda) = [E(\lambda)/\pi] \times [\rho(\lambda)/n^2] \times \exp[-a(\lambda)(\sec\phi + \sec\theta)Z] \qquad (8-9)$$

式中：n 为底质的折射系数。

其中衰减系数 $\alpha(\lambda)$ 是吸收系数与散射系数之和，它与水中的可溶性有机质及悬浮物有关，而水体中悬浮泥沙的垂直、水平分布，又受到地球重力场、风场、海流、潮汐等的影响。同一水区水体底质不同，其反射率 $\rho(\lambda)$ 不同，遥感器所接收到的信号大小及信噪比也不同。有试验表明，当 $\alpha = 0.05\ m^{-1}$ 的清晰海水中，底质为沙质（$\rho = 26\%$）或底质为泥沙质（$\rho = 20\%$），对于相同的遥感图像数据，前者的最大入水深度明显大于后者。

但实验证明，遥感图像数据所能显示的水深信息、入水深度要比理论推算的大，而且与水深实际测量值的相关程度往往随泥沙含量增加而增大。这说明水中泥沙虽减少了太阳光的入水深度，但同时又从水动力作用关系上，通过水下地形与悬浮泥沙的分布运动，来传递部分水深信息。这在河口附近的浅海区尤为明显。

上述的"衰减系数"指随着深度增加，光变得暗淡的速率，有时又用透射率或透明度来表示或度量。"透明度"表征随深度增加，漫散光沿垂直方向的衰减量。传统测量方法则用直径 30 cm 的白色圆板垂直沉入水中所能看到的最大深度。透明度 Z_m 与表层水的线性衰减系数 α 的关系，在许多海区可表示为

$$\alpha = l/e = (2.7 - 3.5)/Z_m \qquad (8-10)$$

式中：l 为衰减长度(m)，即水中能见度的度量。衰减系数、透射率、透明度均可以表征水体的能见度。

8.2.1.5　水体热特征与水温探测

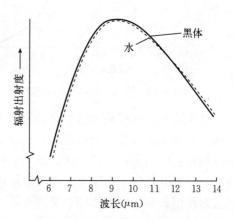

图 8-18　水体与黑体辐射特征

遥感器所探测的热红外辐射强度而得到的水体温度是水体的亮度温度(辐射温度)，考虑水的比辐射率，方可得到水体的真实温度(物理温度)。但在实际观测中由于水的比辐射率接近于1(近似黑体)，在波长 6～14 μm 段尤为如此(图8-18)。因此往往用所测的亮度温度表示水体温度。

另外，由于水体热容量大、热惯量大、昼夜温差小，且水体内部以热对流方式传输热量，所以水体表面温度较为均一，空间变化小；但是大气效应，特别是大气中水汽含量，对水温测算精度影响较大，因此，遥感估算水温时，必须进行大气纠正。水面遥感测温及水面大气纠正均比陆地表面的简单、成熟。

由于水体(这里主要指海洋)中叶绿素、浑浊度、表面形态、表面热特征不一，使水体具有不同的光谱特征；尽管不同波谱段对水体有不同穿透能力，同一谱段对不同类型水体有不同穿透能力等，造成水体光谱特征的差异。但是，水体整体反射率低(<10%)，相互之间的光谱差异小，与陆地上地物光谱特征间差异相比要小得多，因而所得的海洋遥感图像反差很低，可以获得的信息是十分有限的。再加上，海洋信息的获取还受到多变的海洋环境的干扰，如太阳入射角、观察高度、海-气条件(云层、海冰、海浪、传播方向等)、底质条件、水深以及水体本身不同的生物、化学、物理因素等。此外，水体的光谱特性还与水面粗糙度有关。图 8-19 显示在可见光-近红外范围内，平静水面与波浪引起的粗糙水面的光谱特性。平静光滑的水面仅有体反射辐射部分的能量进入遥感

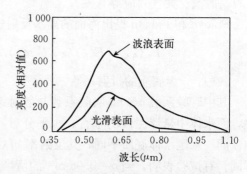

图 8-19　不同水面粗糙度的光谱特性

器，而粗糙波浪水面有表面反射和体反射两部分能量进入遥感器，因此后者比前者亮度更高。因此，对水体遥感尤其是海洋遥感来说，光学遥感（主要是可见光遥感）显然是不够的，除了采用可见光、红外波段以外，必须开辟新的电磁波谱段如微波等。

8.2.1.6　水体的微波辐射特征　这里的水体主要指海洋，海洋的微波辐射取决于 2 个主要因素：①海面及一定深度的复介电常数 ε。它反映海水的电学性质，由表层物质组成及温度决定。海水是由各种盐类、有机质、悬浮粒等组成的复杂水体。从微波辐射角度，海水可视为含 NaCl 等盐类的导电溶液。海水的介电常数 ε 是海水温度、盐度的函数。因而海洋微波遥感可以测得海面及水面下一定深度的温度和含盐度等信息。②海面粗糙度，即海面至一定深度内的几何形状结构。从这一角度可将海面分为 4 类：

A. 平静海面。海面无风或风速很小，可用物理光学理论处理，当水面粗糙度较微波波长小得多时，可视为平坦表面，以镜面反射为主。

B. 风浪海面。海面有波浪而成为一个随机起伏的粗糙面。此时电磁波在界面上产生复杂多变的多次反散和散射，散射回波增强。同时，大风浪海面往往伴有泡沫带（含大量气泡和水滴），它的特征除与辐射亮度温度有关外，还与海浪谱、海面风速等有关。

C. 污染海面。一般指油污染等形成两层介质，引起亮度温度的显著差异。油膜使海面趋于平滑，减弱回波强度，而呈黑色。

D. 冻结海面。海面有海冰、冰山等，由于冰雪的介电常数较水体小，引起亮度温度的明显差异。

8.2.2　水污染遥感监测

在江、河、湖、海中的污染种类繁多，为了便于用遥感方法研究各种水污染，需先将水污染进行分类。水污染的类型可分为液态污染与固态污染两大类，见表 8-1。遥感在热水污染、石油污染、泥沙污染、废水污染等方面的监测效果显著。现举例叙述如下。

表 8-1　水污染分类

污染类型	污染物	生态环境变化	遥感影像特征
液态污染	热水污染 石油污染 工业污染 农药、化肥污染	水温变化 油膜 水色水质变化 藻类繁殖	在红外影像上呈白色调 在紫外、红外微波影像上呈浅色调 酸性污染在 MSS5 波段影像上呈浅色调 在 MSS7 波段影像上呈白色调
固态污染	泥沙污染 工业垃圾污染 枯枝落叶污染 动物死骸污染	水质变腐 水质变腐 水质变腐 水质变腐	在 MSS5 波段影像上呈浅色调 在可见光影像上呈暗色调 水面有漂浮物的形态 水面有漂浮物的形态

8.2.2.1　石油污染　海上或港口的石油污染是一种常见的水体污染。遥感调查石油污染不仅能发现已知污染区的范围和估算污染石油的含量，而且可追踪污染源。如果污染源是海上油轮，可根据遥感图像追究其法律责任；如果污染源不是来自人类活动，而是自然漏油，则可能发现新的油田。探测石油污染的方法很多，一种是利用 $0.3 \sim 0.4\ \mu m$ 波段探测，

因为石油在这个波段反射率较弱，在紫外影像上油膜呈白色调。在可见光的蓝色范围，石油反射率较海水高，还有闪烁现象，油污的伪彩色密度分割片能很清楚地显示排油源和油污范围。在水面测定油污厚度后还可估计排污量。在常温下石油发射率远小于海水发射率，在热红外影像上，油膜呈深色调，据此也可测定油污。另外，用 13.6 GHz（即 2.2 cm 波长）的微波辐射计成像也能监测石油污染，因为油膜的亮度温度比海水高出 5～60 ℃。

8.2.2.2　水体热污染　例如发电厂排出的热水，经过冷却湖回抽冷却水，使发电机降温，热水又重新排出电厂。这种循环用水的冷却湖经常需要测量湖水温度，以便控制装机容量及发电量。用 8～14 μm 波段的热红外扫描仪进行航空遥感，热红外图像可显示出热污染排放、流向和温度分布的情形。经过密度分割处理，根据少量的同步实测湖水温度，就可确切地绘出湖水等温线。如果有连续的几次热红外影像，还能求出热水扩散的综合扩散系数。

8.2.2.3　废水污染　废水由于水色与悬浮物性状千差万别，特征曲线上的反射峰位置和强度也不大一样。废水污染一般用多光谱合成图像进行监测。有些污水和清洁水温度也不一样，可以用热红外方法测定。另外，污水排放的控制点、扩散方式、稀释混合等特征也是识别污水的重要标志。污水的排放口一般与污染源（如工厂等）相距不远，它们或与渠道相通，较其周围污染水体的浓度高。污水扩散特点有以下几种情形：

A. 在静止水体中，图像上显示以排放口为中心，呈半圆或喇叭形逐渐过渡到周围清洁水体。

B. 在流动水体中，图像上显示的污染区位于排污口下游，且面积不大，这是污水在流水作用下迅速扩散的缘故。

C. 在河口地区，由于潮水的周期性涨落，污水的展布形态也会发生变化，特别是当潮水上溯时，排水口与污水连成一片，一旦退潮，就会形成与排污口失去联系的离源污流。

例如，酸水、碱水、农药污水等在近红外假彩色片上都有淡蓝绿色的显示。沿着河流拍摄航空假彩色影像，很容易发现污染源。凡是向河流排出污水的工厂，污水未经处理净化立刻可以被发现。根据污水与河水掺混、扩散的情况，还可以估算污水量。

8.2.2.4　水体富营养化　生物体所需的磷、氧、钾等营养物质在湖泊、河口、海湾等缓流水体中大量富集，引起藻类及其他浮游生物迅速繁殖、水体溶解氧含量下降、水质恶化、鱼类及其他生物大量死亡的现象称为水体富营养化。当水体出现富营养化时，由于浮游植物导致水中的叶绿素增加，使富营养化的水体反射光谱特征发生变化：

A. 水体叶绿素浓度增加，蓝光波段的反射率下降，绿光波段的反射率增高。

B. 水面叶绿素和浮游生物浓度高时，近红外波段仍存在一定的反射率。

进行水体富营养化解译应选择红外波段，或者是红外与可见光波段的组合。在红外影像上富营养化水体不呈黑色，而是灰色，甚至是浅灰色；在彩色红外影像上，富营养化水体呈红褐色或紫红色。

8.2.2.5　泥沙污染　含有泥沙的浑浊水体与清水比较，光谱反射特征存在以下差异：

A. 浑浊水体的反射波谱曲线整体高于清水，随着悬浮泥沙浓度的增加，差别加大。

B. 波谱反射峰值向长波方向移动（"红移"）。清水在 0.75 μm 峰值处反射率接近于零，而含有泥沙的浑浊水至 0.93 μm 接近处反射率才接近于零。

C. 随着悬浮泥沙浓度的加大，可见光对水体的透射能力减弱，反射能力加强。有时，近岸的浅水区，水体浑浊度与水深呈一定的对应关系，浅水区的波浪和水流对水底泥沙的扰动作用比较强烈，使水体浑浊，故遥感影像上色调较浅。而深水处扰动作用较弱，水体较清，遥感影像上色调较深。这种情况下，遥感影像的色调间接地反映了水体的相对深度。

D. 波长较短的可见光对水体穿透能力较强，可反映出水面下一定深度的泥沙分布状况。在洪泽湖的试验表明，$0.5\sim0.6\ \mu m$ 的影像可反映 $2.5\ m$ 水深的泥沙，$0.6\sim0.7\ \mu m$ 的影像可反映 $1.5\ m$ 水深的泥沙，$0.7\sim0.8\ \mu m$ 的影像反映 $0.5\ m$ 泥沙，$0.8\sim1.1\ \mu m$ 的影像仅能反映水面 $0.02\ mm$ 厚水层的泥沙分布状况。因此，以不同波段探测泥沙可构成水中泥沙分布的立体模式。

定量判读悬浮泥沙浓度的最佳波段应在 $0.65\sim0.85\ \mu m$。根据图像上水体灰度变化情况推测水体受泥沙污染的程度。泥沙污染一是指含沙量，二是指泥沙颗粒吸附有微量有害元素。前者可用遥感方法推求，后者则要根据含沙量、泥沙级配以样本的化学分析才能推算。用遥感的方法主要可以测量一定深度内的含沙量平面分布情况。例如，在 MSS5 波段的影像上，含沙量高则呈白色调，清水呈暗色调。建立含沙量与灰度的相关关系，则可根据影像灰度推求含沙量。但应注意，这个含沙量的概念既不是通常的垂线平均含沙量，也不是断面平均含沙量。由于 MSS5 波段的波长范围为 $0.6\sim0.7\ \mu m$，它可穿透的水深约 $2\ m$ 左右，因此，灰度所对应的含沙量为在 $2\ m$ 水深内的平均含沙量。由此可见，在河口海岸地区，可以在遥感影像上绘出一定水深的平面含沙量分布的等值线。

8.2.2.6　固体漂浮物污染　凡是飘浮水面的动植物残骸、矿渣、灰烬都可当作垃圾。一般垃圾随流水飘浮，目标分散，体积很小，不足以形成污染。当飘浮垃圾在回水区、静水区集聚，腐烂发酵使水质变质就造成了污染，用航空摄影很快就可以发现垃圾集聚的地区、分布的面积，并估算垃圾的数量。

8.2.3　遥感技术用于防汛救灾

近年来，我国已展开了一系列防汛遥感应用试验，在永定河、黄河中下游、长江中下游地区利用机载合成孔径雷达、可见光传感器、电视摄像等手段获取灾区的遥感图像资料并将图像送回地面处理后提供使用，同时利用防汛数据库和地理信息系统可确定洪水范围、淹没面积、损失情况等。下面就其中的部分重要内容予以介绍。

具有全天候工作能力的机载合成孔径雷达获取的图像，基本上可反映这个地区受灾的情况与洪水淹没范围。地面上的洪水与积水由于镜面反射的关系，雷达图像上呈现醒目的黑色调，水陆界线非常分明，解译起来不仅容易，而且勾划的边界相当精确。即使那些曾经受水淹，但由于雷达成像稍有错后，地表的自由水已经退去的地方，由于土壤水分饱和，在平坦地区雷达的后向散射系数反而增加，以致图像呈现灰白色调。所以在这样的地区勾划原来受淹的边界也不难。

利用机载合成孔径雷达图像调查所有的灾情，常常受到图像范围所限，虽能抓住主要地区的灾情，但不能调查所有的灾情，因此不能按行政区向国家提供灾情数据，这样，就必然发生地方上按行政区划报来的灾情数据与用遥感图像调查的灾情数据无可比性。为此，在一个行政区划单元内或一个流域单元内，凡缺少机载合成孔径雷达图像的地区，尽量收集陆地卫星 TM 图像和 NOAA 极轨气象卫星图像数据来确定洪涝淹没范围和主要受淹的项目与数量。一般对于使用 TM 图像获得的灾情数据，可以不加修正，与利用机载合成孔径雷达图像调查的灾情数据相加，以得出一个完整行政单元或一个完整流域单元内的灾情数据。但是使用 NOAA 极轨气象卫星图像数据来补缺时，则不仅要从中提取洪涝水体面积，而且要用同一行政或流域单元内，既有机载合成孔径雷达图像，又有 NOAA 气象卫星图像算出的洪涝面积进行比较，求出 NOAA 图像由于受地面分辨率低的影响，造成与雷达图像调查结果产生的误差系数，然后对其提取的洪涝水体面积进行修正后，再与雷达图像调查的数据相加，以获取一个完整行政单元和流域单元的灾情数据。

作为实例，下面介绍湖北某年夏洪水淹没范围遥感估算过程。

8.2.3.1 图像数据获取与处理 在研究湖北某年洪水淹没范围的过程中，选用了两个时相的 NOAA 卫星图像作为分析的原始材料：①6 月 26 日 NOAA 卫星 AVHRR 图像，即洪水前一周内的遥感图像，将作为正常水位时期的图像，据此提取背景水体信息；②将 7 月 18 日 NOAA 卫星 AVHRR 图像，即洪水后一周内的遥感图像，作为水位最高时期的图像，据此提取洪水信息。

8.2.3.2 洪水信息提取 第一，对两期 NOAA 卫星的 AVHRR 图像分别做了等距投影的经纬网络纠正；第二，在这两幅图像上采用人机对话方式勾画出江湖流域范围；第三，对两幅图像分别进行密度分割以识别出水体范围并赋色，同时去掉其他信息；第四，在以上两幅图像中的江湖流域范围分别选择几个明显的同名点，采用二次多项式平差法进行配准，配准误差一般小于 1 个像元，最大误差为 1.3 像元；第五，对这两幅图像进行彩色合成，以识别出背景水体和涝水水体。

8.2.3.3 洪水淹没范围估算

（1）水体识别。由于不同时期太阳辐射状况、大气状况及地面状况均不相同，因此，水体信息在不同时相图像中表现出的特征也不一致，不能用同一标准来识别不同时相图像的水体。在 6 月 26 日和 7 月 18 日 NOAA 卫星 AVHRR 图像上水体亮度值有明显的差异，亮度分割结果表明，6 月 26 日 AVHRR 图像上水体亮度值为 0～60 级，共有 2 210 个像元；7 月 18 日 AVHRR 图像上的水体亮度值为 0～110 级，共有 3 718 个像元。将 6 月 26 日图像中的水体赋予绿色，7 月 18 日图像中的水体赋予红色进行彩色合成，根据彩色合成原理不难得知：在合成图像上背景水体为黄色(绿色＋红色)，涝水水体为红色，其他部分色调越暗则土壤湿度越大，根据色调可以明显地恢复洪水期最大淹没范围。据此，可解译出该年洪水势态图(图 8 - 20)，按背景水体、淹水实况和最大淹水范围，重现了湖北地区该年洪水的动态。

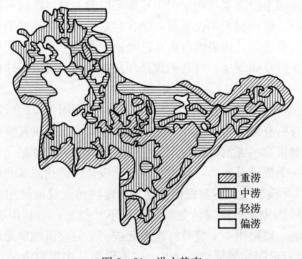

图 8 - 20　洪水势态

（2）面积估算。NOAA 卫星 AVHRR 图像作等距离投影变换后重采样，每个像元对应的地表面积为 0.924 7 km²。由上述识别过程可知，背景水体面积 F_b（km²）、实况洪水面积 F_f（km²）与涝水面积 F_1（km²）分别为

$$F_b = 2\ 210 \times 0.924\ 7^2 = 1\ 889.704\ 9(\text{km}^2)$$

$$F_f = 3\ 718 \times 0.924\ 7^2 = 3\ 179.150\ 5(\text{km}^2)$$

$$F_1 = F_f - F_b = 1\ 289.445\ 6(\text{km}^2)$$

对于最大洪水面积 F_{max}，可按下述方法估算：

令最大洪水估算水量 Q_{max} 与实况洪水水量 Q_f 之比为 K_1；最大洪水面积 F_{max} 与实况洪水面积 F_f 之比为 K_2，即

根据湖北江湖流域主要集水区的地表形态，不失一般性，可以假设 K_1 约等于 K_2，则

$$F_{max} \approx (F_f/Q_f) \times Q_{max} \tag{8-11}$$

式中，Q_{max}、Q_f 可根据有关数据估算，假设 $Q_{max} = 198\ 414.4 \times 10^5\ \text{m}^3$，$Q_f = 165\ 533.2 \times 10^5\ \text{m}^3$。由此得到

$$F_{max} \approx (3\ 179.150\ 5/\ 165\ 533.2) \times 198\ 414.4 = 3\ 810.650\ 9(\text{km}^2)$$

上式所求为湖北地区（主要指以洪湖为中心的区域）1991 年夏洪水的最大淹没范围。

8.3 城市污染的遥感监测

彩色红外影像对监测大气污染源、研究大气污染对植物生态影响均有良好效果，对水污染中出现富营养化也有明显反映。如果定点、定量分析数据与目视解译相结合，则可以提高解译质量和遥感监测效果。以下介绍有关这方面的情况。

8.3.1 污染植物的波谱特性

植物在生长过程中受到某种物质污染后，内部结构、叶绿素和水分含量就会发生不同程度的变化，其反射光谱特性也随之变化，污染越严重变化越大（图 8-21 和图 8-22）。

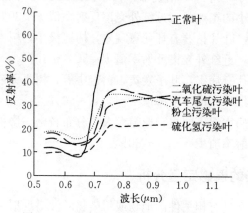

图 8-21 杨树受污染后的光谱反射曲线

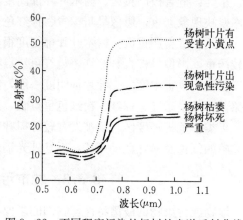

图 8-22 不同程度污染的杨树的光谱反射曲线

从图 8-21 可以看出，正常植物在 0.5～0.6 μm 间有一个叶绿素反射峰，在 0.6～0.7 μm 间有一个吸收谷，在 0.7 μm 后反射率剧增达 60% 以上，出现"陡坡效应"。而污染叶的曲线

明显不同于正常叶，尤其近红外波段，显著低于正常叶的光谱曲线。受氟化氢污染的叶片，光谱反射率在 $0.5\sim0.6\,\mu m$ 波段高于正常叶；受二氧化硫、粉尘等污染的叶子，光谱反射率在 $0.5\sim0.7\,\mu m$ 都高于正常叶。

污染程度不同的植物，其反射光谱特性也不相同。由图 8-22 可以看出污染程度越深，反射率曲线越低，尤其在红外波段，下降更明显，反映植物病害程度加深。

综上所述，植物受大气污染后，反射率会发生变化，尤其在近红外波段更为显著。植物受污染越严重，反射率差异越明显，从而为监测大气污染、判读遥感图像提供了可靠的依据和信息。

8.3.2 污染植物的遥感解译

8.3.2.1 解译标志 根据实地调查植物光谱测定，结合彩红外影像特点，可建立受害植物的三个解译判读标志：

(1)颜色。植物叶片内叶绿素的含量决定植物在彩红外影像上的色彩。污染对植物的危害降低了叶片内叶绿素的含量，因此，受污染危害植物的色彩不同于正常生长的植物。污染危害还导致不正常落叶，发现叶片坏死斑，发生枯萎，使树冠在彩虹外影像上显示的红色纯度下降，呈现暗红、黑红、浅红、棕青等色。

(2)形态。树木影像的大小，是树冠大小的反映。相同树种的同龄树木，树冠影像自污染源向远离污染源方向逐渐增大。

(3)综合标志。树木受污染危害致死造成的残缺现象，以树群空间展布的图式呈现出来，不同于未受污染的树群形态。

上述标志要互相补充，互相印证，综合运用，以此圈定出大气污染生态场的范围。

8.3.2.2 分类尺度 依据上述标志，将树木受污染而发生病害的程度划分为五类，详述如下：

0 类：健康区。大气质量较好，植被发育茂盛，影像为鲜红色星点状，近红外($0.7\sim1.1\,\mu m$)光谱反射率值 $P>60\%$。

Ⅰ类：危害极严重区。树木叶片郁闭度极小，叶片干枯萎缩，树木接近死亡，树冠小，树木残缺现象严重，影像呈暗棕青、棕红色稀小的星点状，近红外光谱反射率值 $P<30\%$。

Ⅱ类：危害严重区。树木叶片郁闭度很小，叶片枯萎有坏死斑现象，树冠极小，树木残缺较严重，影像呈棕青、棕红、粉红色星点状，近红外光谱反射率值 $P=30\%\sim40\%$。

Ⅲ类：危害中度区。叶片郁闭度一般，叶片有病害，叶子发黄，树冠中等，树木无残缺现象，影像呈暗红、棕红、粉红色星点状，近红外光谱反射率值 $P=40\%\sim50\%$。

Ⅳ类：危害轻度区。植被发育较好树叶有病害但不明显，树冠较大，分布较密，影像呈稍发暗的红色及粉红色星点状，近红外光谱反射率值 $P=50\%\sim60\%$。

8.3.3 城市污染的遥感定量分析

地物或污染物的波谱特性与它们的影像密度具有相关性。地物或污染物的波谱反射特性与其在胶片上的受光量 E_{ia} 有如下关系：

$$E_{ia} = \int_{\lambda_1}^{\lambda_2} \rho_i(\lambda) \cdot \rho(\lambda) \cdot S_i(\lambda) \, d\lambda \qquad (8-12)$$

式中：$\rho_i(\lambda)$ 为地物的光谱反射比；$\rho(\lambda)$ 为昼光在地面上的光谱辐射度；$S_i(\lambda)$ 为胶片的感光度。在正常的冲洗条件下，地物的影像密度 D 与其受光量又有如下关系：

$$D = K_{ia} + r_{ia} \lg E_{ia} \qquad (8-13)$$

所以，若同步测定了地物的波谱特性，并已知胶片及相纸的光谱响应范围和感光特性，即可建立地物或污染物的光谱特性与影像密度的定量标志。若地物受污染前后在胶片上的受光量分别为 E_{oa} 及 E_{ia}，则它在污染前后的影像密度变化值 ΔD_i 为

$$\Delta D_i = r_{ia}(\lg E_{ia} - \lg E_{oa}) = r_{ia} \lg E_{ia}/E_{oa} \qquad (8-14)$$

根据上式定点定量地求取地物在污染前后的影像密度变化值，并比较大小后，就可以确定该地区的污染程度及等级。

污染物的有机污染含量与其影像密度具有相关性。常规的水污染监测，可用水体中的有机含量 P 大小来划分污染等级，可以地面同步观测的化学参数为因变量，以其影像密度为自变量进行回归分析，其相关关系式为

天然彩色片 $\qquad P = 3.349\,1Y^{0.53} \qquad (8-15a)$

彩色红外影像 $\qquad P = 4.824Y^{0.276\,3} \qquad (8-15b)$

经 T 检验，上述关系式在 95% 的置信度相关。因此，可根据 P 值大小划分清洁水（Ⅰ）、轻污染水（Ⅱ）、中度污染水（Ⅲ）、重度污染水（Ⅳ）及严重污染水（Ⅴ）等五个等级，并推算出它们在遥感图像上的相对密度变化值，建立水污染等级标志[式(8-15)为经验公式，仅供参考]。

污染物的综合污染指标与其影像密度具有相关性。植物受污染后，随着污染程度增大，植物在橙红光谱段的反射率增大，而在近红外谱段的反射率则下降，故可取各污染区的植物在近红外光谱段与橙红光谱段的反射比 m_i，与无污染区同种植物的相应谱段的反射比 m_0 相比较，便可确定它们的污染程度等级(T)，即

$$m_0 = P_{20}/P_{10} = \int_{600}^{680} P_0(\lambda)\mathrm{d}\lambda \Big/ \int_{700}^{800} P_0(\lambda)\mathrm{d}\lambda \qquad (8-16a)$$

$$m_i = P_{2i}/P_{1i} = \int_{600}^{680} P_i(\lambda)\mathrm{d}\lambda \Big/ \int_{700}^{800} P_i(\lambda)\mathrm{d}\lambda \qquad (8-16b)$$

$$t = m_0/m_i \qquad (8-16c)$$

植物的生态变化与污染环境具有相关性。植物受污染环境影响，从本身的发育、生长颜色及形态变化，能大致发现污染生态场的形状，再通过定点分析可大致确定污染等级及范围。应用关系式(8-12)、式(8-13)和式(8-16)，根据污染植物的光谱反射比值及其影像密度确定大气污染程度。

思 考 题

1. 大气环境遥感监测的基本原理以及应用方向是什么？
2. 大气中臭氧、气溶胶、特定气体遥感监测的具体方法有哪些？
3. 城市热岛效应产生的原因是什么？遥感如何监测城市热岛效应。
4. 理解水体典型的光谱特征，随着水中其他物质的混合其光谱特征如何变化？
5. 污染植被光谱特征如何变化？遥感监测植被污染的具体方法是什么？

主 要 参 考 文 献

蔡博峰，于嵘，2009. 基于遥感的植被长时序趋势特征研究进展及评价[J]. 遥感学报，13(6)：1177 - 1186.

曹明奎，于贵瑞，刘纪远，等，2004. 陆地生态系统碳循环的多尺度试验观测和跨尺度机理模拟[J]. 中国科学(D辑)，34(增)：1 - 14.

常庆瑞，蒋平安，周勇，等，2004. 遥感技术导论[M]. 北京：科学出版社.

陈楚群，练平，毛庆文，1996. 应用 TM 数据估算沿岸海水表层叶绿素浓度模型研究[J]. 环境遥感，11(3)：168 - 175.

陈传霖，1981. 内蒙白音都兰凹陷植物反射光谱和油气藏的关系[M]. 北京：科学出版社.

陈健，倪绍祥，李静静，等，2006. 植被叶面积指数遥感反演的尺度效应及空间变异性[J]. 生态学报，26(5)：1502 - 1509.

陈良富，庄家礼，徐希孺，等，2000. 用 Monte Carlo 方法模拟连续植被热辐射方向性[J]. 遥感学报，4(4)：261 - 265.

陈述彭，赵英时，1990. 遥感地学分析[M]. 北京：测绘出版社.

陈维英，肖乾广，盛永伟，1994. 距平植被指数在 1992 年特大干旱监测中的应用[J]. 环境遥感，9(2)：106 - 112.

陈仲新，刘海启，周清波，等，2000. 全国冬小麦面积变化遥感监测抽样外推方法的研究[J]. 农业工程学报，16(5)：126 - 129.

戴昌达，姜小光，唐伶俐，2004. 遥感图像应用处理与分析[M]. 北京：清华大学出版社.

丁暄，1992. 遥感技术在油气资源探测应用中的关键问题[J]. 遥感技术与应用，7(4)：59 - 64.

冯险峰，刘高焕，陈述彭，等，2004. 陆地生态系统净第一性生产力过程模型研究综述[J]. 自然资源学报，19(3)：369 - 378.

冯晓明，赵英时，2005. 半干旱草场的多角度多波段反射率遥感模型[J]. 遥感学报，9(4)：337 - 342.

高峰，李小文，夏宗国，等，1998. 基于知识的分阶段不确定性多角度遥感反演[J]. 中国科学(D辑)，28(4)：346 - 350.

韩启金，傅俏燕，潘志强，等，2012. 利用 HJ - 1B 星热红外遥感图像研究城市热岛效应[J]. 航天返回与遥感. 33(1)：67 - 74.

何建邦，田国良，王劲峰，1993. 重大自然灾害遥感监测与评估研究进展[M]. 北京：中国科学技术出版社.

胡著智，王慧麟，陈钦峦，1999. 遥感技术与地学应用[M]. 南京：南京大学出版社.

黄林生，江静，黄文江，等，2019. Sentinel - 2 影像和 BP 神经网络结合的小麦条锈病监测方法[J]. 农业工程学报，35(17)：178 - 185.

黄文江，师越，董莹莹，等，2019. 作物病虫害遥感监测研究进展与展望[J]. 智慧农业，1(4)：1 - 11.

黄文江，张竞成，罗菊花，等，2015. 作物病虫害遥感监测与预测[M]. 北京：科学出版社.

焦子锑，2008. 应用 MODIS BRDF 和反照率产品进行地表特性的研究[D]. 北京：北京师范大学.

靳秀良，1999. 陕北油田烃类微渗漏遥感化探特征[J]. 国土资源遥感，4：23 - 25.

卡农公司图像研究室，1983. 遥感：遥感技术的发展及其应用研究[M]. 北京：科学出版社.

康高峰，雷学武，万余庆，2000. 遥感技术在煤矿区地质灾害中的应用[J]. 中国煤田地质(2)：15 - 22.

李儒，张霞，刘波，等，2009. 遥感时间序列数据滤波重建算法发展综述[J]. 遥感学报，13(2)：335 - 341.

李世华，2007. 基于数据模型融合方法植被初级生产力遥感监测研究[D]. 北京：中国科学院遥感应用研究所.

李四海，恽才兴，2001. 河口表层悬浮泥沙气象卫星遥感定量模式研究[J]. 遥感学报，5(2)：154-160.

李铁方，徐秉正，易建春，1990. 卫星海洋遥感信息提取和应用[M]. 北京：海洋出版社.

李小文，高峰，王锦地，等，1997. 遥感反演中参数的不确定性与敏感性矩阵[J]. 遥感学报，1(1)：1-14.

李小文，王锦地，1995. 植被光学遥感模型与植被结构参数化[M]. 北京：科学出版社.

李小文，王锦地，Strahler A，1999. 非同温黑体表面上普朗克定律的尺度效应[J]. 中国科学(E辑)，29 (5)：422-426.

李炎，李京，1999. 基于海面—遥感器光谱反射率斜率传递现象的悬浮泥沙感算法[J]. 科学通报，44(17)：1892-1898.

李震，郭东华，施建成，2002. 综合主动和被动微波数据监测土壤水分变化[J]. 遥感学报，6(6)：481-483.

刘良云，王纪华，张永江，等，2007. 叶片辐射等效水厚度计算与叶片水分定量反演研究[J]. 遥感学报，11(3)：289-295.

刘良云，张永江，王纪华，等，2006. 利用夫琅和费暗线探测自然光条件下的植被光合作用荧光研究[J]. 遥感学报，10(1)：147-154.

刘绍民，李小文，施生锦，等，2010. 大尺度地表水热通量的观测、分析与应用[J]. 地球科学进展，25 (11)：1113-1127.

刘婷，苏伟，王成，等，2016. 基于机载 LiDAR 数据的玉米叶面积指数反演[J]. 中国农业大学学报，21 (3)：104-111.

刘伟，施建成，2005. 应用极化雷达估算农作物覆盖地区土壤水分相对变化[J]. 水科学进展，16(4)：596-601.

刘希，胡秀清，2011. 厦门海域大气气溶胶光学厚度地基观测分析及卫星遥感检验[J]. 热带海洋学报，30 (4)：38-43.

刘岩，赵英时，冯晓明，2006. 半干旱草地净第一性生产力遥感模型研究[J]. 中国科学院研究生院学报，23(5)：620-627.

刘鹰，张继贤，林宗坚，1999. 土地利用动态遥感监测中变化信息提取方法的研究[J]. 遥感信息，(4)：21-24.

刘玉洁，杨忠东，2001. MODIS 遥感信息处理原理与算法[M]. 北京：科学出版社.

刘振华，赵英时，宋小宁，2005. MODIS 卫星数据地表反照率反演的简化模式[J]. 遥感技术与应用，19 (6)：508-511.

楼性满，葛榜军，1994. 遥感找矿预测方法[M]. 北京：地质出版社.

马建伟，徐瑞松，奥和会，等，1996. 秦岭金矿区植被景观异常遥感影像特征及影响植物反射光谱变异原因初步分析[J]. 国土资源遥感，4：23-29.

马荣斌，卓宝熙，1981. 遥感原理和工程地质判释[M]. 北京：中国铁道出版社.

满浩然，臧淑英，李苗，等，2020. 应用微波遥感数据的东北地区地表温度反演[J]. 测绘科学，46(3)：124-132.

孟翔晨，历华，杜永明，等，2018. Landsat 8 地表温度反演及验证：以黑河流域为例[J]. 遥感学报，22 (5)：857-871.

莫兴国，1995. 用平流—干旱模型估算麦田潜热及平流[J]. 中国农业气象，16：1-4.

牛铮，陈水华，南洪智，等，2000. 叶片化学组分成像光谱遥感探测机理分析[J]. 遥感学报，4(2)：125-130.

裴浩杰，冯海宽，李长春，等，2017. 基于综合指标的冬小麦长势无人机遥感监测[J]. 农业工程学报，33 (20)：74-82.

濮静娟，1992. 遥感图像目视解译原理与方法[M]. 北京：中国科学技术出版社.

仇肇悦，李军，郭宏俊，1995. 遥感应用技术[M]. 武汉：武汉测绘科技大学出版社.

施润和，2006. 高光谱数据定量反演植物生化组分研究[D]. 北京：中国科学院地理科学与资源研究所.

史舟，梁宗正，杨媛媛，等，2015. 农业遥感研究现状与展望[J]. 农业机械学报，46(2)：247-260.

疏小舟，尹球，匡定波，2000. 内陆水体藻类叶绿素浓度与反射光谱特征的关系[J]. 遥感学报，4(1)：41-45.

宋金玲，2006. 植被冠层的多尺度计算机模拟及参数敏感性分析[D]. 北京：北京师范大学.

隋洪智，田国良，李付琴，1997. 农田蒸散双层模型及其在干旱遥感监测中的应用[J]. 遥感学报，1(3)：220-224.

孙司衡，1991. 再生资源遥感研究[M]. 北京：中国林业出版社.

唐军武，田国良，1997. 水色光谱分析与多成分反演算法[J]. 遥感学报，1(4)：252-256.

唐世浩，朱启疆，李小文，等，2003. 高光谱与多角度数据联合进行混合像元分解研究[J]. 遥感学报，7(3)：182-189.

唐世浩，朱启疆，阎广建，等，2002. 遗传算法及其在遥感线性、非线性模型反演中的应用效果分析[J]. 北京师范大学学报(自然科学版)，38(2)：266-272.

田明璐，班松涛，常庆瑞，等，2016. 基于低空无人机成像光谱仪影像估算棉花叶面积指数[J]. 农业工程学报，32(21)：102-108.

万华伟，2007. 融合多源遥感数据反演地表参数的方法研究[D]. 北京：北京师范大学.

汪闽，张星月，2010. 多特征证据融合的遥感图像变化检测[J]. 遥感学报，14(3)：564-570.

汪小钦，王钦敏，邬群勇，等，2003. 遥感在悬浮物质浓度提取中的应用：以福建闽江口为例[J]. 遥感学报，7(1)：54-57.

王大成，张东彦，李宇飞，等，2013. 结合 HJ1 A/B 卫星数据和生态因子的籽粒品质监测[J]. 红外与激光工程，42(3)：780-786.

王东伟，2008. 遥感数据与作物生长模型同化方法及其应用研究[D]. 北京：北京师范大学.

王东伟，王锦地，梁照林，2010. 作物生长模型同化 MODIS 反射率方法提取作物叶面积指数[J]. 中国科学(D辑)，40(1)：73-83.

王福印，1993. 油气微渗漏遥感影像异常形成的化学机理[J]. 国土资源遥感，1：59-62.

王纪华，黄文江，赵春江，等，2003. 利用光谱反射率估算叶片生化组分和籽粒品质指标研究[J]. 遥感学报，7(4)：277-284.

王纪华，赵春江，黄文江，等，2008. 农业定量遥感基础与应用[M]. 北京：科学出版社.

王介民，王维真，刘绍民，等，2009. 近地层能量平衡闭合问题：综述及个例分析[J]. 地球科学进展，24(7)：705-713.

王锦地，张戈，肖月庭，等，2007. 基于地物波谱库构造农作物生长参数的时空分布先验知识[J]. 北京师范大学学报(自然科学版)，43(3)：284-291.

王开存，周秀骥，李维亮，等，2005. 利用卫星遥感资料反演感热和潜热通量的研究综述[J]. 地球科学进展，1：42-48.

王璐，胡月明，赵英时，等，2012. 基于克里格法的土壤水遥感尺度转换初探[J]. 地球信息科学学报，14(4)：1-9.

王乃斌，1996. 中国小麦遥感动态监测与估产[M]. 北京：中国科学技术出版社.

王鹏新，万正明，龚健雅，等，2003. 基于植被指数和土地表面温度的干旱监测模型[J]. 地球科学进展，18(4)：527-533.

王艳荣，2004. 内蒙古草原植被近地面反射波谱特征与地上生物量相关关系的研究[J]. 植物生态学报，28(2)：178-185.

王治华，2012. 滑坡遥感[M]. 北京：科学出版社.

韦京莲，董桂芝，2001. 遥感技术在泥石流灾害勘查中的应用[J]. 北京地质(2)：33-37.

吴炳方，张淼，曾红伟，等，2019. 全球农情遥感速报系统 20 年[J]. 遥感学报，23(6)：1053-1063.

吴传壁，周书欣，1989. 油气化探的理论与方法[M]. 北京：地质出版社.

吴骅，姜小光，习晓环，等，2009. 两种普适性尺度转换方法比较与分析研究[J]. 遥感学报，13(2)：183-189.

吴健平，1999. 区域土地利用土地覆盖遥感调查[M]. 上海：华东师范大学出版社.

肖乾广，陈维英，盛永伟，1996. 用 NOAA 气象卫星的 AVHRR 遥感资料估算中国的净第一性生产力[J]. 植物学报，38：35 - 39.

肖钟湧，江洪，2011. 亚洲地区 OMI 和 SCIAMACHY 臭氧柱总量观测结果比较[J]. 中国环境科学，4：529 - 539.

辛晓洲，2003. 用定量遥感方法计算地表蒸散[D]. 北京：中国科学院遥感应用所.

辛晓洲，刘雅妮，柳钦火，等，2012. MODIS 数据估算区域蒸散量的空间尺度误差纠正[J]. 遥感学报，16 (2)：220 - 231.

徐建春，赵英时，刘振华，2002. 利用遥感和 GIS 研究内蒙古中西部地区环境变化[J]. 遥感学报，6(2)：142 - 149.

徐瑞松，1992. 粤西—海南金矿生物地化效应的遥感研究：以河台金矿为例[J]. 地质学报，66(2)：170 - 181.

徐希孺，范闻捷，陶欣，2009. 遥感反演连续植被叶面积指数的空间尺度效应[J]. 中国科学(D 辑)，39 (1)：79 - 87.

徐兴奎，田国良，2000. 中国地表积雪动态分布及反照率的变化[J]. 遥感学报，4(3)：178 - 182.

薛利红，罗卫红，曹卫星，等，2003. 作物水分和氮素光谱诊断研究进展[J]. 遥感学报，7(1)：73 - 80.

阎广建，吴均，王锦地，等，2002. 光谱先验知识在植被结构遥感反演中的应用[J]. 遥感学报，6(1)：1 - 6.

颜春燕，刘强，牛铮，等，2004. 植被生化组分的遥感反演方法研究[J]. 遥感学报，8(4)：300 - 308.

杨虎，郭华东，王长林，等，2002. 基于神经网络方法的极化雷达地表参数反演[J]. 遥感学报(6)：451 - 455.

姚延娟，刘强，柳钦火，等，2007. 异质性地表的叶面积指数反演的不确定性分析[J]. 遥感学报，11(6)：763 - 770.

叶树华，任志远，1993. 遥感概论[M]. 西安：陕西科学技术出版社.

余凡，赵英时，李海涛，2012. 基于遗传 BP 神经网络的主被动遥感协同反演土壤水分[J]. 红外与毫米波学报，31(3)：283 - 288.

余涛，田国良，1997. 热惯量法在监测土壤表层水分变化中的研究[J]. 遥感学报，1(1)：24 - 31.

占车生，2005. 中国陆面蒸散发量的遥感反演及时空格局[D]. 北京：中国科学院地理科学与资源研究所.

张登荣，赵元洪，徐鹏炜，1996. 水土流失遥感方法与土地资源评价[M]. 北京：原子能出版社.

张佳华，张国平，王培娟，等，2010. 植被与生态遥感[M]. 北京：科学出版社.

张锦水，申克建，潘耀忠，等，2010. HJ - 1 号卫星数据与统计抽样相结合的冬小麦区域面积估算[J]. 中国农业科学，43(16)：3306 - 3315.

张仁华，2009. 定量热红外遥感模型及地面实验基础[M]. 北京：科学出版社.

张熙川，赵英时，1999. 应用线性光谱混合模型快速评价土地退化的方法研究[J]. 中国科学院研究生院学报，16(2)：169 - 176.

张钟军，孙国清，朱启疆，2004. 植被层对被动微波遥感土壤水分反演影响的研究[J]. 遥感学报，8(3)：207 - 213.

赵春江，2014. 农业遥感研究与应用进展[J]. 农业机械学报，45(12)：277 - 293.

赵天杰，张立新，蒋玲梅，等，2009. 利用主被动微波数据联合反演土壤水分[J]. 地球科学进展，24(7)：769 - 775.

赵英时，2001. 美国中西部沙山地区环境变化的遥感研究[J]. 地理研究，20(2)：213 - 219.

赵英时，2013. 遥感应用分析原理与方法[M]. 2 版. 北京：科学出版社.

郑威，陈述彭，1995. 资源遥感纲要[M]. 北京：中国科学技术出版社.

周成虎，骆剑，杨晓梅，等，1999. 遥感影像地学理解与分析[M]. 北京：科学出版社.

朱金顺，任华忠，叶昕，等，2021. 热红外遥感地表温度与发射率地面验证进展[J]. 遥感学报，25(8)：

1538 - 1566.

朱小华，冯晓明，赵英时，等，2010. 作物 LAI 的遥感尺度效应与误差分析[J]. 遥感学报，14(3)：579 - 592.

朱振海，王义彦，彭希龄，1990. 遥感技术直接探测烃类微渗漏的方法研究[J]. 科学通报，16：1257 - 1260.

庄家礼，陈良富，徐希孺，2001. 用遗传算法反演连续植被的组分温度[J]. 遥感学报，1：1 - 7.

Ahmed N U, 1995. Estimating soil moisture from 6. 6GHz dual polarization, and/or satellite derived vegeta-tion index[J]. International Journal of Remote Sensing, 16(4)：687 - 708.

Anita S, Chen J M, Liu J, 2004. Spatial scaling of net primary productivity using subpixel information[J]. Remote Sensing of Environment, 93(1 - 2)：246 - 258.

Asner G P, Heidebrecht K B, 2002. Spectral unmixing vegetation, soil, and dry carbon cover in arid re-gions: comparing multi - spectral and hyper - spectral observations[J]. International Journal of Remote Sensing, 23(19)：3939 - 3958.

Ayad Y M, 2005. Remote sensing and GIS in modeling visual landscape change: a case study of the north-western arid coast of Egypt[J]. Landscape and Urban Planning, 73(4)：307 - 325.

Azzali S, Mementi M, 2000. Mapping vegetation - soil - climate complexes in southern Africa using temporal Fourier analysis of NOAA - AVHRR NDVI data[J]. International Journal of Remote Sensing, 21(5)：973 - 996.

Bayarjargala Y, Karnielia A, Bayasgalanb M, et al, 2006. A comparative study of NOAA - ACHRR derived drought indices using change vector analysis[J]. Remote Sensing of Environment, 105(1)：9 - 22.

Becker M W, Daw A, 2005. Influence of lake morphology and clarity on water surface temperature as meas-ured by EOS ASTER[J]. Remote Sensing of Environment, 99(3)：288 - 294.

Ben - dor E, Kruse F A, 1995. Surface mineral mapping of Makhtesh Ramon, Negev, Israel using GER 63 Channel scanner data[J]. International Journal of Remote Sensing, 16(18)：3529 - 3553.

Bindlish R, Barros A P, 2001. Parameterization of Vegetation Backscattering in Radar - based, Soil Moisture Estimation[J]. Remote Sensing of Environment, 76(1)：130 - 137.

Boegh E, Soegaard H, Broge N, et al, 2002. Airborne multispectral data for quantifying leaf area index, ni-trogen concentration, and photosynthetic efficiency in agriculture[J]. Remote Sensing of Environment, 81 (2 - 3)：179 - 193.

Braswell B H, Hagen S C, Frolking S E, et al, 2003. A multivariable approach for mapping sub - pixel land cover distributions using MISR and MODIS, application in the Brazilian Amazon region[J]. Remote Sensing of Environment, 87(2 - 3)：243 - 256.

Broge N H, Leblanc E, 2000. Comparing prediction power and stability of broadband and hyperspectral vege-tation indices for estimation of green leaf area index and canopy chlorophyll density[J]. Remote Sensing of Environment, 76(2)：156 - 172.

Bruzzone L, Fernandez P D, 2000. Automatic analysis of the difference image for unsupervised change detec-tion[J]. IEEE Transactions on Geoscience and Remote Sensing, 38(3)：1171 - 1182.

Cakir H I, Khorram S, Nelson S A C, 2006. Correspondence analysis for detecting land cover change[J]. Remote Sensing of Environment, 102(3 - 4)：306 - 317.

Cambal B, Baret F, Weiss M, et al, 2002. Retrieval of canopy biophysical variables from bidirectional reflec-tance: Using prior information to solve the ill posed inverse problem[J]. Remote Sensing of Environment, 84(1)：1 - 15.

Campbell G S, Norman J M, 1998. An Introduction to Environmental Biophysics[M]. 2nd. New York: Springer.

Carlson T N, Gillies R R, Perry E M, 1994. A method to make use of thermal infrared temperature and NDVI measurement to infer surface soil water content and fractional vegetation cover[J]. Remote Sensing

Reviews, 9(1-2): 161-173.

Ceccato P, Gobron N, Flasse S, et al, 2002. Designing a spectral index to estimate vegetation water content from remote sensing data[J]. Remote Sensing of Environment, 82(2-3): 188-197.

Chappell A, Seaquist J W, Eklundh L, 2001. Improving the estimation of noise from NOAA AVHRR NDVI for Africa using geostatistics[J]. International Journal of Remote Sensing, 22(6): 1067-1080.

Chehbouni A, LoSeen D, Njoku E G, et al, 1996. Examination of the difference between radiative and aerodynamic surface Temperatures over sparsely vegetated surface[J]. Remote Sensing of Environment, 58(2): 177-186.

Chen D Y. Huang J F, 2005. Vegetation water content estimation for com and soybeans using spectral indices derived from MODIS near- and short- wave infrared bands[J]. Remote Sensing of Environment, 98(2-3): 225-236.

Chen J H, Kan C E, Tan C H, et al, 2002. Use of spectral information for wetland evapotranspiration assessment[J]. Agricultural Water Management, 55(3): 239-248.

Chen J M, Liu J, Leblanc S G, et al, 2003. Multi- angular optical remote sensing for assessing vegetation structure and carbon absorption[J]. Remote Sensing of Environment, 84(4): 516-525.

Chen J, Jonsson P, Tamura M, et al, 2004. A simple method for reconstructing a high- quality NDVI time-series data set based on the Savitzky- Golay filter[J]. Remote Sensing of Environment, 91(3-4): 332-344.

Chen X X, Lee V L, Don D, 2005. A simple and effective radiometric correction method to improve landscape change detection across sensors and across time[J]. Remote Sensing of Environment, 98(1): 63-79.

Choubey V K, 1998. Laboratory experiment, field and remotely sended data analysis for the assessment of suspended solids concentration and secchi depth of the reservoir surface water[J]. International Journal of Remote Sensing, 19(17): 3349-3360.

Choudhury B, 1989. Estimating Evaporation and Carbon Assimilation Using Infrared Temperature Data: Vistas in Modeling[M]. Theory and application of optical remote sensing. New York: Wiley, 628-690.

Cihlar J, et al, 1991. Relation between the normalized difference vegetation index and ecological variables[J]. Remote Sensing of Environment, 35(2-3): 279-298.

Clevers JG P W. et al, 1994. A framework for monitoring crop growth by combining directional and spectral remote sensing information[J]. Remote Sensing of Environment, 50(2): 161-170.

Combal B, Baret F, Weiss M, et al, 2003. Retrieval of canopy biophysical variables from bidirectional reflectance: using prior information to solve the ill- posed inverse problem[J]. Remote Sensing of Environment, 84(1): 1-15.

Crosta A P, Souza C R de F, 1997. Evaluating AVIRIS hyperspectral remote sensing data for geological mapping in Laterized Terranes, Central Brazil[J]. Proceedings of the Thematic on Geologic Remote Sensing, 12(2): 430-437.

Dabrowska- Zielinska K, Kogan F, Ciolkosz A, et al, 2002. Modelling of crop growth conditions and crop yield in Poland using AVHRR- based indices[J]. International Journal of Remote Sensing, 23(6): 1109-1123.

Dall Olmo G, Gitelson A, 2005. Effect of bio- optical parameter variability on the remote estimation of chlorophyll- a concentration in turbid productive waters: experimental results[J]. Applied Optics, 44(3): 412-422.

Dash J, Curran P J, 2004. The MERIS terrestrial chlorophyll index[J]. International Journal of Remote Sensing, 25(23): 5403-5413.

Daughtry CS T, Walthall C L. Kim M S, et al, 2000. Estimating corn leaf chlorophyll concentration from leaf and canopy reflectance[J]. Remote Sensing of Environment, 74(2): 229-239.

Dekker A G, 1993. Detection of optical water quality parameters for eutrophic waters by high resolution remote sensing[D]. Institute of Earth Sciences, Amsterdam, The Netherlands.

Demarez V, Gastellu-Etchegorry J P, 2000. A modeling approach for studying forest chlorophyll content[J]. Remote Sensing of Environment, 71(2): 226-238.

Di L, Rundquist D C, Han L, 1994. Modelling relationships between NDVI and precipitation during vegetative growth cycles[J]. International Journal of Remote Sensing, 15(10): 2121-2136.

Doxaran D, Froidefond J M, Lavender S. et al, 2002. Spectral signature of highly turbid waters: application with SPOT data to quantify suspended particulate matter concentrations[J]. Remote Sensing of Environment, 81(1): 149-161.

Du Y, Teillet P M, Cihlar J, 2002. Radiometric normalization of multitemporal high-resolution satellite images with quality control for land cover change detection[J]. Remote Sensing of Environment, 82(1): 123-134.

Dubois P C, VanZyl J, Engman T, 1995. Measuring soil moisture with imaging radar[J]. IEEE Transactions on Geoscience and Remote Sensing, 33(4): 915-926.

Eastman J R, Fulk M, 1993. Long sequence time series evaluation using standardized principal components[J]. Photogrammetric Engineering and Remote Sensing, 59(6): 991-996.

Elvidge C D, Yuan D, Weerackoon R D, et al, 1995. Relative radiometric normalization of landsat Multi-spectral Scanner(MSS): data using an automatic scattergram-controlled regression[J]. Photogrammetric Engineering and Remote Sensing, 61(10): 1255-1260.

Ernst C L, Hoffer R M, 1979. Using Landsat MSS data with soils information to identify wetland habitats[J]. Satellite Hydrology, 25: 119-132.

Eurico J D, Richard L M, 2003. Bio-optical properties in waters influenced by the Mississippi River during low flow conditions[J]. Remote Sensing of Environment, 84(4): 538-549.

Feng X M, Zhao Y S, 2007. On MSDT inversion with multi-angle remote sensing data[J]. Science in China (Series D Earth Sciences), 50(3): 422-429.

Fernandez S, Vidal D, Simon E, et al, 1994. Radiometric characteristics of Triticum aestivum cv, Astral under water and nitrogen stress[J]. International Journal of Remote Sensing, 15(9): 1867-1884.

Friedl M A, 2002. Forward and inverse modeling of land surface energy balance using surface temperature measurements[J]. Remote Sensing of Environment, 79(2-3): 344-354.

Froidefond J M, Gardel L, Guiral D, et al, 2002. Spectral remote sensing reflectances of coastal waters in French Guiana under the Amazon influence[J]. Remote Sensing of Environment, 80(2): 225-232.

Fung A K, Li Z, Chen K S, 1992. Backscattering from a randomly rough dielectric surface[J]. IEEE Transactions on Geoscience and Remote Sensing, 30(2): 356-369.

Gallo K, Ji L, Reed B, et al, 2005. Multi-platform comparisons of MODIS and AVHRR normalized difference vegetation index data[J]. Remote Sensing of Environment, 99(3): 221-231.

Gao B C, Li R R, 2000. Quantitative improvement in the estimates of NDVI values from remotely sensed data by correcting thin cirrus scattering effects[J]. Remote Sensing of Environment, 74(3): 494-502.

Gao B, 1996. NDWI-A normalized difference water index for remote sensing of vegetation liquid water from space[J]. Remote Sensing of Environment, 58(3): 257-266.

Gao X, Alfreda R H, Ni W G, et al, 2000. Optical-biophysical relationships of vegetation spectra without background contamination[J]. Remote Sensing of Environment, 74(3): 609-620.

Garrigues S, Allard D, Baret F, et al, 2006. Quantifying spatial heterogeneity at the landscape scale using variogrann models[J]. Remote Sensing of Environment, 103(1): 81-96.

Gastellu-Etchegorry J P, Trichon V, 1998. A modeling approach of PAR environment in a tropical rain forest in Sumatra: application to remote sensing[J]. Ecological Modelling, 108(1-3): 237-264.

Gilabert M A, García-Haro F J, Meliá J, 2000. A mixture modeling approach to estimate vegetation parameters for heterogeneous canopies in remote sensing[J]. Remote Sensing of Environment, 72(3): 328 – 345.

Gitelson A A, 1992. The peak near 700 nm on radiance spectra of algae and water: relationships of its magnitude and position with chlorophyll concentration[J]. International Journal of Remote Sensing, 13(17): 3367 – 3373.

Gitelson A A, Dall O G, Mases W, et al, 2008. A simple semi – analytical model for remote estimation of chlorophyll – *a* in turbid water: Validation[J]. Remote Sensing of Environment, 112(5): 3582 – 3593.

Gitelson A A, Merzlyak M N, Lichtenthaler H K, 1996. Detection of red edge position and chlorophyll content by reflectance measurements near 700 nm[J]. Journal of Plant Physiology, 148(3 – 4): 501 – 508.

Goel N S, Thompson R L, 1984. Inversion of vegetation canopy reflectance models for estimating agronomic variables IV Total inversion of the SAIL model[J]. Remote Sensing Environment, 15(3): 237 – 253.

Gordon H R, Wang M, 1994. Retrieval of water – leaving radiance and aerosol optical thickness over the oceans with SeaWiFS: a preliminary algorithm[J]. Applied Optics, 33(3): 443 – 452.

Green R O, Eastwood M L, Sarture C M, et al, 1998. Imaging spectroscopy and the airborne visible/infrared imaging spectrometer(AVIRIS)[J]. Remote Sensing of Environment, 65(3): 227 – 248.

Guo W Q, Yang T B, Dai J G, et al, 2008. Vegetation cover changes and their relationship to climate variation in the source region of the Yellow River, China, 1990—2000[J]. International Journal of Remote Sensing, 29(7): 2085 – 2103.

Gupta R K, Vijayan D, Prasad T S, 2001. New hyperspectral vegetation characterization paramenters[J]. Advances in Space Research, 28(1): 201 – 206.

Gutman G, Rukhovetz L, 1996. Towards satellite – derived global estimation of monthly evapotranspiration over land surfaces[J]. Advances in Space Research, 18(7): 67 – 71.

Haboudane D, Miller J R, Pattey E, et al, 2004. Hyperspectral vegetation indices and novel algorithms for predicting green LA of crop canopies: modeling and validation in the context of precision agriculture[J]. Remote Sensing of Environment, 90(3): 337 – 352.

Halfield J L, Perrier A, Jackson R D, 1983. Estimation of evapotranspiration at one time – of – day using remotely sensed surface temperature[J]. Agricultural Water Management, 7(1 – 3): 341 – 350.

Hall F G, Townshend J R, Engman E T, 1995. Status of remote sensing algorithms for estimation of land surface state parameters[J]. Remote Sensing of Environment, 51(1): 138 – 156.

Han L H, Rundquist D C, 1996. Spectral characterization of suspended sediments generated from two texture classes of clay soil[J]. International Journal of Remote Sensing, 17(3): 643 – 649.

Hansen M, Dubayah R, Defries R, 1996. Classification tress: an alternative to traditional land cover classifiers[J]. International Journal of Remote Sensing, 17(5): 1075 – 1081.

Herrmann S M, Anyamha A, Tucker C J, 2005. Recent trends in vegetation dynamics in the African Sahel and their relationship to climate[J]. Global Environmental Change, 15(4): 394 – 404.

Hill M J, Donald G E, 2003. Estimating spatio – temporal patterns of agricultural productivity in fragmented landscapes using AVHRR NDVI time series[J]. Remote Sensing of Environment, 84(3): 367 – 384.

Hu Z L, Chen Y Z, Islam S, 1998. Multiscaling properties of soil moisture images and decomposition of large – and small – scale features using wavelet transforms[J]. International Journal of Remote Sensing, 19(13): 2451 – 2467.

Huete A R, 1988. A soil – adjusted vegetation index(SAVI)[J]. Remote Sensing of Environment, 25(3): 295 – 309.

Huete A, Didan K, Miura L, et al, 2002. Overview of the radiometric and biophysical performance of the MODIS vegetation indices[J]. Remote Sensing of Environment, 83(1 – 2): 195 – 213.

Huete A, Justice C, Liu H, 1994. Development of vegetation and soil indices for MODIS – EOS[J]. Remote

Sensing of Environment，49(3)：224 - 234.

Ichoku C, Karnieli A, 1996. A review of mixture modeling techniques for sub - pixel land cover estimation[J]. Remote Sensing Reviews, 13(3 - 4)：161 - 186.

Jackson R D, 1984. Canopy temperature and crop water stress[J]. Advances in Irrigation, 1：43 - 85.

Jackson T J, 2001. Mutiple resolution analysis of L - band brightness temperature for soil moisture[J]. IEEE Transactions on Geoscience and Remote Sensing, 39(1)：151 - 164.

Jacquemoud S, Bacour C, Poilvé H, et al, 2000. Comparison of four radiative transfer models to simulate plant canopies reflectance：direct and inverse mode[J]. Remote Sensing of Environment, 74(3)：471 - 481.

Jarvis P G, 1995. Scaling processes and problems[J]. Plant, Cell & Environment, 18(10)：1079 - 1089.

Jasinski M, Eagleson P S, 1990. Estimation of subpixel vegetation cover using red - infrared scattergrams[J]. IEEE Transactions on Geoscience and Remote Sensing, 28(2)：253 - 267.

Jensen J R, 1996. Introductory Digital Image Processing：A Remote Sensing Perspective[M]. 2nd. Englewood Cliffs, NJ：Prentice - Hall.

Jiang L, Islam S, 2001. Estimation of surface evaporation map over Southern Great Plains using remote sensing data[J]. Water Resources Research, 37(2)：329 - 340.

Johnson P E, et al, 1994. Multivariate analysis of AVIRIS data for canopy biochemical estimation along the oregon transect[J]. Remote Sensing of Environment, 47(2)：216 - 230.

Ju J C, Kolaczyk E D, Gopal S, 2003. Gaussian mixture discriminant analysis and sub - pixel land cover characterization in remote sensing[J]. Remote Sensing of Environment, 84(4)：550 - 560.

Karam M A, Fung A K, 1983. Scattering from randomly oriented circular discs with application to vegetation [J]. Radio Science, 18(4)：557 - 565.

Kasetkasem T, Varshney P K, 2002. An image change detection algorithm based on Markov random field models[J]. IEEE Transactions on Geoscience and Remote Sensing, 40(8)：1815 - 1823.

Kaufman Y J, Tanre D, 1992. Atmospherically resistant vegetation index(ARVI)：for EOS - MODIS[J]. IEEE Transactions on Geoscience and Remote Sensing, 30(2)：261 - 270.

Kawashima S, 1994. Relation between vegetation, surface temperature, and surface composition in the tokyo region during winter[J]. Remote Sensing of Environment, 50(1)：52 - 60.

Kim M S, Daughtry C S T, Chappelle E W, et al, 1994. The use of high spectral resolution bands for estimating Absorbed Photosynthetically Active Radiation(A Par)[J]. Proc. ISPRS94Val d'Isere, France, 299 - 306.

Kogan F N, 1998. Global drought and flood - watch from NOAA polar - orbitting satellites[J]. Advances in Space Research, 21(3)：477 - 480.

Kokaly R F, 2001. Investigating a physical basis for spectroscopic estimates of leaf nitrogen concentration[J]. Remote Sensing of Environment, 75(2)：153 - 161.

Kokaly R F, Clark R N, 1999. Spectroscopic determination of leaf biochemistry using band - depth analysis of absorption features and stepwise multiple linear regression[J]. Remote Sensing of Environment, 67(3)：267 - 287.

Koponen S, Pulliainen J, 2002. Lake water quality classification with airborne hyperspectral spectrometer and simulated MERIS data[J]. Remote Sensing of Environmet, 79(1)：51 - 59.

Kuusk A, 2001. A two - layer canopy reflectance model[J]. Journal of Quantitative Spectroscopy and Radiative Transfer, 71(1)：1 - 9.

Leblanc S G, Bicheron P, et al, 1999. Investigation of directional reflectance in boreal forests with an improved four - scale model and airborne POLDER data[J]. IEEE Transactions on Geoscience and Remote

Sensing，37(3)：1396 - 1414.

Lee Z P，Carder K L，Hawes S K，et al，1994. Model for interpretation of hyperspectral remote - sensing reflectance[J]. Applied Optics，33(24)：5721 - 5732.

Leonard B，Chen J M，Leblanc S G，et al，2000. A shortwave infrared modification to the simple ratio for LAI retrieval in boreal forests：an image and model analysis[J]. Remote Sensing of Environment，71(1)：16 - 25.

Leprieur C，Kerr Y H，Mastorchio S，et al，2000. Monitoring vegetation cover across semi - arid regions：comparison of remote observations from various scales[J]. International Journal of Remote Sensing，21(2)：281 - 300.

Lhomme J P，Chehbouni A，1999. Comments on dual - source vegetation - atmosphere transfer models[J]. Agricultural and Forest Meteorology，94(3 - 4)：269 - 273.

Li X W，Gao F，Wang J D，et al，2001. A priori knowledge accumulation and its application to linear BRDF model inversion[J]. Journal of Geophysical Research Atmospheres，106(D11)：11925 - 11935.

Li X W，Suahler A H，1996. A knowledge - based inversion of physical BRDF model and three examples[J]. IGARSS '96，1996 International Geoscience and Remote Sensing Symposium，4：2173 - 2176.

Li Z T，Kafatos M，2000. Interannual variability of vegetation in the United States and its relation to El Niño/Southern Oscillation[J]. Remote Sensing of Environment，71(3)：239 - 247.

Liang S L，2004. Quantitative Remote Sensing of Land Surfaces[M]. New York：John Wiley & Sons，Inc.

Liang S L，Fang H L，Monisha K，et al，2003. Estimation and validation of land surface broadband albedos and leaf area index from EO - 1ALI data[J]. IEEE Transactions on Geoscience and Remote Sensing，41(6)：1260 - 1267.

Liang S L，Wang K C，Zhang X T，et al，2010. Review on estimation of land surface radiation and energy budgets from ground measurement，Remote Sensing and Model Simulations[J]. IEEE Journal of Selected Topics in Applied Earth Observations and Remote Sensing，3(3)：225 - 240.

Lillesand T M，Kiefer R W，1994. Remote sensing and image interpretation[M]. 3rd. New York：John Wiley & Sons，Inc.

Liu Q，Wang M Y，Zhao Y S，2010. Assimilation of ASAR data with a hydrologic and semi - empirical backscattering coupled model to estimate soil moisture[J]. Chinese Geographical Science，20(3)：218 - 225.

Liu S H，Liu Q，Liu Q H，et al，2010. The Angular and spectral kernel model for BRDF and albedo retrieval[J]. IEEE Journal of Selected Topics in Applied Earth Observations and Remote Sensing，3(3)：241 - 256.

Liu Z H，Zhao Y S，2006. Research on the method for retrieving soil moisture using thermal inertia model[J]. Science in China(Series D Earth Sciences)，49(5)：539 - 545.

Lowell K，2001. An area - based accuracy assessment methodology for digital change maps[J]. International Journal of Remote Sensing，22(17)：3571 - 3596.

Lu D，Mausel P，Brondizio E，et al，2004. Change detection techniques[J]. International Journal of Remote Sensing，25(12)：2365 - 2407.

Lunetta R S，Johnson D M，Lyon J G，et al，2004. Impacts of imagery temporal frequency on land - cover change detection monitoring[J]. Remote Sensing of Environment，89(4)：444 - 454.

Lymburner L，Beggs P，Jacobson C，et al，2000. Estimation of canopy - average surface - specific leaf area using landsat TM data[J]. Photogrammetric Engineering and Remote Sensing，66(2)：183 - 191.

Mas J F，1999. Monitoring land - cover changes：a comparison of change detection techniques [J]. International Journal of Remote Sensing，20(1)：139 - 152.

Minnett P，2003. Radiometric measurements of the sea - surface skin temperature：The competing roles of the diurnal thermocline and the cool skin[J]. International Journal of Remote Sensing，24(24)：5033 - 5047.

Moleele N, Ringrose S, Arnberg W, et al, 2001. Assessment of vegetation indexes useful for browse(forage): prediction in semi - arid rangelands[J]. International Journal of Remote Sensing, 22(5): 741 - 756.

Montaldo N, Albertson J D, 2003. Multi - scale assimilation of surface soil moisture data for robust root zone moisture predictions[J]. Advances in Water Resources, 26(1): 33 - 44.

Moran M S, Clarke T R, Inoue Y, et al, 1994. Estimating crop water - deficit using the relation between surface - air temperature and spectral vegetation index[J]. Remote Sensing of Environment, 49(3): 246 - 263.

Morisette J T, Khorram S, Mace T, 1999. Land - cover change detection enhanced with generalized linear models[J]. International Journal of Remote Sensing, 20(14): 2703 - 2721.

Mougin E, Seena D L, Rambal S, et al, 1995. A regional sahelian grassland model to be coupled with multispectral satellite data. I: Model description and validation[J]. Remote Sensing of Environment, 52(3): 181 - 193.

Myneni R B, Hoffman S, Knyazikhin Y, et al, 2002. Global products of vegetation leaf area and fraction absorbed PAR from year one of MODIS data[J]. Remote Sensing of Environment, 83(1 - 2): 214 - 231.

Ning S K, Chang N B, Jeng K Y, et al, 2006. Soil erosion and non - point source pollution impacts assessment with the aid of multi - temporal remote sensing images[J]. Journal of Environmental Management, 79(1): 88 - 101.

Ninomiya Y, Fu B, Cudahy T J, 2005. Detecting lithology with advanced spaceborne thermal emission and reflection radiometer(ASTER): multispectral thermal infrared "radiance - at - sensor" data[J]. Remote Sensing of Environment, 99(1 - 2): 127 - 139.

Nishida K, Nemani R, Glassy J M, et al, 2003. Development of an evapotranspiration index from aqua/MODIS for monitoring surface moisture status[J]. IEEE transactions on Geoscience Remote Sensing, 41(2): 493 - 501.

Njoku E G, Li L, 1999. Retrieval of land surface parameters using passive microwave measurements at 6 - 18GHz[J]. IEEE transactions on Geoscience Remote Sensing, 37(1): 79 - 93.

Norman J M, Kustas W P, Humes K S, 1995. Source approach for estimating soil and vegetation energy fluxes in observations of directional radiometric surface - temperature[J]. Agricultural and Forest Meteorology, 77(3 - 4): 263 - 293.

Oetter D R, Cohen W B, Berterretche M, et al, 2001. Land cover mapping in an agricultural setting using multiseasonal Thematic Mapper data[J]. Remote Sensing of Environment, 76(2): 139 - 155.

Owe M, de Jeu R, Walker J, 2001. A methodology for surface soil moisture and vegetation optical depth retrieval using the microwave polarization difference index[J]. IEEE transactions on Geoscience Remote Sensing, 39(8): 1643 - 1654.

Peddle D R, Brunke S P, Hall F G, 2001. A comparison of spectral mixture analysis and ten vegetation indices for estimating boreal forest biophysical information from airborne data[J]. Canadian Journal of Remote Sensing, 27(6): 627 - 635.

Pinkerton M H, Richardson K M, Boyd P W, et al, 2005. Intercomparison of ocean colour band - ratio algorithms for chlorophyll concentration in the Subtropical Front east of New Zealand[J]. Remote Sensing of Environment, 97(3): 382 - 402.

Plisnier P D, Serneels S, Lambin E F, 2008. Impact of ENSO on East African ecosystems: multivariate analysis based on climate and remote sensing data[J]. Global Ecology and Biogeography, 9(6): 481 - 497.

Qi J, Kerr Y H, Moran M S, et al, 2000. Leaf area index estimates using remotely sensed data and BRDF modes in a semiarid region[J]. Remote Sensing of Environment, 73(1): 18 - 30.

Qu Y H, Wang J D, Wan H W, et al, 2008. A Bayesian network algorithm for retrieving the characterization of land surface vegetation[J]. Remote Sensing of Environment, 112(3): 613 - 622.

Rahman H, 2001. Influence of atmospheric correction on the estimation of biophysical parameters of crop canopy using satellite remote sensing[J]. International Journal of Remote Sensing, 22(7): 1245 - 1268.

Raich J W, Rastetter E B, Melillo J M, et al, 1991. Potential net primary productivity in South America: application of a global model[J]. Ecological Applications, 1(4): 399 - 429.

Ramadan T M, Kontny A, 2004. Mineralogical and structural characterization of alteration zones detected by orbital remote sensing at Shalatein District, SE Desert, Egypt[J]. Journal of African Earth Sciences, 40 (1 - 2): 89 - 99.

Ranson K J, Sun G, Knox R G, et al, 2001. Northern forest ecosystem dynamics using coupled models and remote sensing[J]. Remote Sensing of Environment, 75(2): 291 - 302.

Roberts D A, Gardner M, Church R, et al, 1998. Mapping chaparral in the Santa Monica Mountains using multiple endmember spectral mixture models[J]. Remote Sensing of Environment, 65(3): 267 - 279.

Roerink G J, Su Z, Menenti M, 2000. S - SEBI: A simple remote sensing algorithm to estimate the surface energy balance[J]. Physics and Chemistry of the Earth, Part B: Hydrology, Oceans and Atmosphere, 25 (2): 147 - 157.

Rogan J, Chen D M, 2004. Remote sensing technology for mapping and monitoring land - cover and land - use change[J]. Progress in Planning, 61(4): 301 - 325.

Roo D R, Du Y, Ulaby F, 2001. A semi - empirical backscattering model at L - band and C - band for a soy-bean canopy with soil moisture inversion[J]. IEEE transactions on Geoscience Remote Sensing, 39(4): 864 - 872.

Roujean J L, Breon F M, 1995. Estimating PAR absorbed by vegetation from bidirectional reflectance meas-urements[J]. Remote Sensing of Environment, 51(3): 375 - 384.

Salinas - Zavala C A, Douglas A V, Diaz H F, 2002. Interannual variability of NDVI in northwest Mexico. associated climatic mechanisms and ecological implications[J]. Remote Sensing of Environment, 82 (2 - 3): 417 - 430.

Samuel N G, Xue Y K, Czajkowski, K, 2002. Evaluating land surface moisture conditions from the remotely sensed temperature/vegetation index measurements: An exploration with the simplified simple biosphere model[J]. Remote Sensing of Environment, 79(2 - 3): 225 - 242.

Sandholt I, Rasmussen K, Andersen J, 2002. A simple interpretation of the surface temperature/vegetation index space for assessment of surface moisture status[J]. Remote Sensing of Environment, 79(2 - 3): 213 - 224.

Schmullius C C, Evans D L, 1997. Synthetic aperture radar(SAR): frequency and polarization requirements for applications in ecology, geology, hydrology, and oceanography: a tabular status quo after SIR - C/X - SAR[J]. International Journal of Remote Sensing, 18(13): 2713 - 2722.

Semall C, 2001. Estimation of urban vegetation abundance by spectral mixture analysis[J]. International Jour-nal of Remote Sensing, 22(7): 1305 - 1334.

Serrano L, Penuelas J, Ustin S L, 2002. Remote sensing of nitrogen and lignin in Mediterranean vegetation from AVIRIS data: Decomposing biochemical from structural signals[J]. Remote sensing of Environment, 81(2 - 3): 355 - 364.

Shi J C, Jackson T, Tao J, et al, 2008. Microwave vegetation indices for short vegetation covers from satel-lite passive micro - wave sensor AMSR - E[J]. Remote Sensing of Environment, 112(12): 4285 - 4300.

Shi J, Chen K S, Li Q. et al, 2002. A parameterized surface reflectivity model and estimation of bare surface soil moisture with L - band radiometer[J]. IEEE Transactions on Geoscience and Remote Sensing. 40(12): 2674 - 2686.

Shi Y, Huang W, Luo J, et al, 2017. Detection and discrimination of pests and diseases in winter wheat based on spectral indices and kernel discriminant analysis[J]. Computers and Electronics in Agriculture,

141: 171 - 180.

Siddiqui M N, Jamil Z, Afsar J, 2004. Monitoring changes in riverine forests of Sindh - Pakistan using remote sensing and GIS techniques[J]. Advances in Space Research, 33(3): 333 - 337.

Sims D A, Gamon J A, 2002. Relationships between leaf pigment content and spectral reflectance across a wide range of species, leaf structures and developmental stages[J]. Remote Sensing of Environment, 2002, 81(2 - 3): 337 - 354.

Singh A, 1986. Change detection in the tropical forest environment of northeastern India using Landsat[J]// Eden M J, Parry J T. Remote Sensing and Land Management, 237 - 253.

Stewart J B, Kustas W P, Humes K S, et al, 1994. Sensible heat flux - radiative Surface temperature relationship for eight semi - arid areas[J]. Journal of Applied Meteorology, 33(9): 1110 - 1117.

Teng W L, Wang J R, Doraiswamy P C, 1993. Relationship between satellite microwave radiometric data, antecedent precipitation index, and regional soil - moisture[J]. International Journal of Remote Sensing, 14 (13): 2483 - 2500.

Tian Y H, Wang Y J, Zhang Y, et al, 2003. Radiative transfer based scaling of LAI retrievals from reflectance data of different resolutions[J]. Remote Sensing of Environment, 84(1): 143 - 159.

Toshihiro S, Masayuki Y, Hitoshi T, et al, 2005. A crop phenology detection method using time series MODIS data[J]. Remote Sensing of Environment, 96(3 - 4): 366 - 374.

Tralli D M, Blom R G, Zlotnicki V, et al, 2005. Satellite remote sensing of earthquake, volcano, flood, landslide and coastal inundation hazards[J]. ISPRS Journal of Photogrammetry & Remote Sensing, 59(4): 185 - 198.

Treitz P, Howarth P, 2000. High spatial resolution remote sensing data for forest ecosystem classification - an examination of spatial scale[J]. Remote Sensing of Environment, 72(3): 268 - 289.

Tφonmervik H, Hφgda K A, Solheim I, 2003. Monitoring vegetation changes in Pasvik (Norway): and Pechanga in Kola Peninsula(Russia): using multitemporal Landsat MSS/TM data[J]. Remote Sensing of Environment, 85(3): 370 - 388.

van de Griend A A, Owe M, 1994. Microwave vegetation optical depth and inverse modeling of soil emissivity using Nimbus SMMR satellite observations[J]. Meteorology and Atmospheric Physics, 54(1 - 4): 225 - 239.

Walthall C, Dulaney W, Anderson M, et al, 2004. A comparison of empirical and neural network approaches for estimating corn and soybean leaf area index from Landsat ETM+imagery[J]. Remote Sensing of Environment, 92(4): 465 - 474.

Wang C Z, Qi J G, Moran S, et al, 2004. Soil moisture estimation in a semiarid rangeland using ERS - 2 and TM imagery[J], Remote Sensing of Environment, 90(2): 178 - 189.

Wang K, Wang P, Li Z, et al, 2007. A simple method to estimate actual evapotranspiration from a combination of net radiation. vegetation index and temperature[J]. Journal of Geophysical Research, 112(D15): D15107.

Wanner W, Li X, Strahler A, 1995. On the derivation of kernels and kernel - driven models of bi - directional reflectance[J]. Journal of Geophysical Research. Biogeosciences, 100(D10): 20455 - 20468.

Weimann A, et al, 1998. Soil moisture estimation with ERS - 1 SAR data in the East - German loess soil area [J]. International Journal of Remote Sensing, 19(2): 237 - 243.

Weiss E, Marsh S E, Pfirman E S, 2001. Application of NOAA - AVHRR NDVI time series data to assess changes in Saudi Arabias rangelands[J]. International Journal of Remote Sensing, 22(6): 1005 - 1027.

Wigneron J P, Waldteufel P, Chanzy A, et al, 2000. Two - D, microwave, interferometer retrieval capabilities of over land surfaces(SMOS Mission)[J]. Remote Sensing of Environment, 73(3): 270 - 282.

Wignerona J P, Calvet J C, Pellarin T, et al, 2003. Retrieving near surface soil moisture from microwave radiometric observations: current status and future plans[J]. Remote Sensing of Environment, 85(4): 489 - 506.

Wu C Y, Niu Z, Tang Q, et al, 2008. Estimating chlorophyll content from hyperspectral vegetation indices: modeling and validation[J]. Agricultural and Forest Meteorology, 148(8-9): 1230-1241.

Wu H, Li Z L, 2009. Scale issues in remote sensing: a review on analysis, processing and modeling[J]. Sensors, 9(3): 1768-1793.

Wu J, Jelinski D E, Luck M, et al, 2000. Multiscale analysis of landscape heterogeneity: scale variance and pattern metrics[J]. Geographic Information Sciences, 6(1): 6-19.

Wu T D, Chen K S, 2004. A reappraisal of the validity of the IEM model for backscattering from rough surface[J]. IEEE Transactions on Geoscience and Remote Sensing, 42(4): 743-753.

Xue Y, Craeknell A P, 1995. Advanced thermal inertia modeling[J]. International Journal of Remote Sensing, 16(3): 341-446.

Yang L M, 2000. Integration of a numerical model and remotely sensed data to study urban/rural land surface climate processes[J]. Computers & Geosciences, 26(4): 451-468.

Yoshioka H, Miura T, Huete A R, et al, 2000. Analysis of vegetation isolines in Red-NIR reflectance space[J]. Remote Sensing of Environment, 74(2): 313-326.

Yu F, Zhao Y S, 2011. A new semi-empirical model for soil moisture content retrieval by ASAR and TM data in vegetation-covered area[J]. Science in China(Series D Earth Sciences), 54(1): 1-10.

Yuan F, Sawaya K E, Loeffelholz B C, et al, 2005. Land cover classification and change analysis of the Twin Cities(Minnesota): Metropolitan Area by multitemporal Landsat remote sensing[J]. Remote Sensing of Environment, 98(2-3): 317-328.

Zarco-Tejada P J, Rueda C A, Ustin S L, 2003. Water content estimation in vegetation with MODIS reflectance data and model inversion methods[J]. Remote Sensing of Environment, 85(1): 109-124.

Zerco-Tejada P J, Pushnik J C, Dobrowski S, et al, 2003. Steady-state chlorophyll a fluorescence detection from canopy derivative reflectance and double-peak red-edge effects[J]. Remote Sensing of Environment, 84(2): 283-294.

Zhan X, Sohlberg R A, Townshend J R G, et al, 2002. Detection of land cover changes using MODIS 250m data[J]. Remote Sensing of Environment, 83(1-2): 336-350.

Zhang N, Zhao Y S, 2009. Estimating leaf area index by inversion of reflectance model for semiarid natural grasslands[J]. Science in China(Series D Earth Sciences), 52(1): 66-84.

Zhang R H, Sun X M, Wang W M, et al, 2005. An operational two-layer remote sensing model to estimate surface flux in regional scale: physical background[J]. Science in China(D), 48: 225-244.

Zhang X F, Pazner M, Duke N, 2007. Lithologic and mineral information extraction for gold exploration using ASTER data in the south Chocolate Mountains(California)[J]. ISPRS Journal of Photogrammetry & Remote Sensing, 62(4): 271-282.

Zhang X Y, Friedl M A, Schaaf C B, et al, 2003. Monitoring vegetation phenology using MODIS[J]. Remote Sensing of Environment, 84(3): 471-475.

Zhang Y Z, Pulliainen J, Koponen S, et al, 2002. Application of an empirical neural network to surface water quality estimation in the Gulf of Finland using combined optical data and microwave data[J]. Remote Sensing of Environment, 81(2-3): 327-336.

Zhou X, Zhao Y S, Liang W G, 2009. Estimating the net primary productivity of grassland in Poyang lake wetland with a modified atmosphere-vegetation interaction model[J]. International Journal of Geoinformatics, 5(2): 75-83.

Zhu X H, Feng X M, Zhao Y S, 2012. Multi scale MSDT inversion based on LAI spatial knowledge[J]. Science China Earth Sciences, 55(8): 1297-1305.

图书在版编目(CIP)数据

遥感图像分析与应用 / 常庆瑞主编 . —北京：中
国农业出版社，2023.3
普通高等教育"十一五"国家级规划教材
ISBN 978 - 7 - 109 - 30246 - 4

Ⅰ.①遥…　Ⅱ.①常…　Ⅲ.①遥感图像－图像分析－
高等学校－教材　Ⅳ.①TP751

中国版本图书馆 CIP 数据核字(2022)第 223712 号

中国农业出版社出版
地址：北京市朝阳区麦子店街 18 号楼
邮编：100125
责任编辑：夏之翠　文字编辑：李兴旺
版式设计：王　晨　责任校对：吴丽婷
印刷：中农印务有限公司
版次：2023 年 3 月第 1 版
印次：2023 年 3 月北京第 1 次印刷
发行：新华书店北京发行所
开本：787mm×1092mm　1/16
印张：16.5
字数：412 千字
定价：43.60 元

版权所有·侵权必究
凡购买本社图书，如有印装质量问题，我社负责调换。
服务电话：010 - 59195115　010 - 59194918